教育部哲学社会科学系列发展报告
MOE Serial Reports on Developments in Humanities and Social Sc

U0318909

中国食品安全发展报告2012

**Introduction to 2012 China
Development Report on Food Safety**

吴林海　钱和　等著

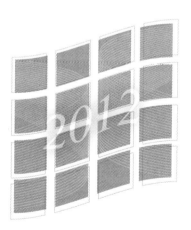

北京大学出版社
PEKING UNIVERSITY PRESS

图书在版编目（CIP）数据

中国食品安全发展报告 2012/吴林海，钱和等著. —北京：北京大学出版社，2012.12

（教育部哲学社会科学系列发展报告）

ISBN 978 - 7 - 301 - 21640 - 8

Ⅰ. ①中⋯　Ⅱ. ①吴⋯ ②钱⋯　Ⅲ. ①食品安全 - 研究报告 - 中国 - 2012 Ⅳ. ①TS201.6

中国版本图书馆 CIP 数据核字（2012）第 281950 号

书　　　　名：中国食品安全发展报告 2012
著作责任者：吴林海　钱　和　等著
责　任　编　辑：倪宇洁
标　准　书　号：ISBN 978 - 7 - 301 - 21640 - 8/C · 0839
出　版　发　行：北京大学出版社
地　　　　址：北京市海淀区成府路 205 号　100871
网　　　　址：http://www.pup.cn
新　浪　微　博：@北京大学出版社
电　子　信　箱：ss@ pup.pku.edu.cn
电　　　　话：邮购部 62752015　发行部 62750672　编辑部 62750673
　　　　　　　　出版部 62754962
印　　刷　　者：北京鑫海金澳胶印有限公司
经　　销　　者：新华书店
　　　　　　　　730 毫米×980 毫米　16 开本　24.75 印张　458 千字
　　　　　　　　2012 年 12 月第 1 版　2012 年 12 月第 1 次印刷
定　　　　价：50.00 元

未经许可，不得以任何方式复制或抄袭本书之部分或全部内容。

版权所有，侵权必究

举报电话：010 - 62752024　电子信箱：fd@ pup.pku.edu.cn

目　　录

Contents

图目录

表目录

导　　论

　　本章将在说明研究背景、界定概念的基础上,重点介绍研究主线、研究方法、主要研究内容与研究的主要结论等,力图轮廓性、全景式地描述本书的整体概况。

一、研究背景

　　食品安全涉及人民群众的健康安全,是关系社会稳定的大事,在和谐社会建设中具有基础性的作用。目前我国正处在深刻的社会转型期,由于各种复杂的原因,近年来诸如瘦肉精、染色馒头、蒙牛纯牛奶强致癌物、地沟油、牛肉膏、毒豆芽等一系列食品安全事故高频率地连续发生,社会各界普遍关注食品安全,民众对食品安全状况有着不同程度的担忧甚至具有某种恐慌心理。表0-1对2008年以来公众对食品安全关注情况的有关典型调查进行了初步汇总。这些数据足以说明人们对食品安全的关注度不断提高。人们甚至发出了"到底还能吃什么"的呐喊。十一届全国人大常委会在2011年6月29日召开的第二十一次会议上建议把食品安全与金融安全、粮食安全、能源安全、生态安全等排列纳入"国家安全"体系[①],这足以说明食品安全风险已在国家层面上成为一个极其严峻、非常严肃的重大问题。因此,整合汇总来自国家卫生、工商、质检、农业、食品监督管理等部门有关食品安全方面的权威数据,介绍社会各界尤其是政府对确保食品安全所作出的努力,普及食品安全的相关知识,及时、准确而全面地向社会发布食品安全信息,对有效缓解食品安全领域的信息不对称,充分保障公众食品安全的知情权,消除可能影响社会稳定与人民生活的隐患,避免由于食品安全信息的突然披露而导致的社会混乱具有积极的意义;对创新食品安全的社会管理形态,不断增强食品安全管理的前瞻性、主动性、有效性,促进和谐社会建设具有重要的价值。

　　[①]　十一届全国人大常委会第21次会议新闻,人大常委会听取、检查《食品安全法》实施情况报告,http://www.sina.com.cn。

表 0-1　食品安全关注度的典型性调查数据

序号	发布时间	调查数据	调查概况
1	2008 年	分别有 20.2%、18.3% 和 45.3%、36.6% 的城市、农村消费者认为食品安全令人失望和政府监管不力,相对应的有 95.8% 和 94.5% 的消费者关注食品质量安全。	2008 年商务部组织了全国城市农贸中心联合会和中国连锁经营协会对全国流通领域食品安全状况进行了为期半年的全面系统调查。调查采取问卷调查和实地访谈相结合的形式,共调查了 21 个省、自治区、直辖市的商务主管部门、1919 家城市市场、1835 家农村市场和 9329 位城乡消费者①。
2	2009 年	约有 86% 的消费者认为其所在城市的食品安全问题非常严重、比较严重或有安全问题。	吴林海等 2008 年 9—10 月间对江苏省 13 个省辖市 1757 名受访者的调查。调查采用面对面问卷访谈的形式,主要调查地点为超市②。
3	2010 年	受访者最担心的是地震,第二是不安全食品配料和水供应(调查时间在青海玉树发生地震后不久,可能是受访者将地震风险排在第一位的主要原因)。	调查由英国 RSA 保险集团发起,由 the Future Company 公司执行,在四大洲 7 个国家访问近 7000 余人③。
4	2011 年	有近七成的受访者对食品安全状况感到"没有安全感"。其中 52.3% 的受访者心理状态是"比较不安",另有 15.6% 的人表示"特别没有安全感"。	《小康》杂志社中国全面小康研究中心设计问卷,清华大学媒介调查实验室基于实名制的 NetTouch 网络调研方法,于 2010 年 12 月对全国 31 个省、市、自治区的公众进行网络调查,最终收回有效问卷 1010 份④。
5	2012 年	80.4% 的受访者认为食品没有安全感,超过 50% 的受访者认为 2011 年的食品安全状况比以往更糟糕。	《小康》杂志社中国全面小康研究中心设计问卷,清华大学媒介调查实验室基于实名制的 NetTouch 网络调研方法,于 2011 年 9 月对全国 31 个省、市、自治区的公众进行网络调查,最终收回有效问卷 1036 份⑤。

---

① 《2008 年流通领域食品安全调查报告》,中国食品信息网,http://www.foodqs.cn/news/gnspzs01/2009422114430306.htm。

② 吴林海、徐玲玲:《食品安全:风险感知和消费者行为》,《消费经济》2009 年第 2 期,第 42—44 页。

③ 英国 RSA 保险集团发布报告:《全球百姓最忧生活成本增加,中国人怕地震》,http://world.people.com.cn/GB/12985531.html。

④ 近七成受访者对食品没有安全感。参见中国全面小康研究中心:《2010—2011 消费者食品安全信心报告》,《小康》2011 年第 1 期,第 42—45 页。

⑤ 九成民众关注食品安全事件八成民众对食品没有安全感。参见中国全面小康研究中心:《2011—2012 中国饮食安全报告》,《小康》2012 年第 1 期,第 46—52 页。

对食品安全问题,教育部也给予了足够的关注。2011 年 6 月 7 日教育部社会科学司发出通知,要求切实发挥高校服务社会的重要职能,面向国计民生和社会热点难点问题,密切关注国际发展动态,积极开展战略研究和政策咨询,重点研究出版哲学社会科学研究发展报告,推进高校成为国家和区域高水平的智囊团和思想库。与此同时,教育部社会科学司发布了《教育部哲学社会科学研究发展报告项目指南》,将《中国食品安全发展报告》纳入了指南,鼓励支持高校联合相关研究机构重点研究我国的食品安全问题。在专家评审的基础上,教育部批准江南大学会同国内多所高校与研究机构组成的研究团队承担《中国食品安全发展报告》的研究任务。这就是《中国食品安全发展报告》产生的背景与由来。

　　实际上,早在前几年,国内的有关研究机构与政府部门就开始探索并通过相关报告的形式,向社会发布食品安全状况。主要有:

　　2006 年以来,中国科学技术协会主编、中国食品科学技术学会编著,每年出版《食品科学技术学科发展报告》。虽然这一报告主要从食品科学与工程的学科等角度描述了我国食品科学技术的发展概况,但在不同方面对食品安全状况也进行了研究。

　　自 2007 年以来,上海市食品药品安全研究中心每年组织出版《食品药品安全与监管政策研究报告》,而且每年的侧重点各不相同,主要从食品与药品安全监管的体制机制、监管政策的完善入手,多角度、多视域地对我国食品药品安全监管政策进行了分析。

　　针对中国面临的食品安全问题,在加拿大国际发展署"小农户适应全球大市场项目"的支持下,国务院发展研究中心农村经济研究部在大量综合研究、实地调查和国际考察的基础上,于 2008 年完成并出版了有关我国食品安全的调查研究报告,内容包括食品安全宏观战略与政策、食品安全监管体制、食品安全控制案例、食品安全焦点问题与食品安全控制国际经验等。

　　由中国人民大学中国调查与数据中心牵头,有关研究机构参与,自 2008 年第四季度以来已经连续 10 多次发布两岸四地消费者信心指数,其中涵盖了食品安全问题的民意调查。而国内的一些学者也分别就构建食品安全指数等展开了研究,且上海、浙江等省市已进入试验发布阶段。由尹向东、刘荣组织研究的《湖南省食品消费安全报告》,并入《湖南经济社会发展报告(2008)》(湖南人民出版社2009 年 3 月版)之中,主要从消费环节对湖南省的食品消费安全进行了研究。

　　政府部门也开始直接展开这方面的相关工作。2007 年 8 月 17 日国务院新闻办公室发表了《中国的食品质量安全状况》白皮书,从食品生产和质量概况、食品监管体制和监管工作、进出口食品的监管等方面,较为全面地对我国的食品质量安全状况作了介绍和说明。商务部于 2008 年组织全国城市农贸中心联合会、中国连锁经营协会,对流通领域食品安全状况进行调查,并于 2009 年 4 月发布了《2008 年流通领域食品安全调查报告》。目前一些地方的政府部门已经连续多年发布了本地区的食品安全报告。2009 年 2 月,上海市食品安全联席会议办公室发布了《2008 年上海食品安全状况报告》,并每年发布一次《上海食品安全状况报告》;2008 年湖北省政府有关部门发布了本省第一本《湖北食品安全状况报告》;2010 年 11 月,武汉市卫生与食品监管部门联合发布了第一部《武汉市餐饮食品安全状况报告》。目前发布类似的食品安全状况或食品安全报告的还有宁夏、宁波、苏州、无锡等地区。

上述高校、研究机构与政府部门相关的食品安全状况或食品安全报告为本书的研究工作提供了有益借鉴,奠定了良好基础。

二、相关概念界定与说明

食品与农产品、食品安全与食品安全风险等是本书最重要、最基本的概念。虽然这些概念的定义带有一定的学术性,但就研究食品安全而言,对此作出科学的界定与相应的说明是必要的。这一部分的相关内容,主要是在吴林海等研究的基础上进行的。[①]

(一) 食品、农产品及其相互关系

简单地说,食品是人类食用的物品,但进一步对其准确、科学地定义与分类并不简单,需要综合各种观点与中国实际,并结合本书展开的背景进行全面考量。

1. 食品的定义与分类

食品,最简单的定义是人类可食用的物品,包括天然食品和加工食品。天然食品是指在大自然中生长的、未经加工制作、可供人类直接食用的物品,如水果、蔬菜、谷物等;加工食品是指经过一定的工艺进行加工生产形成的、以供人们食用或者饮用为目的的制成品,如大米、小麦粉、果汁饮料等,但食品一般不包括以治疗为目的的药品。

1995 年 10 月 30 日起施行的《中华人民共和国食品卫生法》(本书简称《食品卫生法》)在第九章《附则》的第 54 条对食品的定义是:"食品是指各种供人食用或者饮用的成品和原料以及按照传统既是食品又是药品的物品,但是不包括以治疗为目的的物品。"1994 年 12 月 1 日实施的国家标准《GB/T15091—1994 食品工业基本术语》在第 2.1 条中将"一般食品"定义为"可供人类食用或饮用的物质,包括加工食品、半成品和未加工食品,不包括烟草或只作药品用的物质。"2009 年 6 月

---

① 　这一部分的相关内容,主要延续了相关研究。参见吴林海、徐立青:《食品国际贸易》,中国轻工业出版社 2009 年版。

1 日起施行的《中华人民共和国食品安全法》(以下简称《食品安全法》)在第十章《附则》的第 99 条对食品的界定,与国家标准《GB/T15091-1994 食品工业基本术语》完全一致。国际食品法典委员会(CAC)对"一般食品"的定义是:"指供人类食用的,不论是加工的、半加工的或未加工的任何物质,包括饮料、胶姆糖,以及在食品制造、调制或处理过程中使用的任何物质;但不包括化妆品、烟草或只作药物用的物质。"

食品的种类繁多,按照不同的分类标准或判别依据,可以有不同的食品分类方法。《GB/T7635.1-2002 全国主要产品分类和代码》将食品分为农林(牧)渔业产品,加工食品、饮料和烟草两大类①。其中农林(牧)渔业产品分为种植业产品、活的动物和动物产品、鱼和其他渔业产品三大类;加工食品、饮料和烟草分为肉、水产品、水果、蔬菜、油脂等类加工品;乳制品;谷物碾磨加工品、淀粉和淀粉制品,豆制品,其他食品和食品添加剂,加工饲料和饲料添加剂;饮料;烟草制品共五大类。

根据国家质量监督检验检疫总局发布的《28 类产品类别及申证单元标注方法》②,对申领食品生产许可证企业的食品分为 28 类:粮食加工品,食用油、油脂及其制品,调味品,肉制品,乳制品,饮料,方便食品,饼干,罐头食品,冷冻饮品,速冻食品,薯类和膨化食品,糖果制品,茶叶及相关制品,酒类,蔬菜制品,水果制品炒货,食品及坚果制品,蛋制品,可可及焙烤咖啡产品,食糖,水产制品,淀粉及淀粉制品,糕点,豆制品,蜂产品,特殊膳食食品,其他食品。

《GB2760-2011 食品安全国家标准食品添加剂使用标准》的食品分类系统中对食品的分类③,也可以认为是食品分类的一种方法。据此形成乳与乳制品,脂肪、油和乳化脂肪制品,冷冻饮品,水果、蔬菜(包括块根类)、豆类、食用菌、藻类、坚果以及籽类等,可可制品、巧克力和巧克力制品(包括类巧克力和代巧克力)以及糖果,粮食和粮食制品,焙烤食品,肉及肉制品,水产品及其制品,蛋及蛋制品,甜味料,调味品,特殊膳食用食品,饮料类,酒类,其他类共十六大类食品。

食品概念的专业性很强,并不是本书的研究重点。如无特别说明,本书对食品的理解主要依据《食品安全法》。

2. 农产品与食用农产品

农产品与食用农产品也是本书非常重要的概念。2006 年 4 月 29 日,第十届

---

① 中华人民共和国家质量监督检验检疫总局:《GB/T7635.1-2002 全国主要产品分类和代码》,中国标准出版社 2002 年版。

② 28 类产品类别及申证单元标注方法,广东省中山市质量技术监督局网站,http://www.zsqts.gov.cn/FileDownloadHandle? fileDownloadId =522。

③ 中华人民共和国卫生部:《GB2760-2011 食品安全国家标准食品添加剂使用标准》,中国标准出版社 2011 年版。

全国人民代表大会常务委员会第二十一次会议通过的《中华人民共和国农产品质量安全法》(以下简称《农产品质量安全法》)将农产品定义为"来源于农业的初级产品,即在农业活动中获得的植物、动物、微生物及其产品",主要强调的是农业的初级产品,即在农业中获得的植物、动物、微生物及其产品。实际上,农产品亦有广义与狭义之分。广义的农产品是指农业部门所生产出的产品,包括农、林、牧、副、渔等所生产的产品;而狭义的农产品仅指粮食。广义的农产品概念与《农产品质量安全法》中的农产品概念基本一致。

不同的体系对农产品分类方法是不同的,不同的国际组织与不同的国家对农产品的分类标准不同,甚至具有很大的差异。农业部相关部门将农产品分为粮油、蔬菜、水果、水产和畜牧五大类。① 以农产品为对象,根据其组织特性、化学成分和理化性质,采用不同的加工技术和方法,制成各种粗、精加工的成品与半成品的过程称为农产品加工。根据联合国国际工业分类标准,农产品加工业划分为以下五类:食品、饮料和烟草加工;纺织、服装和皮革工业;木材和木材产品,包括家具加工制造;纸张和纸产品加工、印刷和出版;橡胶产品加工。根据国家统计局分类,农产品加工业包括 12 个行业:食品加工业(含粮食及饲料加工业);食品制造业(含糕点糖果制造业、乳品制造业、罐头食品制造业、发酵制品业、调味品制造业及其他食品制造业);饮料制造业(含酒精及饮料酒、软饮料制造业、制茶业等);烟草加工业;纺织业、服装及其他纤维制品制造业;皮革毛皮羽绒及其制品业;木材加工及竹藤棕草制造业。②

由于农产品是食品的主要来源,也是工业原料的重要来源,因此可将农产品分为食用农产品和非食用农产品。商务部、财政部、国家税务总局于 2005 年 4 月发布的《关于开展农产品连锁经营试点的通知》(商建发[2005]1 号)对食用农产品做了详细的注解,食用农产品包括可供食用的各种植物、畜牧、渔业产品及其初级加工产品。同样,农产品、食用农产品概念的专业性很强,也并不是本《报告》的研究重点。如无特别说明,本《报告》对农产品、食用农产品理解主要依据《农产品质量安全法》与商务部、财政部、国家税务总局的相关界定。

3. 农产品与食品间的关系

农产品与食品间的关系似乎非常简单,实际上并非如此。事实上,在有些国家农产品包括食品,而有些国家则是食品包括农产品,如《乌拉圭回合农产品协议》对农产品范围的界定就包括了食品;《加拿大农产品法》中的"农产品"也包括

---

① 中国农业信息网,http://www.agri.gov.cn/。
② 海南农业信息网,农产品加工业的定义、内容和分类标准,http://hiagri.gov.cn/sites/MainSite/Detail.aspx? StructID=79658。

了"食品"。在一些国家虽将农产品包含在食品之中，但同时强调了食品"加工和制作"这一过程。但不管如何定义与分类，在法律意义上，农产品与食品两者间的法律关系是清楚的，一般而言，在同一个国家内部农产品和食品不会产生法律关系上的混淆。在我国也是如此，《食品安全法》与《农产品质量安全法》分别对食品、农产品作出了明确的界定，法律关系清晰。

农产品和食品既有必然联系，也有一定的区别。农产品是源于农业的初级产品，包括直接食用农产品、食品原料和非食用农产品等，而大部分农产品需要再加工后变成食品。因此，食品是农产品这一农业初级产品的延伸与发展。这就是农产品与食品的天然联系。两者的联系还体现在质量安全上。农产品质量安全问题主要产生于农业生产过程中，比如，农药、化肥的使用往往降低农产品质量安全水平。食品的质量安全水平首先取决于农产品的安全状况。进一步分析，农产品是直接来源于农业生产活动的产品，属于第一产业的范畴；食品尤其是加工食品主要是经过工业化的加工过程所产生的食物产品，属于第二产业的范畴。加工食品是以农产品为原料，通过工业化的加工过程形成，具有典型的工业品特征，生产周期短，批量生产，包装精致，保质期得到延长，运输、贮藏、销售过程中损耗浪费少等。这就是农产品与食品的主要区别。图0-1简单地反映了食品与农产品之间的相互关系。

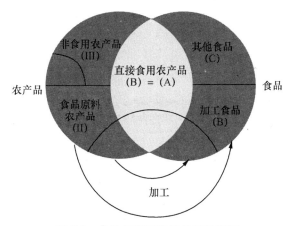

图0-1 食品与农产品间关系示意图

目前政界、学界在讨论食品安全的一般问题时并没有将农产品、食用农产品、食品作出非常严格的区分，而是相互交叉，往往有将农产品、食用农产品涵盖在食品之中的含义。在本书除第一章、第二章分别研究食用农产品安全、生产与加工环节的食品质量安全，以及特别说明外，对食用农产品、食品也不作非常严格的区别。

（二）食品安全的内涵

食品安全问题贯穿于人类社会发展的全过程,是一个国家经济发展、社会稳定的物质基础和必要保证。因此,包括发达国家在内的世界各国政府大都将食品安全问题提升到国家安全的战略高度,给予高度的关注与重视。

1. 食品量的安全与食品质的安全

食品安全内涵包括"食品量的安全"和"食品质的安全"两个方面。"食品量的安全"强调的是食品数量安全,亦称食品安全保障,从数量上反映居民食品消费需求的能力。食品数量安全问题在任何时候都是各国特别是发展中国家首先需要解决的问题。目前,除非洲等地区的少数国家外,世界各国的食品数量安全问题从总体上基本得以解决,食品供给已不再是主要矛盾。"食品质的安全"关注的是食品质量安全。食品质的安全状态就是一个国家或地区的食品中各种危害物对消费者健康的影响程度,以确保食品卫生、营养结构合理为基本特征。因此,"食品质的安全"强调的是确保食品消费对人类健康没有直接或潜在的不良影响。

"食品量的安全"和"食品质的安全"是食品安全概念内涵中两个相互联系的基本方面。在我国,现在对食品安全内涵的理解中,更关注"食品质的安全",而相对弱化"食品量的安全"。

2. 食品安全内涵的理解

在我国,对食品安全概念的理解上,大体形成了如下的共识。

（1）食品安全具有动态性。《食品安全法》在第十章《附则》第 99 条的界定是:"食品安全,指食品无毒、无害,符合应当有的营养要求,对人体健康不造成任何急性、亚急性或者慢性危害。"纵观我国食品安全管理的历史轨迹,可以发现,上述界定中的无毒、无害,营养要求,急性、亚急性或者慢性危害在不同的年代衡量标准不尽一致。不同标准对应着不同的食品安全水平。因此,食品安全首先是一个动态概念。

（2）食品安全具有法律标准。进入 20 世纪 80 年代以来,一些国家以及有关国际组织从社会系统工程建设的角度出发,逐步以食品安全的综合立法替代卫生、质量、营养等要素立法。1990 年英国颁布了《食品安全法》,2000 年欧盟发表了具有指导意义的《食品安全白皮书》,2003 年日本制定了《食品安全基本法》。部分发展中国家也制定了《食品安全法》。以综合型的《食品安全法》逐步替代要素型的《食品卫生法》、《食品质量法》、《食品营养法》等,反映了时代发展的要求。同时,也说明了在一个国家范畴内食品安全有其法律标准的内在要求。

（3）食品安全具有社会治理的特征。与卫生学、营养学、质量学等学科概念不同,食品安全是一个社会治理概念。不同国家在不同的历史时期,食品安全所面临的突出问题和治理要求有所不同。在发达国家,食品安全所关注的主要是因科学技术发展所引发的问题,如转基因食品对人类健康的影响;而在发展中国家,现阶段食品安全所侧重的则是市场经济发育不成熟所引发的问题,如假冒伪劣、有毒有害食品等非法生产经营。在我国,食品安全问题则基本包括上述全部内容。

(4)食品安全具有政治性。无论是发达国家,还是发展中国家,确保食品安全是企业和政府对社会最基本的责任和必须做出的承诺。食品安全与生存权紧密相连,具有唯一性和强制性,属于政府保障或者政府强制的范畴。而食品安全往往与发展权有关,具有层次性和选择性,属于商业选择或者政府倡导的范畴。近年来,国际社会逐步以食品安全的概念替代食品卫生、食品质量的概念,更加突显了食品安全的政治责任。

基于以上认识,完整意义上的食品安全的概念可以表述为:食品(食物或农产品)的种植、养殖、加工、包装、贮藏、运输、销售、消费等活动符合国家强制标准和要求,不存在可能损害或威胁人体健康的有毒有害物质以导致消费者病亡或者危及消费者及其后代的隐患。食品安全概念表明,食品安全既包括生产安全,也包括经营安全;既包括结果安全,也包括过程安全;既包括现实安全,也包括未来安全[①]。本书的研究主要依据《食品安全法》对食品安全所作出的原则界定,且关注与研究的主题是"食品质的安全",在此基础上,基于现有的国家标准,分析研究我国食品质量安全的总体水平等。需要指出的是,如无特别的说明,在本书中,食品质的安全、食品质量安全与食品安全三者的含义完全一致。

(三) 食品安全与食品卫生

与食品安全相关的主要概念有食品卫生、粮食安全。对此,本书作出如下的说明。

1. 食品安全与食品卫生

我国的国家标准《GB/T15091-1994 食品工业基本术语》将"食品卫生"定义为"为防止食品在生产、收获、加工、运输、贮藏、销售等各个环节被有害物质污染,使食品有益于人体健康所采取的各项措施"。食品卫生具有食品安全的基本特征,包括结果安全(无毒无害,符合应有的营养等)和过程安全,即保障结果安全的条件、环境等安全。食品安全和食品卫生的区别在于:一是范围不同。食品安全包括食品(食物)的种植、养殖、加工、包装、贮藏、运输、销售、消费等环节的安全,而食品卫生通常并不包含种植养殖环节的安全。二是侧重点不同。食品安全是结果安全和过程安全的完整统一,食品卫生虽然也包含上述两项内容,但更侧重于过程安全。

---

① 吴林海、徐立青:《食品国际贸易》,中国轻工业出版社 2009 年版。

2. 食品安全与粮食安全

粮食安全是指保证任何人在任何时候都能得到为了生存与健康所需要的足够食品。食品安全是指品质要求上的安全,而粮食安全则是数量供给或者供需保障上的安全。食品安全与粮食安全的主要区别是:一是粮食与食品的内涵不同。粮食是指稻谷、小麦、玉米、高粱、谷子及其他杂粮,还包括薯类和豆类,而食品的内涵要比粮食更为广泛。二是粮食与食品的产业范围不同。粮食的生产主要是种植业,而食品的生产包括种植业、养殖业、林业等。三是评价指标不同。粮食安全主要是供需平衡,评价指标主要有产量水平、库存水平、贫苦人口温饱水平等,而食品安全主要是无毒无害,健康营养,评价指标主要是理化指标、生物指标、营养指标等。

3. 食品安全与食品卫生间的相互关系

由此可见,食品安全、食品卫生间绝不是相互平行,也绝不是相互交叉的关系,食品安全包括食品卫生。以食品安全的概念涵盖食品卫生的概念,并不是否定或者取消食品卫生的概念,而是在更加科学的体系下,以更加宏观的视角来看待食品卫生。例如,以食品安全来统筹食品标准,就可以避免目前食品卫生标准、食品质量标准、食品营养标准之间的交叉与重复。

(四) 食品安全风险

风险(Risk)为风险事件发生的概率与事件发生后果的乘积。[1] 联合国化学品安全项目中将风险定义为暴露某种特定因子后在特定条件下对组织、系统或人群(或亚人群)产生有害作用的概率。[2] 由于风险特性不同,没有一个完全适合所有风险问题的风险定义,应依据研究对象和性质的不同而采用具有针对性的定义。对于食品安全风险,FAO(Food and Agriculture Organization,联合国粮农组织)与WHO(World Health Organization,世界卫生组织)于1995—1999年先后召开了三次国际专家咨询会。[3] 国际法典委员会(Codex Alimentarius Commission,CAC)认为,食品安全风险是指对人体健康或环境产生不良效果的可能性和严重性,这种不良效果是由食品中的一种危害所引起的[4]。食品安全风险主要是指潜在损坏或危及食品安全和质量的因子或因素,这些因素包括生物性、化学性和物理性。[5] 生物性危害主要指细菌、病毒、真菌等能产生毒素微生物组织,化学性危害主要指农药、

---

① Gratt, L. B., "Risk Analysis or Risk Assessment: A Proposal for Consistent Definitions", *Uncertainty in Risk Assessment, Risk Management and Decision Making* (New York: Plenum Press, 1987), pp. 241—249.

② 石阶平:《食品安全风险评估》,中国农业大学出版社 2010 年版,第 23 页。

③ *Risk Management and Food Safety*, FAO food and nutrition paper, Number 65, 1997.

④ *Codex Procedures Manual* (10th edition), FAO/WHO, 1997.

⑤ Anonymous, *A Simple Guide to Understanding and Applying the Hazard Analysis Critical Control Point Concept* (2nd edition), International Life Sciences Institute (ILSI) (Europe, Brussels), 1997, p. 13.

兽药残留,生长促进剂和污染物,违规或违法添加的添加剂;物理性危害主要指金属、碎屑等各种各样的外来杂质。相对于生物性和化学性危害,物理性危害影响较小。[①] 由于技术、经济发展水平差距,不同国家面临的食品安全风险不同。因此需要建立新的识别食品安全风险的方法,集中资源解决关键风险,以防止潜在风险演变为实际风险并导致食品安全事件。[②] 而对食品风险评估,FAO 作出了内涵性界定,主要指对食品、食品添加剂中生物性、化学性和物理性危害对人体健康可能造成的不良影响所进行的科学评估,包括危害识别、危害特征描述、暴露评估、风险特征描述等[③]。目前,FAO 对食品风险评估的这一界定已为世界各国所普遍接受。在本书的分析研究中将食品安全风险界定为对人体健康或环境产生不良效果的可能性和严重性。

本书的研究与分析,尚涉及其他一些重要的概念与术语,如食品添加剂等,由于篇幅的限制,在此不再一一列出,可参见各章节的相关内容。

三、研究主线与方法

从什么角度、沿着什么样的脉络来研究中国食品安全问题? 这是一个带有根本性的问题,内在地决定了研究的框架与主要内容。

(一) 研究的主线

近年来,全球范围内频发的食品不安全事件给人类的生命财产安全造成了严重损失,食品安全问题备受关注。在食品供应链体系的背景下,食品安全问题涉及多个环节、多个层面:(1) 原辅料的获得;(2) 食品的生产加工;(3) 产品的配送和运输;(4) 食品的消费环节;(5) 政府相关部门的监管;(6) 食品从业者的素质和责任等不同环节和层面;(7) 生产、加工、流通、消费等各个环节技术规范的合理性与有效性等。

所谓食品供应链(Food Supply Chain)是指食品的初级生产经营者到消费者各环节的经济利益主体(包括其前端的生产资料供应者和后端的作为规制者的政

---

① 参见 N. I. Valeeva, M. P. M. Meuwissen, R. B. M. Huirne., "Economics of Food Safety in Chains: A Review of General Principles", *Wageningen Journal of Life Sciences*, Vol. 51, No. 4, 2004, pp. 369—390; Barbara Burlingame, Maya Pineiro, "The Essential Balance: Risks and Benefits in Food Safety and Quality", *Journal of Food Composition and Analysis*, No. 20, 2007, pp. 139—146。

② Kleter, G. A., Marvin, H. J. P., "Indicators of Emerging Hazards and Risks to Food Safety", *Food and Chemical Toxicology*, Vol. 47, No. 5, 2009, pp. 1022—1039.

③ FAO, *Food and Nutrition*(Rome: FAO, 1997), 1997, p. 65.

府)所组成的整体。① 虽然食品供应链体系概念在实践中不断丰富与发展,但最基本的问题已为上述界定所揭示,并且这一界定已为世界各国所普遍接受。

按照上述定义,在我国,食品供应链体系中的生产经营主体主要包括农业生产者(分散农户、规模农户、合作社、农业企业、畜牧业生产者等)以及食品生产、加工、包装、物流配送、经销(批发与零售)等环节的厂商,并共同构成了食品生产经营、风险防控与风险承担的主体②。食品供应链体系中的农业生产者与食品生产加工、物流配送、经销等厂商的相关环节都存在着可能危害食品安全的因素。这些环节在食品供应链中环环相扣,相互影响,导致食品安全并非简单取决于某个单一企业,它是供应链上所有节点企业的使命。食品安全与食品供应链体系之间的关系研究成为新的历史时期人类发展的主题。因此,对中国食品安全问题的研究,本书分析与研究的主线是基于食品供应链全程体系,分析食用农产品与食品的生产加工、流通消费、进出口等主要环节的食品质量安全,介绍食品安全相应的支撑体系建设的进展情况,为关心食品安全的人们提供轮廓性的概况。

(二) 研究的视角

国内外学者对食品安全与食品供应链体系间的相关性分析,已分别在宏观与微观、技术与制度、政府与市场,以及政府、生产经营主体与消费者等多个角度、多个层面上进行了大量的、先驱性的研究。③ 但是从我国食品安全风险的主要特征与发生的重大食品安全事件的基本性质及成因来考察,现有的食品科学技术水平并非是制约、影响食品安全保障水平的主要瓶颈。虽然技术不足、环境污染等方面的原因对食品安全产生一定影响,比如牛奶的光氧化问题④、光氧化或生鲜蔬菜的"亚硝峰"在不同层面影响到食品品质⑤。但食品安全问题更多是生产经营主体不执行或不严格执行已有的食品技术规范与标准体系或其他不当行为等人源性因素造成的。可见,在现阶段有效防控我国食品安全风险,切实保障食品安全水

---

① Den Ouden, M., Dijkhuizen, A. A., Huirne, R., Zuurbier, P. J. P., "Vertical Cooperation in Agricultural Production-marketing Chains, with Special Reference to Product Differentiation in Pork", *Agribusiness*, Vol. 12, No. 3, 1996, pp. 277—290.

② 本《报告》中将食品供应链体系中的农业生产者与食品生产加工、物流配送、经销等厂商统称为食品生产经营者或生产经营主体,以有效区别食品供应链体系中的消费者、政府等行为主体。

③ 参见刘俊威:《基于信号传递博弈模型的我国食品安全问题探析》,《特区经济》2012年第1期,第303—304页;苗建萍:《美国食品安全监管体系对我国的启示和借鉴》,《中国商贸》2012年第2期,第253—254页。

④ Kerkaert, B., Mestdagh, F., Cucu, T. Shrestha, K. Van Camp, J., De Meulenaer, B., "The Impact of Photo-induced Molecular Changes of Dairy Proteins on Their ACE-inhibitory Peptides and Activity"(published in line), *Amino Acids*, 2011.

⑤ 燕平梅、薛文通、张慧等:《不同贮藏蔬菜中亚硝酸盐变化的研究》,《食品科学》2006年第6期,第242—247页。

平,必须有效集成技术、标准、规范、制度、政策等手段综合治理,并且更应该注重强化管理,规范食品生产经营者的行为。基于上述思考,本书的研究角度设定在管理层面上展开系统而深入的分析。

归纳起来,本书主要着眼于食品供应链的完整体系,基于管理学的角度,融食品生产经营者、消费者与政府为一体,从农产品生产为起点,综合运用各种统计数据,结合实际的调查,研究我国生产、流通、消费等关键环节的食品安全性(包括进出口食品的安全性)的变化轨迹,并对现阶段我国食品安全风险的现实状态与未来走势作出评估,由此深刻揭示影响我国食品安全的主要矛盾;与此同时,有选择、有重点地分析保障我国食品安全的主要支撑体系建设的进展与存在的主要问题。总之,基于上述研究主线与角度,本书试图全面反映、准确描述近年来我国食品安全性的总体变化情况,尽最大的可能为生产经营者、消费者与政府提供充分的食品安全信息。

(三) 研究的方法

本书采用了多学科的、系统的研究方法。主要是以下三种方法。

1. 比较分析法

比如,基于监测数据,对2006—2011年间我国主要食用农产品质量安全水平进行了比较;基于国家食品质量抽查合格率数据,对2005—2011年间我国生产加工环节的食品质量安全水平进行了分析;在分析流通环节食品质量安全监管面临的主要问题时,则运用统计数据对2006—2011年间全国食品流通环节的经营主体构成进行了比较研究。运用比较的方法进行研究,这是本书最基本的方法。

2. 调查研究法

本书就城乡居民对食品安全评价与所关注的若干问题等,在全国12个省区对4289个受访者组织了问卷的专项调查。覆盖面较广、调查点较多、样本量较大,是近年来我国食品安全研究领域直接针对城乡居民而进行的范围最大、直接面对面的实地调查。这一调查对深入了解城乡居民对食品安全性的评价、食品安全风险主要成因的认识与最担忧的主要食品安全风险、政府食品安全监管与执法的评价等问题,探讨食品安全风险的治理路径具有积极的意义。

3. 模型计量法

考虑到本书直接面向城乡居民,为兼顾可读性,在研究分析过程中尽可能地避开使用计量模型等研究方法。但是为保证研究的科学性、准确性与严谨性,在少数章节中仍然采用了一些必不可少的模型分析法,比如,在《食品安全风险的现实状态与未来走势》中采用了突变模型,对2006—2011年间我国食品安全生产、消费和流通等三个子系统进行了风险评估,估算了相应年度的食品安全总的风险度,并对未来食品安全风险走势进行了判断。采用突变模型的研究结论向全社会

表明,本书得出的"总体稳定,逐步向好,是未来我国食品安全风险的基本走势";
"虽然难以排除未来在食品的个别行业、局部生产区域出现反弹甚至是较大程度
的波动,但如果不发生不可抗拒的大范围的突发性、灾难性事件,我国食品安全这
一基本走势恐怕难以改变"的基本结论是建立在科学分析的基础之上的。

(四) 数据来源与研究时段

为了全景式、大范围地、尽可能详细地刻画近年来我国食品质量安全的基本
状况,本书运用了大量的不同年份的数据,除调查分析来源于实际调查外,诸多数
据来源于国家层面上的统计数据,或直接由政府相关部门提供。但有些数据来源
于政府网站上公开的报告或出版物,有些数据引用于已有的研究文献,也有极少
数的数据则来源于普通网站。在实际研究过程中,虽然可以保证关键数据和主要
研究结论的可靠性,但难以保证全部数据的权威性与精确性,研究结论的严谨性
不可避免地要依赖于所引用的数据可信性,尤其是一些二手资料数据。为更加清
晰地反映这一问题,便于读者做出客观判断,本书对所引用的所有数据均给出了
来源。

本年度出版的《中国食品安全发展报告》,是教育部 2011 年批准立项后的第
一本,侧重于反映 2011 年度我国食品安全的相关状况。同时,为了较为系统、全
面、深入地描述近年来我国食品安全状况的变化发展,本书在一定的时间跨度内,
从不同的维度对我国食品质量安全的相关状况进行了比较分析,但主要受数据收
集的局限,在具体章节的研究中有关时间跨度或时间起点的情况各不相同。尽可
能收集全面、可靠的数据是本书研究着力解决的主要问题,也是本书面临的最大
挑战。

四、研究的主要内容

本书在结构上分为上篇《食品安全与发展变化食品安全状况》、中篇《食品安
全与食品安全支撑体系建设》、下篇《食品安全的年度关注》三个部分,共十六章。

(一) 上篇

按照章节,上篇的《食品安全与发展变化》共有六章,主要内容是:

第一章　主要食用农产品的市场供应与质量安全。主要以粮食、蔬菜与水
果、畜产品和水产品等与人们日常生活密切相关的主要食用农产品为例,分析我
国主要食用农产品生产、市场供应、结构变动与新兴食用农产品市场的发展,并基
于监测数据考察我国主要食用农产品的质量安全水平。

第二章　食品工业发展与生产环节的食品质量安全。重点考察了 2005 年以
来我国食品工业发展的基本情况,以分析相关的食品国家质量抽查合格率为切入
点,从生产加工环节分析我国食品的质量安全及其变化情况。

第三章　流通环节的食品安全监管与食品质量安全。在简要概括我国流通环节食品安全监管体系建设进展的基础上,介绍了 2011 年流通环节食品安全专项执法检查与食品安全事故处置、食品质量安全监管情况,基于调查数据,研究了消费者对市场食品安全性评价;综合运用 2007—2011 年间全国消协组织受理的食品消费投诉情况,评价了食品消费投诉渠道的畅通性,据此剖析了我国流通环节食品质量安全监管面临的主要问题。

第四章　进出口食品的质量安全。一个国家的食品安全与食品国际贸易密切相关,任何一个国家在经济全球化的背景下都难以独善其身。本章主要在分析我国食品国际贸易规模、结构的基础上,重点考察 2006—2011 年间我国进出口食品的质量安全与变化趋势。

第五章　食品安全风险的现实状态与未来走势。主要基于国家层面上的数据,运用计量模型的方法,对 2006—2011 年间我国食品安全风险展开评估,实事求是地分析食品安全风险的现实状态,全景式地描述我国食品质量安全水平的真实变化、主要特征与发展趋势,从本质根源上揭示影响我国食品安全风险治理的主要矛盾。

第六章　城乡居民对食品安全评价与所关注的若干问题。基于对福建、贵州、河南、湖北、吉林、江苏、江西、山东、陕西、上海、四川、新疆等 12 个省、自治区、直辖市,96 个调查点 4289 个城乡居民的专题问卷调查,了解城乡居民对食品安全性的评价、对食品安全风险主要成因的认识与最担忧的主要食品安全风险,以及对政府食品安全监管与执法的评价等,为更好地集中民智,探讨食品安全风险的治理路径奠定了基础。

(二) 中篇

中篇的《食品安全与支撑体系建设》共有六章,主要内容是:

第七章　食品安全法律体系的演化发展与实施效果。2009 年 6 月 1 日《食品安全法》的正式实施,标志着我国食品安全法律体系建设进入了新的发展阶段。本章主要以《食品安全法》的颁布实施为逻辑起点,简要回顾我国食品安全法律体系的发展轨迹、分析现行食品安全法律体系的实施效果、揭示面临的主要问题,并初步就完善食品安全法律体系进行了初步的思考。

第八章　食品安全监管体制的历史变迁与绩效研究。研究了食品安全监管体制的历史变迁,为我国食品安全监管历史的演化和现实状态提供一个全景式的描述图景,并在重点考察 1990—2011 年间我国食品安全监管体制绩效的基础上,分析了制约我国食品安全监管绩效优化的结构性因素,基于监管绩效的基本现状与历史制度根源紧密联系的视角,探讨未来我国食品安全监管型体制的改革方向。

第九章　食品安全科技支撑体系的发展与国际比较。科技支撑体系是一个由科技资源投入,经过科技组织运作,形成符合经济和社会发展需要的科技产品的有机系统。食品安全的科技支撑体系是指国家进行食品质量安全控制时所需要的科学依据和技术支撑,其主体是技术,主要任务是基于食品质量安全的需求,形成能够支撑食品质量安全的主要技术体系。该章主要是轮廓性描述我国食品安全科技支撑体系发展的基本情况。

第十章　食品安全标准体系的建设与发展概况。食品标准是食品科学技术转化为生产力的重要工具,是提升食品安全水平、保障消费者食品安全的基本技术体系。而在我国存在着食品安全标准间交叉、重复、矛盾、超期服役等问题,给食品安全监管造成了巨大的困难。该章旨在描述我国食品安全标准体系的建设与发展概况,重点总结《食品安全法》公布施行后食品安全标准体系建设的新进展。

第十一章　食品安全信息公开制度体系的运行概况。食品安全风险的本质特征是信息的不对称。向社会公开并提供准确、充分的食品安全信息是防范食品安全风险的重要路径。政府监管部门的信息是食品安全信息的重要组成部分。该章则主要立足于主动公开的范畴,对我国食品安全政府信息公开制度的主要内容和实施情况进行客观的描述。

第十二章　国家食品安全风险监测评估与预警体系的建设进展。主要分析了近年来我国食品安全风险监测评估与预警体系法律法规与体制的建设进程,描述了食品安全风险监测体系、风险评估与预警信息发布的建设成效,研究了食品安全风险监测评估与预警体系建设面临的主要问题。

（三）下篇

下篇的《食品安全的年度关注》共有四章,主要内容是:

第十三章　2011年国内发生备受关注的食品安全事件与简要评述。由于错综复杂的因素交织在一起,食品安全风险等相关问题在近年来在我国显得尤为突出,食品安全事件频频发生,正在成为影响社会稳定和消费者健康的主要社会风险之一。该章主要分析与评述2011年国内发生的备受关注的食品安全事件与争议较大的食品安全标准案例。

第十四章　2011年相关国家发生的食品安全事件。食品安全问题是一个世界性的问题,食品安全事件不仅在中国发生,在国外也时常发生;不仅在发展中国家发生,在发达国家也发生,食品安全在任何国家都不可能也难以实现零风险,只不过是食品安全事件的起因、性质与表现方式和数量不同而已。该章主要通过资料收集,简要回顾与分析了2011年相关国家发生的一些较有影响的食品安全事件,并在此基础上,简要分析了处置食品安全事件的国际经验。

第十五章　食品工业中添加剂滥用与非食用物质的恶意添加。人为滥用食品添加剂甚至非法恶意添加非食用物质引发的食品安全事件持续不断,这是近年来中国发生的食品安全事件的突出特点。该章简要回顾了近年来我国食品添加剂行业的发展情况,考察了 2008—2011 年间食品中可能违法添加的非食用物质和易滥用的食品添加剂名单,研究了影响企业食品添加剂与非食用物质使用行为的诸多因素间的相互关系,并识别关键因素,以期为政府监管企业食品添加剂使用行为与打击恶意添加非食用物质的违法行为提供有效的防范措施。

第十六章　国内食品安全研究现状与研究热点分析。本章主要应用情报学的研究方法,对我国食品安全领域发表的文献进行定量分析,了解国内食品安全的研究现状与前沿领域的热点分布,把握学科整体发展态势、分析预测未来发展趋势,为发挥情报学在食品安全风险防控上的监测与预警作用,为政府食品安全管理战略决策提供文献情报的参考。

五、研究的主要结论

为了使读者对本书的研究内容与研究结论有轮廓性的了解,这一部分将以一定的篇幅,有重点地介绍整个报告的十个方面的主要研究结论。

(1) 食用农产品与食品的数量安全有效保障。我国主要食用农产品产量持续增长,市场供应状况充足,食用农产品的数量安全得要有效保障。主要食用农产品在总体保持大幅增长的同时,其内部结构已经并正在发生一系列的调整,且在今后一个较长时期内将始终保持着逐步升级的变化趋势,能够有效满足我国城乡居民随着生活水平的日益提高的饮食结构升级的需求。

与此同时,目前我国的大米、小麦粉、食用植物油、鲜冷藏冻肉、饼干、果汁及果汁饮料、啤酒、方便面等部分食品产量已位居世界第一或世界前列,食品工业成为我国国民经济最重要的支柱性产业之一。食品工业的大发展保障了食品的数量安全。

(2) 食用农产品质量安全逐步向好。由于政府一系列农业生产政策的逐步落实,我国的食用农产品生产方式的不断转型,新兴食用农产品生产的积极发展与市场的有效培育,标准化体系建设的逐步推进,尤其是政府食用农产品安全监管力度的不断加大,2006—2011 年间我国的蔬菜与水果、畜产品和水产品等与人民群众密切相关的主要食用农产品质量安全水平均在不同程度上实现了新的提升,城乡居民食用农产品的消费安全有效保障,"总体平稳、逐步向好"是我国主要食用农产品质量安全的基本态势。

(3) 加工环节的食品质量安全保持在一个较高的水平上。2005 年以来,国家质检总局对食品质量的国家质量抽查覆盖了所有的食品大类,涉及不同类别的上千种食品。虽然不同年度同种食品与相同年度不同种食品的抽查合格率有不同程度的差异,但全国食品质量抽查合格率的总水平由 2005 年的 80.1% 上升到 2011 年的 96.4%,六年间提高了 16.3%。2011 年国家质检总局的抽查数据表明,与人们日常生活密切相关的八大类食品中,除豆制品合格率低于 90% 外,碳酸饮料产品、方便面、小麦粉、乳粉、肉制品、食糖、食用植物油产品等七大类食品的合格率均高于 90%。

（4）流通环节的食品质量安全逐步改善。多年来,全国工商管理系统努力强化流通环节食品质量安全的专项执法检查、积极有效地防范和处置食品安全事故、始终加强食品流通环节和食品市场的日常规范监管力度,取得了积极的成效。目前对食品市场抽样检验的范围、品种不断扩大,力度不断提升,分类监管的体系逐步形成。2009 年、2010 年和 2011 年,全国工商行政管理部门依法分别抽检食品 28.52 万组、20.83 万组和 33.2 万组,流通环节的食品质量抽样检验合格率总体上呈现上升趋势。我国食品市场的消费安全基本上是有保障的。

（5）进出口食品质量安全水平保持在较高的水平上。在境外实行日趋严格的技术性贸易措施的背景下,我国出口食品合格率持续保持在 99% 以上,出口食品的质量安全有着充分的保障。同时我国进口食品质量安全总体水平也比较高,但由于国内对进口食品需求量日益扩大,食品安全风险也随之增加。因此,借鉴国际经验,在 WTO 的框架下,对境外进口食品设置融技术、法规、文化于一体的技术性贸易措施,可能需要提到重要的议事日程上。

（6）食品安全风险进入了相对安全区域。基于突变模型,主要运用国家相关部门的统计数据,对 2006—2011 年间的食品安全风险评估与未来走势判断进行了计量的研究。研究结论表明,自 2006 年以来,我国食品安全风险总值呈持续下降的态势,目前已进入了相对安全区域。当然,安全是相对的,世界上没有绝对安全的食品,食品风险的安全区间也必然存在着潜在的风险。虽然我国食品安全风险防控具有长期性、艰巨性与复杂性的特点,也难以排除未来在食品的个别行业、局部生产区域出现反弹甚至是较大程度的波动,但如果不发生不可抗拒的大范围的突发性、灾难性事件,我国食品安全风险"总体稳定,逐步向好"的这一基本走势恐怕难以改变。

（7）保障食品安全的支撑体系建设总体良好。以 2009 年 6 月 1 日《食品安全法》正式实施为标志,我国已初步建立了较为完整且能较好地发挥效用的食品安全法律体系;20 世纪 90 年代以来,经过不断探索与修正,我国逐步确定并建立了食品安全监管的多部门分段监管体制,并在国务院层面增设了国家食品安全委员会,以引入超越部门利益至上的机制来协调食品安全监管工作,虽然对此机制各相关方面存在着不同的质疑,但此机制在目前至少基本能够保障食品安全;基于食品质量安全的需求,基本符合我国经济和社会发展需要的食品质量安全的科技支撑体系逐步形成;《食品安全法》颁布后,基本解决了现行食品安全标准交叉、重复、矛盾的问题,完善的食品安全国家标准体系正在逐步形成;已初步形成了食品安全信息公开制度的法律框架,食品安全信息的公开性、透明度有了新的改善,为保障食品安全起到了积极作用;与此同时,经过坚持不懈的努力,我国已初步建成覆盖全国并逐步延伸到农村地区的食品安全风险监测评估与预警体系。当然,食品安全支撑体系的建设也面临着诸多的问题,这些问题的解决具有长期性、复杂性的基本特点,难以一蹴而就。

（8）我国的食品安全风险与国外具有一定的差异性。虽然,食品安全是全球性问题,而且国内外的食品安全风险具有共性,但我国的食品安全有其特殊性。目前国际上的事件大多是环境污染及食物链污染所致,多是生物、物理、化学等非人为因素故意污染,但在我国近年发生的重大食品安全事件,虽然也有技术不足、环境污染等方面的原因,但更多的是生产经营主体不当行为、不执行或不严格执行已有的食品技术规范与标准体系等违规违法行为等人源性因素造成的。

（9）城乡居民对食品安全状况评价不高。对福建、贵州、河南、湖北、吉林、江苏、江西、山东、陕西、上海、四川、新疆等12个省、自治区、直辖市96个调查点4289个城乡居民的调查数据显示,60.97%受访者对食品安全"非常关注"和"比较关注",不足30%的受访者认为本地区食品安全状况是"比较安全"和"非常安全"的,70%以上受访者的食品安全信心受到重大食品安全事件频发的影响,45.44%的受访者对未来食品安全状况好转表示有信心;受访者认为,最主要的食品安全风险因素依次是食品添加剂滥用与非食用物质的恶意添加、农兽药残留超标、重金属污染、细菌与有害微生物污染,并且60.65%的受访者认为食品生产加工与经营企业有机可乘、片面追求利润、社会责任意识淡薄等原因是产生食品安全风险最主要的原因。虽然城市、农村受访者对食品安全风险与安全消费的认知,以及食品消费习惯均具有差异性,但对同一问题的看法上具有一致性。尤其需要指出的是,无论是城市受访者还是农村受访者,对政府食品安全的监管与执法力度的满意性评价,均持不合格的评价态度。

（10）我国食品安全风险防控具有长期性与艰巨性。分散化、小规模的食品生产方式与现代食品工业内在要求,与人民群众不断增长的食品安全需求之间的矛盾,是我国食品安全风险防控面临的主要矛盾。这一矛盾在未来一个很长历史时期内将继续存在,难以在短时期内发生根本性改变,并由此决定了我国食品安全风险防控的长期性与艰巨性。以优化和约束食品生产经营主体的行为与转变食品生产方式,成为当前和未来一个较长时期内我国防控食品安全风险的基本选择和必由之路。政府有限的监管力量、重要的食品安全风险监管的主要社会资源要优先满足上述主要矛盾的解决。

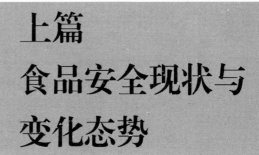

上篇
食品安全现状与
变化态势

第一章　主要食用农产品的市场
供应与质量安全

　　本书在导论部分就食用农产品、食品以及两者的关系分别作了界定与说明①。虽然我国品种繁多,但对食用农产品数量与质量安全带来全局性影响的主要是粮食、蔬菜与水果、畜产品和水产品等。本章主要以粮食、蔬菜与水果、畜产品和水产品等食用农产品为例,分析我国食用农产品的生产、市场供应、结构变动与新兴食用农产品市场的发展,并基于监测数据考察我国主要食用农产品的质量安全水平。

一、主要食用农产品的生产与市场供应

　　本节主要以粮食、蔬菜与水果、畜产品和水产品等为例,从总体上分析我国主要食用农产品的生产与市场供应状况。

(一)粮食

　　2011 年是我国粮食生产历史上极不平凡的一年。全年粮食产量再创历史新高,跃上 11000 亿斤新台阶,达到 11424 亿斤(57121 万吨),比 2010 年增加 495 亿斤,八年间累计增产 2810 亿斤,年均增产 350 亿斤,是新中国成立以来增产幅度最大的时期。同时全年粮食单产再创历史新高,达到 344.4 公斤,比 2010 年提高 12.8 公斤,八年间提高 55.6 公斤,年均提高 7 公斤,是新中国成立以来单产提高最快的时期之一。2011 年全国粮食生产实现"四个首次":即首次迈上 11000 亿斤的新台阶,首次连续 5 年稳定在 10000 亿斤以上,半个世纪以来首次实现连续 8 年增产,粮食人均占有量首次达到 850 斤的新水平。总体来看,我国粮食生产得到了快速发展,粮食供求实现了由短缺向总量平衡、丰年有余的历史性跨越,国家粮食储备量达到历史最高水平(图 1-1)。

　　随着经济社会发展与民众生活水平的提高,我国居民食物消费结构随之发生了较大变化,开始由食用谷物为主逐渐转向以食用动物性蛋白为主,进而对粮食生产结构产生了较大影响。食用动物性蛋白的生产需要消耗大量的谷物,直接拉动我国谷物产量的大幅增加。谷物产量由 2005 年的 42776 万吨增加到 2011 年的

---

　　①　需要说明的是,本书所指的农产品一般就是专指食用农产品,食用农产品、农产品并不严格区分。

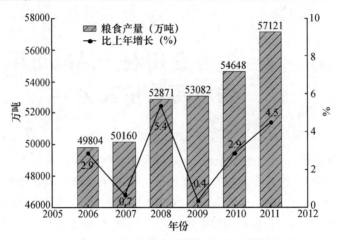

图 1-1 2006—2011 年间我国粮食总产量与增速变化图

数据来源：国家统计局，《中华人民共和国国民经济和社会发展统计公报》（2007—2012 年）。

51939.5 万吨，增长了 21.4%，年均增长率 2.8%（表 1-1）[①]。与此同时，薯类和豆类的产量却不断下降。2005 年全国薯类和豆类产量分别为 3468.5 万吨和 2157.7 万吨，在 2011 年减少到 3273 万吨和 1908.5 万吨，分别下降了 5.6% 和 11.5%，年均下降 0.8% 和 1.7%。

表 1-1 2005—2011 年间我国主要粮食作物产量及其增长率

（单位：万吨、%）

	2005	2006	2007	2008	2009	2010	2011	年均增长率
粮食	48402.2	49804.2	50160.3	52870.9	53082.1	54647.7	57121.0	2.4
谷物	42776.0	45099.2	45632.4	47847.4	48156.3	49637.1	51939.5	2.8
稻谷	18058.8	18171.8	18603.4	19189.6	19510.3	19576.1	20100.0	1.5
小麦	9744.5	10846.6	10929.8	11246.4	11511.5	11518.1	11740	2.7
玉米	13936.4	15160.3	15230.0	16591.4	16397.4	17724.5	19278.0	4.7
薯类	3468.5	2701.3	2807.8	2980.2	2995.5	3114.1	3273.0	-0.8
豆类	2157.7	2003.7	1720.1	2043.3	1930.3	1896.5	1908.5	-1.7

数据来源：国家统计局，《中国统计年鉴》（2006—2012），有关数据经作者计算形成。

（二）蔬菜与水果

中国是蔬菜与水果的生产和消费大国。2011 年蔬菜产量达到 6.77 亿吨，占世界蔬菜总产量的 30%；水果产量达到 9595 万吨，占世界总产量的 14%。蔬菜和

[①] 若无特别说明，本章节数据皆来源于国家统计局相关年度的《中国统计年鉴》和《中华人民共和国国民经济和社会发展统计公报》，有关数据经作者计算形成。

水果产量皆居世界第一位①。伴随着农业生产力的提升、居民生活水平的提高与农产品种植结构的调整,20世纪90年代中后期以来,我国蔬菜和水果的种植面积分别从1996年的10491千公顷和8553千公顷,增长到2010年的188999.9千公顷和11543.9千公顷,分别增加了81.1%和35.0%。果蔬生产量的快速增长确保了市场供应,满足了多层次的消费需求(图1-2)。

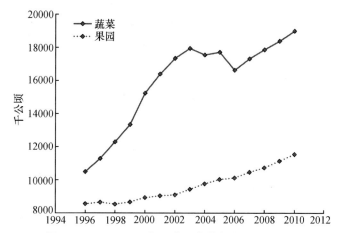

图 1-2　1996—2010 年间我国蔬菜与水果种植面积
数据来源:国家统计局,《中国统计年鉴》(1997—2011)。

我国水果种植的主要产品包括苹果、柑橘、梨、葡萄和香蕉。苹果和柑橘的生产与供应量在2002年之后大幅上升。2010年苹果、柑橘的年产量分别达到了3326.3万吨、2645.2万吨。梨、葡萄和香蕉的产量虽有所上升,但总产量相对较小,皆尚未超过1500万吨的水平。1996—2010年间我国的主要水果产量见图1-3。

(三) 畜产品

1996—2011年间,我国的肉类、奶类(主要为牛奶)和禽蛋等主要畜产品产量大幅增加,但受市场增长差异等因素影响,各种畜产品的增幅并不相同,其中禽蛋产量增长较为平稳,而肉类和奶类产品的增长速度相对较快,尤其是奶类产品因其基数小,更是呈现快速增长(图1-4)。2011年我国肉类、奶类、禽蛋产量分别达到7957万吨、3656万吨、2811万吨,分别比1996年的4584万吨、735.8万吨、1965万吨增加了73.6%、396.9%、43.0%。

---

① 参见卢凌霄、周德、吕超等:《中国蔬菜产地集中的影响因素分析——基于山东寿光批发商数据的结构方程模型研究》,《财贸经济》2010年第6期,第113—120页;潘勇辉、张宁宁:《种业跨国公司进入与菜农种子购买及使用模式调查——来自山东寿光的经验证据》,《农业经济问题》2011年第8期,第10—18页。

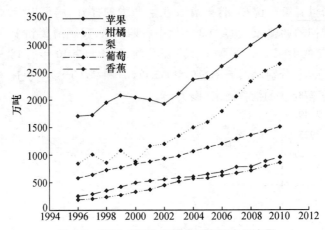

图 1-3 1996—2010 年间我国主要水果产量

数据来源:国家统计局,《中国统计年鉴》(1997—2011)。

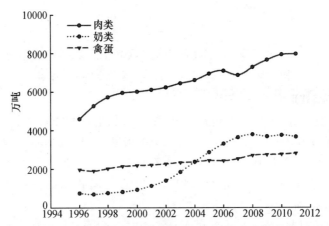

图 1-4 1996—2011 年间我国肉类、奶类和禽蛋产量

数据来源:国家统计局,《中国统计年鉴》(1997—2011)和《中华人民共和国 2012 年国民经济和社会发展统计公报》。

表 1-2 显示,在"十一五"期间,猪肉、牛肉、羊肉、牛奶、禽蛋产量的增长率与 GDP 的增长基本保持同步。猪肉、牛肉、羊肉产量分别由 2006 年的 4650.5 万吨、576.7 万吨、363.8 万吨增加到 2010 年的 5071.2 万吨、653.1 万吨、398.9 万吨,分别增长了 9.0%、13.2%、9.6%。牛肉产量的增速高于肉类平均增速(11.8%),而猪肉和羊肉的增速低于肉类平均增速。牛奶产量由 2006 年的 3193.4 万吨增加到 2010 年的 3575.6 万吨,增长了 12.0%。禽蛋产量则由 2006 年的 2424.0 万吨增加到 2010 年的 2762.7 万吨,增长了 14.0%。

表1-2　"十一五"期间我国主要畜产品产量　　　　　（单位：万吨、%）

	肉类	猪肉	牛肉	羊肉	牛奶	禽蛋
2006	7089.0	4650.5	576.7	363.8	3193.4	2424.0
2007	6865.7	4287.8	613.4	382.6	3525.2	2529.0
2008	7278.7	4620.5	613.2	380.3	3555.8	2702.2
2009	7649.7	4890.8	635.5	389.4	3518.8	2742.5
2010	7925.8	5071.2	653.1	398.9	3575.6	2762.7
增长率	11.8	9.0	13.2	9.6	12.0	14.0
年增长率	2.3	1.7	2.5	1.9	2.3	2.7

数据来源：国家统计局，《中国统计年鉴》(2007—2011)，有关数据经作者计算形成。

（四）水产品

水产品含有丰富的且易为人体消化吸收的蛋白质，以及人体所需的各种维生素和矿物质。随着生活水平的提高，水产品日益受到我国城乡居民的青睐，在居民饮食结构中所占的比重越来越高。受消费需求拉动，我国水产品的产量持续大幅上扬。1996年全国水产品产量为3288.1万吨，而2011年的产量则增加到5603.2万吨，累计增加70%，人均水产品产量由2000年的39.4公斤增加到2011年的41.6公斤。

捕捞是我国获取水产品的重要方式。2011年全国捕捞水产品的总产量1579.95万吨，同比增长2.32%，其中海洋捕捞产量1241.94万吨（不含远洋渔业产量，2011年我国的远洋渔业产量为114.78万吨）。但由于国际社会对环境和渔业资源的关注越来越高，各国都加强了对渔业资源的保护与争夺力度。基于赢得良好国际环境和资源可持续利用的考虑，我国也开始转变渔业发展方式，调整海洋渔业资源开发战略，捕捞水产品产量的增长由此相对乏力。水产养殖业在我国水产品生产中的地位日趋重要，水产养殖面积和产量不断提高（图1-5）。2011年全国水产养殖面积达到7835千公顷，比2010年增加189.73千公顷，增长了2.5%。其中海水养殖面积2106.4千公顷，占水产养殖总面积的26.9%，比2010年增加25.5千公顷，增长1.23%；淡水养殖面积5728.6千公顷，占水产养殖总面积的73.1%，比2010年增加164.2千公顷，增长2.95%。2011年，全国水产养殖总产量达到4023.3万吨，同比增长5.1%，占水产品总产量的比例也上升到71.8%。其中海水养殖产量1551.3万吨，淡水养殖产量2471.9万吨。

我国水产品种类丰富，鱼类是其中最为重要的品种，其他的主要品种还包括甲壳类、贝类和藻类等。鱼类主要来自淡水养殖，甲壳类主要来自淡水养殖和海水捕捞，贝类和藻类主要来自海水养殖。2011年我国鱼类产量为3304.1万吨，是甲壳类、贝类和藻类总产量的1.6倍（表1-3）。

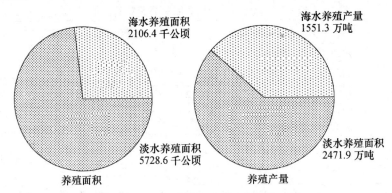

图 1-5   2011 年全国水产养殖面积与产量

数据来源：农业部渔业局，《2011 年全国渔业经济统计公报》。

表 1-3   2011 年各水产品产量   （单位：万吨）

	鱼类	甲壳类	贝类	藻类
海水养殖	96.4	112.7	1154.4	160.2
淡水养殖	2185.4	216.4	25.2	—
海水捕捞	864.0	209.1	58.4	2.7
淡水捕捞	158.3	32.4	28.7	44.0
总产量	3304.1	570.7	1266.7	206.927

数据来源：农业部渔业局，《2011 年全国渔业经济统计公报》。

二、主要食用农产品的结构变化

随着经济的高速增长和人民生活水平的日益提高，我国城乡居民的饮食结构正在发生深刻的变化。各类农产品在居民食物消费中的相对重要性悄然发生相应变化，由以粮食为主开始向多元化转化，主要表现为肉类与果蔬的比重不断上升，甚至已经超过稻谷类食物的比重。同时，伴随着国内市场对食品安全关注度的提高，新兴农产品市场也取得了长足发展。在国家支农惠农政策、市场需求与科技进步等因素的多轮驱动下，我国主要食用农产品在总体保持大幅增长的同时，其内部结构已经并正在发生一系列的调整，且在今后一个较长时期内将始终保持着逐步升级的变化趋势。

（一）种植结构

如表 1-4 所示，自 1995 年以来，由于消费者对稻谷、小麦类主食需求的相对下降，稻谷等主粮的种植面积占耕地总面积的比重不断下降。而玉米因成为日趋重要的工业原料和牲畜饲料，由此导致的需求持续增加造成其种植面积占耕地总面积的比重不断上升,由 1995 年的 15.2% 增加到 2010 年的 20.2%。随着工业化需求的持续增加,玉米种植面积在耕地总面积中的比重可能将继续提高。

表 1-4　我国主要农作物种植面积占耕地面积的比重　　（单位:%）

	1995	2000	2005	2008	2009	2010
稻谷	20.5	19.2	18.6	18.7	18.7	18.6
小麦	19.3	17.1	14.7	15.1	15.3	15.1
玉米	15.2	14.8	17.0	19.1	19.7	20.2
豆类	7.5	8.1	8.3	7.8	7.5	7.0
薯类	6.4	6.7	6.1	5.4	5.4	5.4
油料作物	8.7	9.9	9.2	8.2	8.6	8.6
花生	2.5	3.1	3.0	2.7	2.8	2.8
油菜籽	4.6	4.8	4.7	4.2	4.6	4.6
蔬菜	6.3	9.7	11.4	11.4	11.6	11.8

数据来源:国家统计局,《中国统计年鉴》(1997—2011)。

　　豆类作物是食用油的重要原料,随着居民对食用油消费的增加,其种植比重自 1995 年开始提高。但 2005 年之后,豆类作物种植面积占耕地总面积的比重却不断下降,主要原因在于大豆的进口量持续呈现大幅增长的趋势。海关总署公布的数据显示,2011 年全年我国累计进口大豆 5264 万吨,预计 2012 年大豆进口量将上扬至 5600 万吨左右。除了豆类作物外,花生、油菜籽等食用油原料的种植面积比重基本维持不变。

　　近年来,薯类作物的种植面积占耕地总面积的比重不断下降,但下降幅度不大。随着收入水平提高,居民饮食结构的调整是薯类作物种植面积下降的主要原因。基于相似的原因,蔬菜种植面积的比重有了较大幅度的提高,由 1995 年的 6.3% 增加到 2010 年的 11.8%。

（二）产量结构

　　1996 年以来,我国各主要食用农产品产量在总产量中的比重结构发生了较大调整,呈现出较为稳定的变化趋势(表 1-5)。稻谷、小麦、豆类、薯类的比重在不断下降,玉米的比重在持续上升。肉类、奶类和禽蛋类的比重先是以较快的速度逐渐增加,在 2005 年以后则基本保持稳定。

表 1-5　　主要年份我国各类农产品产量的比重　　（单位：%）

	稻谷	小麦	玉米	豆类	薯类	肉类	奶类	禽蛋
1996	0.350	0.198	0.228	0.032	0.063	0.082	0.035	0.011
2000	0.348	0.184	0.196	0.037	0.068	0.111	0.040	0.015
2005	0.304	0.164	0.234	0.036	0.058	0.117	0.041	0.046
2008	0.292	0.171	0.252	0.031	0.045	0.111	0.041	0.057
2009	0.294	0.173	0.247	0.029	0.045	0.115	0.041	0.055
2010	0.287	0.169	0.260	0.028	0.046	0.116	0.040	0.055
2011	0.284	0.166	0.273	0.027	0.046	0.113	0.040	0.052

数据来源：国家统计局，《中国统计年鉴》（2007—2011）和《中华人民共和国 2012 年国民经济和社会发展统计公报》。

农产品产量结构的这一变动趋势与目前我国居民食物消费结构的转变基本相吻合，肉类、奶类和禽蛋类消费增加，而稻谷、小麦等主粮类消费减少，较好地反映了我国居民食品消费结构的日趋改善和消费观念的不断进步。

三、食用农产品生产方式转型

我国城乡居民消费结构与消费观念的变化，不仅引发食用农产品结构的变化，更对促进农业生产方式转型与农业发展方式转变提出了迫切要求[1]。20 世纪 90 年代中后期以来，我国农业生产力不断提升，在满足农产品供给与确保数量安全的同时，食用农产品生产方式也发生深刻的变化，逐步向专业化、标准化、规模化、集约化转变。主要表现在：

（一）食用农产品质量安全与化学品投入

长期以来，我国农产品的生产逐步走向了以化学品高投入为特征的"石油农业"模式，在消除农业贫困、增加农产品供应等方面取得了巨大成效，但同时也带来了日趋严峻的生态环境问题[2]，并严重影响了食用农产品品质与质量安全，给人类健康造成不同程度的危害[3]。在食用农产品数量安全得到基本保障之后，随着中国经济的快速增长，消费者生活水平不断提高，对其质量安全提出了更高要求，食用农产品质量安全引起了社会各界的广泛关注与日益重视。提升品质、保障质量安全以及改善生态环境、促进农业可持续发展，成为现代农业发展的主题与时

---

[1]　参见《中华人民共和国国民经济和社会发展第十二个五年规划纲要》。

[2]　王海云、王军：《农业面源对水环境污染及防治对策》，《环境科学与技术》2006 年第 4 期，第 53—55 页。

[3]　阳检、高申荣、吴林海：《分散农户农药施用行为研究》，《黑龙江农业科学》2010 年第 1 期，第 45—48 页。

代要求。

近年来,我国政府制定了一系列有利于减少化学品投入、促进农业可持续发展、提升农产品品质的政策法规,启动了一系列推动农产品生产方式转型的实施行动项目。2009 年以来,启动实施土壤有机质提升补贴项目,累计推广秸秆还田、绿肥种植、增施有机肥等技术措施面积近 3000 万亩;在全国范围内开展了测土配方施肥行动,推广面积达 10 亿亩以上;推广保护性耕作、健康养殖和标准化养殖小区建设,全国保护性耕作技术实施面积突破 5300 万亩,机械化免耕播种面积达到 1.3 亿亩,秸秆机械化粉碎还田面积达到 2.5 亿亩;培育并推广产量高、品质优良的抗旱、抗涝、抗高温、抗病虫害等抗逆品种,进一步加大农作物良种补贴力度,加快推进良种培育、繁殖、推广一体化进程。目前全国主要农作物良种覆盖率达到 95% 以上,良种对粮食增产贡献率达到 40% 左右;利用专项资金补贴,推广绿色防控技术,减少农药使用量[①]。据农业部公布的统计数据显示,2010 年,生物农药的累计销售额约为 62 亿元,约占农药产品销售总额的 12%。2011 年,农业部在部署推进农作物病虫害专业化统防统治工作时提出,争取到"十二五"末,我国主要粮食作物和棉花、蔬菜、水果等经济作物的化学农药使用量要减少 20%[②]。

(二) 食用农产品质量安全与生产的组织化程度

分散化、数以亿计的小农户是我国农产品生产的基本单元,这一现实国情决定了农产品安全生产监管面临着难以在短时期内彻底解决的巨大困难。有限理性的农户普遍表现出受教育程度低、安全生产知识匮乏与技术水平低下等基本特征,这些更是导致农产品质量安全风险的根本原因。受困于经济状况与技术知识的匮乏,我国农药施用量普遍偏高且较多地施用高毒农药,农产品质量安全的主要威胁来自于农户未能科学施用化学品。[③]

政策实践证明,农业合作社成为我国提高农业组织化的主要途径,不仅可以有效带动高新、实用农业技术的应用、提高农业生产市场竞争力,更可以有效发挥内部监督机制的功能,提升农产品质量安全水平。为了共同的利益,合作社成员会自觉按照合作社制定的生产标准和技术规程,统一使用肥料、农药、饲料等农业投入品,做到诚实守信生产。农业标准化生产通过合作社这个载体有效推广开来,农产品质量安全水平通过合作社这个载体得到有效保障。截至 2011 年上半

① 国务院新闻办公室:《中国应对气候变化的政策与行动(2011)》,中国政府网,http://www.gov.cn/jrzg/2011-11/22/content_2000047.htm。

② 农业部全国农作物病虫害专业化统防统治工作会议,中国政府网,http://www.gov.cn/gzdt/2011-06/16/content_1885360.htm。

③ 周洁红、胡剑锋:《蔬菜加工企业质量安全管理行为及其影响因素分析——以浙江为例》,《中国农村经济》2009 年第 3 期,第 45—56 页。

年,全国工商登记的合作社达到 44.6 万家,合作社成员达到 857.1 万户。其中有 4 万多家合作社实施了农产品生产质量安全标准,2.4 万多家合作社通过了农产品质量认证,2.56 万家合作社拥有了注册商标。有的合作社还建立了产品质量可追溯体系,如广东省已有 1519 家合作社实现了产品质量可追溯,占全省合作社总数的 19.8%。这些都大大提升了农产品质量安全水平。[1]

(三) 食用农产品质量安全与土地规模化经营

随着市场经济体制的健全和完善,小农户的生产方式与大市场对接不畅的问题逐步显现,小规模的农产品生产经营方式与城乡居民日益增长的农产品质量安全之间的矛盾不断扩大,成为阻碍农业科技推广、提高农业生产率与提升农产品品质的主要瓶颈之一。而分散化的小规模农户生产给农产品质量安全带来的巨大风险也已为众多实证研究所证明。[2]

在此背景下,21 世纪以来,我国土地承包经营权流转速度加快,总体态势平稳有序,并呈现出三个显著特点:一是流转面积总体增加,截至 2011 年上半年全国土地承包经营权流转总面积达到 2 亿亩,土地流转面积占承包耕地总面积的 16.2%;二是流转形式更加多样,以转包出租为主,同时股份合作、合作经营、作业托管、委托经营等形式不断涌现;三是流转对象多元,规模经营趋向明显。土地承包经营权流转以农户间流转为主,促进了专业大户、家庭农场和专业合作社的发展。加快土地承包经营权流转,坚持培育种田能手、专业大户和家庭农场的发展方向,发展多种形式的适度土地规模经营,成为中国特色现代农业发展的必由之路。[3]

(四) 食用农产品质量安全与农业科技投入

实现农业持续稳定发展、长期确保农产品有效供给,根本出路在科技。21 世纪以来,我国低效率的劳动密集投入型生产方式开始向资金科技密集投入的现代生产方式转变,农业科技研发与推广投入不断增长(表 1-6)。2004 年,中央财政安排用于农业科研、农业技术与服务体系等方面的资金合计 91.3 亿元,2011 年增加到 187 亿元。农业科技投入强度(农业科技投入占农业 GDP 的比重)稍有降低趋势,其主要原因在于农业产值以更快速度大幅度增加。

---

① 孙中华司长在农民专业合作社建设与发展政策座谈会上的讲话,2011 年 8 月 23 日。
② 邢美华、张俊飚、黄光体:《未参与循环农业农户的环保认知及其影响因素分析——基于晋、鄂两省的调查》,《中国农村经济》2009 年第 4 期,第 72—79 页;李红梅、高颖、冯少军:《出口企业执行食品安全措施的策略选择》,《世界农业》2007 年第 3 期,第 1—4 页。
③ 陈晓华:《认清形势,明确任务,进一步加强土地承包经营权流转管理和服务工作》,在全国农村土地承包管理工作座谈会上的讲话,2011 年。

表1-6　2004—2011年间我国农业科技投入情况　　（单位：亿元、%）

	2004	2005	2006	2007	2008	2009	2010	2011
农业科技投入	91.3	111.3	126.2	148.2	153.5	161.6	173.8	187.0
农业GDP值	21413	22420	24040	28627	33702	35477	40534	47712
农业科技投入强度	0.44	0.49	0.51	0.54	0.46	0.46	0.43	0.39

资料来源：农业部，有关数据经作者计算形成。

　　"十一五"期间，全国884个试点县（市）共引进、转化、推广先进适用技术13578项，推广面积24339.7万亩。截至2010年底，各试点县（市）共建设企业研发机构、科技成果转化示范基地、农民经济技术合作组织等各类科技服务平台49282个，有力地推动了农业科技的应用与推广。2010年，国家农业科技园区累计资助开发和引进项目7987项，推广应用新技术6046项，新品种9015个[①]，成为我国依靠科技创新驱动，引领支撑现代农业建设，保障农产品安全供给的典型。可以预见的是，随着《关于加快推进农业科技创新持续增强农产品供给保障能力的若干意见》（中共中央、国务院2012年中央1号文件）的颁布实施，指明了提升农业技术推广能力，要依靠科技创新驱动，引领支撑现代农业建设[②]。农业科技创新必将成为转变农业发展方式、促进农产品生产方式转型的重要路径。

四、新兴食用农产品的生产与市场发展

　　20世纪末期以来，我国逐步构建起相对健全的食品安全认证体系，各种具有更高质量安全水平的新兴农产品市场蓬勃发展。其中无公害农产品、绿色农产品、有机农产品和农产品地理标志（统称为"三品一标"）是新兴农产品中最为重要的组成部分。新兴农产品在生产过程中较少或不使用对人体有害的农业化学品，与常规农产品相比，具有健康、安全及生态、环保等特点，从而日益被广大消费者所认可。

（一）无公害农产品

　　无公害农产品是在农产品质量安全问题不断凸显和环境污染日趋严峻的背景下提出的，其首要目的在于保障农产品最基本的食用安全。2002年12月，负责中国无公害农产品认证工作的农业部农产品质量安全中心成立，并于2003年4月开始正式运行。由于政府推进力度大，无公害农产品生产规模迅速扩大，认证产品和企业数目呈指数增长。到2011年，全国认证无公害农产品已达到29929个，

①　参见国土资源部：《"十一五"国家科技计划执行概况》。
②　参见中共中央、国务院2012年1号文件：《关于加快推进农业科技创新持续增强农产品供给保障能力的若干意见》。

认定无公害农产品产地已超过 12302 个,总产量达到 1.74 亿吨(表 1-7)。

表 1-7　2006—2011 年间中国无公害农产品生产与市场发展情况

年度	产地(个)	产品总数(种)	总产量(亿吨)	备案产地面积(万亩)
2006	9358	16932	0.4	11087
2007	10839	17722	1.04	14021
2008	9848	16595	0.77	9455
2009	13360	14750	0.83	20256
2010	13108	25187	1.16	12679
2011	12302	29929	1.74	11102

数据来源:农业部农产品质量安全中心。

(二)绿色农产品

1992 年 11 月,中国绿色食品发展中心(China Green Food Development Center,CGFDC)正式成立。1996 年,农业部制定并颁布了《绿色食品标志管理办法》,表明绿色食品(农产品)开发和管理步入了法制化、规范化的轨道。中国的绿色食品(农产品)分为 A 级和 AA 级两个层次。A 级限量使用限定的化学合成生产资料,AA 级是生产过程中禁止使用化学合成农药、肥料、兽药、食品添加剂、饲料添加剂及其他有害于环境和身体健康的物质。AA 级基本等同于有机食品(农产品)。绿色食品(农产品)得到了农业部的积极倡导和推动,总体发展势头强劲。到 2011 年底,获得绿色食品(农产品)认证的检测面积为 2.4 亿亩,产品达 16748 种,年销售额达到 2824 亿元,而 1997 年底分别为 0.32 亿亩、892 种、240 亿元(表 1-8)。

表 1-8　2006—2011 年间中国绿色农产品(食品)发展情况

年度	企业总数(个)	产品总数(种)	年销售额(亿元)	出口额*(亿美元)	监测面积(万亩)
2006	4615	12868	1500	19.6	1.5
2007	5740	15238	1929	21.4	2.3
2008	6176	17512	2597	23.2	2.5
2009	6003	15707	3162	21.6	2.48
2010	6391	16748	2824	23.1	2.4
2011	6622	16825	3135	23.0	2.4

* 按照人民币对美元汇率按 1:6.8 计算。

数据来源:农业部中国绿色食品发展中心。

(三)有机农产品

随着消费者对食品安全和生态环境问题的日益关注,有机农产品消费需求不断上升,有机产品生产迅速增长。截至 2011 年底,我国已颁发产品认证 9337 张,获得认证的有机产品生产面积达到 200 万公顷,有机转换面积达到 44 万公顷[①]。不同于无公害农产品与绿色农产品,有机农产品由多家认证机构独立进行认证。截至 2011 年底,我国有机认证机构达到 23 家。作为一个新兴市场,且由于认证机构数量众多,目前尚无法获得较为权威的有机农产品销售额等具体数据。中绿华夏有机食品中心(OFCC)是目前中国最大的有机食品(农产品)认证机构。截至 2011 年底,在 OFCC 获得认证的企业总数达到 1366 个,产品总数达到 6379 个(表 1-9)。

表 1-9　2006—2011 年间 OFCC 认证的有机农产品(食品)发展情况

年度	企业总数 (个)	产品总数 (种)	国内销售额 (亿元)	出口额* (亿美元)	国内认证面积 (万亩)
2006	520	2278	61.9	1.1	5663.5
2007	692	3010	—	—	—
2008	868	4083	178	1.53	5133
2009	1003	4955	192.54	1.86	1421.44
2010	1202	5598	145.39	0.95	3673.56
2011	1366	6379			

* 人民币对美元汇率按 1∶6.8 计算。
数据来源:农业部中国绿色食品发展中心。

(四)"地理标志"农产品

农产品地理标志是我国传统农业长期以来形成的历史文化遗产和地域生态优势品牌,既是知名的农产品产地标志,也是重要的农产品质量标志。不仅是农产品质量安全工作的重要抓手和载体,也是推进优势特色农业产业发展的重要途径和措施。

农业部于 2007 年 12 月发布了《农产品地理标志管理办法》,2008 年 2 月开始接受申请并颁发了若干"农产品地理标志"专用标识。根据 2010 年农业部发布的《农业知识产权战略纲要(2010—2020 年)》,到 2020 年,我国将建成 200 个农产品地理标志生产示范基地,50 个农产品地理标志生产示范县,农产品地理标志登记保护将超过 800 件。具有地理标志的农产品发展迅速(表 1-10),增长速度远超有关部门的预期。

表 1-10　2008—2011 年间获国家农产品地理标志登记保护数量变化　(单位:个)

项目	2008	2009	2010	2011
农产品地理标志	211	420	536	835

数据来源:农业部。

---

① 国家认监委网站:http://food.cnca.cn/cnca/spncp/sy/xwdt/03/560933.shtml。

根据 2008 年第 2 期以后的农业部公告《农产品地理标志登记信息》统计,截至 2011 年,已有 853 个农产品获国家农产品地理标志登记保护,种类涉及果品、蔬菜、粮油、牲畜、水产品、中药材、茶类、家禽、饮料、花卉、纺织原料、烟草、调味品等13 个大类。目前,我国农产品地理标志保护体系已基本形成多层级、多方位、多元化的格局的特征。

(五)"三品一标"的安全质量水平

自 2006 年以来,我国"三品一标"农产品总量持续增加,行业标准逐渐完善。目前我国"三品一标"食用农产品的发展已由相对注重发展规模进入更加注重发展质量的新时期,由树立品牌进入提升品牌的新阶段[①]。到 2011 年全国"三品一标"的食用农产品总量已占全国食用农产品商品总量的 40% 以上,比 2010 年提高了 10 个百分点,覆盖农产品及加工食品的 1000 多个品种。更为重要的是,由于规范了行业生产标准,保障了"三品一标"食用农产品的质量安全。2011 年无公害农产品、绿色食品产品、有机食品(按绿色食品标准)的抽检总体合格率分别为 99.5%、99.4%、99.2%,而具有地理标志的农产品连续多年重点监测农药残留及重金属污染,合格率一直保持在 100%。安全优质品牌食用农产品在城乡居民消费结构中的比例日益扩大[②]。"三品一标"农产品的发展也提高了我国农产品的国际竞争力。2006 年以来,随着农产品质量安全水平的逐步提高,我国农产品出口稳健增长,农产品国际竞争力明显提高,优质绿色农产品得到 40 多个贸易国的认可,品牌影响力不断增强,越来越多的绿色食品、有机食品进入国际市场。2011年,我国农产品出口金额达到 601.3 亿美元,较上年增长了 23%[③]。

五、主要食用农产品质量安全水平的变化:基于监测数据

20 世纪末,我国农业发展进入数量安全与质量安全并重的新阶段,并明确提出了发展高产、优质、高效、生态、安全农业的目标。为进一步确保农产品质量安全,我国于 2001 年、2006 年和 2009 年相继制定和实施了"无公害食品行动计划"、《农产品质量安全法》和《食品安全法》,初步建立了农产品质量安全监管的法律保障体系。近年来,各级农业部门全面履行监管职责,不断强化监管措施,食用农产品质量安全水平稳中有升,保持"总体平稳、逐步向好"的发展态势[④],居民食用农

---

① 《我国"三品一标"进入更加注重发展质量和提升品牌的新阶段》,中国认证认可信息网,http://www.moa.gov.cn/zwllm/zwdt/201203/t20120329_2549706.htm。

② 农业部:《农产品质量安全发展"十二五"规划》,农业部网站,http://www.moa.gov.cn/zwllm/ghjh/201106/t20110616_2031099.htm。

③ 商务部中国农产品出口数据 2011。

④ 农业部发布 2011 年农产品质量安全例行监测信息,中国农产品质量安全网,http://www.aqsc.agri.gov.cn/zhxx/xwzx/201201/t20120118_87597.htm。

产品的消费安全基本得到保障,为经济社会持续健康发展提供了重要支撑。

(一)蔬菜产品

2006—2011 年间对全国 31 个省区大中城市蔬菜中甲胺磷、乐果等农药残留例行监测结果显示,蔬菜中农药残留抽检合格率显著上升,蔬菜质量安全总体合格率持续上升(图 1-6)。2006 年我国蔬菜中农药残留抽检平均合格率为 93.0%,而在 2007—2011 年间连续五年保持在 95% 水平以上,2011 年蔬菜产品检测合格率为 97.4%,较上年增长 0.6 个百分点,达到了历史新高。蔬菜产品农药超标次数明显减少,农药残留检出值不断下降,这都反映出我国蔬菜质量安全总体水平不断提高。

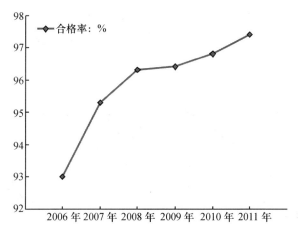

图 1-6　2006—2011 年间我国蔬菜中农药残留平均合格率

数据来源:农业部。

(二)畜禽产品

2006—2011 年间全国 31 个省(区)大中城市畜禽产品中"瘦肉精"以及磺胺类药物等兽药残留监测结果显示,2006 年我国畜禽产品质量安全总体合格率为 98.5%,2011 年畜禽产品监测合格率为 99.6%,与 2010 年持平(图 1-7)。由此可见,我国畜禽产品质量安全合格率总体稳定,已开始较为稳定地保持在 99% 的高位水平上,并持续呈稳定上行的发展态势。

进一步分析表明,畜禽产品的兽药残留抽检合格率提高很快(图 1-8)。监测结果显示,2006 年畜禽产品兽药残留抽检合格率仅为 75.0%,在 2008 年畜禽产品兽药残留抽检合格率迅速超越 80%,之后基本保持在 99.5% 以上的水平,2011 年达到了 99.6% 的较高水平。

对生猪瘦肉精污染物的监测结果显示,2006 年生猪瘦肉精污染物抽检合格率仅为 98.5%。随后几年的合格率基本走势是逐年均匀上升,2011 年达 99.5%,比

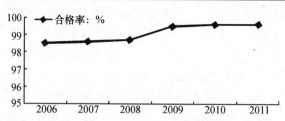

图 1-7   2006—2011 年间畜禽产品质量安全总体合格率
数据来源:农业部。

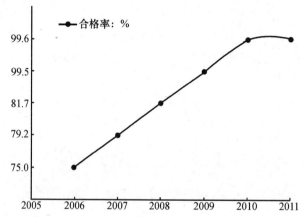

图 1-8   2006—2011 年间畜禽产品的兽药残留抽检合格率
数据来源:农业部。

2010 年提高了 0.2 个百分点(图 1-9)。

(三)水产品

根据 2006—2011 年间全国 31 省(区)大中城市水产品氯毒素、孔雀石绿、硝基呋喃物代谢等检测结果,我国水产品质量安全合格率上行趋势显著(图 1-10)。2006 年以前,我国的水产品质量安全监测主要是以氯毒素监测为主,水产品质量抽检的总体合格率均处在 98% 的高水平。2006 年农业部首次将孔雀石绿作为水产品例行监测对象后,水产品质量安全抽检合格率显著降低。2006 年水产品质量安全抽检合格率仅为 91% ,之后便显著上行,2009 年达到 97.2% 的高点后略有回落。2011 年,水产品检测合格率为 96.8% ,较 2010 年上升了 0.1 个百分点①。

六、提升食用农产品质量安全水平面临的主要问题

我国食用农产品生产方式正在发生积极的转型,食用农产品标准化体系建设

---

① 数据来源于农业部例行监测公报。

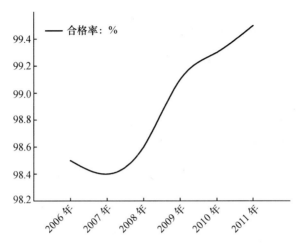

图 1-9　2006—2011 年间生猪瘦肉精污染物抽检合格率

数据来源:农业部。

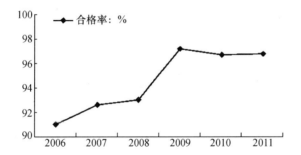

图 1-10　2006—2011 年间水产品质量安全总体合格率

数据来源:农业部。

不断完善,且已基本形成了以确保农产品质量安全为目标的"服务、管理、监督、处罚、应急"五位一体的工作机制①,主要食用农产品质量安全水平稳中有升,并保持"总体平稳、逐步向好"的发展态势。但是食用农产品质量安全水平的稳定与进一步提升仍然面临相当突出与复杂的问题,食用农产品质量安全隐患和制约因素仍比较多。由于问题极其复杂,本章节主要从食用农产品安全的关键环节,也即食用农产品生产的源头来展开分析。

---

①　农业部新闻办:《中国农产品质量安全概况(2007)》,中国网,http://www.china.com.cn/news/2007-09/24/content_8940456.htm。

（一）小规模分散化的生产经营方式

我国主要以家庭为单位进行初级食用农产品生产和经营。与世界上其他国家比，农产品生产和经营主体面广量大、小而分散是我国的基本国情。2010 年底，全国共有约 2.4 亿生产农户，89% 是分散农户，户均承包耕地只有 7.5 亩，人均耕地面积只有 2.28 亩[①]。虽然我国各级政府已经并正在积极推进土地流转，以实现适度规模化经营与促进农业生产转型，但因缺乏完善的流转机制和制度，以及农户受传统观念影响等因素制约，农业生产组织化程度仍然很低。数据显示，目前我国农民专业合作社 37.91 万家，实有入社农户 2900 万左右，仅占全国农户总数的 12%[②]，远未成为农产品生产、流通和加工的主体。目前我国食用农产品生产经营主体细小化、分散化以及组织化程度低的生产经营方式给政府的外部监管和经营主体间的内部监督带来了严峻挑战，监管难度大、成本高、缺乏动力、效果也不明显。从具体的实践看，不利于控制化学投入品的数量和质量，难以保障食用农产品的质量安全；生产组织化程度低，农产品生产加工过程中减少化肥投入的科学施肥技术，减少农药残留的农药喷洒技术，科学、实用的高效新技术、新工艺难以得到有效的推广利用，进一步制约了农产品质量安全水平的提高[③]。

（二）产地环境污染比较严重

从生产条件看，农业投入品种类多，质量不合格、假冒伪劣、不当使用与滥用等问题仍然比较突出，农业投入品安全隐患短期内难以彻底解决，给农产品质量安全带来不少威胁。突出表现在：

1. 化肥的过度投入与低效利用问题突出

我国农业生产中化肥的施用强度居世界之首。2001 年，化肥施用量为 4253.8 万吨，到 2010 年增加到 5561.7 万吨，十年间增加了 30%（图 1-11）[④]。然而，化肥的利用率却偏低。以氮肥为例，我国耕地面积占全球耕地面积不足 10%，但氮肥施用量却占全世界施用量的 1/3[⑤]；氮肥利用率平均约为 45%，远低于发达国家的 60% 利用率水平[⑥]。化肥的过量和低效施用破坏了农业生态环境，降低了农业可

[①] 数据来源于《中国统计年鉴（2011）》。

[②] 章力建：《中国农产品质量安全现状及展望》，新华网，http://news.xinhuanet.com/world/2011-09/14/c_122034007.htm。

[③] 孙小燕：《农产品质量安全问题的成因与治理》，西南财经大学出版社 2008 年版。

[④] 基于《中国统计年鉴（2011）》的相关数据，并计算形成。

[⑤] 李晓明：《中国氮肥消费世界第一 "施肥越多越增产"观念》，人民网，http://scitech.people.com.cn/GB/8850811.html。

[⑥] 《土壤—作物系统中氮肥利用率的研究进展》，华中农业信息网，http://ccain.hzau.edu.cn/nyjs/tr-fl/trzs/201009/t20100921_5199.htm。

持续发展能力,并导致使用农产品中硝酸盐、亚硝酸盐、重金属等有害物质残留量严重超标,危害人体健康。基于对化肥的惯性依赖,以及有机肥供给有限等诸多因素制约,对农业生产者而言,切实减少化肥使用,采用科学施肥技术,短期内尚难以在较大范围内有效推广。

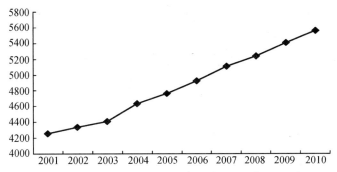

图 1-11　2001—2010 年化肥使用量变化图(单位:万吨)
资料来源:根据《中国统计年鉴》(2000—2011)数据整理。

2. 滥用化学农药恶化生态环境且严重影响食用农产品安全质量

随着国家支农扶农补贴力度的不断加大,农业生产者积极性大幅提高,化学农药的施用量也大幅增加(图 1-12)。虽然我国政府已明令禁止使用高毒、高残留或有致癌、致畸、致突变作用的农药,并要求严格执行农药安全使用标准和合理使用准则,但在实际食用农产品的生产过程中,使用禁用农药和违禁农药的现象屡禁不止,不执行农药安全使用标准和合理使用规则而滥用农药的现象仍较为普遍。2010 年"海南水胺硫磷有毒豇豆"事件中抽查的 59 个豇豆样品,合格率仅为 21 个,不合格的则达到 38 个,其中 12 个含有高毒农药残留[①]。实证研究表明,喷洒到农业环境中的农药绝大部分流失到水、土、空气中,不但给人类的生产生活环境带来巨大安全隐患,而且极易造成食用农产品中含有大量残留,导致人体急性或慢性中毒。同时,目前我国登记使用农药有 600 多种,列入国家兽药典兽药 1500 多种,农药生产企业 2400 多家,经营单位 60 多万家,绝大多数为小规模个体经营。由于点多、量大、面广,对农药经营单位的管理也面临难点。因此加强对农药生产经营企业的监管,尤其是生产农户的引导,有效解决农药滥用问题,需要一个较长的时期。

3. 土壤重金属污染严重威胁农产品质量安全

土壤是植物赖以生存的物质基础,是污染物累积的重要介质。随着工业化的

---

①　林宏程、李先维:《农业污染对我国农产品质量安全的影响及对策探讨》,《生态经济》2009 年第 9 期,第 146—149 页。

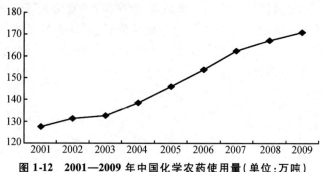

图 1-12　2001—2009 年中国化学农药使用量(单位:万吨)

资料来源:根据《中国统计年鉴》(2000—2010)数据整理。

快速发展,我国土壤重金属污染日趋严重,土壤重金属污染的面积日趋扩大,给农作物生长和农产品质量安全带来难以估量的巨大损失。据估计,全国平均每年有150 起重金属污染事故。2011 年国家环保部组织的全国土壤污染调查显示,我国重金属污染的土壤面积已达 1.5 亿亩[1],占总耕地面积的 8%;而 2011 年 10 月 11日《新快报》的有关报道则认为,全国约 3 亿亩耕地正在受到重金属污染的威胁,占全国农田总数的 1/6。国土资源部数据显示,全国每年受重金属污染的粮食高达 1200 万吨,由此造成的直接经济损失超过 200 亿元[2]。国务院正式批复《重金属污染综合防治“十二五”规划》已将内蒙古、江苏、浙江、江西、河南、湖北、湖南、广东、广西、四川、云南、陕西、甘肃、青海 14 个省区列为重金属污染重点治理省区。近年来各类重金属污染事故频发,已严重威胁农产品质量安全。宁波市各类蔬菜的锌、镉、铬的超标率都达 60% 以上,镉最高为 85%,铬次之为 72.3%。浙江长兴县的大米、茶叶、玫瑰等农产品受到铅的污染,当地的水稻大面积死亡[3]。对沈阳郊区的三个农产品生产区域的农产品进行检测,发现白菜中铅超标率达100%,水稻中铅的最高超标倍数为 1.8 倍,其中张士灌区的水稻中镉、锌、铬的超标率分别为 20%、20%、10%[4]。通过对太湖地区某冶炼厂周围的水稻、菠菜等 17种农产品的分析,该地块所有农产品镉、铅超标,茎叶类所有测定重金属元素均超

①　《环保部官员称全国 10% 耕地重金属均超标》,网易探索,http://discovery.163.com/11/1107/09/7I8DADC4000125LI.html。

②　《全国每年受重金属污染的粮食高达千万吨》,中国选矿技术网,http://www.mining120.com/show/1203/20120323_82731.html。

③　刘晓红、虞锡君:《长三角地区重金属污染特征及防治对策》,《生态经济》2010 年第 10 期,第 164—166 页。

④　张勇:《沈阳郊区土壤及农产品重金属污染的现状评价》,《土壤通报》2001 年第 4 期,第 11—14。

标①。2011 年相关试验结果证明,从衡阳到长沙段的湘江中下游沿岸,蔬菜中的砷、镉、镍、铅含量与国家《食品中污染物限量》标准比较,超标率分别为 95.8%、68.8%、10.4% 和 95.8%②。西安、重庆、荆州等城市的郊区蔬菜的铅污染较为严重③。水产品中镉、铅污染的问题也较为突出,对福建省部分海产品的调查研究表明,镉和铅的含量分别高于 CAC 标准的 200% 和 160%④。茶叶中的重金属污染问题同样不容乐观。2003 年,卫生部第七次食品卫生监督抽检的 124 份市售茶叶中有 12 份不合格,其中 11 份为铅含量超标⑤。更为严重的是,重金属所带来的污染是长期甚至不可逆的,土壤重金属污染对我国的生态环境、食用农产品的质量安全及农业可持续发展已构成严重而又长期的威胁。

(三) 化学添加剂的违规使用引发农产品质量不安全事件

农产品质量安全风险不仅来自种植环节,非种植环节即生产、加工、流通环节的风险同样不容忽视。总体上看,非种植环节的食品安全风险主要来自食品添加剂的非法使用。目前,我国批准使用的食品添加剂有 23 大类 2000 余种⑥,含添加剂的食品达 10000 种以上。虽然国家对食品添加剂的使用范围和使用量都有明确规定,但是一些唯利是图、自律性较差的农业生产企业,为谋求更高的经济利益,在生产、加工、包装、流通过程中违规非法超量使用化学添加剂,从而严重降低了农产品的质量。如近年来出现的"瘦肉精"、"三聚氰胺"等重特大农产品质量安全事件多与滥用添加剂有关。

(四) 影响食用农产品质量安全的主要矛盾

本章主要从生产源头分析我国食用农产品质量安全面临的主要问题,这些主要问题在图 1-13 中基本体现。依据图 1-13,可以进一步分析影响我国食用农产品质量安全水平的根本性矛盾。

农业生产与食用农产品安全质量之间的传导可以划分为"直接传导"和"间接传导"。所谓"直接传导"是指,农业生产环节的违法及不当行为直接导致了食用农产品安全问题的发生。食用农产品安全事件大多属于直接传导,如海南的"毒豇豆"事件等。农业生产与食用农产品质量安全之间的"间接传导",是指不当的

① 刘洪莲、李艳慧、李恋卿等:《太湖地区某地农田土壤及农产品中重金属污染及风险评价》,《安全与环境学报》2006 年第 5 期,第 60—63 页。
② 国务院正式批复《重金属污染综合防治"十二五"规划》,中国低碳经济网:http://www.lowcn.com/xinnengyuan/zhengce/201204/2853685.html。
③ 腾葳、柳琪、李倩等:《重金属污染对农产品的危害与风险评估》,化学工业出版社 2010 年版。
④ 唐志刚、温super、王俊峰等:《动物源性食品重金属污染现状及其控制技术》,《畜牧业环境、生态、安全生产与管理——2010 年家畜环境与生态学术研讨会论文集》,第 235—240 页。
⑤ 姜红艳、龚淑英:《茶叶中铅含量现状及研究动态》,《茶叶》2004 年第 4 期,第 210—212 页。
⑥ 邹志飞:《食品添加剂检测指南》,中国标准出版社 2010 年版,第 11 页。

农业生产活动首先影响到农产品产地环境,再通过环境影响食品安全。农业投入品的不当使用,不仅直接影响食用农产品质量安全,而且还会污染环境,间接传导至食品安全。当然,工业化、城市化迅速推进过程中,由于没有处理好发展与生态环境的保护问题,也对农产品产地环境产生了巨大的污染。

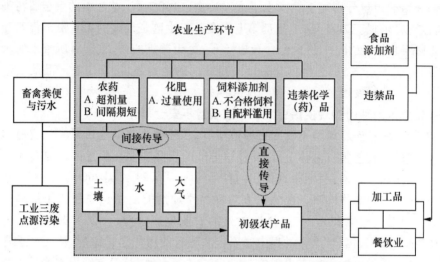

图1-13　影响食用农产品安全质量提升的主要因素示意图

农业生产环节的违法及不当行为、农产品产地环境的严重污染的相互间的直接与间接传导,是现实与未来影响食用农产品质量安全的根本问题所在。产生这一问题的根本症结就在于小规模、分散化的农业生产与经营方式。从农业生产的角度来分析,表1-11将农业生产者的生产行为划分为投入品获取、生产过程的投入品使用和初级农产品的催熟与存储等三个阶段。表1-11中所列的可能产生食用农产品安全风险的农业生产者九个行为,在现实中或多或少地存在。分散农户是我国农业生产的主体,面对数亿的分散农户,有限的监管力量难以有所作为。因此,从制度层面着手,深刻挖掘影响农业生产者行为的因素集、因素间的相互关系并识别关键因素,锁定防控食用农产品质量安全风险的农业生产者集合,并通过政府监管、市场监管与契约治理多种方式,才能真正从源头上有效解决食用农产品的质量安全问题。

表 1-11　可能产生食用农产品安全风险的农业生产者行为

阶段划分	不当或违规违法行为
投入品获取	A. 购买违禁品(违禁品可分为明令禁止生产销售、禁止使用等两种情况)
	A1 缺乏识别能力而购买 A2 利益驱动,明知违禁品而购买
投入品使用	B. 生产环节的不合理使用或违规使用行为
	B1 缺乏认知能力而使用 B2 利益驱动而滥用农药、兽药、添加剂 B3 利益驱动而违规使用明令禁止生产销售的违禁品 B4 利益驱动将药品等用于禁止使用的用途
初级农产品的 催熟与存储	C. 产后环节的违规使用行为和不当存储行为
	C1 产后存储过程中违法使用违禁品 C2 不当使用果蔬产品的催熟剂、保鲜剂等 C3 不合理的存储方式,导致霉变

第二章 食品工业发展与生产环节的
食品质量安全

　　安全食品是生产出来的。食品工业承担着为我国 13 亿人生产与提供安全放心、营养健康食品的重任,是生产安全食品的基础性产业,在我国国民经济中具有极其重要的地位。本章重点考察 2005 年以来我国食品工业发展的基本情况,以分析相关的食品国家质量抽查合格率为切入点,从生产加工环节分析我国食品的质量安全水平及其变化情况。

一、食品工业发展与数量安全

　　食品安全首要的是食品的数量安全。[①] 改革开放 30 多年来,我国食品工业保持持续快速发展,产业规模迅速扩大,主要食品产量均有较大幅度增长,大米、小麦粉、食用植物油、鲜冷藏冻肉、饼干、果汁及果汁饮料、啤酒、方便面等部分食品产量已位居世界第一或世界前列,食品工业成为我国国民经济最重要的支柱性产业之一,有效保障了食品供应的数量安全。2005 年以来,我国食品工业发展的主要情况是:

(一) 食品供应的数量安全

　　2005 年以来,在市场需求和宏观政策引导的双驱动下,我国主要食品产量持续增加,产品销售率达到 97% 左右。表 2-1 的数据显示,与 2005 年相比,2011 年我国主要食品产量均有较大幅度增长。目前,我国大米、小麦粉、方便面、食用植物油、成品糖、肉类、啤酒等产品产量继续保持世界第一。目前我国的食品市场丰富,供应充足,较好地满足了人民群众日益增长的食品消费需求,有效地保障了食品供应的数量安全。

表 2-1　2005 年和 2011 年我国主要食品产量比较

产品	2005 年	2011 年	累计增长	年均增长(%)
大米(万吨)	1766.2	8839.5	400.5	30.8
小麦粉(万吨)	3992.3	11677.8	192.5	19.6

---

① 吴林海、徐立青:《食品国际贸易》,中国轻工业出版社 2009 年版,第 149 页。

（续表）

产品	2005 年	2011 年	累计增长	年均增长（%）
食用植物油（万吨）	1612	4331.9	168.7	17.9
成品糖（万吨）	912.4	1169.1	28.1	4.2
肉类（万吨）	7700.0	7957.0	3.3	0.41
乳制品（万吨）	1204.4	2387.5	98.2	12.1
罐头（万吨）	500.3	972.5	94.4	11.7
软饮料（万吨）	3380.4	11762.3	247.9	23.1
啤酒（万千升）	3126.1	4898.8	56.7	7.78
精制茶（万吨）	52.4	176.7	237.2	22.5

资料来源:2005 年食品主要产量的数据来源于《中国统计年鉴》（2006 年）,2011 年的数据则来源于《2011 年食品工业经济运行情况综述》,2012 年 5 月 18 日《中国食品安全报》。其中肉类产量数据分别来源于:《中华人民共和国国民经济和社会发展统计公报》（2005 年、2011 年）,国家统计局①。

（二）食品工业的门类结构

我国食品工业结构进一步调整。图 2-1 显示,2005—2011 年间,在四大主要的食品门类中,饮料制造业的比例略微下降,烟草制造业则明显下降,而农副食品加工业增长最快,2011 年比 2005 年累计增长 324.4%,年均增长 27.2%,绝对值达到 45015 亿元,占食品工业的比重由 2005 年的 52.2% 提高到 57.7%。同期食品制造业总产值年均增长 24.8%,绝对值达到 14288 亿元,占食品工业的比重为 18.3%,比 2005 年略有上升。

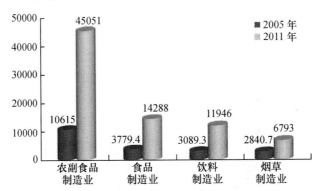

图 2-1　2005 年和 2011 年食品工业四大行业总产值对比情况（单位:亿元）

资料来源:《中国统计年鉴》（2006 年）、《2011 年食品工业经济运行情况综述》。

---

① 《2011 年食品工业经济运行情况综述》,《中国食品安全报》,2012 年 5 月 18 日。

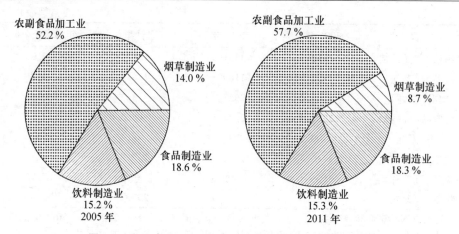

图 2-2   2005 年和 2011 年食品工业四大行业的比重比较

资料来源:根据《中国统计年鉴》(2006 年)、《2011 年食品工业经济运行情况综述》整理形成。

同时,食品工业区域布局继续趋向均衡协调发展。东部地区继续保持了领先和优势的地位,而中部地区借助农业资源优势,努力将其转化为产业优势,食品工业进一步发展。假如西部食品工业总产值为 1,2005 年我国东、中、西三大区域的食品工业总产值的比例为 3.13:1.24:1,而 2011 年的这一比例调整为 2.18:1.25:1,均衡协调性进一步增强(图 2-3)。食品工业总产值排在靠前的 10 个省份的分布也产生了一定的变化。2005 年东、中、西部拥有的食品工业总产值排名前十位省份数量分别为 7:1:2,而 2011 年的这一比例变化为 6:3:1,西部省份发展较快(图 2-4)。

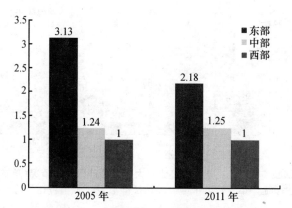

图 2-3   2005 年和 2011 年我国东、中、西部食品工业产值比例变化

资料来源:食品工业"十二五"发展规划、《2011 年食品工业经济运行情况综述》。

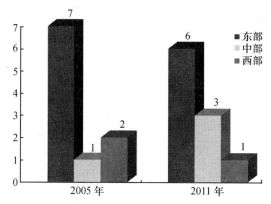

图 2-4　2005 年和 2011 年我国东、中、西部拥有的食品工业总产值排名前十位的省份数量对比
资料来源:《中国统计年鉴》(2006 年)、《2011 年食品工业经济运行情况综述》。

(三) 食品工业在国民经济中的地位

我国食品工业在国民经济中的地位愈发凸显。2011 年,全国食品工业完成现价工业总产值 78078 亿元,比 2005 年的 20324 亿元累计增长 284.2%,年均增长 25.2%。食品工业总产值占国内生产总值与工业总产值的比例由 2005 年的 11.09%、8.08% 分别上升到 2011 年的 16.56%、9.10%;占农业总产值之比由 2005 年的 0.52∶1 提高到 2011 的 1.01∶1①。这充分说明食品工业在国民经济的支柱产业地位进一步巩固,不仅对工业经济发展起到重要的推动作用,而且有效带动农业、食品包装和机械制造业、服务业等关联产业的发展。

表 2-2　2005—2011 年间食品工业与国内生产总值、工业及农业总产值变化

(单位:亿元、%)

年份	食品工业总产值	国内生产总值	占比	工业总产值	占比	农业总产值	占比
2005	20324	183217	11.09	251620	8.08	39451	0.52∶1
2006	24801	211924	11.70	316589	7.83	40811	0.61∶1
2007	32426	257306	12.60	405177	8.00	48893	0.66∶1
2008	42373	300670	14.09	507448	8.35	58002	0.73∶1
2009	49678	341401	14.55	548311	9.06	60361	0.82∶1
2010	61278	403260	15.20	698590	8.77	69320	0.91∶1
2011	78078	471564	16.56	858003	9.10	76905	1.01∶1

资料来源:《中国统计年鉴》(2006—2012 年)。

---

①　截止到 2012 年 7 月 10 日,政府尚未公布 2011 年我国农业总产值的数据。目前的数据是基于历年数据经验估算得出。

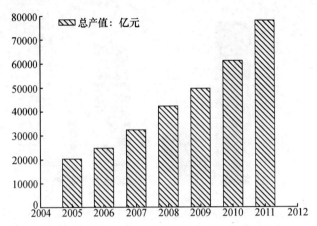

图 2-5　2005—2011 年间食品工业总产值情况
资料来源:中国统计年鉴(2006—2011 年)、《2011 年食品工业经济运行情况综述》。

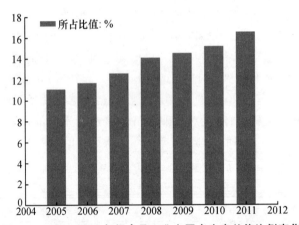

图 2-6　2005—2011 年间食品工业占国内生产总值比例变化
资料来源:《中国统计年鉴》(2006—2011 年)、《2011 年食品工业经济运行情况综述》。

(四) 对经济社会发展的贡献

　　我国食品工业在保持持续快速发展的同时,经济效益逐步提高。2011 年,全国食品工业完成利税总额 12140 亿元,比 2005 年的 2590 亿元累计增长 368.7%,年均增长 29.4%;吸纳的从业人员持续稳定增长。2011 年食品行业的从业人员达到 683 万人,比 2005 年累计增长 51.1%,年均增长 7.12%。

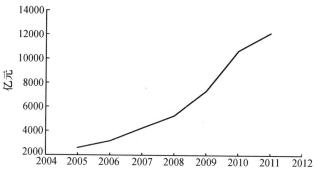

图 2-7　2005—2011 年间食品工业利税增长情况

资料来源:《中国统计年鉴》(2006—2011 年)、《2011 年食品工业经济运行情况综述》。

表 2-3　2000—2011 年间食品工业主要经济指标增长情况

(单位:亿元、万人)

年份	总产值	销售收入	利税	从业人员
2005	20324	19938	2590	452
2006	24801	24396	3174	478
2007	32425	31716	4229	520
2008	42373	41427	5259	603
2009	49678	47294	7336	639
2010	61278	60063	10659	696
2011	78078	76540	12140	683
2005—2011 累计增长率	284.2%	283.9%	368.7%	51.1%
2005—2011 年均增长率	25.2%	25.1%	29.4%	7.12%

资料来源:《中国统计年鉴》(2006—2011 年)、《2011 年食品工业经济运行情况综述》。

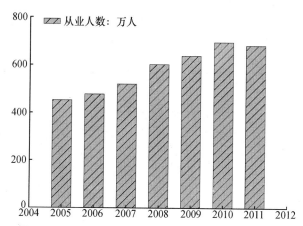

图 2-8　2005—2011 年间食品工业从业人员增长情况

资料来源:《中国统计年鉴》(2006—2011 年)、《2011 年食品工业经济运行情况综述》。

(五) 可持续发展能力

在我国,食品生产企业中有 70% 为小企业,生产水平相对落后,节能减排的任务和压力较重。进入新世纪以来,在全行业的共同努力下,食品工业的可持续发展能力不断提升。在 2005—2010 年的六年间,我国食品工业能源消耗总量由 4321.11 万吨标准煤增长为 5512.10 万吨标准煤,以能源消耗总量 3.27% 的年均增长率支撑了年均 20% 以上的总产值的高速增长。同时,2005—2010 年的五年间我国食品工业"三废"排放量总体趋势持续下降,废水、SO_2 和固废排放量分别由 28.0 亿吨、41.2 万吨和 0.42 亿吨下降为 27.58 亿吨、40.67 万吨和 0.37 亿吨;除固废综合利用率之外,废水排放达标率和工业 SO_2 去除率均达到 90% 以上,其中工业废水排放达标率和工业 SO_2 去除率提高了近 10%,固体废物综合利用率也提高了约 7%。

表 2-4　2005—2010 年间食品工业及各分行业"三废"排放概况

行业	项目	2005	2006	2007	2008	2009	2010
农副食品加工业	废水(亿吨)	11.9	9.4	14.9	15.8	14.38	14.31
	SO_2(万吨)	15.6	16.8	17.0	16.3	16.09	16.93
	固废(亿吨)	0.13	0.15	0.17	0.2	0.21	0.21
食品制造业	废水(亿吨)	4.28	4.31	4.28	4.8	5.27	5.45
	SO_2(万吨)	9.4	10.5	11.7	12.1	10.76	11.56
	固废(亿吨)	0.09	0.11	0.12	0.12	0.05	0.07
饮料制造业	废水(亿吨)	4.3	5.6	6.3	7.1	6.97	7.55
	SO_2(万吨)	10.7	11.6	12.4	11.2	10.58	11.18
	固废(亿吨)	0.07	0.08	0.08	0.09	0.09	0.09
烟草加工业	废水(亿吨)	0.28	0.28	0.29	0.29	0.33	0.27
	SO_2(万吨)	1.3	1.5	1.4	1.6	1.16	1.00
	固废(亿吨)	0.01	0.004	0.005	0.005	0.004	0.004
食品工业	废水(亿吨)	20.8	19.6	25.8	28.0	26.95	27.58
	SO_2(万吨)	37	40.4	42.5	41.2	38.59	40.67
	固废(亿吨)	0.30	0.34	0.38	0.42	0.37	0.37

资料来源:《中国统计年鉴》(2006—2011)。

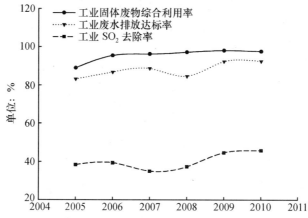

图2-9 2005—2010年间食品工业"三废"减排的成效曲线

资料来源:《中国统计年鉴》(2006—2011)。工业废水排放达标率 =(工业废水排放达标量 ÷ 工业废水排放量)× 100% ; 工业 SO_2 去除率 =(工业 SO_2 去除量 ÷ 工业 SO_2 排放量)× 100% ; 工业固体废物综合利用率 =(工业固体废物综合利用量 ÷ 工业固体废物产生量)× 100% 。

二、生产加工环节食品质量水平的变化:基于国家质量抽查合格率[①]

国家对产品质量实行以抽查为主要方式的监督检查制度,对可能危及人体健康和人身、财产安全的产品,影响国计民生的重要工业产品以及用户、消费者、有关组织反映的有质量问题的产品进行抽查。目前,在我国已形成了 4 大类、22 个中类、57 个小类共计数万种食品,40 多万家的食品生产加工企业。食品工业是保障民生的基础性产业。"相对有限的监管力量"面对"相对无限的监管对象",加强生产加工环节食品(成品)质量的国家监督抽查,对保障食品安全的总体水平具有重大的意义。由于食品质量的国家监督抽查是政府对食品通过抽样检验的方式进行质量监督的一种制度性安排,因此,食品质量国家质量抽查合格率能基本反映我国食品质量安全总体水平的变化情况。

(一)食品质量国家质量抽查的总体情况

2005 年以来,国家质检总局对食品质量的国家质量抽查覆盖了所有的食品大类,涉及不同类别的上千种食品。2005—2011 年间我国食品质量国家质量抽查的基本特点是:

---

① 国家质量抽查的是成品。成品的合格率是生产加工环节质量控制水平的综合评价,是验证生产过程控制有效性的方法之一。国家质量抽查食品(成品)的合格率可以近似衡量食品生产加工环节的质量安全水平。

1. 抽查合格率逐年上升且保持在一个较高的水平上

图 2-10 的数据表明,全国食品质量国家质量抽查合格率的总水平由 2005 年的 80.1% 上升到 2011 年的 96.4%,六年间提高了 16.3%。2011 年国家质检总局在全国范围内对食品生产加工环节共监测 11.5 万余个样品。其中,常规监测 28 种食品、2 种食品添加剂、4 种食品相关产品等 133 个风险项目,检测 20352 个食品样品,其中 689 个食品样品检出质量安全问题,问题检出率为 3.6%,比 2010 年下降了 0.5 个百分点。同时,2011 年国家质检总局共检验生产加工环节的食品出口总额为 538.2 亿美元、204.3 万批的食品,比 2010 年分别增长 26.8% 和 3.5%,出口食品批次被境外通报不合格率为 0.08%。全国食品质量国家质量抽查合格率呈逐渐上升趋势且保持在一个较高的水平上,并正在成为常态。

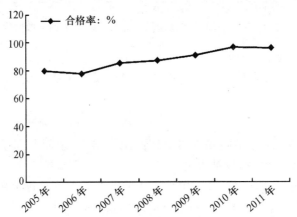

图 2-10　2005—2010 年间食品质量国家监督抽查合格率变化示意图
资料来源:中国质量检验协会官方网站。

2. 抽查合格率在不同的品种间表现出较大的差异性

2011 年食品质量国家质量抽查的碳酸饮料、方便面、小麦粉、乳粉、肉制品、食用植物油等产品质量较好,抽样合格率均在 90% 以上,有些食品的抽样合格率甚至保持在 100% 的水平上,而豆制品、乌龙茶等产品的抽样合格率则均低于 90%。

3. 影响食品质量最基本的问题没有得到根本性改观

食品质量国家质量抽查表明,2005—2011 年间我国生产加工环节食品质量存在的主要问题虽然也发生了一些变化,但最基本的问题并没有得到根本性改观。2005 年食品质量国家质量抽查发现的主要问题是,超量与超范围使用食品添加剂、微生物指标超标、产品标签标注不规范等,而 2009 年起更多地表现为超范围与超量使用食品添加剂。从 2011 年食品质量国家监督抽查情况看,食品添加剂超限量、微生物指标不合格或理化指标达不到标准要求等问题仍然是影响食品质量安全的最基本问题。而从风险监测情况看,污染物和品质指标等风险监测项目的问题检出率较高。因此,超量与超范围使用食品添加剂是目前我国食品生产环节最主要的质量安全隐患。

(二) 相同年度不同品种抽查合格率比较

在同一次抽查中,不同种类食品的国家质量抽查合格率也有一定的差距。以2011年国家质检总局的抽查数据为例,图2-11显示与人们日常生活密切相关的八大类食品中,除豆制品合格率低于90%(88.7%)外,其余七大类食品的合格率均高于90%,合格率由高到低的食品排序为,碳酸饮料产品(100%)、方便面(99%)、小麦粉(99%)、乳粉(98%)、肉制品(96.4%)、食糖(92.7%)、食用植物油产品(92.5%)。

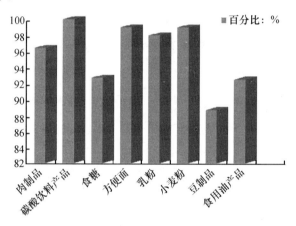

图 2-11   2011 年不同种类的食品质量国家监督抽查合格率
资料来源:中国质量检验协会官方网站。

2011年食品质量国家质量抽查发现质量安全的主要问题,因品种差异而各不相同。食用油主要涉及黄曲霉毒素B1、酸值、过氧化值、溶剂残留量等项目未达到标准;肉制品主要涉及菌落总数、大肠菌群、沙丁胺醇、亚硝酸盐、日落黄、胭脂红、柠檬黄、苯甲酸、酸价等项目未达到标准;豆制品主要涉及菌落总数、大肠菌群、苯甲酸、脱氢乙酸等项目未达到标准;食糖主要是单晶体冰糖的蔗糖分、酵母菌、还原糖分、色值等指标未达到标准。

(三) 不同年度同品种抽查合格率比较

选取消费量较大且食品质量国家质量抽查合格率相对偏低的肉制品、小麦粉产品、食用植物油、膨化食品和豆制品为例,描述食品质量抽查合格率近年来的变化和主要的食品安全问题。

1. 肉制品

如图2-12所示,2009—2011年间国家质检总局对全国近300种肉制品的抽查结果表明,肉制品总体合格率由 2009 年的 93% 上升到 2011 年的 96.4% 。2011 年被抽查省份由 2009 年的 22 个省份增加到 28 个省份,抽检项目由 22 个增加为 25 个,包括亚硝酸盐、山梨酸、苯甲酸、诱惑红、日落黄、重金属、微生物指标、酸价、过氧化值、苯并芘、盐酸克伦特罗、莱克多巴胺、沙丁胺醇、挥发性盐基氮、三甲胺氮等项目指标。肉制品国家质量抽查的省份覆盖面更广、抽查的项目更多。

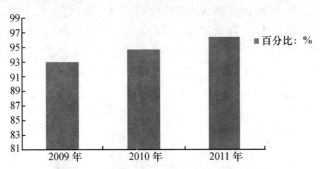

图 2-12　2009—2011 年间肉制品的国家质量监督抽查合格率

资料来源:中国质量检验协会官方网站。

2009 年肉制品国家质量抽查的不合格项目主要为大肠菌群超标、植物蛋白和淀粉超标、超限量或超范围使用色素和防腐剂;2010 年则表现为肉制品中菌落总数、大肠菌群、亚硝酸盐、酸价项目超标,没有发现超限量或超范围诱惑红等色素问题;2011 年的抽查结果尽管合格率较高,但是由于抽查省份的覆盖面更广、抽查的项目更多,肉制品质量安全涉及的问题较多,涉及菌落总数、大肠菌群、沙丁胺醇、亚硝酸盐、日落黄、胭脂红、柠檬黄、苯甲酸、酸价项目超标等。

2. 小麦粉

如图 2-13 所示,2009—2011 年间国家质检总局对全国上百种小麦粉产品的抽查结果表明,小麦粉产品合格率由 2009 年的 95.3% 上升到 2011 年的 99% ,抽检了包括灰分、脂肪酸值、重金属、黄曲霉毒素 B1、过氧化苯甲酰、甲醛次硫酸氢钠等在内的 13 个项目。2009 年抽查发现的小麦粉产品存在的主要问题为过氧化苯甲酰实测值不符合相关标准规定,2010 年则主要表现为过氧化苯甲酰、灰分未达到标准,而 2011 年主要发现灰分未达到标准这一问题,小麦粉产品质量进一步上升。

3. 食用植物油

如图 2-14 所示,2009—2011 年间国家质检总局对全国近 20 个省份的 200 多种食用植物油产品的抽查结果表明,产品合格率没有上升反而有所下降,特别是 2010 年食用植物油的合格率由 2009 年的 92.7% 降为 89.8% ,2011 年的合格率虽然出现了恢复性上升,但也仅达到 92.5% ,仍然比 2009 年低 0.2% 。抽查结果表明,2009—2011 年间我国食用植物油产品质量的安全隐患基本没有趋势向好的变

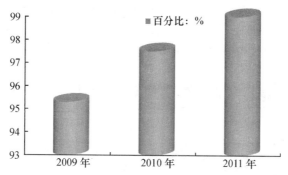

图 2-13　2009—2011 年间小麦粉产品的国家质量监督抽查合格率
资料来源:中国质量检验协会官方网站。

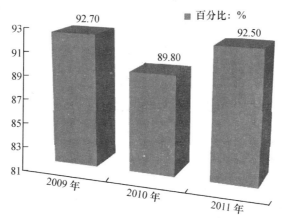

图 2-14　2009—2011 年间食用植物油产品的国家质量监督抽查合格率
资料来源:中国质量检验协会官方网站。

化,不符合标准的项目主要为黄曲霉毒素 B1、酸值、过氧化值、溶剂残留量等。

　　4. 膨化食品

　　膨化食品是 20 世纪 60 年代末出现的一种新型食品。广义上上的膨化食品是指凡是利用油炸、挤压、沙炒、微波等技术作为熟化工艺,并且在熟化工艺前后,体积有明显增加现象的食品①。如图 2-15 所示,2009—2011 年间国家质检总局对全国近 15 个省份的 100 多种膨化食品的抽查结果显示,2009 年、2010 年和 2011 年膨化食品国家质量抽查的合格率分别为 94%、86.3% 和 100%,质量合格率很不稳定,上下起伏比较大。2009 年的膨化食品质量问题主要是甜蜜素和大肠杆菌指标不合格,2010 年的质量问题更多的是表现在菌落总数、大肠菌群、铅含量、铝的残

---

　　①　尚永彪、唐浩国:《膨化食品加工技术》,化学工业出版社 2007 年版,第 12 页。

留量等指标不合格,抽查指标不合格范围进一步扩大,导致产品合格率急剧下降;2011 年的膨化食品质量上升较为明显,国家质量抽查合格率达到 100%,但由于客观隐患并没有根本性消除,膨化食品质量保持稳定的基础仍然较为脆弱。

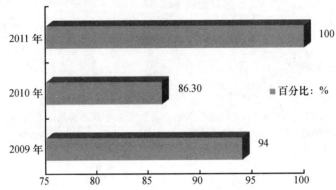

图 2-15　2009—2011 年间膨化食品的国家质量监督抽查合格率

资料来源:中国质量检验协会官方网站。

5. 豆制品

如图 2-16 所示,2009—2011 年间国家质检总局对全国 15 个省份的近 200 种豆制品的抽查结果表明,豆制品合格率不太稳定。2010 年的合格率在 2009 年 91% 的基础上略有提升至 92.9%,但 2011 年却大幅下降,下降至 88.75%,在与人们日常生活密切相关的国家质量抽查的八大类食品中合格率处于最低水平。抽查结果表明,2009 年豆制品不合格的指标较多,主要是菌落总数、大肠菌群、苯甲酸、脱氢乙酸、甜蜜素、安赛蜜、山梨酸指标不合格;2010 年的豆制品不合格指标数量下降,不合格指标主要是大肠菌群、菌落总数等;2011 年的豆制品不合格指标又呈上升趋势,主要为菌落总数、大肠菌群、苯甲酸、山梨酸、脱氢乙酸、甜蜜素等指标。

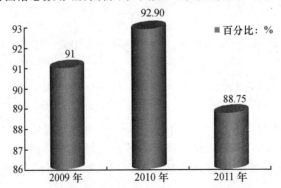

图 2-16　2009—2011 年间豆制品的国家质量监督抽查合格率

资料来源:中国质量检验协会官方网站。

三、食品质量安全检验检测机构建设

为了强化对包括生产加工环节在内的食品质量安全的监督抽查与检验检测，我国政府有关部门强化建设检验检测机构，合理整合检验检测资源，食品质量安全的检验检测机构已基本形成环渤海、长三角和珠三角区域聚集发展的格局。事实上，食品质量安全检验检测机构建设属于食品安全检验检测技术与体系的内容。本节主要从生产环节的食品质量安全监管角度来展开适当的介绍。

（一）总体布局特征

从发展布局来看，重要的仪器设备厂商、检测服务机构总部所在地均为东部一线城市，部分大型食品检测服务认证机构和仪器设备生产商集中在东南沿海，已形成环渤海、长三角和珠三角区域聚集发展的格局。

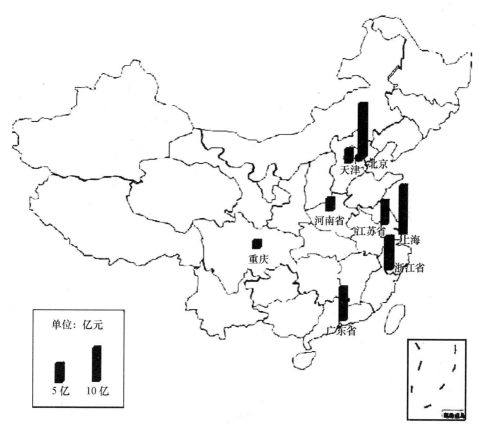

图 2-17　2010 年农产品与食品安全检测仪器设备行业发展规模示意图

数据来源：中国电子信息产业发展研究院等提供的《中国农产品与食品安全检测行业战略研究（2011 年）》，2011 年 8 月。

　　从食品检测实验室数量的分布上看,全国分布比较均匀,但从实验室的投资规模和设备情况来看,重点城市、东部地区的检测能力较强。作为仪器设备的主要使用对象和政府监督检验部门,农产品与食品检测机构分布于全国各地,是食品检测产业链的重要组成部分。检测机构的技术手段主要依赖于政府投资和国内仪器设备产业化的程度,但受制于体制和经营理念,各家机构间的市场化程度差异较大。

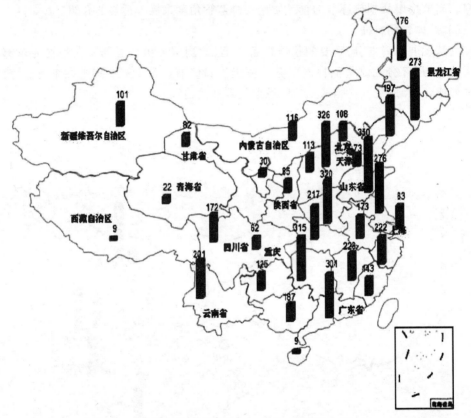

图 2-18　农产品与食品检测实验室分布示意图(单位:个)

　　数据来源:中国电子信息产业发展研究院等提供的《中国农产品与食品安全检测行业战略研究(2011 年)》,2011 年 8 月。

(二) 重点城市的发展特征

　　常规食品检测任务由政府检测机构承担,其检测机构遍布全国各地,但检测仪器、第三方检测服务高度集中于北京、上海、深圳和广州这四个城市,利用当地的政治、科研、市场等优势,逐步向周边城市辐射。行业发展以重点城市为发展轴心,辐射带动周边地区乃至整个东部,整体呈现出"以点带面"的发展特征。

北京。北京是兼具行政监管与技术研发优势的国内检测基地。北京市作为
全国的政治和文化中心,汇聚了国家级农产品与食品安全检验监督管理机构、食
品安全技术研发中心和著名的内资仪器设备厂商,在全国食品安全检测领域占据
重要位置;借助于北京全国行政中心的区位优势,绝大多数国家级政府检测机构
和检测行业管理部门都设立于此,如农业部、卫生部、国家质检总局等各级行业主
管机构。北京市拥有各类农产品和食品检测机构 300 多家,其中,国家级农产品
与食品质检中心和科研实验室共计 45 个,如国家粮油质量监督检验中心、国家食
品质量监督检验中心、国家副食品质量监督检验中心等,负责制定农产品与食品
检测的标准与管理方法,并承担了国内重大农产品和食品的检测工作。同时,非
政府机构的检测企业也很活跃,如瑞士通用公证行(SGS)、谱尼检测、锦绣大地、康

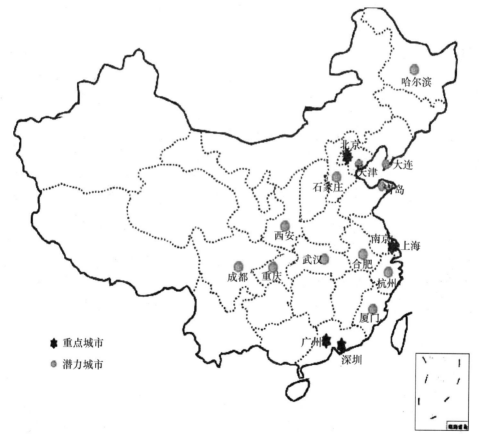

图 2-19　2010 年农产品与食品安全检测行业重点城市分布示意图
　　数据来源:中国电子信息产业发展研究院等提供的《中国农产品与食品安全检测行业战
略研究(2011 年)》,2011 年 8 月。

朴尼等外资、民营第三方检测企业。同时北京市依托优秀的高校资源及科研院所,聚集了国内众多从事农产品与食品安全方面的研究单位,形成了完整的产业链条和人才"蓄水池"。主要有:清华大学分析中心、北京大学营养与保健食品评价中心、中国农业大学饲料分析测试中心、首都医科大学食品药品安全评价中心、中国农业科学院分析测试中心等检测技术与标准研发机构。

上海。上海市政府检测机构主要以本地质检机构为主,比如上海市营养食品质量监督检验站、国家轻工业食品质量监督检测上海站、上海市产品质量监督检验所等省、市级别检测机构。上海市食品安全检测技术研发主要依托高校,拥有同济大学营养与保健食品研究所、东华大学分析测试中心、上海师范大学分析测试中心等高校实验室。上海市作为国际化大都市和金融中心,吸引了众多外资检测仪器、第三方检测服务企业入驻。目前,上海市是外资检测机构在华总部最为密集的城市,外资第三方检测机构数量居中国首位,主要有天祥检测(ITS)、胜邦检测(STR)、德国莱茵(TUV)等国际检测巨头,除中国区总部设在上海以外,同时设有实验室与技术研发中心。同时,上海市外资仪器企业实力雄厚,许多国际知名外资仪器生产商将中国总部设于上海,经过多年的运作为国内市场的发展作出了诸多贡献。

广州。目前广州市拥有国家加工食品质量监督检验中心、国家食品安全风险评估与质量监督检验中心、中山大学保健食品检测中心等检测机构。广州市农产品与食品安全研究机构主要依托高校,以南方作物及水产品方向为特色,主要有中山大学食品与健康教育部工程研究中心、中山大学水产品安全教育部重点实验室、华南农业大学食品质量与安全研究所等高校研究机构。广州市是珠江三角洲以及华南地区的主要物资集散地和国内最大的国际贸易中枢港,承载了农产品与食品进出口的重要责任,特别是香港、台湾地区进出口检验检疫工作。受益于珠三角雄厚的电子信息产业基础,广州市检测仪器企业虽然起步较晚,但经营方式灵活、发展迅速,出现了以广州太通、普迈生物为代表的企业,同时吸引了许多外资企业在广东设立工厂或实验室,构成了检测仪器产业链所需要的各个环节,并且在仪器设备研发、生产方面展现了内资民营企业的发展潜力。

(三) 未来发展态势

我国食品安全检测行业在仪器设备、检测服务领域已经形成稳定的发展区域,未来将继续向周边进行辐射。在重点城市及区域的带动下,国产检测仪器取得突破性技术进展,逐步进入行业高速发展期,并与下游检测服务行业形成良性互动。食品安全问题日益突出,在国家政策的引导下,食品安全检测行业将得到强有力的支持,并有逐步向内陆推进之势,特别是第三方检测服务。随着全球科技革命之后工业化的大发展,化肥、饲料、种类繁多的各种食物添加剂、动植物的增长素等使用程度逐步加大,从土地到食物、从禽畜到人类,各类潜在的危害性化学物质无处不在,食品质量安全检验检测机构未来将出现新的建设高潮。

四、生产加工环节食品质量安全面临的主要问题

生产加工环节是确保食品供应数量安全与质量安全的最关键的环节。虽然食品加工业在中国经济增长奇迹中扮演了一个重要的角色,基本解决了数量安全,但与发达国家相比,我国食品工业总量偏小,劳动生产率与 20 世纪 70 年代末发达国家的水平相比还有一定的差距①,食品数量安全的保障水平有待于进一步提升。

(一)小规模的生产加工主体

传统食品工业是农业的延伸,现代食品工业不仅是农业的延伸,而且在"从田间到餐桌"完整的食品产业链中占据主导地位,其已从单纯富余农产品生产加工发展成市场营销、工厂加工制造、基地化原料——生产有机结合、环环相扣的系统。如果说传统食品工业是以作坊式生产、小规模经营为主要特征,而现代食品工业则要求以大型化、现代化、集约化、集团化企业为主要特征。多年来,我国食品生产加工企业的规模组织形态虽有一定的变化,但变化并不大,难以适应现代食品工业的需求,难以满足食品质量安全的要求。综合 2007 年 8 月国务院新闻办公室发布的《中国的食品质量安全状况》白皮书与 2011 年 12 月国家发展改革委、国家工业和信息化部发布的《食品工业"十二五"发展规划》(发改产业〔2011〕3229 号)的有关数据资料,2006 年全国共有食品生产加工企业 44.8 万家,其中,规模以上企业有 2.6 万家,规模以下且 10 人以上企业有 6.9 万家,而 10 人以下小作坊式企业有 35.3 万家。图 2-20 显示,2006 年在全国 44.8 万家食品生产加工企业中,94.2% 的食品生产加工企业为非规模以上企业,78.8% 的则为 10 人以下小作坊式企业。2011 年全国规模以上食品生产加工企业虽然已上升到 3.1 万家,比2006 年增加了 5000 家左右,但食品生产加工企业以"小、散、低"为主的格局没有得到根本改变,小、微型和小作坊式的食品生产加工企业仍然占 90% 左右②。

(二)不当或违规违法行为的多样性

在目前市场与政府双重"失灵"的食品安全监管背景下,出于对经济利益的疯狂追求,不当或违规违法生产加工行为等人源性因素已成为引发食品安全风险的

① 陈佳贵、黄群慧:《中国工业化报告(2009)》,社会科学文献出版社 2009 年版。
② 全国食品工业"十二五"发展交流会资料,网易新闻,http://news.163.com/12/0614/14/83VGPMV400014JB5.html。

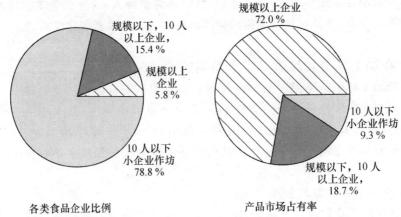

图 2-20 2006 年全国食品生产加工企业比例及其产品市场占有率
资料来源:国务院新闻办公室:《中国的食品质量安全状况》,2007 年 8 月。

最主要因素[①]。从生产加工的角度,可以将生产加工企业的生产行为划分为准备阶段、生产加工阶段和产品加工后的待销阶段(表 2-5)。可以这么判断,表 2-5 中列出的在食品生产加工三个阶段中可能发生的 17 种不当或违规违法行为,在目前的客观现实中均不同程度地存在,甚至在小微型食品生产加工企业中具有某种普遍性。以下一组来自不同学者的研究文献,可以初步证实上述判断的可能性。

吴晶文等的调查发现,食品生产加工企业需要强化原料的采购管理,对进出使用情况进行登记处理。[②] 而史海根对嘉兴市秀洲区食品生产加工企业的调查显示,食品生产加工企业采购添加剂把关不严,索证意识淡薄,索证率仅3.88%。[③]

---

① 生物性、化学性和物理性是产生食品安全风险主要的直接因素,这些因素均是食品安全风险产生的自然性因素,在某种意义上这些因素难以完全杜绝。除生物性、化学性和物理性外,还存在由于人的行为不当、制度性等因素,包括生产者因素、信息不对称性因素、利益性因素和政府规制性因素等也可能引发食品安全风险。本书将人的行为不当、制度性等因素称为人源性因素或人为性因素。

② 吴晶文、林昇清:《福建省使用食品添加剂现状及管理措施》,《海峡预防医学杂志》2005 年第 3 期,第 57—59 页。

③ 史海根:《嘉兴市部分农村食品企业食品添加剂使用情况调查分析》,《中国预防医学杂志》2006 年第 6 期,第 548—550 页。

表 2-5　可能产生食品安全风险的生产加工企业行为

阶段划分	不当或违规违法行为
生产加工前的准备阶段	A1. 购买不合格(违规)的原材料 A11 检测设备不足而购买不合格原材料 A12 利益驱动而购买不合格或违规的原材料 A13 利益驱动而采取废料回收再利用 A14 没有详细的采购记录台账 A2. 原材料处置不当 A21 储存环境控制不当引发原材料污染 A22 食品加工之前未进行适当的进化处理
生产加工阶段	B1. 生产环节的不合理或违规操作行为 B11 生产加工过程操作人员的操作不规范 B12 违法违规添加食品添加剂等化学物质 B13 操作人员生产过程中生产设备操作不当 B14 产品生产过程质量实时控制的缺失 B2. 生产环节的环境卫生不达标 B21 环境卫生不符合相关规定 B22 操作人员卫生不达标 B23 废弃物没有按照规定处理,重新进入食品流通领域
产品加工后的待销阶段	C1. 产品待销售前的存储方式不当 C11 产品存储的温度、湿度不当 C12 加工完成后未进行及时包装,导致食品被灰尘、异物、微生物污染 C2. 产品待销售前的检测不当 C21 操作技术水平较低导致质量检测不足 C22 为节约成本,不愿意采用先进的检测设备进行自检或逃避监管部门的监督检查

　　赵国品(2002)[1]和李腾(2010)[2]的研究表明,小型食品加工企业和个体食品加工企业存在整体卫生现状较差、使用劣质的原料、从业人员操作不规范等问题。杨华和张玉梅(2011)[3]对北京辖区内全部 29 家学生营养餐送餐企业生产加工卫生状况和从业人员的食品安全相关知识进行问卷调查,结果显示,29 家送餐企业中卫生管理制度健全且落实到位的合格率仅有 10.35%,从业人员卫生状况合格率为 79.31%,环境卫生及设施合格率仅为 27.59%,企业卫生状况令人担忧。

　　北京市卫生监督所 2001 年—2003 年对北京市 49 家食品添加剂生产企业进行检查。结果显示:企业具有化验室的比例为 83.67%,有化验室的企业因检验条

　　①　赵国品:《小型食品加工企业卫生现状与管理》,《现代预防医学》2002 年第 6 期,第 793 页。

　　②　李腾:《个体食品加工企业卫生现状及管理对策》,《中国民族民间医药杂志》2010 年第 6 期,第 70 页。

　　③　杨华、张玉梅:《北京市朝阳区学生营养餐送餐企业食品安全现状分析》,《中国预防医学杂志》2011 年第 10 期,第 889—890 页。

件及检测效果存在着良莠不齐的现象,部分企业只能做一些常用指标的检测,根本没有测定食品添加剂的含量①。食品添加剂生产企业自身产品检验技术能力较低,接近80%的企业对自己加工制作的产品不能按标准要求进行全部项目检验,委托检验的企业在检测过程少检或漏检食品含有添加剂成分,部分达不到批次检测合格后出厂。胡慧媛、甘小平(2009)②对黑龙江对全省食品生产加工企业的调查显示,部分食品生产加工企业的化验室形同虚设,没有必要的检验设备和检验仪器,食品出厂的检验项目不全,将事后监控变为事前预防也就更加无从谈起。张秋琴等(2012)③在郑州市的调查发现,食品生产加工企业在生产过程中定期检测食品添加剂含量的仅为23%,67%的企业仅在最后环节进行检测,还有10%的企业生产加工食品中的添加剂含量并不进行检测。

在肉制品加工过程中,有的食品生产厂家为使产品肉色更为鲜艳,过量添加亚硝酸钠、硝酸钾等发色剂④。一些食品生产企业生产的速冻水饺的标签上只有品牌、馅料和价格,对生产日期和保质期却只字不提⑤。有的运输部门为提高运量增加经济效益,对一些明知不适合冷藏运输的食品进行运输,从而导致食品安全问题的发生⑥。

大量的小微型食品生产加工企业在吸纳劳动力就业、满足多样化市场需求方面起到积极作用,但大量的事实已证明,这些小微型食品生产加工企业已成为我国食品安全问题的多发地带。现阶段我国城乡居民收入不断提升,食品消费需求不断升级,对食品质量安全的需求提出了比历史上任何时期都高的要求。消费者不断增长的食品安全需求与分散化、小规模的食品生产方式之间的矛盾成为我国防控食品安全风险的主要矛盾。因此,我国食品安全风险防控体系构建的最终落脚点应该是最大限度地在微观层面上优化食品生产经营者的生产经营行为。只有厘清影响食品生产经营者行为的关键因素,并实施有效、配套的政策组合体系,才能从微观层面最终构筑有效防控食品安全风险的屏障。

(三)缺乏专用规模化加工原料基地

现代食品工业不再是一般的农产品加工,而更具有制造业的性质,它在产

① 王立华:《北京市食品添加剂生产企业概况及其监督管理》,《食品添加剂》2004 年第 9 期,第 46—48 页。

② 胡慧媛、甘小平:《对食品添加剂引发的食品安全问题的思考》,《农技服务》2009 年第 11 期,第 138—140 页。

③ 张秋琴、陈正行、吴林海:《生产企业食品添加剂使用行为的调查分析》,《食品与机械》2012 年第 2 期。

④ 杜庆:《肉制品中亚硝酸盐的检测和控制》,《肉类研究》2008 年第 3 期,第 55—58 页。

⑤ 赵炜:《销售环节散装食品管理对策分析》,《中国实用医药》2009 年第 23 期,第 248—249 页。

⑥ 罗浩、张晓东:《从消费需求特征看冷藏运输领域食品安全问题》,《中国高新技术企业》2008 年第 1 期,第 119—121 页。

业链中起到了承上启下的作用,起到了促进和拉动农业发展的积极作用。尤其是为了确保食品的质量安全,现代食品工业要求有专门的品种和稳定的规模化、专业化的原料基地,才能保证生产加工食品的质量。目前我国食品生产加工与农业发展之间的联系尚处于初级的供需阶段,农业生产什么,食品工业就生产加工什么,也没有实现食品原料供应和食品生产加工的有机结合。国外生产加工的食品质量所以能够保证发达,除了有先进的技术设备外,还有一个重要因素是有专用的加工原料品种,并建立有固定的原料基地。长期以来,我国对提高农产品品质和发展加工专用型农产品的研究、开发和生产的投入严重不足,使得农产品品种类型单一,适宜加工的优质、专用品种缺乏。因此,我国的食品加工业急需建立大型的专业化、规模化的食品原料供应基地。

同时,与缺乏专用规模化加工原料基地相对应,我国食品工业的产业链较短。目前发达国家农产品加工率在 90% 左右,我国只有 45% 左右;发达国家农产品深加工率为 80%,我国只有 30% 左右①。在消费方面,我国国民消费结构以鲜食为主,对加工品的消费比例较低,膳食中加工品比例不足 30%,而国外则高达 80%②。发达国家的种植业、养殖业产品加工成食品的比例都在 30% 以上,而我国仅为 2%—3%③。发达国家加工制造食品占食物消费总量的比重大约为 80%,而我国不到 30%④。发达国家国民经济的主导产业都是食品工业,美国、法国、日本全部如此,食品工业的产值占这些国家国民经济总产值的 20% 以上,是第一大产业,而我国还不足 10%⑤。

(四)食品工业的科技投入不足

基于数据的可得性,以 2007 年度的数据为例进行简单分析。如表 2-5 所示,从反映食品工业总体技术水平和生产水平的劳动生产率、技术先进性、国际化水平、产业组织合理化程度、可持续发展能力等五个主要指标来看,我国食品工业 R&D 经费投入占销售收入比重只有 0.4%,为国际先进水平的 33.3%;国际化水平(食品出口占国内出口总额的比重)为 3.2,为发达国家的 58.4%;主导企业平均营业收入仅为国际先进水平的 7.4%;可持续发展能力为 38.8,为国际先进水平的 84.2%。对这些指标赋予相应的权重并加总,得到我国食品工业的现代化综合

① 《农产品加工业"十一五"发展规划》,中国现代农业网,http://www. caecn. org/detail. php? id = 124。
② 同上。
③ 宁波市统计局:《浙江省农业发展的四大趋势和五大问题》,http://www. nbstats. gov. cn/read/20051009/20721. aspx。
④ 国家食物与营养咨询委员会:《当前我国主要食物消费与有效需求分析》,http://www. sfncc. org. cn/Z_Show. asp? ArticleID = 1768。
⑤ 国家发展改革委、国家工业和信息化部:《食品工业"十二五"发展规划》(发改产业〔2011〕3229号)。

指数,为38.3%(国际先进水平为100%)。这些都反映了中国食品工业与国际食品工业先进水平相比还有较大差距。

表 2-6　2007 年我国食品工业的现代化综合指数

分类指数	子指数	基本指标	权重	现实值	标准值	达到国际先进水平的比例	指数值
工业效率指数	总体效率	全行业劳动生产率(美元/人·年)	30	29021.1	120297.3	24.1	7.2
工业结构指数	技术先进性	R&D经费投入强度(%)	25	0.4	1.2	33.3	8.3
	国际化	食品出口占全国出口总额比重(%)	20	3.2	5.48	58.4	11.7
	产业组织合理化	主导企业平均营业收入(亿美元)	15	42.8	580.93	7.4	1.1
工业环境指数	可持续发展	污水排放比重(%)	10	28.81	34.23	84.2	8.4
综合评价值			100	—	—	—	38.3

数据来源:陈佳贵等:《中国工业化报告(2009)》,社会科学文献出版社 2009 年版。

2007 年我国食品工业 R&D 经费投入占销售收入的比重为 0.4%,绝对低于全国工业的平均水平。由于科技投入不足带来了一系列问题,尤其是关键技术装备水平难以提高。如面粉加工设备中,国产磨粉机的性能和质量无法与布勒公司的产品相比;食用油精炼设备中,分离机的机械性能和产量与国外存在较大差距;国产喷雾干燥设备的性能和产量难以与尼罗公司产品相比。另外一个直接后果是食品生产加工的能源效率低,资源节约能力不强,造成"三废"和碳排放等环境影响较为严重。如啤酒生产线生产能力比国外低 50%,国产设备耗电量为发达国家的 6 倍,洗瓶机用水量为国外产品的 4 倍[①];食品发酵工业生产过程中产生的废水量每年达 40 亿 m³,约占全国工业废水排放总量的 10%;COD 排放 500 万吨,约占全国工业排放总量的 20%,给我国已十分脆弱的环境带来了巨大的压力[②]。

食品工业的科技投入不足,技术装备水平不高,更为严重的后果是影响所生产加工的食品质量安全。比如,据调查在我国 80%—90% 的水果、蔬菜、禽肉、水产品都是用普通卡车运输,大量的牛奶和豆制品是在没有冷链保证的情况下运输

---

① 食品包装机械业面临五大差距,中国食品机械设备网,http://www.foodjx.com/Tech_news/Detail/261.html。

② 参见国家发展改革委、国家工业和信息化部联合发布的《食品工业"十二五"发展规划》(发改产业[2011]3229 号)。

的。货运车辆约 70% 是敞篷式设计。而备有制冷机及保温箱的冷藏车辆不足 10%。铁路冷藏运输设施也有待改进,缺乏规范保温式的保鲜冷冻冷藏运输车厢等。而且我国的冷链系统还只是一个早期的冷冻设备市场,掌握的冷链技术在很多食品种类上还不能完全应用。相对于国际先进水平差距很大①。在没有冷链保证的情况下运输的情况下,相关食品的质量就难以有效保障。

①　张月华:《河南省食品冷链物流发展问题研究》,《中国商贸》2011 年第 13 期,第 68—70 页。

第三章 流通环节的食品安全监管与食品质量安全

食品流通环节是消费者接触食品的第一道环节,也是食品进入千家万户的最后一关,更是牵涉消费者数量最多的一个环节。依据《食品安全法》及其实施条例的规定,流通环节食品安全监管的重要职责由工商行政管理部门承担。多年来,全国工商行政管理系统持续强化食品生产经营主体的准入管理,不断规范食品企业的生产经营行为,努力监管流通环节的食品质量安全,积极预防和处置流通环节食品安全事故,基本保障了食品市场的消费安全。

一、流通环节的食品安全监管的体系建设

2004 年 9 月,国务院颁布《国务院关于进一步加强食品安全工作的决定》正式确立食品安全监管采用多部门分段监管体制,并明确规定食品流通环节的监管由工商部门负责。2009 年通过的《食品安全法》与《食品安全法实施条例》仍然坚持了 2004 年的《决定》确定的分段监管体制,并在内容上对多部门分段监管体制进行了局部调整,但工商部门负责流通环节食品监管的职责分工并没有改变。依据工商部门监管食品流通环节安全的职责分工,结合《国务院关于机构设置的通知》(国发〔2008〕11 号)和《国家工商行政管理总局主要职责内设机构和人员编制规定》(国办发〔2008〕88 号)文件精神,全国工商行政管理系统对原有的流通环节食品安全监管体系进行了新的改革,建立了流通环节的新的食品安全监管体制、法规规章与制度体系[①]。

(一)流通环节的食品安全监管体制

2008 年底,国家工商总局开始着手组建食品流通监督管理司,并于 2009 年 3 月组建完成并开展工作。截至 2011 年底,全国已有 27 个省(自治区、直辖市)和 11 个副省级城市的工商局先后组建了食品安全监管职能机构,专职和兼职从事食品安全监管的人员已达到 1.5 万人,基本建立了覆盖全国的流通环节食品安全属

---

① 需要说明的是,本章的相关资料与数据,如无特别说明,均来自国家工商总局食品流通监督管理司,以及国家工商行政管理总局食品流通监督管理司的《流通环节食品安全监管工作指南》(中国工商出版社 2011 年版)。食品消费投诉的数据与资料来源于 2007—2011 年间全国消协组织受理投诉的情况统计资料。

地监管领导责任制、职能机构指导与监督责任制、基层监管岗位责任制和食品安全协作协调管理机制等。

(二) 流通环节的食品安全法规规章体系

根据《食品安全法》与《食品安全法实施条例》赋予的法定监管职责,2009 年以来,国家工商总局相继颁布实施了《食品流通许可证管理办法》、《流通环节食品安全监督管理办法》等部门规章,制定实施了《关于食品流通许可证印制发放和管理有关问题的通知》、《关于认真做好流通环节食品抽样检验工作的通知》、《流通环节食品安全示范店规范指导意见》等规范性文件,并在全系统积极推行流通环节食品市场主体准入登记管理、食品市场质量监管、食品市场巡查监管、食品抽样检验、食品市场分类监管、食品安全预警和应急处置、食品广告监管、食品安全监管执法协调协作等八项监管工作制度。2011 年,国家工商总局先后颁布实施了《关于切实规范流通环节乳制品经营者履行进货查验和查验记录义务的实施意见》、《流通环节食品安全信息公布管理办法》、《流通环节食品安全舆情处置指导意见》、《关于进一步完善和规范流通环节乳制品市场主体准入有关工作的通知》等 41 个规范性文件。各地方工商部门也依据法定的职能,积极加强流通环节食品安全法规规章和制度体系建设,如,江苏制定并实施了规范食品安全应急处置操作流程的《食品安全突发事件应急处置工作指导意见》,四川出台了提升信息管理和抽检工作规范化水平的《流通环节食品安全日常监督管理信息公布管理办法》和《流通环节食品抽样检验工作程序规定》等。

与此同时,国家工商总局逐步清理废止不符合《食品安全法》与《食品安全法实施条例》要求的规范性文件,如《关于建立流通环节食品安全监测数据直报点有关问题的通知》(工商消字〔2005〕第 204 号)、《关于规范食品索证索票制度和进货台账制度的指导意见》(工商消字〔2010〕227 号)、《关于进一步加强流通环节食用植物油监管工作的通知》(工商消字〔2010〕231 号)等文件被废止。

目前,全国工商行政管理系统已基本建立了以食品准入制度、食品进货查验制度、食品安全监管索证索票制度、食品购销台账制度、食品质量承诺制度、市场开办者食品质量责任制度、食品市场巡查制度、食品安全信息公示制度、不合格食品退市召回制度和食品经营主体信用分类监管制度为核心内容的流通环节的食品安全法规规章和制度体系的框架,为全面履行职责、加强流通环节食品安全监管提供了有力的法律和制度保障。

二、流通环节食品安全的专项执法检查与安全事故的处置

多年来,全国工商行政管理系统紧紧抓住与消费者密切相关、社会反映强烈的热点问题,集中执法力量,针对性地开展了流通环节食品安全的专项执法检查。

与此同时,努力预防和处置流通环节食品安全事故,不断完善食品安全事故的应急管理,有效维护了食品市场秩序。

(一)流通环节食品安全的专项执法检查

2011年,全国工商行政管理系统重点进行的流通环节的食品安全专项执法检查的具体工作主要包括如下几个方面。

(1)农村食品市场的专项整治执法行动。国家工商总局专门下发了《关于转发国务院食品安全委员会办公室〈关于严厉打击假劣食品,进一步提高农村食品安全保障水平的通知〉的通知》和《关于进一步加强农村食品市场监管工作的通知》,要求各地继续将保障农村食品市场消费安全作为食品市场监管工作的重中之重,严厉打击农村食品市场销售不合格食品、过期食品、"三无"食品和假冒、仿冒食品等违法行为。2011年,全国工商系统对农村食品经营户进行检查980.6万户次,查处农村食品案件2.3万件,基本维护了农村食品市场秩序。

(2)乳制品市场的专项整治执法行动。国家工商总局制定实施了《关于进一步完善和规范流通环节乳制品市场主体准入有关工作的通知》和《关于进一步加强流通环节乳制品抽样检验工作的通知》,并与商务部联合发布实施了《关于切实规范流通环节乳制品经营者履行进货查验和查验记录义务的实施意见》。各地工商行政管理机关认真履行流通环节乳制品监管职责,严格乳制品特别是婴幼儿配方乳制品市场主体准入,在食品流通许可项目和注册登记经营范围中分类单项审核和管理;严格质量监管,增加对婴幼儿配方乳粉的抽样检验数量和频次。2011年,全国工商系统共对乳制品经营户进行检查582.9万户次,抽检乳制品73384组,合格67985组,合格率92.64%;抽检婴幼儿乳粉50710组,合格46809组,合格率92.31%;共查处乳制品案件1362件。

(3)违法添加非食用物质和滥用食品添加剂专项整治执法行动。国家工商总局发布了《关于认真贯彻落实〈国务院办公厅关于严厉打击食品非法添加行为切实加强食品添加剂监管的通知〉的紧急通知》。各地工商行政管理机关根据通知要求,依法严厉查处流通环节违法添加非食用物质和滥用食品添加剂、违法销售食品添加剂的行为。2011年,全国工商系统对食品添加剂经营者检查60.6万户次,查扣非食用物质和食品添加剂5.6万公斤、滥用食品添加剂的食品21.4万公斤,查处案件4611件,对违法添加非食用物质和滥用食品添加剂的行为始终保持严管重打的高压态势。

(4)食用油市场与非法经营"地沟油"专项整治执法行动。国家工商总局发布了《关于贯彻落实国务院食品安全委员会办公室〈关于印发严厉打击"地沟油"违法犯罪专项工作方案的通知〉的通知》。各地工商行政管理机关以批发市场和集贸市场为重点场所,进一步摸清了食用油经营者底细,逐步规范食用油经营主体资格,严格检查食用油经营者特别是散装食用油经营者的进货来源,全面检查经营者进货查验、检验合格证明、索证索票以及散装食用油标签标识等制度落实情况,加大对销售假冒伪劣食用油特别是"地沟油"案件的查处力度,严厉打击非法经营"地沟油"和非正规来源食用油的行为。2011年,全国工商系统查处"地沟油"和非正规来源的食用油38.03万公斤、不合格食用油案件447件,会同其他部门捣毁"地沟油"窝点216个,切实维护了食用油市场秩序。

（5）酒类市场专项整治执法行动。国家工商总局与质检总局等七部门联合制定下发了《关于联合开展打击假冒侵权酒类产品专项集中行动的通知》。各地工商行政管理机关深入开展对白酒和葡萄酒等酒类市场的专项执法检查,重点打击侵犯注册商标专用权和仿冒知名酒品牌特有名称、包装、装潢等的违法行为。对侵犯"郎"、"泸州"等白酒商标案件重点进行督办,组织开展了清查河北昌黎假冒伪劣和不合格葡萄酒专项整治行动。2011年,全国工商系统共查扣假冒伪劣酒730338.5公斤,查处酒类违法案件7014件。

（6）节日性食品市场的专项整治执法行动。国家工商总局制定并下发了《关于加强2011年中秋、国庆节日期间食品市场监管工作的通知》,要求各地突出整治消费量大、消费者申诉举报多以及群众日常生活必需的食品,严厉打击销售不合格食品和扰乱食品市场秩序的违法行为。在2011年中秋节期间,全国工商系统出动执法人员50.54万人次,检查食品经营者147.89万户次,其中检查月饼经营者61.33万户次,查处销售假冒伪劣月饼案件301件,查处不符合食品安全标准的月饼2.11万公斤,有效地保护了消费者合法权益。

（二）流通环节食品安全事故的应对处置

2011年,全国工商行政管理系统重点妥善处置了"染色馒头"等18起食品安全突发事件,并积极应对食品安全舆情,基本实现了流通环节食品安全动态可控的目标。

1. 上海"染色馒头"事件

2011年4月11日,中央电视台"消费主张"栏目报道了上海多家超市销售的玉米面馒头系染色制成,并加防腐剂防止发霉的"染色馒头"事件。馒头生产日期标注为进超市的日期,过期回收后重新销售。每天有3万个问题馒头销往联华、华联、迪亚天天等30多家超市。根据国家工商总局和上海市政府的要求,上海市工商局迅速启动应急预案,连夜组织排查,第一时间监督华联、联华等超市落实下架封存措施,控制了事态的发展。与此同时,2011年4月13日,上海市质量技术监督局吊销了生产"染色"馒头的上海盛禄食品有限公司分公司的食品生产许可证,刑事拘留了公司法人代表等5名犯罪嫌疑人。

根据国家工商总局和上海市政府"最严的准入、最严的监管、最严的执法、最严的处罚、最严的问责"的要求,"染色馒头"事件后,上海市工商局加快细化了流通环节食品安全监管,形成加强许可登记管理,把好市场准入关口,使各类食品生产经营者主体资格更加规范;强化日常巡查监管,维护良好市场秩序,使问题发现率和及时改正率不断提高;深入开展专项整治,严厉打击违法行为,使食品安全突出问题得到有效解决;深入推进行政指导,督促落实主体责任,使食品经营者的各项食品安全管理制度切实得到落实;完善问题发现机制,发挥社会监督作用,使消费者的食品安全意识和自我保护能力进一步提高的 5 个方面的 24 条具体措施。通过采取一系列卓有成效的应对处置措施,上海市工商局在流通环节食品安全突发事件应对处置中做到了"四个没有"和"两个确保":没有在"染色馒头"事件中因履职不到位或违法履职而被问责;没有因食品安全监管职能履行不到位而被上级有关部门在督查中进行通报批评;没有因监管不力导致在流通环节发生重大食品安全事故;没有因处置食品安全事件或应对食品安全舆情不力而被媒体曝光炒作。确保了世游赛期间流通环节供赛食品的安全,没有发生一起食物中毒事故和食源性兴奋剂事件;确保了上海流通环节食品安全的动态可控。

2. 食品塑化剂事件

2011 年 5 月 24 日,台湾地区有关方面向国家质检总局通报,台湾"昱伸香料有限公司"制售的食品含有邻苯二甲酸酯类物质(俗称"塑化剂",DEHP)并可能流入大陆地区。DEHP 是一种广泛用于塑胶材料的塑化剂,在台湾被确认为第四类毒性化学物质,为非食用物质,不得用于食品生产加工。

各地工商部门开展了流通环节非法添加邻苯二甲酸酯类物质食品、食品添加剂排查和处置工作。一方面,督促食品、食品添加剂经营者全面开展自查工作,严格监督食品、食品添加剂经营者。重点对照质检总局公布的台湾相关企业、产品和内地已查处的问题企业、产品名单,对发现的问题食品与食品添加剂立即停止经营,下架退市,逐一登记,严格管理。另一方面,加大市场巡查、排查和处置工作力度,对发现销售涉及被通报的问题食品与食品添加剂的经营者,立即责令其停止经营、下架退市、严格封存,并依法查处,防止问题食品与食品添加剂再次流入市场。在全面开展市场清查的同时,强化了相关食品与食品添加剂的抽样检验工作。对经检验发现问题的食品与食品添加剂依法跟踪查处,对疑似"涉塑食品"委托法定检测机构进行进一步的检测复核,并及时向当地食品安全办和卫生部门报送检验检测数据及相关信息。同时,还将检测异常的情况和信息通报流出地、流入地工商部门和其他相关职能部门。截至 2011 年 6 月 12 日,大陆 4 家企业 8 个样品中检出塑化剂类物质。全国工商系统在应对处置"塑化剂"事件时,积极履职、主动作为、组织周密、措施坚决、清查到位、处置及时、查处有力,控制了事态,维护了食品添加剂市场秩序和广大消费者合法权益。

3. "瘦肉精"事件

2011年3月,央视 315特别行动节目报道,双汇集团在猪饲料中添加"瘦肉精"。国家工商总局市场司会同办公厅等迅速成立了工作组,及时与中央电视台等新闻媒体沟通联系,连夜赶赴案发地督导查处"瘦肉精"猪肉的工作。同时国家工商总局参加了国务院食安办牵头的赴河南省瘦肉精督查工作组,推动了"瘦肉精"事件的查处工作的开展。

为进一步做好"瘦肉精"猪肉监管工作,2011年3月中旬以后,为将"瘦肉精"猪肉监管工作推广到全国,国家工商总局决定从2011年4月至2012年2月在全国工商系统开展"瘦肉精"专项整治行动。在2011年4—12月的9个月内,全国工商系统共检查集贸市场、批发市场51万个次,猪肉经营户437万户次,取缔无照猪肉经营户3695户;查处质量不合格猪肉22.9万公斤,其中"瘦肉精"猪肉1.3万公斤;查处违法案件1504件,案值678万元,向司法机关移送案件22件。

4. "地沟油"等专项清查行动

2011年6月底,"新华视点"揭开了京津冀"地沟油"产业链的黑幕。调查发现,天津、河北甚至北京都存在"地沟油"加工窝点,其加工工艺科技含量高,产业链庞大并以小包装的形式进入超市。2011年8月下旬开始,公安部指挥全国公安机关开展了打击"地沟油"犯罪破案会战。

为配合公安等部门严厉打击"地沟油"违法犯罪,国家工商总局发布通知,指导各地工商部门加大整治工作力度,深入开展食用油市场专项执法检查,加大案件查办力度,严厉打击销售假冒伪劣食用油特别是"地沟油"的违法行为。截至2011年11月,各地侦破利用"地沟油"制售食用油犯罪案件128起,抓获违法犯罪嫌疑人700余名,查实涉案油品6万余吨;打掉涉及全国28个省份集掏捞、粗炼、倒卖、深加工、批发、销售等于一体的制售"地沟油"犯罪网络60个。"地沟油"犯罪对食用油安全的现实危害初步得到了遏制。

三、流通环节的食品质量安全监管

在强化流通环节食品质量安全的专项执法检查、积极有效地防范和处置食品安全事故的同时,全国工商行政管理部门努力强化食品流通环节和食品市场的日常规范监管力度,取得了积极的成效。

(一)食品市场抽样检验与质量监管

自2006年开始,各级工商行政管理机关普遍建立了经营者自检、消费者送检和工商机关抽检相结合的监测体系,以及省、市、县工商局与工商所四级联动的快速检测体系。与此同时,重点完善和创新流通环节食品安全抽样检验工作机制和方法,科学确定食品抽样检验的范围、品种、项目和组织方式,努力提升依法规范食品质量抽样检验行为的能力。通过组织开展食品快速检测和质量抽样检验,从食品的入市、交易到退市实施食品市场全程的质量安全监管。此外,国家工商行政管理总局还在全国31个省、自治区、直辖市建立了食品安全监测数据直报点,通过构建监管网络体系,规范食品市场的质量监管,依法加强对食品的质量监督检查。

目前全国食品市场抽样检验的范围、品种不断扩大,力度不断提升,分类监管的体系逐步形成。图3-1显示,2009年、2010年和2011年,全国工商行政管理部门依法分别抽检食品28.52万组、20.83万组和33.2万组,并且食品质量抽样检验合格率总体上呈现上升趋势。

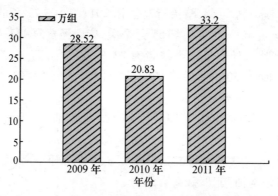

图3-1 2009—2011年全国工商管理部门抽检食品组数量
资料来源:根据国家工商总局提供的资料综合整理形成。

(二)食品经营者的行为监管

严格落实基层工商所食品安全日常巡查和属地监管责任制,把市场巡查与经济户口管理、食品抽样检验与食品市场分类监管等结合起来,以"主体资格、经营条件、食品外观、食品从业人员、食品来源、包装装潢标识、商标广告、市场开办者责任、食品质量、经营者自律"为重点内容,以商场、超市、批发市场及食品批发企业等为重心,针对不同食品经营业态和经营场所的特点,重点监管食品经营者行为。2007—2011年间全国工商部门对食品经营者行为监管的基本情况和监管案件的总数统计分别见表3-1和图3-2。

表3-1 2007—2011年间工商部门对食品经营者行为监管基本情况

（单位:件、万元）

	案件总数	案件总值	没收金额	罚款金额
2007	79000	58000.00	—	—
2008	77556	112290.20	10372.26	68871.54
2009	85307	41181.09	1999.10	31822.82

（续表）

	案件总数	案件总值	没收金额	罚款金额
2010	94854	38575.39	3639.04	35447.52
2011	105032	51162.81	4926.84	41418.37
合计	441749	301209.49	20937.24	177560.25

资料来源：根据国家工商总局提供的资料综合整理形成。

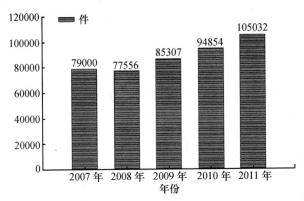

图 3-2　2007—2011 年全国工商部门对食品经营者行为监管案件的总数统计
资料来源：根据国家工商总局提供的资料综合整理形成。

2006 年，全国工商行政管理机关共纠正经营资质、食品质量、食品包装和商标广告等存在问题的食品经营主体 69.93 万户。在全国食品经销企业和个体工商户中，分别有 213.26 万户、198.5 万户和 204.56 万户的经营者建立了进货检查验收、购销台账和质量承诺制度；在全国食品商场、超市、贸易市场、批发市场中，分别有 8.09 万户、5.21 万户、8.16 万户和 9.75 万户的经营者建立了协议准入、市场开办者质量责任、质量自检和不合格食品退市制度。

2007 年，全国县城以上城市的 16835 个批发市场、50318 个集贸市场、25444个商场、80462 个超市 100% 建立了进货索证索票制度；127.3 万个乡镇食杂店、103.6 万个街道食杂店、38.7 万个社区食杂店 100% 建立了进货台账制度。在"农村食品市场整顿年"活动中，全国工商行政管理系统共检查农村重点食品市场 2.45 万个，捣毁制售假冒伪劣食品窝点 2856 个，取缔无照经营 4.78 万户，查获伪劣农资产品 73.7 万公斤；取缔乡镇政府所在地及县镇以上城市无照经营食品的小食杂店、小摊点 10.72 万户，有效治理了乡镇政府所在地及县城以上城市小食杂店、小摊点食品无照经营的问题。

2008 年，全国工商行政管理部门检查食品经营主体 2062.1 万户次，查处制售假冒伪劣食品案件 5.3 万件，案值 2.3 亿元。"三聚氰胺"事件爆发后，全国工商系统共检查奶制品经营主体 1895.7 万户次,下架退市不合格奶制品 8311.7 吨,其中监督企业召回 6081.71 吨,监督企业销毁 2229.99 吨,为消费者退换奶制品 917.4 吨,维护了奶制品市场的安全消费。

2009 年,全国工商行政管理系统共检查食品经营户 1290.2 万户次,检查批发市场、集贸市场等各类市场 25.5 万个次,取缔无照食品经营户 8.9 万户,捣毁食品制假售假窝点 3530 个,查处流通环节食品案件 7.2 万件;重点对食品添加剂经营行为实施监管,共检查食品添加剂经营者 48.6 万余户,查处食品添加剂违法案件 1257 件。

2010 年,全国工商行政管理系统共查处食品违法案件 7.69 万件,移送司法机关 258 件,抽查食品 12.8 万组,取缔食品无照经营 7.2 万户。

2011 年,全国工商管理部门共出动执法人员 1153.2 万人次,检查食品经营户 2719.6 万户次,检查批发市场、集贸市场等各类市场 61.3 万个次,取缔无照食品经营 4.6 万户,吊销营业执照 613 户,查处食品案件 6.9 万件。

(三) 食品市场主体的准入监管

2009 年以来,全国工商管理部门严格按照《食品安全法》的要求,贯彻落实《食品流通许可证管理办法》和《食品市场主体准入登记管理制度》,严格市场主体准入管理,依法规范证照核发行为,坚持先证后照,依法登记注册。结合核发食品流通许可证,不断强化流通环节食品经营主体经济户口管理和信用分类监管工作,监管效能不断提高。2009 年、2010 年和 2011 年,全国工商管理部门分别新核发食品流通许可证 20.1 万个、216.9 万个和 211.48 万个。

(四) 食品生产经营者违法食品广告的监管与预警

国家工商行政管理机构严肃查处流通环节中的严重违法食品广告行为,依法公示风险预警信息,如曝光违法食品广告、发布食品安全信息,既对违法企业、相关媒体给予严正警告,更为消费者发布与传递了食品安全风险警示信息,清正市场警兆,保护消费者权益。国家工商总局自 2009 年 1 月开始曝光全国电视、报纸等媒体发布的严重违法广告,广告类型有食品(包括保健食品)、药品、医疗、化妆品及美容服务等。在 2008 年第四季度至 2011 年第四季度,国家工商总局共发布 22 份公告,共有 14 份公告涉及普通食品和保健食品。在曝光的 116 种产品广告中有 38 种是保健食品广告,占曝光广告总数的 32.76%。此外,被曝光的食品广告逐年递增,2009 年为 11 起,2010 年上升为 12 起,2011 年增加到 14 起,年均递增 12.88%。表 3-2 显示,被曝光的食品和保健食品广告主要是因为广告中出现与药品相混淆的用语,宣传食品的治疗作用,使用专家、消费者的名义和形象作证明等。

表3-2　2009—2011年间国家工商总局局曝光的违法食品广告

公告	发布时间	违法食品广告	监测时间
违法广告公告〔2012〕1号	2012年1月16日	那曲雪域冬虫夏草保健食品广告;东方之子牌双歧胶囊(双奇胶囊)保健食品广告;健都牌润通胶囊保健食品广告	2011 第四季度
违法广告公告(工商广公字[2011]5号)	2011年11月28日	同美美容宝胶囊保健食品广告;藏秘雪域冬虫夏草胶囊保健食品广告	2011 第三季度
违法广告公告(工商广公字[2011]4号)	2011年8月10日	颐玄虫草全松茶食品广告;金王蜂胶苦瓜软胶囊保健食品广告;国老同肝茶食品广告;同仁修复口服胰岛素保健食品广告	2011 第二季度
违法广告公告(工商广公字[2011]3号)	2011年6月13日	寿瑞祥全松茶食品广告;国研前列方食品广告;厚德蜂胶软胶囊保健食品广告	2011 第二季度
北京、昆明工商曝光违法广告	2011年3月10日	葵力康食品广告;虫草养生酒保健食品广告;昆明、同仁唐兑保健食品广告;知蜂堂蜂胶保健食品广告	2011 第一季度
违法广告公告([2011]1号)	2011年1月30日	《郑州晚报》12月3日A31版发布的活力降压酶食品广告;《兰州晚报》12月2日A13版发布的皂根草果食品广告;	2010 第四季度
违法广告公告(工商广公字[2010]7号)	2010年11月11日	《三秦都市报》10月13日11版发布的MAXMAN食品广告;《太原晚报》10月13日17版发布的天脉素食品广告;新疆卫视9月3日发布的敏喉清清保健食品广告	2010 第三季度
违法广告公告(工商广公字[2010]6号)	2010年9月21日	西木左旋肉碱奶茶食品广告;东方之子双歧胶囊食品广告;净石清玉蕙茶食品广告;樱花纳豆复合胶囊食品广告;排酸肾茶食品广告	2010 第二季度
国家工商行政管理总局违法广告公告(工商广公字[2010]4号)	2010年5月10日	《新晚报》(黑龙江)3月20日A10版发布的同仁强劲胶囊食品广告;《南宁晚报》3月20日09版发布的西摩牌免疫胶囊保健食品广告	2010 第一季度
国家工商行政管理总局、国家食品药品监督管理局违法广告公告(工商广公字[2010]3号)	2010年2月10日	《南国都市报》(广西)12月3日A09版发布的梨花降压藤茶保健食品广告;《海峡都市报》(福建)12月3日A32版发布的北奇神好汉两粒帮软胶囊食品广告	2009 第四季度

（续表）

公告	发布时间	违法食品广告	监测时间
国家工商行政管理总局违法广告公告（工商广公字[2009]8号）	2009年10月27日	《作家文摘》（北京）9月18日4版发布的泽正多维智康胶囊保健食品广告；《南宁晚报》9月17日09版发布的都邦超英牌麦氏参胶囊保健食品广告；《京华时报》（北京）9月17日A31版发布的肝之宝保健食品广告	2009 第三季度
国家工商总局2009年第二季度违法广告公告（工商广公字[2009]6号）	2009年7月29日	《楚天都市报》（湖北）6月11日发布的知蜂堂保健食品广告；《北方新报》（内蒙古）6月10日发布的美国美力保保健食品广告	2009 第二季度
国家工商总局2009年第一季度违法广告公告（工商广公字[2009]5号）	2009年5月17日	《西安晚报》3月18日发布的生命A蛋白食品广告；《新晚报》（黑龙江）3月18日发布的倍力胶囊保健食品广告；《燕赵晚报》（河北）3月16日发布的仲马食品广告；青岛电视台一套节目3月26日发布的圣首荠氏胶囊保健食品广告	2009 第一季度
国家工商行政管理总局公告（工商广公字[2009]2号）	2009年2月11日	《半岛都市报》12月3日发布的爱动力保健食品广告	2008 第四季度

资料来源：国家工商总局 违法广告公示[EB/OL].http://www.saic.gov.cn/zwgk/gggs/wfgggg/.

（五）长效监管机制建设

为适应食品安全监管新形势、新情况和新任务的要求,结合流通环节食品安全监管实际,全国工商部门把建立健全流通环节食品安全监管长效机制作为根本性、长期性的重要任务来抓。以保障食品经营者主体合法、产品质量合格、行为合规为重点,健全执法机制;以严把食品进货关、销售关、退市关为重点,构建经营者自律机制和食品安全可追溯机制;以形成部门之间无缝衔接为重点,加强各部门间的协调协作;建立以新闻媒体、广大消费者和聘请监督员为主体的社会监督机制。

四、消费者对市场食品安全性评价与消费投诉

2012 年 1—3 月间,本《报告》研究小组对全国 12 个省、自治区、直辖市的 4289 名消费者(以下简称受访者)进行了相关调查,按照户籍划分,被调查的城市、农村消费者分别为 2143 名、2146 名(参见本《报告》的第六章)。本《报告》主要分析消费者对市场食品安全性评价的调查情况,并根据 2007—2011 年间全国消协组织的有关分析数据等,研究食品消费投诉等相关问题。

（一）市场食品安全性评价

根据调查数据,本《报告》主要从受访者购买食品的首选场所、在不同场所购买的食品安全性排序、食品的卫生程度、食用农产品的新鲜程度、食品的质量认证和标签标识信息的真实程度、是否购买过不安全食品等方面展开描述。

1. 购买食品首选场所的排序

图 3-3 显示,在 4289 名受访者中,购买食品的首选场所依次为超市(73.02%),集(农)贸市场(12.92%)、小卖部(10.35%)、路边流动摊贩(2.05%)、其他(1.66%)。

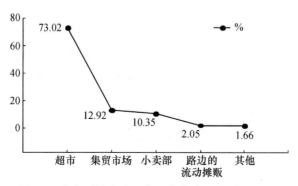

图 3-3　全部受访者购买食品的首选场所(单位:%)

　　表 3-3 显示,城市与农村受访者购买食品的首选场所的选择性排序具有完全的一致性,但比例上有差异。农村受访者首选超市的比例低于城市受访者约 15 个百分点。差异的主要原因可能使农村受访者收入水平比较低,难以承受超市相对比较高的价格。

表 3-3　城市与农村受访者购买食品首选场所的比较　　（单位:个、%）

地点	城市		农村	
	样本数	比例	样本数	比例
超市	1727	80.59	1405	65.47
集(农)贸市场	223	10.41	331	15.42
小卖部	138	6.44	306	14.26
路边流动摊贩	27	1.26	61	2.84
其他	28	1.31	43	2.00

　　2. 不同场所购买食品的安全性

　　表 3-4 调查数据显示,受访者总体对超市购买的食品安全性评价最高(94.45%),集(农)贸市场则排序第二(为 51.76%)。而对小卖部和路边流动摊贩的食品的安全性评价最低,分别为 34.41% 和 6.64%。城市与农村受访者对不同场所购买食品的安全性评价也完全一致。但农村受访者对小卖部购买的食品安全性评价高于城市受访者近 10 个百分点。虽然小卖部食品的安全性受到质疑,但小卖部在农村食品消费网店体系中的作用不可轻视。

表 3-4　城市与农村受访者对不同场所购买的食品安全性评价　（单位:个、%）

购买地点	总体		城市		农村	
	放心样本数	比例	放心样本数	比例	放心样本数	比例
超市	4051	94.45	2005	93.56	2046	95.47
集(农)贸市场	2220	51.76	1090	50.86	1130	52.73
小卖部	1476	34.41	640	29.86	836	39.01
路边流动摊贩	285	6.64	120	5.60	165	7.70

　　注:上表中均为受访者对不同场所购买的食品安全性的放心样本数与总样本数所占的比例。

　　3. 主要食用农产品新鲜度评价

　　图 3-4 显示,47% 的受访者对市场上主要食用农产品的新鲜度的评价为"一般"。"比较满意"和"不满意"的比例接近,分别为 25% 和 21%;"非常满意"和"非常不满意"的比例分别仅为 2% 和 5%。

　　图 3-5 显示,虽然农村和城市受访者对新鲜度评价大致相同,但仍有一定的差异性,即城市受访者对市场上主要食用农产品的新鲜度评价好于农村受访者。这

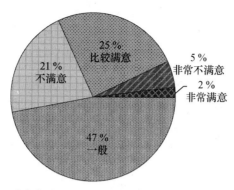

图 3-4　受访者对市场上销售的主要食用农产品新鲜度评价

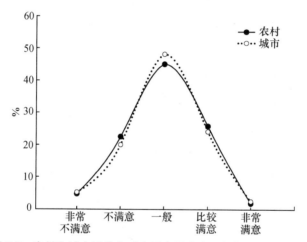

图 3-5　农村和城市受访者对主要食用农产品新鲜度评价的比较

反映出城市主要食用农产品市场供应水平的改善,同时也反映出生活在农村的受访者对食用农产品的新鲜度的要求高于城市受访者。

4. **食品卫生程度的评价**

图 3-6 显示,在总体样本中的 45.72% 的受访者认为市场上销售的食品的卫生程度为"一般","不满意"和"非常不满意"的比例之和为 33.29%,高出"比较满意"和"非常满意"比例之和 20.98% 约 12 个百分点。农村和城市受访者对市场上食品卫生程度的评价大致相同。城市中反映"比较满意"和"非常满意"的百分比分别高于农村,而认为"不满意"和"一般"的比例均低于农村。可见,城市受访者对市场上食品卫生程度的评价高于农村,说明农村食品市场的卫生状况仍然需要改善。

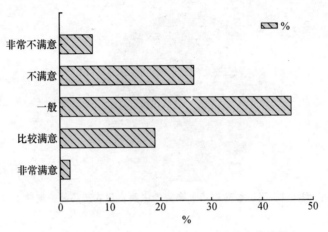

图 3-6   受访者对市场上食品卫生程度的总体评价

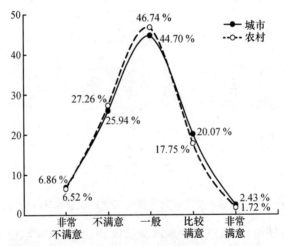

图 3-7   农村和城市受访者对食品卫生程度评价的比较

5. 食品质量认证和标签标识信息的真实性评价

图 3-8 显示,在总体样本中,46.02% 的受访者认为市场上销售的食品的质量认证和标签标识信息的真实性为"一般","不满意"和"非常不满意"的比例之和为 31.50%,高于 22.80% 的"比较满意"和"非常满意"的比例之和。

图 3-9,农村和城市受访者对市场上食品质量认证和标签标识信息的真实性的评价分布基本接近。城市受访者"非常满意"和"比较满意"的比例略低于农村,而"非常不满意"的比例高于农村。这一调查结果与城市受访者对食品安全的关注度高于农村有关。

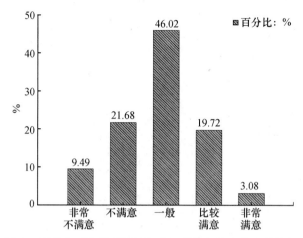

图 3-8　受访者对食品质量认证和标签标识信息真实性的评价

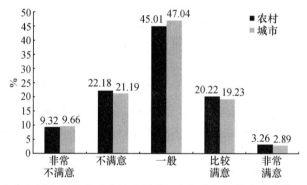

图 3-9　农村和城市受访者对食品质量认证和标签标识信息真实性评价的比较

6. 是否购买过不安全食品

总体样本中,在市场上"经常遇到"不安全食品(如购买到过期霉变或其他不合格食品等)的受访者的比例为 5.3%,"有时遇到"的比例占 36.5%,而"很少遇到"和"从来没有"购买过不安全食品的比例分别为 32.3% 和 6.8%。城市受访者中购买过和有时购买不安全食品的比例之和为 46.1%,高出农村受访者约 11.5 个百分点。

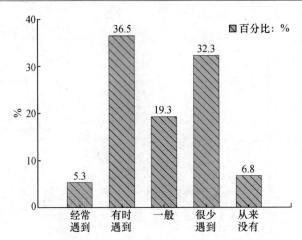

图 3-10　在市场上是否购买过不安全食品的受访者比例

（二）食品消费投诉与投诉渠道畅通评价

本书对食品消费投诉分析的数据与资料来源于 2007—2011 年间全国消协组织受理投诉情况统计，而投诉渠道畅通评价则来源于对全国 12 个省、自治区、直辖市的 4289 名受访者进行的相关调查。

1. 食品消费投诉量变化

全国消费者协会是具有半官方性质，并取得社会团体法人资格的群众性社会团体。其主要宗旨是对商品和服务进行社会监督，保护消费者的合法权益，引导广大消费者合理、科学消费，促进市场经济健康发展。自 2005 年始，中国消费者组织开始建立消费者投诉信息的统计机制。表 3-5 给出了 2007—2011 年间全国消协组织受理的食品消费投诉量。

表 3-5　2007—2011 年间全国消协组织受理的食品消费投诉量　（单位：件、%）

	2007	2008	2009	2010	2011	年均增长率
投诉量	36815	46249	36698	34789	39082	1.5
比上年增长	-12.57	25.63	-20.65	-5.20	12.34	-0.09

数据来源：2007—2011 年间全国消协组织受理投诉情况统计分析资料。

2007 年，全国消协组织受理的食品消费投诉为 36815 件，比 2006 年的 42106 件下降了 12.57%。而 2008 年"三聚氰胺"奶粉事件后，全国的食品消费投诉量急剧上升，比 2007 年上升了 25.6%。2009 年、2010 年消费者食品消费投诉量持续，其中 2009 年下降 20.65%。而 2011 年则出现反弹，食品消费投诉量比 2010 年上升了 12.34%。

2. 食品消费投诉问题的主要构成

2011 年,全国消协组织共受理各类食品消费投诉 39082 件。与食品质量安全有关的投诉达 67.09%,其中食品质量问题投诉达 24860 件,占总投诉的 63.61%;安全问题投诉 1362 件,占比 3.48%。投诉的安全问题主要集中在食品标识不全,擅自更改生产日期、致使食品在标示的保质期内腐烂变质,食品掺杂异物,使用劣质原料加工食品,以及超量使用食品添加剂、甜味剂,使用非食品加工用化学添加物、非法使用食品法规允许使用范围的化学物质,病源微生物控制不当、屡屡发生食物被污染变质,农产品中残留化肥农药的重金属等有害物质超标,违法使用抗生素、激素和其他有害物质等。

表3-6　2011 年度中国消费者组织受理的食品消费投诉问题构成（单位:件、%）

项目	总计	质量	安全	价格	计量	广告	假冒	虚假品	营销合同	人格尊严	其他
投诉量	39082	24860	1362	2307	2549	393	940	395	984	46	5246
比例	100.00	63.61	3.48	5.90	6.52	1.01	2.41	1.01	2.43	0.12	13.42

资料来源:2011 年间全国消协组织受理投诉情况统计分析资料。

3. 解决问题食品采取的方式

在全国 12 个省、自治区、直辖市的 4289 名受访者样本中,48.8% 的受访者购买到问题食品时采取“与经营者交涉”的方式解决问题。这种方式直接快捷,但容易出现纠纷,并且不利于消除此类食品安全问题。而 21.8% 的受访者只能“自认倒霉”。受访者采取向消费者组织、工商等部门、法院、媒体等投诉与反映情况等方式的比例

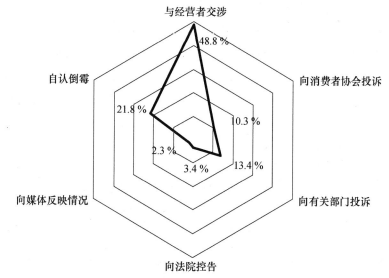

图3-11　遇到问题食品时采取的主要解决方式

分别占 10.3%、13.4%、3.4%、2.3%。与农村受访者相比较,37.6% 的城市受访者遇到问题食品时会采取向消费者组织、工商等部门、法院、媒体等投诉与反映情况等方式,高出农村受访者 13.3 个百分点。但总体而言,遇到问题食品时,与"经营者交涉"、"自认倒霉"是受访者解决问题所采取的主要方式,而并非是向消协组织投诉。

4. 投诉举报渠道的畅通性评价

图 3-12 显示,在总样本中,分别有 32.3%、27.2% 和 26.0% 的受访者认为向消费者组织、工商等有关部门、法院与媒体等投诉举报的畅通性为"一般"、"不太畅通"和"不畅通";认为"畅通"和"比较畅通"的受访者比例分别占 2.9% 和 11.6%。

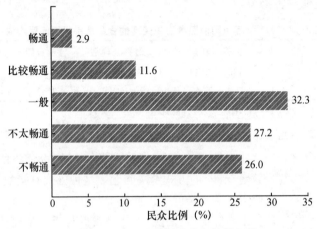

图 3-12 投诉举报渠道的畅通性评价

图 3-13 显示,城市与农村受访者"向相关部门举报渠道的畅通性评价"为"畅通"的分别为 32.0% 和 32.7%。而认为向包括消协组织在内的相关部门投诉举报渠道为"不畅通"和"不太畅通"的比例均高于认为"畅通"和"比较畅通"的比例。不同点在于,城市受访者认为投诉举报渠道"比较畅通"和"畅通"的比例(17.7%)高出农村 6.4 个百分点(农村为 11.3%)。

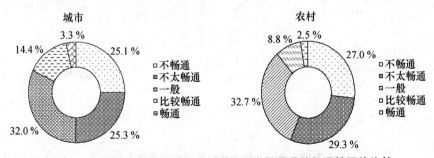

图 3-13 城市农村受访者向相关部门投诉举报渠道的畅通性评价比较

五、流通环节食品质量安全监管面临的主要问题

虽然流通环节的食品安全监管成效显著,食品质量安全水平总体稳定且趋势向好,但深层次问题并未得到根本性解决。我国食用农产品的种植养殖以小规模、分散化经营为主,生产环节的食品安全隐患往往反映在流通环节。在流通环节,市场准入门槛较低,食品经营单位数量庞大,中小企业占主体,小作坊、小摊贩、小餐饮大量存在,小、散、乱问题突出;相当一部分食品经营单位缺乏必要的设备设施和规范的管理,不具备经营合格食品的基本条件;部分经营者诚信自律意识较差,故意违法。在消费环节,地区、城乡和群体之间差异较大,低收入群体的消费水平低,安全消费意识不强,容易成为不合格食品的受害者。这些问题是长期影响我国食品安全的深层次因素。如何有效监管,防范或消除这些问题,以避免因食品质量危害消费者健康是考验政府执政能力的重要指标。从现实情况来分析,我国流通环节食品质量安全监管主要面临如下的三个主要问题。

(一) 食品流通经营主体构成复杂

食品流通经营主体构成非常复杂,进一步加大了流通环节的监管难度。食品流通经营主体构成的复杂性主要表现在:

(1) 食品经营业态复杂。我国的食品流通经营主体,既有食品商场、超市、批发市场,又有食品经营企业、个体工商户和农民专业合作社等,经营业态和经营形式多种多样,情况错综复杂。流通环节上连生产环节,下接消费环节,是保障食品安全的重要组成部分。而我国复杂的食品经营业态和形式更容易导致食品安全质量问题在流通环节显现。

(2) 中小食品经营单位是主体。2011 年底,在全国从事食品流通的单位中,企业为 51.6 万家、个体工商户 469.9 万户、农民专业合作社 0.3 万个,比例分别为 9.89%、90.05%、0.06%(图 3-14)。由此可见,个体工商户是绝对主体,遍布全国城乡,特别是广大农村地区和偏远山区,呈现点多面广,小、散、多的突出特点。而个体工商户安全管理水平相对较低,诚信自律意识较差,加大了监管执法的难度。

(3) 中小经营主体数量增长较快。表 3-7 显示,2006—2011 年的五年间,全国从事食品流通的单位年均增长 12.58%。2007 年底,全国从事食品流通的单位有 322.54 万个,比 2006 年的 288.52 万个增加 11.79%。2010 年底,增加到 438.03 万个,比 2009 年增长 35.8%。2011 年底,进一步增加到 521.80 万个,比 2010 年增长 19.1%。虽然增长较快,但以个体工商户为主的格局不但没有改变,反而进一步提升。2011 年,全国从事食品流通的个体工商户比例为 90.05%,比 2006 年的 88.01%增加了 2 个百分点。个体工商户数量和比例的增加加大了流通环节食品质量安全监管的难度。

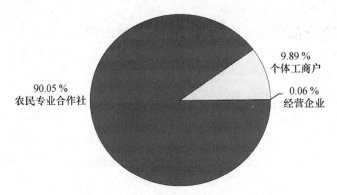

图 3-14   2011 年全国食品流通经营主体构成

表 3-7   2006 年与 2011 年食品流通环节经营主体构成比较（单位:万户、%）

	经营主体总数	经营企业数	个体工商户	农民专业合作社
2006	288.52	34.58	253.94	—
2011	521.80	51.60	466.90	0.30
年均增长率	12.58	8.33	13.00	

上表中的 2006 年食品流通环节经营主体的农民专业合作社的数据不详。

（二）监管能力建设不平衡

监管能力建设的不平衡性主要表现在以下方面。

（1）执法资源不能满足监管需求。一是专门监管机构设置不全。截至 2011 年 12 月,全国共有 31 个省级工商局、332 个地市级局、2831 个县级工商局和 24157 个工商所,已经有 35 个省、自治区、直辖市及计划单列市工商局设立了专门的食品安全监管机构。但至今尚有部分省（区）、副省级城市工商局与设区的地（市）工商局和县级工商局未单设食品安全监管机构;二是监管执法力量配置不足。基层工商所是流通环节食品安全监管执法的主要承担者。目前全国 23.8 万基层工商所执法人员承担了涉及 103 部法律、201 部法规、124 部规章的监管执法任务。除了从事食品安全监管外,基层工商所还承担着市场巡查、年检验照、社会治安综合治理、专项整治等 10 多项工作。特别在一些偏远地区和山区,有的工商所不足 10 人,却管辖五、六个乡镇区域,跨度几百公里,因缺少交通工具而主要依靠步行和自行车进行巡查和监管执法,因缺乏食品质量检测的设施、设备和技术手段而影响监管执法。监管任务繁重与人员紧缺的矛盾在基层工商所非常突出。三是专业管理人员极少。2010 年,相关机构开展的监管能力调查的不完全统计表明,各省、市、县工商局食品安全监管专职人员中食品类专业人员仅 300 余人,人才储备匮乏,远不能满足实际监管工作需要。

（2）监管经费不能保障监管需求。工商部门实行省以下垂直管理。在一些省份,市、县两级地方政府对流通环节食品安全监管的财政支持和保障不够,工商部门难以很好地开展工作。《食品安全法》实施后,食品分段监管的权责划分清晰,卫生部门完全从流通环节退出,导致工商部门承担的流通环节的食品安全监管任务加重。市、县财政对工商部门食品安全经费保障没有与监管工作任务的增加同步,导致工商部门难以更好的履行职责。

（3）监管手段与装备不能适应监管需求。工商部门监管经费尤其是检测经费缺口很大。以食品综合检测仪为例,截至2010年底,全国工商系统仅配备3474台食品综合检测仪。按照一个工商所配备一台测算,全系统尚缺17000余台。根据国务院办公厅《关于进一步加强乳品质量安全工作的通知》（国办发〔2010〕42号）精神的要求,工商部门应当加强对乳制品和婴幼儿配方乳粉的抽样检验。2010年底,全国有乳制品经营者166.65万户,婴幼儿配方乳粉经营者70.73万户,全系统每年实际需要抽检乳制品经费为5.58亿元,抽检含乳食品经费为4.33亿元,抽检婴幼儿配方奶粉经费为13.65亿元,其他食品抽样检验经费为33.67亿元,共需57.23亿元。而实际上,地方财政实际拨付资金不足,直接导致监管手段与装备不能满足食品安全监管的需求。

（三）监管工作发展不尽平衡

监管工作发展不尽平衡主要表现在:

（1）执法工作还不够到位。当前全国流通环节食品安全形势总体稳定并保持向好趋势。但是面临的形势仍然十分严峻,地区之间工作发展不尽平衡,有些地方监管工作不够到位。特别是从近年来相继发生的食品安全突发事件来看,尽管事件源头上并不在流通环节,但发生和显现在流通环节,给消费者带来健康威胁和经济损失,反映了经营者进货把关和自律制度落实不够到位,以及地方监管执法工作不够落实。

（2）食品经营行为监管不到位。工商管理部门承担了流通环节食品安全监管的诸多任务。总体分析,食品经营者法定责任和义务的落实仍然是当前和今后流通环节食品安全监管的薄弱环节,而流通环节食品安全监管长效机制的建立和完善还需要多方面的共同努力。

（3）流通环节食品安全应急处置能力有待进一步提升。当前,食品安全舆情信息传播渠道多、传播速度快,影响范围广,放大效应强,应当引起足够的重视。而现行流通环节食品安全应急预案尚还不够完善,舆情监测和应对制度仍然没有建立,食品安全舆情的应对工作与"主动防范、及早介入"、"早发现、早报告、早处置"的总体要求还有不小的差距。

第四章　进出口食品的质量安全

随着现代国际食品产业分工的日益细化,国际贸易的深入发展,传统生产方式的逐步退出,在从"农田到餐桌"整个被不断延长的食品链的传递过程中,食品被污染的机会正逐渐增加,加大了食品安全风险发生的概率。食品通过国际贸易污染扩散的速度之快、范围之广,对人民健康和国家经济影响之大,成为世界各国共同面临的前所未有的问题。一个国家的食品安全与食品国际贸易密切相关,任何一个国家在经济全球化的背景下都难以独善其身。本章在分析我国食品国际贸易规模、结构的基础上,重点考察 2006—2011 年间我国进出口食品的质量安全性与变化趋势[①]。

一、出口食品的质量安全

改革开放以来,我国的食用农产品生产与食品工业长足发展,彻底结束了长期以来国内食品供应短缺的历史[②]。自 20 世纪 90 年代以来,我国食品出口贸易总额不断上扬,出口食品的合格率持续提升,对调节全球食品供求关系,保障世界食品数量安全发挥着不可或缺的重要作用。

(一) 食品出口概况

我国食品出口贸易发展的基本特点是:

1. 出口的总量规模不断扩大

我国食品出口贸易总额不断上扬,由 1991 年的 79.05 亿美元增长到 2011 年的 533.41 亿美元,二十年间增长了 5.7 倍(图 4-1)。进入 21 世纪以来,我国食品出口贸易年均增长率高达 14.0%(表 4-1)。虽然 2008 年受全球金融危机的严重影响,2009 年我国食品出口总额出现 10 年来的首次下降,但随着全球经济的逐步复苏,近年来基本恢复了食品出口贸易大发展的格局,年均增速持续创出历史新高。

---

① 本章的食品分类是按照联合国《国际贸易商品标准分类》(SITC)公布的商品结构而分类的,其构成结构定义为初级产品中的食品及主要供食用的活动物(SITC0)、饮料及烟类(SITC1)、动植物油脂及蜡(SITC4)等。

② 张恬嘉:《中国对外贸易中食品安全问题的研究》,武汉理工大学硕士研究生学位论文,2010 年。

表 4-1　1991—2011 年间按国际标准商品分类的中国出口食品商品构成表

（单位：亿美元、%）

年份	食品及主要供食用的活动物	饮料及烟类	动植物油、脂及蜡	出口总额	年增长率
1991	72.26	5.29	1.50	79.05	11.15
1992	83.09	7.20	1.39	91.68	15.98
1993	83.99	9.01	2.05	95.05	3.68
1994	100.15	10.02	4.95	115.12	21.12
1995	99.54	13.70	4.54	117.78	2.31
1996	102.31	13.42	3.76	119.49	1.45
1997	110.75	10.49	6.47	127.71	6.88
1998	105.13	9.75	3.07	117.95	-7.64
1999	104.58	7.71	1.32	113.61	-3.68
2000	122.82	7.45	1.16	131.43	15.69
2001	127.77	8.73	1.11	137.61	4.70
2002	146.21	9.84	0.98	157.03	14.11
2003	175.31	10.19	1.15	186.65	18.86
2004	188.64	12.14	1.48	202.26	8.36
2005	224.80	11.83	2.68	239.31	18.32
2006	257.23	11.93	3.73	272.89	14.03
2007	307.43	13.97	3.03	324.42	18.88
2008	327.62	15.29	5.74	348.65	7.47
2009	326.28	16.41	3.16	345.85	-0.80
2010	411.48	19.06	3.55	434.10	25.52
2011	504.95	22.76	5.70	533.41	22.88

资料来源：《中国统计年鉴 2011》、UN Comtrade 数据库（http://comtrade.un.org/db/）。

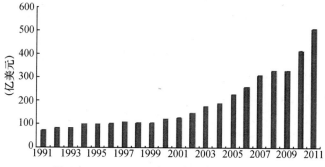

图 4-1　1991—2011 年间我国食品出口总额

资料来源：《中国统计年鉴 2011》、UN Comtrade 数据库（http://comtrade.un.org/db/）。

2. 出口的贸易结构逐步优化

分析 2006—2011 年间我国食品出口贸易的品种结构,可以发现水产品、蔬菜、水果与肉类制品等是出口食品的主要品种(见表 4-2),并表现出如下三个特点:

表 4-2　2006 年和 2011 年全国食品出口分类总值和结构变化

(单位:亿美元、%)

食品分类	2006 年		2011 年		2011 年比 2006 年增减	
	出口金额	比重	出口金额	比重	增减金额	增减比例
食品出口总值	272.90	100	533.41	100	260.51	95.46
一、食品及活动物	257.23	94.26	504.95	94.66	247.72	96.30
1. 活动物	3.33	1.22	5.71	1.07	2.38	71.39
2. 肉及肉制品	20.31	7.44	29.57	5.54	9.25	45.55
3. 乳品及蛋品	1.89	0.69	2.82	0.53	0.93	49.20
4. 鱼、甲壳及软体类动物及其制品	89.49	32.79	169.69	31.81	80.20	89.61
5. 谷物及其制品	15.42	5.65	16.52	3.10	1.10	7.13
6. 蔬菜及水果	88.70	32.50	191.35	35.87	102.65	115.72
7. 糖、糖制品及蜂蜜	7.13	2.61	17.00	3.19	9.86	138.27
8. 咖啡、茶、可可、调味料及其制品	11.71	4.29	24.31	4.56	12.60	107.60
9. 饲料(不包括未碾磨谷物)	5.35	1.96	20.85	3.91	15.51	289.95
10. 杂项食品	13.89	5.09	27.14	5.09	13.25	95.34
二、饮料及烟类	11.94	4.37	22.76	4.27	10.82	90.69
11. 饮料	6.28	2.30	11.35	2.13	5.07	80.82
12. 烟草及其制品	5.66	2.07	11.41	2.14	5.75	101.64
三、动植物油、脂及蜡	3.73	1.37	5.70	1.07	1.97	52.92
13. 动物油、脂	0.25	0.09	1.45	0.27	1.21	492.19
14. 植物油、脂	3.00	1.10	2.54	0.48	-0.46	-15.39
15. 已加工过的动植物油、脂及动植物蜡	0.48	0.18	1.71	0.32	1.23	253.35

资料来源:根据 UN Comtrade 数据库相关数据整理计算所得(http://comtrade. un. org/db/)。

其一,蔬菜水果出口比重持续提升,糖制品与蜂蜜的出口增长快速。我国蔬菜水果的出口额由 2006 年的 88.70 亿美元增长到 2011 年的 191.35 亿美元,五年间增长了一倍多,在食品出口总额中的占比由 2006 年的 32.50% 提升到 2011 年的 35.87%。近年来,我国蔬菜水果的持续高产,特别是保鲜冷藏技术的进步、物流供应链的完善,支撑了行业出口的快速增长[①]。同时,糖制品、蜂蜜的出口快速增长,出口额由 2006 年的 7.13 亿美元迅速上扬到 2011 年的 17.00 亿美元,五年间增加了 9.87 亿美元,高附加价值的优势在出口中逐渐显现。

---

① 陈李萍:《食品贸易与我国食品工业经济增长关系的实证研究》,江南大学硕士研究生学位论文,2008 年。

其二,动物油脂、饲料、已加工过的动植物油、脂及蜡的出口增长幅度较大。尤以动物油脂的出口增长最为显著。2006 年我国动物油脂的出口额为 0.25 亿美元,2011 年则达到 1.45 亿美元,五年间增长了 4.9 倍;饲料的出口额从 2006 年的 5.35 亿美元增加到 2011 年的 20.85 亿美元,五年间增长了近 3 倍;动植物油、脂及动植物蜡的出口额从 2006 年的 0.48 亿美元增加到 2011 年的 1.71 亿美元,五年间的增长比例达 253.35%。

其三,谷物出口增幅缓慢,植物油脂出口呈现负增长。2006 年我国谷物出口额 15.42 亿美元,2011 年缓慢增长至 16.52 亿美元。谷物出口在所有食品出口额的占比由 2006 年的 5.65% 下降至 2011 年的 3.10%。这一格局与我国人口众多、土地资源稀缺的国情密切相关。未来我国谷物食品出口难以有较大的增长,相反可能需要不断增加进口来保障国内的供求平衡。由于国内对植物油脂的需求持续增长,我国植物油脂的出口额也持续下降,从 2006 年的 3.00 亿美元下降至 2011 年的 2.54 亿美元,在食品出口中的份额相应由 1.10% 下降至 0.48%。

3. 出口的国别地区基本稳定

依据出口额排序,2006 年我国食品出口的主要国家和地区依次是日本(75.45 亿美元,27.65%)、欧盟(35.30 亿美元,12.94%)、美国(33.69 亿美元,12.35%)、东盟(27.61 亿美元,10.12%)、我国香港地区(25.07 亿美元,9.19%)、韩国(24.87 亿美元,9.11%)、俄罗斯(8.03 亿美元,8.03%)。

2006 年,我国向上述七个国家和地区出口食品的总额达到 230.02 亿美元,占当年食品全部出口总额的 84.29%,而日本、欧盟和美国这三个市场占据了我国食品出口市场的 50% 以上。

2011 年我国食品主要出口国家和地区依次是日本(99.80 亿美元,18.71%)、东盟(90.54,16.97%)、欧盟(64.29,12.05%)、美国(61.59,11.55%)、我国香港地区(53.61,10.05%)、韩国(35.90,6.73%)、俄罗斯(17.89,3.35%)。2011 年我国向上述七个国家和地区共出口食品总额达 423.63 亿美元,占当年食品出口总额的 79.42%。2006—2011 年间我国食品出口的主要国家和地区的贸易额变化见图 4-2。

图 4-3 显示,2006—2011 年间,日本一直是我国食品出口的最大市场;东盟自 2009 年开始超过欧盟、美国,成为我国食品出口的第二大市场,之后一直保持排序第二的位置且有赶超日本的趋势;在欧盟、美国和我国香港地区能够基本保持较为稳定的市场份额,而对韩国、俄罗斯的食品出口增长较为缓慢,出口的市场份额逐步下降。

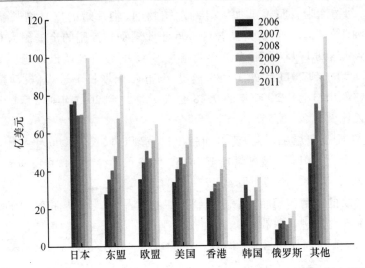

图 4-2   2006—2011 年间我国食品出口的主要国家和地区的贸易额变化图
资料来源：根据 UN Comtrade 数据库相关数据整理计算所得（http://comtrade. un. org/db/）。

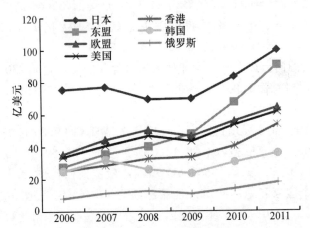

图 4-3   2006—2011 年间我国食品出口的主要国家和地区的贸易额
资料来源：根据 UN Comtrade 数据库相关数据整理计算所得（http://comtrade. un. org/db/）。

（二）出口食品的质量安全

2007 年 8 月国务院新闻办公室发布的《中国的食品质量安全状况（白皮书）》显示，2007 年上半年之前的若干年间，我国出口食品合格率一直保持在

99%以上①。2007年以来的有关数据再次显示,我国出口食品的合格率始终稳定和保持在99%以上。虽然我国出口食品始终保持较高的抽检合格率,但由于世界各国或各地区的食品质量安全的检验检测标准的差异性,政治、经济等各种因素相互交叉,情况相当复杂,我国出口食品的质量安全备受全球食品市场关注。

1. 出口受阻的主要国别地区

2011年我国出口到美国、日本、欧盟、韩国和加拿大等五个国家和地区的食品,分别被相关国外机构扣留或召回的共有1628批次,其中美国食品和药品管理局扣留我国不合格食品最多,达620批次。其他依次为欧盟食品和饲料委员会召回332批次,韩国农林部国立兽医科学检疫院和食品药品管理局共扣留378批次,日本厚生劳动省扣留213批次,加拿大食品检验署召回85批次(见图4-4)。2006年以来我国出口到美国、日本、欧盟、韩国和加拿大等五个国家和地区的食品受阻情况见表4-3。

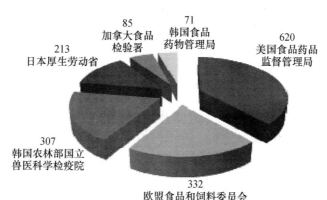

图4-4　2011年我国出口食品被扣留/召回情况

资料来源:国家质检总局标法中心:《国外扣留(召回)我国出口产品情况分析报告(2011年度报告)》。

2. 出口受阻的主要食品类别

图4-5显示,2011年我国出口美国、韩国、日本、欧盟和加拿大等五个国家和地区受阻的1628批次的食品中,批次排在前五位的分别是水产及其制品类(433批次,26.60%)、肉类(239批次,14.68%)、蔬菜及其制品类(211批次,12.96%)、粮谷及其制品(139批次,8.54%)、干坚果类(119批次,7.31%)。2011年我国出口食品所有受阻信息见表4-4。

---

① 国务院新闻办公室:《中国的食品质量安全状况(白皮书)》,中国政府网:http://www.gov.cn/jrzg/2007-08/17/content_719999.htm。

表 4-3 2006—2011 年间我国出口食品受阻情况

（单位：次、%）

发布国家（地区）	发布机构（组织）	2006 年		2007 年		2008 年		2009 年		2010 年		2011 年		批次年增长率
		批次	比例	批次	比例	批次	比例	批次	比例	批次	比例	批次	比例	
美国	食品和药品管理局	765	52.18	870	54.48	707	42.90	1058	46.04	867	46.56	620	38.08	-0.38
韩国	农林部国立兽医科学检疫院、食品药物管理局	—	—	—	—	262	15.90	609	26.50	366	19.66	378	23.22	31.94
日本	厚生劳动省	502	34.24	461	28.87	284	17.23	304	13.23	247	13.27	213	13.08	-14.41
欧盟	食品和饲料委员会	199	13.57	266	16.66	395	23.97	226	9.83	270	14.50	332	20.39	16.36
加拿大	食品检验署	—	—	—	—	—	—	101	4.40	112	6.02	85	5.22	-6.61
总计		1466	100	1597	100	1648	100	2298	100	1862	100	1628	100	4.01

资料来源：中国技术性贸易措施网（http://www.tbt-sps.gov.cn/Pages/home.aspx），并由作者整理。

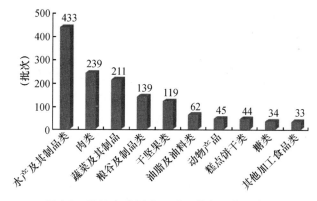

图 4-5   2011 年我国出口受阻的主要食品类别

资料来源:国家质检总局标法中心:《国外扣留(召回)我国出口产品情况分析报告(2011
年度报告)》。

表 4-4   2011 年我国出口食品受阻的具体品种　　　（单位:次、%）

食品种类	批次	比例	食品品种	批次	比例
水产及制品类	433	26.60	鱼产品	197	12.1
			其他水产品	80	4.91
			虾产品	75	4.61
			水产制品	56	3.44
			蟹产品	18	1.11
			贝产品	6	0.37
			海草及藻	1	0.06
肉类	239	14.68	其他肉类及其制品	72	4.42
			禽肉及其制品	62	3.81
			熟肉制品	41	2.52
			牛肉及其制品	27	1.66
			猪肉及其制品	19	1.17
			羊肉及其制品	13	0.80
			肠衣	5	0.31
蔬菜及其制品	211	12.96	蔬菜及制品	184	11.30
			食用菌	27	1.66
粮谷及其制品	139	8.54	粮食制品	110	6.76
			粮食加工产品	22	1.35
			豆类(干)	5	0.31
			粮谷	2	0.12

（续表）

食品种类	批次	比例	食品品种	批次	比例
干坚果类	119	7.31	干果	87	5.34
			干(坚)果、炒货(熟制)	32	1.97
油脂及油料类	62	3.81	油籽	57	3.50
			食用植物油	2	0.12
			食用动物油(脂)	2	0.12
			初榨植物性油	1	0.06
动物产品	45	2.76	骨	27	1.66
			毛类	9	0.55
			动物类其他	3	0.18
			活动物	3	0.18
			羽绒类	2	0.12
			皮张	1	0.06
糕点饼干类	44	2.70	糕点饼干	44	2.70
糖类	34	2.09	糖与糖果,巧克力和可可制品	33	2.03
			原糖和制糖原料	1	0.06
其他加工食品类	33	2.03	其他加工食品	30	1.84
			其他水果制品	3	0.18
蛋及制品类	30	1.84	非种用鲜蛋	29	1.78
			蛋制品	1	0.06
罐头类	29	1.78	水产罐头	14	0.86
			水果罐头	7	0.43
			蔬菜罐头	5	0.31
			其他罐头	1	0.06
			饮料罐头	1	0.06
			坚果、豆罐头	1	0.06
中药材类	29	1.78	植物性中药材	19	1.17
			动物性中药材	10	0.61
饲料类	29	1.78	饲料	29	1.78
调味品类	28	1.72	调味品	28	1.72

（续表）

食品种类	批次	比例	食品品种	批次	比例
植物性调料类	25	1.54	植物性调料	25	1.54
饮料类	25	1.54	饮料	25	1.54
特殊食品类	16	0.98	特殊膳食食品	11	0.68
			保健食品	4	0.25
			加药食品	1	0.06
茶叶类	16	0.98	茶叶	16	0.98
蜂产品类	15	0.92	蜂产品	15	0.92
乳制品类	12	0.74	乳及乳制品	12	0.74
蜜饯类	6	0.37	蜜饯	6	0.37
植物产品	6	0.37	水果	4	0.25
			豆	1	0.06
其他植物源性食品类	3	0.18	其他植物源性食品	3	0.18
其他动物源性食品类	1	0.06	其他动物源性食品	1	0.06
总计	1628	100.00		1628	100.00

资料来源：国家质检总局标法中心：《国外扣留（召回）我国出口产品情况分析报告（2011年度报告）》。

3. 出口受阻的主要原因

2011 年我国出口食品受阻的主要原因有，食品的品质不合格（296 批次，18.18%）、农兽药残留超标（261 批次，16.03%）、不符合动物检疫规定（193 批次，11.86%）、食品添加剂不合格（154 批次，9.46%）、微生物污染（149 批次，9.15%）、证书不合格（114 批次，7.00%）、标签不合格（105 批次，6.45%）、生物毒素超标（95 批次，5.84%）等。

进一步分析，近几年我国出口不合格的各类食品受阻的主要原因分别是：水产品及其制品是品质不合格及微生物污染；肉类制品是不符合动物检疫规定；蔬菜及其制品是农残超标；干果及坚果是生物毒素超标；植物源性中药材和水果制品是使用非食用添加剂；粮食制品是含未经批准的转基因成分与重金属含量超标；烘烤食品、调味品和果汁及饮料是食品添加剂不合格[1]。2009—2011 年间各相关年度的我国出口食品受阻原因分别见表 4-5、表 4-6 和表 4-7。

———————————

[1] 国家质检总局标法中心：《国外扣留（召回）我国出口产品情况分析报告（2011 年度报告）》，中国技术性贸易措施网，http://www.tbt-sps.gov.cn/riskinfo/riskanalyse/Pages/riskreport-cn.aspx。

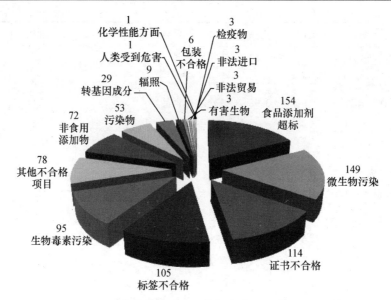

图 4-6 2011 年我国出口食品被扣留或召回的原因构成图

资料来源：国家质检总局标法中心：《国外扣留（召回）我国出口产品情况分析报告（2011 年度报告）》。

表 4-5 2011 年我国出口食品受阻原因　　　　（单位：次、%）

受阻原因	受阻批次	受阻比例
品质不合格	296	18.18
农兽药残留超标	261	16.03
不符合动物检疫规定	193	11.86
食品添加剂超标	154	9.46
微生物污染	149	9.15
证书不合格	114	7.00
标签不合格	105	6.45
生物毒素污染	95	5.84
其他不合格项目	78	4.79
非食用添加物	72	4.42
污染物	53	3.26
转基因成分	29	1.78
辐照	9	0.55
包装不合格	6	0.37
检疫物	3	0.18
非法进口	3	0.18

（续表）

受阻原因	受阻批次	受阻比例
非法贸易	3	0.18
有害生物	3	0.18
人类受到危害	1	0.06
化学性能方面	1	0.06
合计	1628	100.00

资料来源:国家质检总局标法中心:《国外扣留(召回)我国出口产品情况分析报告(2011年度报告)》。

表 4-6　2010 年我国出口食品受阻原因　　　　　　（单位:次、%）

受阻原因	受阻批次	受阻比例
品质不合格	362	19.4
农兽药残留超标	223	12.0
不符合动物检疫规定	101	5.4
食品添加剂不合格	293	15.7
微生物污染	212	11.4
证书不合格	172	9.2
标签不合格	103	5.5
生物毒素污染	92	4.9
非法贸易	111	6.0
污染物	69	3.7
转基因成分	42	2.3
包装不合格	56	3.0
人类受到危害	16	0.9
不符合储运规定	10	0.5
合计	1862	100.0

资料来源:国家质检总局标法中心:《技术性贸易壁垒风险分析与预警(产品篇)》(2010 年第 10 期)。

　　进一步分析,农兽药残留超标、食品添加剂不合格、微生物污染是我国食品出口受阻的最基本的原因。图 4-7 显示,2009—2011 年间我国因农兽药残留受阻的食品批次占总受阻食品批次的比例呈上升趋势,农兽药残留超标问题仍然是造成我国食品出口贸易环境持续恶化、影响食品出口的最重要原因。而因食品添加剂不合格受阻的食品批次占总受阻批次的比例逐步降低,从 2009 年的 27.1% 分别下降至 2010 年的 15.7%、2011 年的 13.88%。同样因微生物污染受阻的食品批次占总受阻批次的比例也持续大幅降低,从 2009 年的 19.2% 下降至 2011 年的 9.15%。我国出口食品中添加剂不合格、微生物污染的问题总体上得到了初步遏制。

表 4-7　2009 年我国出口食品受阻原因　　　　（单位：批次、%）

受阻原因	受阻批次	受阻比例
品质不合格	172	7.5
农兽药残留超标	233	10.1
不符合动物检疫规定	20	0.9
食品添加剂不合格	622	27.1
微生物污染	441	19.2
证书不合格	265	11.5
标签不合格	62	2.7
生物毒素污染	64	2.8
非法贸易	296	12.9
污染物	63	2.7
转基因成分	20	0.9
包装不合格	20	0.9
人类受到危害	14	0.6
化学性能	3	0.1
不符合储运规定	3	0.1
合计	2298	100.0

资料来源：国家质检总局标法中心：《技术性贸易壁垒风险分析与预警（产品篇）》（2009 年第 12 期）。

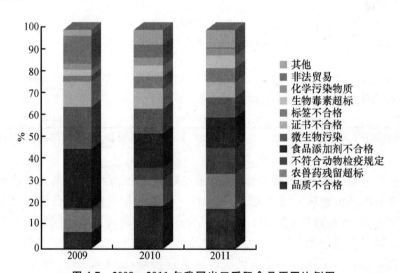

图 4-7　2009—2011 年我国出口受阻食品原因比例图

资料来源：中国技术性贸易措施网（http://www.tbt-sps.gov.cn/Pages/home.aspx），并由作者整理。

（1）农兽药残留超标。我国出口蔬菜及其制品中的农药残留和出口水产品、肉类产品中的兽药残留问题尤为突出，而农业生产与动物饲养过程中滥用或不当使用农药、兽药是农兽药残留超标的主要原因。目前我国每年出口的食品中因农药残留超标而被退回的事件一般在五六百起左右，由此造成的经济损失超过70亿元①。2002年，冷冻菠菜因为个别批次农药残留超标而遭到日本全面禁运。2002年，英国卫生部门在来自中国的蜂蜜中部分检测出氯霉素残留，欧盟根据快速预警机制对中国的蜂蜜产品实行封关，并引发美国和日本的连锁反应，中国在世界蜂蜜市场的地位被阿根廷取代，直到2004年7月欧盟才开始有条件地解禁我国蜂蜜。因2005年6月的"孔雀石绿"事件，日本开始对我国的鳗鱼产品加强检测孔雀石绿，使鳗鱼出口严重受阻。2006年日本开始实施肯定列表制度，对734种农药、兽药及饲料添加剂设定1万多个最大允许残留标准，我国对日本的出口量急剧下降。2011年因为农兽药残超标而被扣留召回的出口食品共261批次，占总批次的16.03%。

（2）食品添加剂不合格。2008年我国出口至美国的食品中因为食品添加剂不合格而被通报的有177批次，占全部扣留或召回总批次的23.3%，其中有39批次的糖果、蜜饯因含有不安全色素等添加剂被扣留。2011年因食品添加剂超标而被扣留召回的出口食品共154批次，占全部扣留或召回总批次的9.46%。其中蔬菜及其制品类、干坚果类、糖类为食品添加剂超标批次最多的三个食品类别，分别扣留或召回的有41批次、20批次和13批次。由食品添加剂引起的出口食品安全问题基本上发生在食品加工环节，因违法违规使用添加剂所造成。

（3）微生物污染。细菌性污染是微生物污染中涉及面最广、问题最多的一种污染，其次是一些致病菌的污染，尤以大肠杆菌、沙门氏菌较为常见。在食品的加工、储运和销售过程中，由于原料受到污染、杀菌不彻底、储运方式不当或者温度控制不当等都可能造成细菌和致病菌超标②。这一情形在我国出口食品中也表现得相当的明显。2006年10月由于检测大肠杆菌群呈阳性，日本神户检验所、大阪检验所分别扣留了我国的冷冻煮章鱼、冷冻鱿鱼③。2007年4月，我国输美的257批次的食品遭到美国FDA扣留，其中有137批次的食品由于被检出沙门氏菌及其他违禁成分而被拒绝。2011年我国因微生物污染而被扣留或召回的出口食品共有149批次，占总受阻总批次的9.15%。其中细菌污染受阻的食品为130批次，

　　①　王燕：《加入WTO以来我国出口食品安全的现状分析及研究对策》，合肥工业大学硕士研究生学位论文，2008年。
　　②　国务院发展研究中心中国食品安全战略研究课题组：《中国食品安全战略研究》，《农业质量标准》2005年第1期，第5—6页。
　　③　岳宁：《基于食品贸易发展的中国进出口食品安全科技支撑体系研究》，江南大学博士研究生学位论文，2010年。

是微生物污染的最主要原因,而在细菌污染中又主要以水产品、肉类、蔬菜及制品类不合格的批次为最多。

(4) 生物毒素超标。1993 年黄曲霉毒素被世界卫生组织(WHO)的癌症研究机构划定为 1 类致癌物,是一种毒性极强的剧毒物质。由于在生产加工、运输过程中未注意天气和水的影响,我国出口的干果及坚果类食品经常在国内检验合格,而在到达目的地后由于黄曲霉毒素超标而被拒绝入境,由黄曲霉毒素引起的食品出口贸易摩擦日趋严重。2006 年我国出口花生被欧盟检出 63 批次含有黄曲霉毒素,每退运 1 个货柜直接经济损失达 6 万元人民币,山东一家企业曾因此一次性损失 60 多万美元。2011 年我国出口至美国、日本、韩国、欧盟、加拿大等国家和地区的食品中因为生物毒素超标而被扣留或召回的共 95 批次,占总批次的 5.84%,尤其干坚果类、油脂及油料类食品中生物毒素超标的问题比较突出。

(5) 重金属超标。农业环境污染严重是致使重金属等有害物质超标的最主要的原因。近几年我国重金属超标问题在出口的粮食制品、蔬菜以及水产品中较为突出。2007 年 7 月美国《华尔街日报》报道了我国蔬菜、玉米等植物源性食品重金属超标问题,并引起了欧盟、日本等进口国的关注。2011 年我国出口美国、日本、韩国、欧盟、加拿大的食品中有 15 批次因重金属超标被拒绝或者扣留,其中有 12 批次是粮食制品的重金属超标。

二、进口食品的质量安全

改革开放以来,我国食品进口贸易发展迅速,总量规模不断扩大、产品结构不断调整、市场结构不断优化,对平衡与调节国内食品供需关系,满足国内消费需求的多样性,并通过示范效应对促进我国食品产业结构的转型发挥了重要作用。但存在着不合格进口食品数量随进口贸易额不断增长而扩大,且原因呈现出多样性、复杂化的态势。

(一) 食品进口概况

1. 进口的总量规模快速上扬

1991 年以来,我国食品进口规模变化的有关情况见表 4-8。并依据图 4-8 从以下两个时间段来考察。在 1991—2000 年间我国进口食品贸易发展较快,由 1991 年的 37.18 亿美元增长到 2000 年的 60.99 亿美元,其间虽然不断起伏,但十年间仍然增长了 64.04%。进入 21 世纪以来,我国食品进口贸易发展更快,稳定性更好。2004 年首次超过 100 亿美元,2007 年则迅速跨越 200 亿美元,而 2010 年、2011 年则迅速超越了 300 亿美元、400 亿美元。2001—2011 年间我国进口食品贸易虽然受国内通货膨胀和全球性金融危机的影响,且在个别年份出现一些反复,但总体上快速上扬,年均增长率达到了 20.71%,高于我国同期出口贸易年均14.0% 的增长率,也高于 1991—2000 年间进口食品贸易的发展速度。

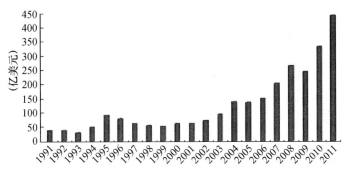

图 4-8　1991—2011 年我国食品进口总额趋势图

资料来源:《中国统计年鉴 2011》、UN Comtrade 数据库(http://comtrade. un. org/db/)。

表 4-8　1991—2011 年间按国际贸易标准分类的中国进口食品商品构成表

（单位:亿美元、%）

年份	食品及主要供食用的活动物	饮料及烟类	动、植物油脂及蜡	进口总额	年增长率
1991	27.99	2.00	7.19	37.18	−16.90
1992	31.46	2.39	5.25	39.10	5.16
1993	22.06	2.45	5.02	29.53	−24.48
1994	31.37	0.68	18.09	50.14	69.79
1995	61.32	3.94	26.05	91.31	82.11
1996	56.72	4.97	16.97	78.66	−13.85
1997	43.04	3.20	16.84	63.08	−19.81
1998	37.88	1.79	14.91	54.58	−13.47
1999	36.19	2.08	13.67	51.94	−4.84
2000	47.58	3.64	9.77	60.99	17.42
2001	49.76	4.12	7.63	61.51	0.85
2002	52.38	3.87	16.25	72.50	17.87
2003	59.60	4.90	30.00	94.50	30.34
2004	91.54	5.48	42.14	139.16	47.26
2005	93.88	7.83	33.70	135.41	−2.69
2006	99.94	10.41	39.36	149.71	10.56
2007	115.00	14.01	73.44	202.45	35.23
2008	140.51	19.20	104.86	264.58	30.69
2009	148.27	19.54	76.39	244.20	−7.70
2010	215.70	24.28	90.17	330.15	35.20
2011	287.71	36.85	116.29	440.84	33.53

资料来源:《中国统计年鉴 2011》、UN Comtrade 数据库(http://comtrade. un. org/db/)。

2. 进口的贸易结构

我国目前进口的食品主要是植物油脂、水产品、蔬菜水果等三大类商品。2006—2011 年间我国食品进口贸易结构的基本特点是：

供食用的活动物、肉制品及乳品蛋品的进口急剧增加。供食用的活动物的进口增长幅度最大，进口额从 2006 年的 0.63 亿美元迅速攀升到 2011 年的 3.77 亿美元，增长了近 5 倍。由于近年来受国内肉制品和奶制品行业屡发的安全事件的影响，国内消费者对国产肉制品和乳品、蛋品的信任度直线下滑，加剧了肉制品和乳品、蛋品等食品的进口。肉及肉制品的进口额从 2006 年的 7.28 亿美元增至 2011 年的 34.05 亿美元，五年间增长了 3.68 倍，占进口食品总额的比重提升了 2.86%；乳品及蛋品的进口额从 2006 年的 5.66 亿美元增至 2011 年的 26.55 亿美元，五年间增长了 3.69 倍，占进口食品总额的比重从 2006 年的 3.78% 提升至 2011 年的 6.02%（表 4-9）。

表 4-9　2006 年和 2011 年我国进口食品分类总值和结构变化

（单位：亿美元、%）

食品分类	2006 年		2011 年		2011 年比 2006 年增减	
	进口金额	比重	进口金额	比重	增减金额	增减比例
食品进口总值	149.71	100	440.84	100	291.13	194.46
一、食品及活动物	99.94	66.76	287.71	65.26	187.77	187.87
1. 活动物	0.63	0.42	3.77	0.85	3.13	493.46
2. 肉及肉制品	7.28	4.86	34.05	7.72	26.76	367.59
3. 乳品及蛋品	5.66	3.78	26.55	6.02	20.88	368.65
4. 鱼、甲壳及软体类动物及其制品	31.57	21.09	57.54	13.05	25.97	82.27
5. 谷物及其制品	9.09	6.07	23.67	5.37	14.58	160.38
6. 蔬菜及水果	17.20	11.49	55.27	12.54	38.07	221.31
7. 糖、糖制品及蜂蜜	6.21	4.15	21.50	4.88	15.29	246.40
8. 咖啡、茶、可可、调味料及其制品	2.47	1.65	8.88	2.01	6.41	259.54
9. 饲料（不包括未碾磨谷物）	12.98	8.67	32.09	7.28	19.12	147.35
10. 杂项食品	6.85	4.58	24.41	5.54	17.55	256.09
二、饮料及烟类	10.41	6.95	36.85	8.36	26.44	254.10
11. 饮料	5.77	3.86	25.47	5.78	19.70	341.15
12. 烟草及其制品	4.63	3.09	11.38	2.58	6.75	145.62
三、动植物油、脂及蜡	39.36	26.29	116.29	26.38	76.92	195.15
13. 动物油、脂	1.73	1.15	4.27	0.97	2.54	147.21
14. 植物油、脂	34.75	23.21	102.58	23.27	67.82	195.15
15. 已加工过的动植物油、脂及动植物蜡	2.88	1.92	9.44	2.14	6.56	227.46

资料来源：根据 UN Comtrade 数据库相关数据整理计算所得（http://comtrade.un.org/db/）。

饮料、杂项食品及咖啡、茶、可可、调味料及制品的进口增长同样显著。饮料的进口额从 2006 年的 5.77 亿美元增加到 2011 年的 25.47 亿美元,五年间增长了 3.4 倍,占食品进口总额的比重由 2006 年的 3.86% 增加到 2011 年的 5.78%。2006 年我国咖啡、茶、可可、调味料及其制品的进口额为 2.47 亿美元,2011 年则达到 8.88 亿美元,五年间的增速达 259.54%。杂项食品的进口额从 2006 年的 6.85 亿美元增至 2011 年的 24.41 亿美元,五年间增长了 2.56 倍,占食品进口总额的比重提升了一个百分点。饮料、杂项食品及咖啡、茶、可可、调味料及其制品的进口快速增长的主要原因是国内消费能力的不断增强和消费结构的改变。

水产品在进口食品中仍然占据较大比重。2006 年我国水产品的进口额为 31.57 亿美元,2011 年则达到 57.54 亿美元,增长率为 82.27%,占所有进口食品总额的比重由 2006 年的 21.09% 下降到 2011 年的 13.05%。相比较而言,虽然水产品进口增长相对缓慢,但在进口食品中仍然占据较大的比重。增长缓慢的主要原因是国内供给能力的大幅提升。

3. 进口的市场结构

2006 年我国食品的主要进口国家和地区是,东盟(46.97 亿美元、31.38%)、美国(15.29 亿美元、10.21%)、欧盟(13.08 亿美元、8.74%)、俄罗斯(12.81 亿美元、8.56%)、澳大利亚(7.28 亿美元、4.86%)、秘鲁(6.25 亿美元、4.17%)、新西兰(5.47 亿美元、3.65%)。2006 年我国从上述七个国家和地区进口的食品总额达到 107.14 亿美元,占当年食品进口总额的 71.57%。

2011 年我国食品主要进口国家和地区是,东盟(141.45 亿美元、32.09%)、美国(60.80 亿美元、13.79%)、欧盟(48.83 亿美元、11.08%)、新西兰(24.47 亿美元、5.55%)、澳大利亚(19.75 亿美元、4.48%)、俄罗斯(16.72 亿美元、3.79%)、秘鲁(13.04 亿美元、2.96%)。2011 年我国从以上七个国家和地区进口食品总额为 325.05 亿美元,占当年所有进口食品总额的 73.73%。与 2006 年相比,2011 年我国食品进口市场结构已发生了一些变化。东盟、美国、欧盟稳居我国食品进口市场的前三位,其市场份额也稳步提升。新西兰超越俄罗斯、澳大利亚等居我国食品进口市场的第四位。澳大利亚的市场份额经历了先降后升最终趋于稳定的过程。而俄罗斯和秘鲁对我国食品出口的市场份额呈逐步萎缩的态势(图 4-9)。

(二)进口食品的质量安全

随着我国经济社会发展水平的提升,国内食品消费日趋多样化,直接形成了食品进口规模不断增加、种类不断扩大的格局。与此同时,在进口的食品中,不合格的食品数量也随之增加。国家质检总局发布的资料显示,2009 年、2010 年、2011 年分别有 1543 批次、1753 批次和 1818 批次的进口不合格食品被拒绝入境,进口食品不合格的检出率也逐年上升。

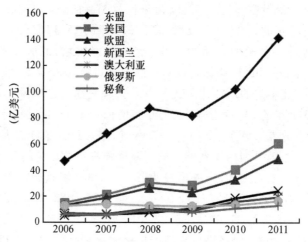

图 4-9   2006—2011 年间我国食品进口的主要国家和地区的贸易额

资料来源:根据 UN Comtrade 数据库相关数据整理计算所得(http://comtrade. un. org/db/) 。

1. 进口不合格食品的主要来源

据国家质检总局发布的相关资料,2011 年我国进口不合格食品批次最多的前十位来源国家和地区分别是,我国台湾地区、美国、马来西亚、法国、澳大利亚、西班牙、韩国、泰国、越南、日本(图 4-10)。上述 10 个国家和地区不合格进口食品合计为 1231 批次,占全部不合格批次的 67. 71% 。2011 年我国具体进口不合格食品的来源地分布见表 4-10。

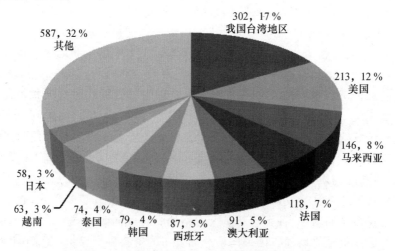

图 4-10   2011 年我国进口不合格食品来源地分布图

资料来源:中国质检总局进出口食品安全局:《2011 年 1—12 月进境不合格食品、化妆品信息》,并经作者整理计算所得。

表4-10　2011年我国进口不合格食品来源地区汇总表　（单位:次、%）

不合格食品的来源国家或地区	不合格食品批次	所占比例
我国台湾地区	302	16.61
美国	213	11.72
马来西亚	146	8.03
法国	118	6.49
澳大利亚	91	5.01
西班牙	87	4.79
韩国	79	4.35
泰国	74	4.07
越南	63	3.47
日本	58	3.19
意大利	53	2.92
印度	48	2.64
新西兰	47	2.59
德国	45	2.48
英国	40	2.20
加拿大	36	1.98
印度尼西亚	30	1.65
比利时	25	1.38
菲律宾	21	1.16
挪威	21	1.16
捷克	19	1.05
中国香港	18	0.99
奥地利	15	0.83
斯里兰卡	15	0.83
土耳其	12	0.66
瑞典	11	0.61
巴西	9	0.50
荷兰	9	0.50
斯诺文尼亚	8	0.35
墨西哥	7	0.41
智利	7	0.39
爱尔兰	6	0.39
瑞士	6	0.33
新加坡	6	0.44
匈牙利	6	0.33
阿根廷	5	0.28

（续表）

不合格食品的来源国家或地区	不合格食品批次	所占比例
波兰	5	0.28
丹麦	5	0.28
俄罗斯	4	0.22
厄瓜多尔	3	0.17
肯尼亚	3	0.17
南非	3	0.17
葡萄牙	3	0.17
斯洛伐克	3	0.17
中国[*]	3	0.17
埃塞俄比亚	2	0.11
巴基斯坦	2	0.11
克罗地亚	2	0.11
秘鲁	2	0.11
缅甸	2	0.11
叙利亚	2	0.11
以色列	2	0.11
中国澳门	2	0.11
埃及	1	0.06
白俄罗斯	1	0.06
冰岛	1	0.06
法罗群岛	1	0.06
芬兰	1	0.06
冈比亚	1	0.06
加纳	1	0.06
柬埔寨	1	0.06
孟加拉国	1	0.06
尼泊尔	1	0.06
塞内加尔	1	0.06
亚美尼亚	1	0.06
伊拉克	1	0.06
伊朗	1	0.06
合计	1818	100.00

资料来源:中国质检总局进出口食品安全局:《2011 年 1—12 月进境不合格食品、化妆品信息》。

　　* 2011 年进口不合格食品中有 3 批次的货物的原产地是中国,是出口食品不合格退运而按照进口处理的不合格食品批次,而非是实际意义上的进口。

2. 进口食品不合格的主要原因

分析国家质检总局发布的《2011 年 1—12 月进境不合格食品、化妆品信息》，
2011 年我国进口食品不合格的主要原因是，微生物污染、食品添加剂不合格、品质
不合格、标签不合格、无法提供相关证书、重金属超标、农兽药残留超标、生物毒素
超标、货证不符、包装不合格、辐照、含有违规转基因成分、来自疫区与感官检验不
合格等（表 4-11），其中由于微生物污染的进口不合格食品的批次最多，合计有 522
批次，占 2011 年所有进口不合格食品批次的 28.71%（图 4-11）。

表 4-11　2011 年我国进口不合格食品的主要原因分类　　（单位:次、%）

进口食品不合格原因	批次	所占比例
微生物污染	522	28.71
食品添加剂不合格	406	22.33
品质不合格	211	11.61
标签不合格	186	10.23
无法提供相关证书	178	9.79
重金属超标	74	4.07
农兽药残留超标	62	3.41
生物毒素超标	40	2.20
货证不符	37	2.04
包装不合格	23	1.27
辐照	11	0.61
含有违规转基因成分	10	0.55
来自疫区	10	0.55
感官检验不合格	6	0.33
含有禁限用物质	5	0.28
携带有害生物	2	0.11
其他	35	1.93
合计	1818	100.00

资料来源:中国质检总局进出口食品安全局:《2011 年 1—12 月进境不合格食品、化妆品信息》,并经作者整理计算所得。

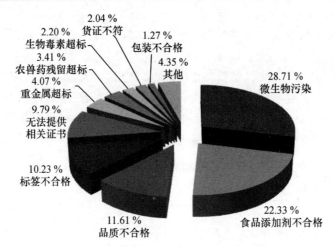

图 4-11   2011 年我国进口食品不合格项目分布

资料来源:国家质检总局进出口食品安全局:《2011 年 1—12 月进境不合格食品、化妆品信息》。

(1)微生物污染。据世界卫生组织估计,全世界每年有数以亿计的食源性疾病患者,其中大多数是由于各种致病性微生物污染的食品和饮用水引起[1]。无论是诱发人类疾病还是造成食品腐败变质均伴随着一定的经济损失。据 WHO 统计,每年全球仅因食品腐败变质造成的经济损失就多达数百亿美元[2]。分析 2011年我国进口不合格食品的有关统计数据,微生物污染是进口食品不合格的最主要原因,尤其以大肠杆菌超标、菌落总数超标居多(表 4-12)。

表 4-12   2011 年由微生物污染引起的进口不合格食品具体原因分类

(单位:次、%)

序号	进口食品不合格的具体原因	批次	比例
1	大肠杆菌超标	176	9.68
2	菌落总数超标	169	9.30
3	霉菌超标	63	3.47
4	副溶血性弧菌超标	15	0.83
5	检出单增李斯特菌	11	0.61
6	金黄色葡萄球菌超标	10	0.55
7	酵母菌超标	7	0.39
8	检出沙门氏菌	7	0.39

① 周应恒等:《现代食品安全与管理》,经济管理出版社 2008 年版,第 224 页。
② 鲁梅:《食品微生物污染及预防》,《食品指南》2012 年第 2 期,第 32—35 页。

（续表）

序号	进口食品不合格的具体原因	批次	比例
9	细菌总数超标	4	0.22
10	违规使用芽孢型乳酸菌	4	0.22
11	检出阪崎肠杆菌	1	0.06
12	检出非商业无菌	1	0.06
13	菌落总数、大肠杆菌超标	29	1.60
14	霉菌、酵母菌超标	7	0.39
15	霉菌、菌落总数、大肠杆菌超标	5	0.28
16	细菌总数、大肠杆菌超标	4	0.22
17	霉菌、菌落总数超标	4	0.22
18	霉菌、大肠杆菌超标	2	0.11
19	检出金黄色葡萄球菌、大肠杆菌超标	1	0.06
20	大肠菌群、酵母菌超标	1	0.06
21	菌落总数、酵母菌超标	1	0.06
	总计	522	28.71

资料来源：中国质检总局进出口食品安全局：《2011 年 1—12 月进境不合格食品、化妆品信息》，并经作者整理计算所得。

（2）食品添加剂超标或使用禁用添加剂。食品添加剂的违规使用或非食用物质的违法添加不仅是我国食品出口受阻的重要原因，也是我国进口食品不合格的重要原因，已成为影响全球食品安全最为突出的问题。2011 年由食品添加剂超标或使用禁用添加剂引起的我国进口不合格食品具体情况见表 4-13。表 4-13 显示，着色剂、防腐剂、塑化剂、护色剂是最易超标或滥用的添加剂。

表 4-13　2011 年由食品添加剂超标等引起的进口不合格食品具体原因

（单位：次、%）

序号	进口食品不合格的具体原因	批次	比例
1	着色剂	110	6.05
2	防腐剂	69	3.80
3	塑化剂	56	3.08
4	护色剂	46	2.53
5	食品工业用加工助剂	25	1.38
6	漂白剂、防腐剂、抗氧化剂	20	1.10
7	营养强化剂	18	0.99
8	甜味剂	11	0.61

（续表）

序号	进口食品不合格的具体原因	批次	比例
9	水分保持剂、膨松剂	11	0.61
10	食品添加剂不合格	7	0.38
11	增稠剂	5	0.28
12	螯合剂、澄清剂	3	0.17
13	缓冲剂、中和剂	2	0.11
14	酸味剂	2	0.11
15	其他	21	1.16
	总计	406	22.33

资料来源：中国质检总局进出口食品安全局：《2011 年 1—12 月进境不合格食品、化妆品信息》，并经作者整理计算所得。

（3）重金属超标。重金属污染物在土壤中不易随水流失，也难以被微生物分解，容易通过生物体的富集、食物链的传递对环境造成危害和对人类健康造成威胁。目前最受人类关注的重金属有汞、镉、铬、砷、铅等。2011 年由重金属超标引起的我国进口不合格食品的具体情况见表 4-14。

表 4-14　2011 年由重金属超标引起的进口不合格食品具体原因（单位：次、%）

序号	进口食品不合格的具体原因	批次	比例
1	铜超标	39	2.15
2	砷超标	17	0.94
3	铅超标	9	0.50
4	镉超标	4	0.22
5	锰超标	2	0.11
6	铬超标	1	0.06
7	铅、砷超标	1	0.06
8	铅、铬超标	1	0.06
	总计	74	4.07

资料来源：中国质检总局进出口食品安全局：《2011 年 1—12 月进境不合格食品、化妆品信息》，并经作者整理计算所得。

（4）农兽药残留超标或使用禁用农兽药。虽然世界各国特别是发达国家对农兽药残留问题高度重视，非常严格地规定了农副产品和动物源性食品的农兽药残留限量标准，但违规使用农兽药的现象以及非法使用违禁药物现象依然较为普遍，也是我国进口不合格食品的重要原因。2011 年由农兽药残留超标或使用禁用农兽药引起的我国进口不合格食品具体情况原因见表 4-15。

表 4-15　2011 年由农兽药残留超标等引起的进口不合格食品具体原因

（单位：次、%）

序号	进口食品不合格的具体原因	批次	比例
1	检出莱克多巴胺	30	1.65
2	检出隐形孔雀石绿	13	0.72
3	检出呋喃西林代谢物	7	0.39
4	检出氯霉素	6	0.33
5	甲拌磷超标	2	0.11
6	滴滴涕超标	1	0.06
7	检出恩诺沙星	1	0.06
8	三唑磷超标	1	0.06
9	检出克百威	1	0.06
	总计	62	3.41

　　资料来源：中国质检总局进出口食品安全局：《2011 年 1—12 月进境不合格食品、化妆品信息》，并经作者整理计算所得。

　　（5）进口食品标签标识不合格。规范进口食品的中文标签标识是保证进口食品安全、卫生的重要手段[①]。根据我国《食品标签通用标准》的规定，进口食品标签应具备食品名称、净含量、配料表、原产地、生产日期、保质期、国内经销商等基本内容。2011 年我国进口食品标签中存在的问题主要是食品名称不真实、隐瞒配方、标注内容与产品不相符合、标准内容缺项等，共计 186 批次，占全部不合格批次总数的 10.23%。

　　3. 进口问题食品的典型案例

　　（1）2007 年的案例。2007 年 1 月，上海检验检疫局从来自法国的 118.42 吨依云矿泉水检出细菌总数超标问题，检测值为 5080cfu/g，远远高于我国规定的菌落标准。2007 年 2 月，山东检验检疫局从越南输华的 2368.59 吨木薯干中检出铅超标，最高检测值为 0.86PPM。2007 年 5 月，深圳检验检疫机构从来自美国的冻鸡小腿中检出海德堡沙门氏菌、肯塔基沙门氏菌。2007 年 7 月，上海检验检疫局从美国输华的冻肉制品中 36 批次被检出莱克多巴胺，莱克多巴胺与盐酸克伦特罗（俗称瘦肉精）均属于 β-肾上腺素兴奋剂，欧盟早已明确禁止在食用性动物中使用，我国也于 2002 年将其列入了《禁止在饲料和动物饮用水中使用的药物品种目录》。2007 年 8 月，上海检验检疫局从来自加拿大的冻北极虾中检出 3 个批次重金属镉含量超标，镉含量分别为 216ug/kg、220ug/kg、271ug/kg，超出我国国家标

---

　　①　陈原：《对我国进口食品安全问题及对策的思考》，《食品研究与开发》2007 年第 6 期，第 183—187 页。

准2.1—2.7倍。2007年12月,天津检验检疫局从新西兰输华的安满嘉宝婴儿配方奶粉(Ⅱ阶段)检出阪崎肠杆菌,不符合国家质检总局国质检食函[2005]690号的规定。

(2) 2008年的案例。2008年1月,山东检验检疫局从奥地利进口的脱盐乳清粉中检测发现蛋白质含量为11.59%,未达到我国GB11674-2005标准规定的蛋白质最低12%的含量要求。2008年4月,山东检验检疫局对来自韩国的冻鱿鱼现场进行感官合格性检验,发现来自韩国注册厂的两个集装箱的货物存在部分裸装、包装破损、货物颜色不正常、气味不正常、有解冻和软化的现象,已不能适用于生产加工出口产品。2008年7月,上海检验检疫机构检测来自意大利的草莓果酱,发现该批次草莓果酱中违规使用了在我国禁止使用的色素剂诱惑红。2008年9月,深圳检验检疫局从法国输华的大乐富庄园白葡萄酒检出了二氧化硫超标。从国家质检总局近几年公布的进境不合格食品列表来看,二氧化硫超标在进口葡萄酒中较为普遍。二氧化硫在葡萄酒制造时可作为一种加工助剂,保持葡萄酒的果味和鲜度,但人饮用了二氧化硫含量过高的葡萄酒可能引发急性中毒。

(3) 2009年的案例。2009年1月,玛氏食品(中国)有限公司从新西兰、荷兰进口的脱脂奶粉、迷你麦提莎产品均有霉变现象,最终做销毁处理。2009年5月,黄岛检验检疫机构从韩国输华的5个批次的油炸甜甜圈中检出有毒有害物质硼酸(硼酸通常用作消毒剂、抑菌防腐剂,如果口服的话会引起急性中毒,继而发生脱水、休克或肝肾损害,重者可致死)。2009年8月,深圳市永柯事业有限公司从澳大利亚进口的绿澳蜂胶复合胶囊被检出违规使用胭脂红、苋菜红、柠檬黄、日落黄和磺胺甲基异恶唑等化学物质。2009年12月,厦门检验检疫局从新加坡输华的2批次燕窝中检出金黄色葡萄球菌。

(4) 2010年的案例。2010年2月,广东省纺织品进出口花纱布有限公司从波兰进口的16批次的各种口味的巧克力均因为标签不合格而被退货。2010年6月,威海检验检疫局从日本输华的3批次的冻鲭鱼中均检出隐性孔雀石绿(孔雀石绿经常被用作治疗鱼类或鱼卵的寄生虫、真菌或细菌感染,我国农业部在2002年5月已将孔雀石绿列入《食品动物禁用的兽药及其化合物清单》)。2010年8月,深圳市百汇生物技术有限公司从美国进口的3批次的营养胶囊都因无法提供官方批准证书而被退货。2010年10月,广州检验检疫机构从马来西亚输华的冻笋壳鱼中检出呋喃唑酮代谢物(呋喃唑酮常用于猪或鸡的饲料中来预防疾病,它们在动物源食品中应为零残留,在我国是禁用兽药)。2010年12月,青岛恒久进出口有限公司从孟加拉进口的芝麻被检出黄曲霉毒素B1超标(黄曲霉毒素会造成急性中毒,长期摄入还会造成消化道癌症等)。

(5) 2011年的案例。2011年1月,深圳市百事顺贸易有限公司从英国进口的

5 批次的鸡肉汤等因为英国是低致病性禽流感疫区,而做退货处理。同期北京检验检疫机构在来自德国、奥地利和意大利的 10 批次的巧克力中检出铜超标。2011 年 3 月,安利(中国)日用品有限公司从美国进口的 9 批次的果蔬预混物均因辐照而做退货处理。2011 年 7 月,广州检验检疫局在美国输华的华夫粉、甜筒粉、薄饼粉中检出转基因成分。2011 年 11 月,福建省天顺贸易有限公司从台湾地区进口的鲜大王 XO 酱是列入禁止进口的塑化剂污染产品名单的问题产品,最后做销毁处理。

三、进出口食品质量安全的简要比较与基本结论

确保进口食品的质量安全,是保障我国城乡居民食品安全消费的迫切需要,而保障出口食品的质量安全,既是保证进口国国民健康的重要举措,也是树立中国作为一个负责任大国形象的基础,是关乎我国国际声誉的重要问题。因此,有必要对我国进出口食品的质量安全展开简要分析与比较。

(一) 共性与差异性

1. 进出口食品质量安全的共性特征

表 4-16 显示,影响我国进出口食品质量安全的主要原因有其共性,主要是微生物污染超标、食品添加剂不合格、农兽药残留超标、重金属超标等。

表 4-16　　2011 年进出口不合格食品主要原因比较表　　(单位:批次、%)

主要不合格项目	出口食品		进口食品	
	不合格批次	所占比例	不合格批次	所占比例
微生物污染	149	9.15	522	28.71
食品添加剂不合格	154	9.46	406	22.33
农兽药残留超标	261	16.03	62	3.41
重金属超标	21	1.29	74	4.07

资料来源:国家质检总局标法中心:《国外扣留(召回)我国出口产品情况分析报告(2011 年度报告)》、中国质检总局进出口食品安全局:《2011 年 1—12 月进境不合格食品、化妆品信息》。

2. 进出口食品质量安全的差异性

进一步分析,影响出口食品与进口食品的质量安全具有明显的差异性。从国内频发的食品安全事件以及我国 2009 年、2010 年和 2011 年(分别见表 4-5、表 4-6 和表 4-7)出口食品受阻的主要原因可以大致看出,近年来我国出口食品质量安全问题主要集中在不当、违规甚至是非法使用农兽药、食品添加剂等,导致农兽药残留超标、食品添加剂不合格等问题上。大多数的问题发生在生产环节,直接的原因是生产加工管理不当,人源性、管理性因素占主导地位。

表 4-11 是 2011 年我国进口不合格食品的主要原因分类,说明 2011 年我国进口食品不合格原因主要集中在微生物污染、农兽药残留、食品添加剂不合格以及重金属含量超标等方面,其中又以微生物污染最为严重。微生物污染是生产、加工、储运、销售等环节都可能发生又无法完全避免的问题。由此可见,进口食品的安全风险主要是自然性因素所致。

(二) 基本结论

通过以上我国进出口食品质量安全问题的初步分析,可以得出如下的基本结论:

(1) 出口食品的质量安全是充分保障的。在境外实行日趋严格的技术性贸易措施的背景下,我国出口食品合格率持续保持在 99% 以上的水平上。自 2006—2011 年间我国出口到美国、韩国、日本、欧盟和加拿大等国家和地区食品受阻的总批次虽然整体上呈上扬趋势,年均增长率为 4.01%,但与 21 世纪以来我国食品出口贸易年均增长率高达 14.0% 相比,增幅明显收窄,显示出良好的态势。

(2) 稳定并提升出口食品的质量安全具有相当的难度。我国出口食品质量安全问题主要在不当、违规甚至是非法使用农兽药、食品添加剂等,导致农兽药残留超标、食品添加剂不合格等,大部分隐患发生在食用农产品的源头环节和食品工业的生产环节,主要是生产者为追求商业利益而采取的不诚信行为所致。这些问题在短时期内很难彻底得到解决。

(3) 进口食品的安全风险可能将进一步显现。虽然进口食品质量安全总体水平比较高,但由于国内对进口食品需求量的日益扩大,食品安全风险也随之增加。2009 年、2010 年、2011 年分别有 1543 批次、1753 批次和 1818 批次的进口食品不合格,而且不合格的检出率也逐年提升。因此,借鉴国际经验,在 WTO 的框架下,对境外进口食品设置融技术、法规、文化于一体的技术性贸易措施,可能需要提到重要的议事日程上。

第五章 食品安全风险的现实状态与未来走势

  风险评估是对食品生产加工保藏运输和销售过程中所涉及的各种食源性危害给人体健康造成的不良影响的科学评估,是世界卫生组织(WHO)和国际食品法典委员会(CAC)强调的用于制定食品安全控制措施的必要技术手段,是政府制定食品安全法规、标准和政策的主要基础。本章主要基于国家层面上的数据,运用计量模型的方法,对2006—2011年间我国食品安全风险展开评估,实事求是地分析食品安全风险的现实状态,全景式地描述我国食品质量安全水平的真实变化、主要特征与发展趋势,从本质上揭示影响我国食品安全风险治理的主要矛盾。

一、食品安全风险评估的方法与指标体系

  食品安全风险评估是风险分析框架中的重要环节,是风险管理的基础。[1] 本章的研究并非主要从技术角度来展开,而主要侧重于从管理学的角度来分析。因此,在管理学的范畴中选择科学、合适的工具与评价指标体系方法就成为展开食品安全风险评估的基础。本章主要基于食品供应链全程视角,在陈秋玲等众多学者的现有研究的基础上展开[2]。

(一)国内外研究回顾

  目前国外学者对食品安全风险评估的研究侧重于食品微生物定量风险评估,以贝叶斯网络模型为代表的概率统计模型和微生物生长机理模型成为微生物定量风险评估的热点方法。Barker 等使用贝叶斯网络模型预测并描述食品在各环节中的微生物数量,并以此作为参考来评估微生物风险[3]。20 世纪 80 年代,微生物生长机理模型的主要代表 Ross.T 等率先提出了预测微生物学模型,其目的是以食品中的微生物在不同环境下的特征详情信息库为基础,建立微生物模型对食品中

---

  ① 李宁、严卫星:《国内外食品安全风险评估在风险管理中的应用概况》,《中国食品卫生杂志》2011年第 1 期,第 13—16 页。

  ② 陈秋玲、马晓姗、张青:《基于突变模型的我国食品安全风险评估》,《中国安全科学学报》2011 年第 2 期,第 152—158 页。

  ③ Barker G C, Talbo tN L C, PeckM W. , " Risk Assessment for Clostridium BotulinumB a Network Approach", *International Biodetetioration&Biodegradation*, Vol. 50, No. 3—4, 2002, pp. 167—175.

微生物的生长、死亡及残存的动态变化进行判断和描述,以此评估食品微生物安全①。21 世纪以来,更多学者倾向于运用矩阵分析模型解析食品供应链体系中引发食品安全风险的主要薄弱环节与表现形式,确定关键风险因素及表现形式。也有研究结合膳食量基础数据和人口数据,采用 Risk ranger 半定量风险评估方法和五点尺度量评定法确定食品安全风险的等级。

我国对食品安全风险评估的研究起步于 20 世纪 90 年代,真正发展则是在最近几年。总体来看,我国学者在该领域的研究大体可归纳如下两方面。

其一,关于食品安全风险指标研究。李哲敏从食品安全的内涵出发,将食品安全分为食品数量安全、食品质量安全和食品可持续安全三个层面,并提出一整套可反映上述三个层面问题的具体指标,由此归纳了食品安全风险综合评价指标体系及其权重②。邹立海提出食品安全监测检验项目的具体指标,包括食品合格率、各类农产品原料的监测、农产品农药残留超标率等③。唐晓纯根据食品安全预警体系的构建思路与食品安全的预警要求,设计了涵盖四层结构共 18 个警情指标的预警指标体系,并对警兆指数进行了初步的分析④。

其二,关于食品安全风险实证研究。韩月明在对超市生鲜食品供应链进行分析的基础之上,提出了生鲜食品微生物数量预测和货架期预测模型,并引入蒙特卡罗方法对模型进行了模拟,提出了进行食品微生物风险分析与控制的概念模型⑤。李慧艳等根据北京卫生监督信息和北京市食品污染物监测网数据及卫生部有关报告的数据,引入澳大利亚、新西兰的标准方法——风险分析造成矩阵法进行风险评估,识别、评估了 2008 年北京奥运会食品安全可能存在的风险⑥。

总体来看,为数不少的学者对食品安全风险评估进行了研究,形成了许多不同的观点,但尚具有一定的缺失。主要表现为缺乏基于生产、流通与消费等环节、贯穿食品供应链全程对我国食品安全风险所进行的系统、综合评估分析。在借鉴国际经验的基础上,陈秋玲等在此方面进行了创新性的研究,初步基于产业链的全程视角,采用突变模型对 2000—2008 年间我国食品安全风险度进行量化和比较

① McMeekin T A,Olley J N,Ross T.,et al,"Predictive Microbiology",*Theory and Application*,Vol. 23,No. 3—4,1994,pp.241—264.

② 李哲敏:《食品安全内涵及评价指标体系研究》,《北京农业职业学院学报》2004 年第 1 期,第 18—22 页。

③ 邹立海:《食品安全危机预警机制研究》,清华大学硕士研究生学位论文,2005 年,第 32—35 页。

④ 唐晓纯:《食品安全预警体系评价指标设计》,《食品安全》2005 年第 11 期,第 152—155 页。

⑤ 韩月明:《食品安全预测与控制模型研究》,东南大学硕士研究生学位论文,2006 年,第 35—47 页。

⑥ 李慧艳、张正:《2008 年北京奥运会食品安全风险识别与评估》,《现代预防医学》2007 年第 10 期,第 1900—1901 页。

分析①。这为本文的深化研究提供了较好的基础。

(二) 评估方法

从管理学的角度来看,可以用多种方法评估食品安全风险。比如,周乃元 (2009)提出了食品安全综合指数(Food Safety Comprehensive Index,FSCI)②,利用主成分分析法,构建了食品安全综合评估数学模型,采用食品卫生监测总体合格率、食品化学检测合格率等指标,对我国 2000—2005 年间食品安全综合水平(风险程度)进行了研究,得出这一时期我国的食品安全综合水平稳步上升,但处于中下层次的水平的结论。但上述方法,正如作者自己指出的,存在着一些指标难以用数据准确描述,采用专家评分法受人为的因素影响而致使不确定性大等缺陷。为克服上述研究方法的缺陷,本章对我国食品安全风险度的量化分析主要应用突变模型。

1. 突变模型的原理

用突变模型评估社会学、经济学中的问题时,最常用的是尖点突变模型、燕尾突变模型和蝴蝶突变模型。相关情况见表 5-1③。

表 5-1　常用的三种突变模型

突变类型	状态变量数目	控制变量数目	突变函数	
尖点突变	1	2	$f(x) = x^4 + ax^2 + bx$	(1)
燕尾突变	1	3	$f(x) = \frac{1}{5}x^5 + \frac{1}{3}ax^3 + \frac{1}{2}bx^2 + cx$	(2)
蝴蝶突变	1	4	$f(x) = \frac{1}{6}x^6 + \frac{1}{4}ax^4 + \frac{1}{3}bx^3 + \frac{1}{2}cx^2 + dx$	(3)

表 5-1 中的突变函数 $f(x)$ 表示一个系统的状态变量 x 的势函数,状态变量的系数 a,b,c,d 表示该状态变量的控制量。

2. 突变级数法

突变级数是突变模型的分歧方程与模糊数学中的模型隶属函数相结合的结果,该方法的关键在于由雷内·托姆初等突变理论的几级分歧方程引申推导而得的归一公式和与模糊数学的隶属函数相结合产生的突变模糊隶属函数。分别对势函数状态变量 x 求一阶和二阶导数,可分别得到如下的尖点突变、燕尾突变、蝴蝶突变三个模型的归一公式。

---

① 陈秋玲、马晓姗、张青:《基于突变模型的我国食品安全风险评估》,《中国安全科学学报》2011 年第 2 期,第 152—158 页。

② 周乃元、潘家荣、汪明:《食品安全综合评估数学模型的研究》,《中国食品卫生杂志》2009 年第 3 期,第 198—202 页。

③ 苗东升:《系统科学大学讲稿》,中国人民大学出版社 2007 年版,第 78 页。

$$x_a = \sqrt{a} \quad x_b = \sqrt[3]{b} \tag{4}$$

$$x_a = \sqrt{a} \quad x_b = \sqrt[3]{b} \quad x_c = \sqrt[4]{c} \tag{5}$$

$$x_a = \sqrt{a} \quad x_b = \sqrt[3]{b} \quad x_c = \sqrt[4]{c} \quad x_d = \sqrt[5]{d} \tag{6}$$

式中:x_a, x_b, x_c, x_d分别对应 a, b, c, d 的 x 的值。各控制变量的重要程度排序是 $a > b > c > d$。这种方法消除了研究人员对各种指标给定的"权重"的主观性。通过分解形式的分歧集点方程导出归一公式,由归一公式将系统内诸控制变量不同的质态化为同一质态,即化为状态变量表示的质态。然后利用归一公式进行综合评价。利用归一公式对同一对象各个控制对象计算出对应的数量值,对应的状态变量取值根据控制变量之间的关系确定。同一层次控制变量之间的关系分为互补和非互补两种,具体见表 5-2。

表 5-2　基于"互补"与"非互补"原则的突变类型二维分析

突变类型控制变量间关系	尖点突变	燕尾突变	蝴蝶突变
互补关	互补尖点突变	互补燕尾突变	互补蝴蝶突变
非互补关系	非互补尖点突变	非互补燕尾突变	非互补蝴蝶突变

互补时由于控制变量之间可以相互弥补不足,所以状态变量取各控制变量对应的状态变量的平均值;而非互补的情况下,控制变量之间既不可相互替代,又不能相互弥补不足,所以最小值的那个控制变量成为"瓶颈",要选取最小的控制变量对应的状态变量值作为状态变量的值。[1]

(三) 评估指标

由于食品安全问题的复杂性,进行评估分析时,既存在可数值化计量的指标,也存在着不可直接计量的因素,陈秋玲等在进行食品安全风险评估时借鉴了食品安全预警的指标体系,结合指标设计的全面性(即指标的设计尽量涵盖所有可能产生食品安全风险的因素)、灵敏性(即所选指标具有较强的灵敏性能准确、科学地反映食品安全风险状况)、实用性和可操纵性(由于所选模型最终要在实际中运用,指标体系必须考虑可获得性及其量化的难易程度)以及动态性(即食品安全风险评估应该是一种动态的分析与监测,而不仅仅是一种静态的反映系统,所选取指标应该能反映风险波动的趋势,应该在分析过去的基础上把握未来的发展趋势)原则,结合食品安全的监测检验项目(包括食品的一般成分分析、微量元素分析、农药残留分析、兽药残留分析、食品微生物、其他有害物质等分析),设计了食品安全风险评估指标体系。本章对我国食品安全风险评估研究的指标体系则全

---

[1]　陈秋玲、张青、肖璐:《基于突变模型的突发事件视野下城市安全评估》,《管理学报》2010 年第 6 期,第 891—895 页。

部借鉴陈秋玲等的指标体系①,具体可见表5-3。

二、2006—2011年间的食品安全风险评估与未来走势判断

本章对我国2006—2011年间食品安全风险度评估主要在陈秋玲等研究的基础上进行。在对不同年份的我国食品安全生产、消费和流通等三个子系统进行风险评估的基础上,评估相应年度的食品安全总的风险度。

(一) 数据来源与处理

采用上述指标评估食品安全风险需要采集数据,并进行数据处理。

(1) 数据来源。表5-3是2006—2011年间我国食品安全风险评估的指标值。

表 5-3　食品安全风险评估指标值　　　　　　　　(单位:%、人、件)

序号	指标	2006	2007	2008	2009	2010	2011
1	兽药残留抽检合格率	75.0	79.2	81.7	99.5	99.6	99.6
2	蔬菜农残抽检合格率	93.0	95.3	96.3	96.4	96.8	97.4
3	水产品抽检合格率	98.8	99.8	94.7	96.7	96.7	96.8
4	生猪(瘦肉精)抽检合格率	98.5	98.4	98.6	99.1	99.3	99.5
5	食品卫生监测总体合格率	90.8	88.3	91.6	91.6	91.6	91.6
6	食品化学残留检测合格率	89.2	88.23	91.5	91.5	91.5	91.5
7	食品微生物合格率	90.2	80.9	89.1	89.1	89.1	89.1
8	食品生产经营单位经常性卫生监督合格率	86.2	91.1	91.7	91.7	91.7	91.7
9	食物中毒人数	18063	13280	13095	11007	7383	8324
10	中毒后死亡人数	596	258	154	181	184	137
11	中毒事件数	196	506	431	271	220	189

注:有关数据还分别参考了陈秋玲、张青、肖璐:《基于突变模型的突发事件视野下城市安全评估》,《管理学报》2010年第6期,第891—895页,以及全国城市农贸中心联合会:《2008年流通领域食品安全调查报告》,2009。需要特别指出的是,自2009年以来国家有关监管部门不再统计或公开表5-3中的5、6、7、8四个类别的数据,故本研究中均假设这些数据没有变化,并统一用2008年度的数据。

数据主要来源于《中国卫生统计年鉴(2007—2010)》、《中国统计年鉴》、《中国食品工业年鉴》和相关文献。其中的诸多数据,如兽药残留抽检合格率、蔬菜农残抽检合格率、水产品抽检合格率、食物中毒人数、食物中毒后死亡人数与中毒事件数等具体指标数据在本书的《食品安全监管体制的历史变迁与绩效研究》等各相关章节中使用。

(2) 数据处理。生产环节、流通环节、消费环节分别是蝴蝶突变、燕尾突变和蝴蝶突变,且三个子系统均为互补关系。因此,必须首先进行标准化处理为0—1之间

---

① 陈秋玲、马晓姗、张青:《基于突变模型的我国食品安全风险评估》,《中国安全科学学报》2011年第2期,第152—158页。

的数值,并用线形比例变换法进行修正。若指标为正向指标,则其修正公式如下:

$$y_{ij} = \max P_{ij} - P_{ij}/(\max P_{ij} - \min P_{ij}) \tag{7}$$

若指标为逆向指标,则其修正公式如下:

$$y_{ij} = P_{ij} - \min P_{ij}/(\max P_{ij} - \min P_{ij}) \tag{8}$$

修正后可以得到相应的数据,然后利用上面给定的相应突变类型的突变模型归一公式,对标准化处理后的指标值进行量化递归运算,可得到表 5-4。

表 5-4　修正并经过归一公式处理之后的数据

环节	指标	2006	2007	2008	2009	2010	2011
生产环节	兽药残留抽检合格率	1	0.829	0.728	0.004	0	0
	蔬菜农残抽检合格率	1	0.477	0.25	0.227	0.136	0
	水产品抽检合格率	0.196	0	1	0.608	0.608	0.588
	生猪(瘦肉精)抽检合格率	0.909	1	0.818	0.364	0.182	0
流通环节	食品卫生监测总体合格率	0.242	1	0	0	0	0
	食品化学残留检测合格率	0.703	1	0	0	0	0
	食品微生物合格率	0	1	0.113	0.113	0.113	0.113
	食品生产经营单位经常性卫生监督合格率	1	0.109	0	0	0	0
消费环节	食物中毒人数统计	1	0.552	0.535	0.339	0	0.008
	中毒后死亡人数统计	1	0.264	0.037	0.096	0.102	0
	中毒事件数统计	0.022	1	0.763	0.259	0.098	0

根据互补与非互补的原则,求取环节总突变隶属函数值,即食品安全各个环节总风险度。由于生产、流通、消费三个环节的子指标均是互补关系,因此就取控制变量相应的突变级的平均值为突变总隶属函数值,具体如表 5-5。

表 5-5　突变级数处理后数据

环节	指标	年份					
		2006	2007	2008	2009	2010	2011
生产环节	Xa	1	0.829	0.728	0.004	0	0
	Xb	1	0.477	0.25	0.227	0.136	0
	Xc	0.196	0	1	0.608	0.608	0.588
	Xd	0.909	1	0.818	0.364	0.182	0
	总	0.776	0.577	0.699	0.301	0.232	0.147
流通环节	Xa	0.242	1	0	0	0	0
	Xb	0.703	1	0	0	0	0
	Xc	0	1	0.113	0.113	0.113	0.113
	Xd	1	0.109	0	0	0	0
	总	0.486	0.777	0.028	0.028	0.028	0.028

（续表）

环节	指标	年份					
		2006	2007	2008	2009	2010	2011
消费环节	Xa	1	0.552	0.535	0.339	0	0.008
	Xb	1	0.264	0.037	0.096	0.102	0
	Xc	0.022	1	0.763	0.259	0.098	0
	总	0.674	0.272	0.445	0.231	0.067	0.029

重复上述步骤,用归一公式逐步向上综合,直到"最高层食品安全风险总值",对 2006—2011 年间不同年份的食品安全风险度进行跟踪测评与评价。最终的 2006—2008 年间食品安全风险总值见表 5-6。

表 5-6　2006—2008 年间食品安全风险总值

指标	2006	2007	2008	2009	2010	2011
Xa	0.776	0.577	0.699	0.301	0.232	0.147
Xb	0.486	0.777	0.028	0.028	0.028	0.028
Xc	0.674	0.272	0.445	0.231	0.067	0.029
风险总值	0.864	0.815	0.731	0.572	0.478	0.408

（二）风险度量标准

经过处理得到年度食品安全总风险度量值,根据风险度量结果可以对我国食品安全风险状况作出判断。但由于突变级数法本身并未提供判别阈值的确定方法,这里主要采用世界通行标准法、极值—均值法和专家经验判断法来划分阈值评判标准。采用上述方法,可以得到我国食品安全风险度归一处理标准,见表 5-7 和表 5-8。

表 5-7　食品安全子系统风险度划分标准

目标层	准则层	风险度归一处理标准				
		潜在风险	轻度风险	中度风险	重度风险	危机区
食品安全风险度	生产环节	0—0.227	0.227—0.471	0.471—0.673	0.673—0.877	0.877—1.000
	流通环节	0—0.471	0.471—0.615	0.615—0.758	0.758—0.902	0.902—1.000
	消费环节	0—0.382	0.382—0.544	0.544—0.706	0.706—0.868	0.868—1.000

表 5-8　食品总安全风险度划分标准

安全度 U	安全等级	食品安全状况等级判断
0.918—1.000	Ⅰ级	处于危机区,风险最大
0.848—0.918	Ⅱ级	处于重度风险区,风险很大
0.778—0.848	Ⅲ级	处于较重风险区,风险较大

（续表）

安全度 U	安全等级	食品安全状况等级判断
0.708—0.778	Ⅳ级	处于中度风险区,风险稍大
0.500—0.708	Ⅴ级	处于轻度风险区,风险较小
0.000—0.500	Ⅵ级	处于安全区,存在潜在风险

（三）风险评估结果

食品安全风险度计算得出的阈值在 0—1 之间。越接近 1,表示风险度越高,则脆弱度越高,安全度越低;越接近 0,表示风险度越低,脆弱度越低,安全度越高。食品安全风险度为 0,则表示食品安全性最优,是一个理想、最优化的系统;食品安全风险度为 1,则表示食品安全体系非常脆弱,几乎随时处于危机之中。

1. 子系统的风险度变化。表 5-9 是依据上述评估方法,对 2006—2011 年间我国食品安全生产、流通、消费三个子系统评估所得到的风险值、风险度。

表 5-9　2006—2011 年间食品安全子系统风险评估

年份	生产环节		流通环节		消费环节	
	风险值	风险度	风险值	风险度	风险值	风险度
2006	0.776	重度风险	0.486	轻度风险	0.674	中度风险
2007	0.577	中度风险	0.777	重度风险	0.272	潜在风险
2008	0.699	重度风险	0.028	潜在风险	0.445	轻度风险
2009	0.301	轻度风险	0.028	潜在风险	0.231	潜在风险
2010	0.232	轻度风险	0.028	潜在风险	0.067	潜在风险
2011	0.147	潜在风险	0.028	潜在风险	0.029	潜在风险

（1）生产环节。生产环节的风险值在 2006 年处于最高点,达到 0.776,处于重度风险区。对 2006 年以来各年度风险值的总体态势分析表明,虽然在 2008 年出现了波动,但总体趋势持续下降,到 2011 年达到 0.147 这一历史的最低点。

（2）流通环节。流通环节的风险值从 2006 年的 0.486 上升到 2007 年的 0.777,从轻度风险区进入重度风险区。但 2008 年至今连续四年的风险值稳定在 0.028 的较低水平,风险程度均保持在潜在的风险区间。

（3）消费环节。与生产环节相类似,消费环节的风险值在 2008 年也出现了波动,风险程度由 2007 年的潜在风险区进入了 2008 年的轻度风险区。但 2008 年以后消费环节的风险程度持续下降,以后各年份均稳定在潜在的风险区间。

2. 食品安全风险度总体评估。根据表 5-8 的食品安全风险度划分标准,可以计算获得 2006—2011 年间我国的食品安全风险度总体评估结果(表 5-10)。

表 5-10   2006—2011 年间我国食品安全风险总体评估

年份	2006	2007	2008	2009	2010	2011
风险总值	0.864	0.815	0.732	0.572	0.478	0.408
风险程度	Ⅱ级	Ⅲ级	中度风险区	轻度风险区	安全区	安全区

自 2006 年以来,我国食品安全风险总值呈持续下降的态势,由 2006 年的 0.864 下降到 2011 年的 0.408,风险程度由 2006 年处于重度风险区的 Ⅱ 级,分别经历重度风险区 Ⅲ 级、中度风险区、轻度风险区后,在 2010 年进入了食品安全风险的相对安全区。当然,安全是相对的,世界上没有绝对安全的食品,食品风险的安全区间也必然存在着潜在的风险。因此,可以得出目前我国食品安全保障水平是"总体稳定,逐步向好"的判断。

需要指出的是,受制于数据可得性等客观因素的制约,上述对 2006—2011 年间我国食品安全风险程度评估的准确性具有相对性。本研究的数据除了国家统计年鉴上的数据外,也采用了来自文献的资料数据,这难免使得本研究结论的准确性在一定程度上要依赖于所引用数据的真实性,尤其是文献的资料数据不能也难以完全代表整个国家的全貌。特别是国家统计年鉴自 2009 年以后并未公布食品卫生监测总体合格率、食品化学残留检测合格率、食品微生物合格率、食品生产经营单位经常性卫生监督合格率等四类数据,故在计算过程中对上述指标 2009—2011 年间的相关数据均视作没有变化,并全部采用了 2008 年的数据作为估计值。虽然如此,本研究基于食品供应链全程视角,采用突变计量模型得出的我国食品安全保障水平"总体稳定,逐步向好"的基本结论是符合我国食品安全形势实际的。

(四) 未来风险走势

然而,目前社会各界对我国食品安全总体水平有诸多甚至是很大的争议。2012 年 5 月 7 日在"乳制品质量安全"研讨会上,中国乳制品工业协会发布的《婴幼儿乳粉质量报告》为当下国产乳粉质量给出了"历史最好"的评价,引发了"乳品史上最好乃因标准全球最差"的巨大争论[①]。而且在本章的后续分析中也将进一步指出,我国食品安全风险防控具有长期性、艰巨性与复杂性的特点。

依据表 5-9 和表 5-10 的数据,2006—2011 年间我国食品安全生产、流通、消费三个子系统和食品安全总系统相对应的风险度变化轨迹如图 5-1 和图 5-2 所示。本章的实证分析结果在图 5-1 和图 5-2 中已清楚地表明,目前我国食品生产、流通与消费三个子系统均已在相对安全区,而食品安全系统风险总值虽然在个别年份

---

① 《奶粉历史最好,成为国产奶粉的一个梦》,中极网,http://www.18new.com/news/2012/0528/1437.html。

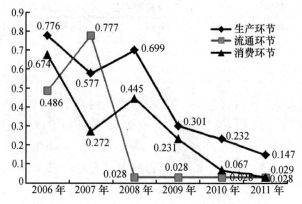

图 5-1   2006—2011 年间食品安全子系统风险值

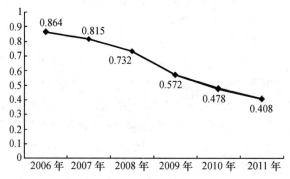

图 5-2   2006—2011 年间我国食品安全风险总值

出现波动,但一路下行的趋势非常明显。2011 年,食品安全系统风险总值达到历史最低点,处于相对安全的区间。争论是客观的,但本章基于数据的结论也是客观的。因此,基于本章的研究,可以认为,从国家食品安全宏观环境来看,在目前已有的生产技术、政府规制等背景下,特别是随着 2012 年 6 月 23 日发布的《国务院关于加强食品安全工作的决定》(国发〔2012〕20 号)的有效贯彻实施,尤其是将食品安全绩效考核纳入了地方政府领导干部综合考核评价体系之后,可以判断,"总体稳定,逐步向好"将成为未来我国食品安全风险的基本走势。虽然难以排除未来在食品的个别行业、局部生产区域出现反弹甚至是较大程度的波动,但如果不发生不可抗拒的大范围的突发性、灾难性事件,我国食品安全总体的这一基本走势恐怕难以改变。这是本报告的最基本的观点,也是本报告对目前社会各界对我国食品安全总体保障水平诸多质疑所作出的正面回答。

三、现阶段食品安全风险的主要特征

世界上没有也不可能存在绝对零风险的食品。虽然具有诸多不确定的潜在风险,但"总体稳定,逐步向好"是我国食品安全形势的真实写照,反映了我国食品安全风险防控管理近年来取得的显著成效。本节的重点是基于前文研究,归纳、提炼我国食品安全风险的主要特征。只有全面、客观与彻底掌握我国食品安全风险的主要特征,才可能实施更为有效的防控治理措施,进一步保障我国食品安全的总体水平。总体而言,我国食品安全风险具有如下三个基本特征。

(一)人源性风险占主体

在食品供应链的完整体系中,各个环节都可能存在危害食品安全的因素。比如,农业生产环境的污染与投入品滥用、工业"三废"等排放,不仅仅直接影响农产品安全,而且通过传导机制而间接对食品安全风险的产生更具持久性、复杂性、隐蔽性和滞后性等特点的复杂影响;畜牧业大量使用的抗生素具有遏制细菌生长和促进畜禽生长的双重作用,但滥用抗生素引发的食品安全问题亦非常突出;农产品收购过程中的质量评价手段如感官检测中人为因素对结果的影响、质构分析法中的质构参数敏感度等问题都会引发食品安全风险;食品在储藏的过程中,随着储藏条件的改变,食品内部会发生相应的变化,从而引发食品安全风险,如发酵食品发酵时间过长,菌种产生的初级代谢产物及次级代谢产物抑制有益菌种的生长从而影响到食品的品质;还有如牛奶的光氧化问题、生鲜蔬菜不同储藏条件下形成的"亚硝酸盐"等,都可能在不同层面诱发食品安全风险。

由于食品具有生鲜性、易腐性、加工特异性、流通高要求性等特点,导致在供应链体系的若干环节皆可引发食品安全风险。可以将食品安全风险分为如表5-11 所示的 4 类和若干小类。进一步分析,表5-12 显示我国的食品安全风险与由此引发的食品安全事件与发达国家既有共同的成因,但在性质上又具有很大的不同。最近十几年以来,在国外发生的重大食品安全事件中,生物性引发的事件占绝大多数。本书的《2011 年相关国家发生的食品安全事件》分析了美国、英国、加拿大、日本、德国、印度、澳大利亚、法国、意大利等 9 个国家在 2011 年发生的 33 起主要食品安全事件,有 19 起事件主要是由生物性因素引起的,占全部事件的66.67%。而类似地在 2002 年以前,在我国发生的各类食品安全事件中,微生物和化学性中毒导致的事件占 78.18%。目前国际上的事件大多是环境污染及食物链污染所致,多是非人为因素故意污染,但在我国近年发生的重大食品安全事件,虽然也有技术不足、环境污染等方面的原因,但更多的是生产经营主体不当行为、不执行或不严格执行已有的食品技术规范与标准体系等违规违法行为等人源性因素造成的。比如,本书在《食品工业中添加剂滥用与非食用物质的恶意添加》分析中

指出,人为滥用食品添加剂甚至非法使用化学添加物引发的食品安全事件持续不断,已成为引发我国食品安全风险与发生食品安全事件的主体。在出口食品中,已有多年来充分的统计数据证实,滥用农兽药引发的残留超标与食品添加剂管理的不规范,是我国食品出口受阻的最主要的两个原因。总之,虽然物理、化学、生物和人源性因素共同产生各种不同的食品安全风险,新技术也可能催生新的食品安全风险,技术与规范、标准体系的缺失则孕育食品安全风险,贸易的国际化又加速了食品安全风险的传播等,但人源性因素构成了目前我国安全风险的主体这一结论正在成为社会各界的初步共识。而且人源性风险占主体的这一基本特征将在未来一个很长历史时期将继续存在,难以在短时期内发生根本性改变,并由此决定了我国食品安全风险防控的长期性与艰巨性。

表 5-11　食品安全风险的分类

序号	关键风险	风险的定义
1	质量风险	影响食品外观和内在品质的风险
2	卫生风险	影响食品安全性和适用性的风险
3	营养风险	影响食品营养成分的数量和食品营养安全就是指食品在人类的日常生活中,要有足够、平衡的,并且含有人体发育必需的营养元素供给的食品,以达到完善的食品安全
4	生物风险（生物性危害）	现代生物技术的研究、开发、应用以及转基因生物的跨国、越境转移,可能会对生物多样性、生态环境和人体健康及生命安全产生潜在的不利影响,特别是各类转基因生物放到环境中可能对生物多样性构成潜在风险与威胁

表 5-12　不同特征的食品安全风险比较

比较分类	具有自然特征的食品安全风险	具有人为特征的食品安全风险
危害种类	由种养殖、加工环节引入的农兽药残留和重金属等化学物质污染、微生物和物理异物污染等,不能完全避免,但可预测预防或将危害降低到可接受水平	人为利用添加外,违法违规添加化学物质,或科学素养不高而产生的不当行为,传统管理上不可预测和预防
出现特点	多在个别行业、个别商品和个别批次中出现	往往带有系统性、连续性和全行业的特点
存在范围	各国普遍存在	中国发展阶段特有
原因本质	过失	诚信和道德缺失

（二）分散化加剧了食品安全风险的不确定性

国际食品保护协会（International Association for Food Protection, IAFP）候任主席 KatherineM. J. Swanson(2011)指出,在全球化背景下的食品安全风险是一个全球性问题;应对挑战是企业、政府、国际组织的共同使命,但最关键在于企业,尤其是中小食品企业是食品安全风险管理中最为薄弱的环节①。在我国分散的小农户仍然是农产品生产的主体,这造就了我国食品安全风险来源与特征区别于其他国家尤其是发达国家的特殊性;而从食品生产加工、物流配送与经销等环节来分析,目前全国有食品生产企业40多万家,但90%以上是小企业,小作坊式的食品生产单位更是难以计数;在食品流通环节经营者中,个体工商户占据了绝对主体的地位,遍布全国城乡,特别是广大农村地区和偏远山区,呈现点多面广,小、散、多等突出特点。技术壁垒低、集中度低、厂商数量多且规模小、生产过程信息不对称是我国食品供应链的基本特点。大量食品生产经营企业规模小、分布散、集约化程度低,自身质量安全管理能力差,更由于对经济利益的疯狂追求,在政府规制缺位与信息不对称导致市场失灵的背景下,因食品生产经营企业不当或违规违法行为的起因、时间、地点、方式和危害程度等具有复杂性,其所产生的食品安全风险难以预见,甚至是防不胜防。尽管我国食品安全总体水平在稳定中逐步改善,但食品工业的基数大,产业链长,触点多,更由于食品生产、经营、销售等主体的不当行为,且由于处罚与法律制裁的不及时、不到位,更容易引发行业潜规则,在"破窗效应"的作用下食品安全风险在传导中叠加(图5-3),必然的结果是在我国食品安全风险的显示度高、食品安全事故发生的概率大,并由此决定了我国食品安全风险防控的艰巨性②。

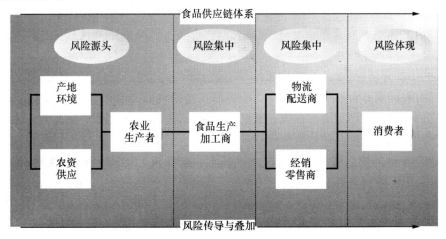

图5-3 食品生产经营者不当或违规违法行为与风险的传导模式

---

① 2011年国际食品安全论坛,搜狐网:http://xjyygzs.i.sohu.com/blog/view/171580471.htm。

② 破窗效应(Break Pane Law),由美国政治学家威尔逊和犯罪学家凯琳提出。破窗效应理论认为,如果有人打坏了一个建筑物的窗户玻璃,而这扇窗户又得不到及时的维修,别人就可能受到某些暗示性的纵容去打烂更多的窗户玻璃。久而久之,这些破窗户就给人造成一种无序的感觉。结果在这种公众麻木不仁的氛围中,犯罪就会滋生。

（三）体制性痕迹明显

本书的第八章、第十章分别就我国的食品安全监管体制变迁与绩效、食品标准体系等展开了分析。进一步分析挖掘,可以认为现阶段我国的食品安全风险和由此引发的食品安全事件与食品安全的管理体制有着一定的相关性。2002 年前后我国食品质量安全总体水平处于下滑状态和 2004 年后一个时期内食品质量安全走势下行的事实是典型的案例。技术标准与规范是食品生产经营者必须遵守的准则,是各国食品安全监管部门有效监管的依据和准绳,成为防控食品安全风险的主要技术手段。但是由于体制性障碍,食品安全的技术规范、标准体系实施的有效性不足。以 HACCP 体系实施为例。我国在 20 世纪 80 年代末引入了HACCP 体系,30 年来虽然发展取得了一定成效,但效果并不理想,主要存在以下三个突出的问题:

（1）无完备的统一标准提供参考。GB/T22000-2006 正式施行后,食品供应链体系链条逐步实施实行 HACCP 原理,但各类标准的不兼容性逐渐显现,导致在HACCP 实施过程中无完备的统一标准提供参考。

（2）基础条件尚不具备。企业缺乏实施 HACCP 体系的能力和基础条件,并且 HACCP 体系的基础条件 GMP 和 SSOP 认证率在当前食品生产企业中很低。

（3）企业对 HACCP 体系认知有限。大多数食品生产企业对 HACCP 体系的认知仍然停留在表面,对 HACCP 体系产生的效果和理解上存在误区;企业缺乏实施 HACCP 体系的外部推动机制,食品企业在市场上既享受不到优质优价的激励,也无潜在的惩罚危险。[1]

进一步分析,受食品产业发展水平、风险评估能力和食品标准制定条件等因素制约,我国现有食品供应链安全标准体系在防范食品安全风险的实际过程中还存在诸多问题:一些重要标准或者重要指标缺失,不能满足食品安全监管需求;部分配套检测方法、食品包装材料等标准缺失,给食品监管带来困难;《食品安全法》实施前,各部门依职责制定的有关农产品与食品质量的国家标准、行业标准总体数量多,但标准间既有交叉重复又有脱节,衔接协调程度不高,急需进一步清理完善;标准总体上标龄较长,通用性不强,部分标准指标欠缺风险评估依据,不能适应食品安全监管和行业发展需要,影响了相关标准的科学性和合理性;标准贯彻执行力度不强,难以确保食品标准的有效实施。

图 5-4 轮廓性地了反映了我国食品供应链体系中技术标准、技术规范与政府监管部门、食品生产经营执行主体之间的复杂性。如何确保食品供应链主体、相

---

[1]　周洁红等:《农产品质量安全追溯体系中的农户行为分析——以蔬菜种植户为例》,《浙江大学学报（人文社会科学版）》2007 年第 2 期,第 119—127 页。

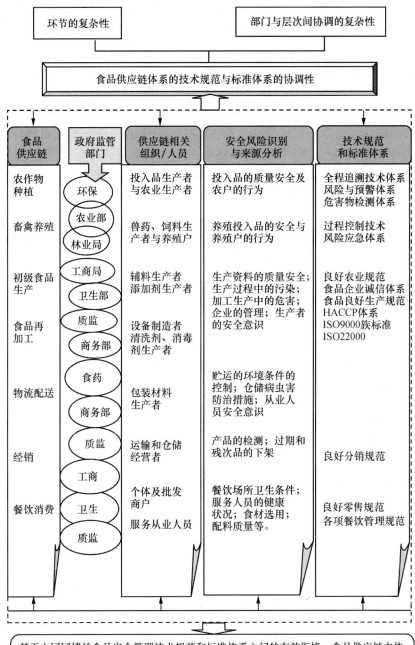

图 5-4　供应链体系中食品技术规范、标准体系与各相关主体间关系示意图

关组织、政府部门与技术规范和标准研究部门之间的有效协调,成为影响我国食品安全风险防控所必须解决的重要问题。

四、食品安全风险防控面临的主要矛盾

食品安全风险是全球性问题,任何国家和地区都不可能独善其身。食品安全风险的全球性特征决定了必须全球共同治理。我国食品安全风险有些是全球性的,更多的则是本国自身所独有的问题。基于我国食品安全风险备受国际关注、国人瞩目的这一时代背景和中国应该在全球迎战食品安全风险挑战中扮演一个重要角色的全球责任,防控我国的食品安全风险必须抓住主要矛盾。

我国食品安全风险防控是一个兼具时代性的永恒命题,是一个非常复杂、系统性极强的重大课题。对我国食品安全风险防控面临的主要矛盾的认识,不同的学者从不同的角度出发,关注与研究的重点与内容往往各不相同,甚至具有很大的差异性。但从上述食品安全风险的主要特征的分析中,不难发现,这些主要特征无论从什么角度来分析,分散化、小规模的食品生产方式与风险治理之间的矛盾是最具根本性的核心问题,优化和约束食品生产经营主体的行为、转变食品生产方式,成为当前和未来一个较长时期内我国防控食品安全风险的基本选择和必由之路。政府有限的监管力量,食品安全风险监管的主要社会资源要优先满足上述主要矛盾的解决。破解我国食品安全风险防控所面临的主要矛盾的成效,将成为下一年度的《中国食品安全发展报告》研究的主体。

第六章　城乡居民对食品安全评价与
所关注的若干问题

为深入了解城乡居民对食品安全性的评价、对食品安全风险主要成因的认识与最担忧的主要食品安全风险,以及对政府食品安全监管与执法的评价等,探讨食品安全风险的治理路径,本书作者对全国 12 个省份的 96 个调查点进行了专题问卷调查。本章主要汇总问卷调查的结果,并展开初步的分析。

一、调查说明与受访者特征

除台湾、香港、澳门以外,我国大陆的 31 个省、自治区、直辖市经济社会发展程度不同,食品生产流通消费的环境相差较大,食品安全状况与风险各异。在短期内设置覆盖大陆所有省份的调查点,在全国范围建立科学合理、分布均衡、动态有序的调查网络在现阶段难以完全实现。因此,选择代表性的调查点,最大程度地通过代表性的调查点的数据研究城乡居民对食品安全的客观评价,以近似地反映与描述全国性的整体状况甚为重要。

(一) 调查地区的选择

作为专项性的问卷调查,城乡居民对食品安全状况的评价等需要以分布较广的调查点和每个调查点上一定数量的样本为基础。因此,如果使用简单的随机抽样,不但工作量大,而且精度上也很难把握。本次调查遵循抽样设计的原则和方法。

1. 抽样设计的原则

本次抽样调查遵循科学、效率、便利的基本原则进行。(1)科学。整体方案的设计严格按照概率抽样方法,要求样本对全国及某些指定的城市或地区具有代表性;(2)效率。抽样方案的设计强调在相同样本量的条件下尽可能提高调查的精确度,确保目标量估计的抽样误差尽可能小;(3)便利。设计方案非常关注可操作性,不仅便于抽样调查的具体组织实施,也要求便于后期的数据处理。

2. 分层、多阶段的随机抽样方法

考虑到我国城市与农村居民对食品安全风险与安全消费的认知,以及食品消费习惯均具有地区性差异,本次调查采用分层、多阶段的随机抽样方法,以期获得理想、客观、真实的调查结果。一般而言,对城乡居民的对比性抽样调查的方法有两个:(1)将城乡居民作为两个研究域进行独立抽样;(2)不考虑区分城乡,统一抽取抽样单元(例如区、县),在其后的抽样中再区分城乡。两种方法各有优缺:第

一种方法最方便,但样本点数量较大,调查的地域较为分散,目前尚不具备条件;第二种方法优点是样本点相对集中,但后续的数据处理较为复杂。综合考虑后,本次调查采用第二种方法。

　　3. 调查地区的选择

　　采用如下方法选择调查地区。首先,将 31 省、自治区和直辖市按照地理位置分成表 6-1 所示的 3 大层 12 个子层,并在 12 个子层中确定福建、贵州、河南、湖北、吉林、江苏、江西、山东、陕西、上海、四川、新疆等 12 个省、自治区、直辖市作为第一阶段的抽样地区。

表 6-1　全国 31 省、自治区、直辖市区的分层

大层	所含省、自治区、直辖市	最终确定的调查省(区、市)
第一大层:东部地区	子层 1:上海、北京、天津 子层 2:辽宁、山东 子层 3:江苏、浙江 子层 4:福建、广东、海南	上海 山东 江苏 福建
第二大层:中部地区	子层 5:黑龙江、吉林 子层 6:河北、河南、山西 子层 7:安徽、江西 子层 8:湖北、湖南	吉林 河南 江西 湖北
第三大层:西部地区	子层 9:内蒙古、新疆、宁夏 子层 10:陕西、甘肃、青海 子层 11:四川、重庆 子层 12:广西、云南、贵州、西藏	新疆 陕西 四川 贵州

　　在 12 个省、自治区和直辖市分别选择 2 个省辖市的市辖区[①],以及非省辖市的 2 个县(包括县级市等,非已确定的 2 个省辖市的县或县级市);在确定的每个市辖区、每个县中各选择 2 个街道、乡镇;在选定的每个街道、乡镇再分别确定 1 个居委会、1 个村委会等,以居委会、村委会分别代表城市、农村的调查点。每个省、市、自治区,分别选择 4 个城市街道、4 个农村居委会,共确定了 96 个调查点。在每个调查点,要求被调查对象的年龄为 18 岁(含)以上,完全随机地确定具体的调查对象。由于篇幅的限制,调查的有关细节不具体叙述。

(二)受访者特征

　　城市与农村的调查在 2011 年 12 月在江苏省无锡市区、河南省安阳县进行了预备性调查,在积累经验、检验问卷和培训调查员的基础上,在 2012 年 1—4 月间

---

　　①　各辖区、县以及下述各街道、乡镇、居委会、村委会的选择都是依据人均收入水平的高低。比如,在每个市辖区、每个县中各选择 1 个人均收入水平相对比较高和比较低的街道、乡镇。

陆续展开了面上的调查。每个调查点由经过培训的调查人员随机调查 50 个城市或农村居民,城市、农村均安排调查 2400 个左右的居民。剔除不合格的调查问卷,最终有效样本为 4289 个,有效样本率为 89.35%,其中城市和农村的有效样本分别为 2143 个、2146 个。

表 6-2　受访者相关特征的描述性统计　　　　　　（单位:个、%）

特征描述	总体样本		城市样本		农村样本	
	频数	有效比例	频数	有效比例	频数	有效比例
性别						
男	2254	52.6	1144	53.4	1110	51.7
女	2035	47.4	999	46.6	1036	48.3
年龄						
18—25 岁	1205	28.1	584	27.2	621	28.9
26—40 岁	1690	39.4	923	43.1	767	35.7
41—55 岁	1078	25.1	504	23.5	574	26.8
56 岁及以上	316	7.4	132	6.2	184	8.6
婚姻状况						
未婚	1349	31.5	690	32.2	659	30.7
已婚	2940	68.5	1453	67.8	1487	69.3
学历						
研究生	185	4.3	90	4.2	95	4.4
本科	1243	29.0	758	35.4	485	22.6
大专	684	16.0	444	20.7	240	11.2
高中(含中等职业)	1044	24.3	501	23.4	543	25.3
初中或初中以下	1133	26.4	350	16.3	783	36.5
个人年收入						
1 万元及以下	1392	32.5	622	29.02	770	35.88
1—2 万元之间	897	20.9	368	17.17	529	24.65
2—3 万元之间	933	21.8	527	24.59	406	18.92
3—5 万之间	598	13.9	353	16.47	245	11.42
5 万元以上	469	10.9	273	12.75	196	9.13
家庭人口数						
1 人	68	1.59	47	2.19	21	0.98
2 人	241	5.62	153	7.14	88	4.10
3 人	1750	40.80	1003	46.80	747	34.81
4 人	1255	29.26	554	25.85	701	32.67
5 人或 5 人以上	975	22.73	386	18.02	589	27.44
合计	4289	100	2143	100	2146	100

　　调查的描述性统计见表 6-2①。被调查的城乡居民(以下简称为"受访者")具有如下的基本特征:

　　1. 男性多于女性。在 4289 个受访者中,男性多于女性,比例分别为 52.6% 和 47.4%。城市受访者中,男性比例相对较高,为 53.4%;农村相对较低,为 51.7%。

　　2. 已婚人数远大于未婚人数。已婚的受访者比例为 68.5%,远远大于 31.5% 的未婚受访者比例。城市与农村受访者样本中,已婚、未婚比例分别为 67.8%、69.3%。

　　3. 26—40 岁年龄段的受访者比例较高。92.6% 的受访者年龄在 55 岁及以下;26—40 岁间的受访者比例最高,为 39.4%;18—25 岁间和 41—55 岁间的受访者比例大体接近,分别为 28.1% 和 25.1%。城市年龄段在 26—40 岁间的受访者比例为 43.1%,高于农村的 35.7%,约 7.4 个百分点。

　　4. 城市受访者学历层次高。大专及以上和高中及以下学历的受访者所占比例基本相似,分别为 49.3% 和 50.7%。城市大专及以上学历的受访者比例高达 60.3%,而农村仅为 38.2%。

　　5. 城乡收入差距大。2011 年全国城镇居民人均可支配收入为 21810 元。在受访者中,人均收入 2 万元以上(即达到或基本达到城镇居民人均可支配收入)的比例为 46.6%,接近一半。城市受访者中人均可支配收入在 2 万元以上的为 53.81%,农村仅为 39.47%。

二、食品安全性的评价与未来走势的信心

　　基于调查数据,主要从以下五个方面就受访者对食品安全性的评价与未来走势的信心展开分析。

(一) 食品安全的关注度

　　图 6-1 显示,在 4289 个受访者样本中,关注食品安全的受访者比例为 60.97%,其中,"非常关注"和"比较关注"的比例分别为 18.70% 和 42.27%。而"不关注"和"非常不关注"的比例之和不足 10%。由此可见,"非常关注"和"比较关注"食品安全的比例之和远高于"不关注"和"非常不关注"的比例之和。从城乡差异看,城市居民和农村居民对食品安全关注程度的比例结构基本吻合。城市中"非常关注"和"比较关注"食品安全的比例之和与"不关注"和"非常不关注"的

---

　　① 城市与农村受访者是分别指在城市、农村接受调查的居民,而并非指受访者的户籍所在地或工作地。需要说明的是,表 6-1 中的受访者相关特征并未给出调查问卷中的涉及的受访者与受访者家庭的全部特征。

比例之和分别为 66.50% 和 7.88%，农村为 55.45% 和 10.99%。可见，虽然存在差异，但无论是城市还是农村受访者均普遍关注食品安全问题。

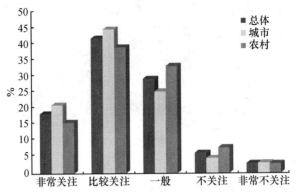

图 6-1　城市与农村受访者对食品安全的关注度

值得注意的是，超过四分之一的受访者对食品安全关注程度为"一般"。在总样本、城市和农村样本中，关注程度为"一般"的比例分别为 29.58%、25.62% 和 33.56%。原因可能在于受生活工作节奏加快、信息不对称的影响，还有相当多的受访者对食品安全的关注尚处于模糊地带。随着食品安全事件及其影响的扩散，该部分人群极有可能转向"比较关注"或"非常关注"食品安全。

（二）对所在地区食品安全状况的评价

如图 6-2 所示，在总样本、城市样本和农村样本中，受访者对本地区食品安全状况评价结果几乎完全一致，即不论是在总样本，还是在城市和农村样本中，均有不到 30% 的受访者认为本地区食品安全状况是安全的或不安全的；对本地区食品安全状况表示"一般"的比例却高达 40% 以上，依次分别为 41.94%、41.02% 和 42.87%，表明还有相当一部分受访者认为本地区食品安全状况"没有达到自己的心理预期"。总体来看，城市与农村受访者对所在地区食品安全状况的评价并不乐观，但与已有的类似的相关调查比较，本次调查结果显示，受访者对食品安全的总体评价开始趋于好转①。

①　中国全面小康研究中心等发布的《2010—2011 消费者食品安全信心报告》称，有近七成人对中国的食品安全状况感到"没有安全感"；其中 52.3% 的受访者心理状态是"比较不安"，15.6% 的人表示"特别没有安全感"。

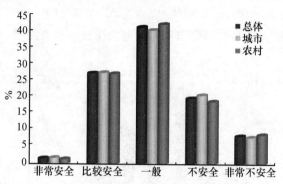

图 6-2　受访者对本地区食品安全状况的评价

（三）对食品安全状况改善的评价

在回答与过去相比（如去年）本地区食品安全性是否改善时，总样本中，31.02% 的受访者认为好转，24.88% 的受访者认为不但没有好转，反而变得更差了。城市、农村受访者对所在地食品安全性改善比较的评价也是非常类似。城市中 30.15% 的受访者认为好转，26.37% 的受访者认为变得更差了。农村中31.83% 的受访者认为好转，23.99% 的受访者认为变得更差了。此外，总样本、城市样本和农村样本中分别有 44.00%、43.48%、44.18% 的受访者认为"基本上没变化"。可见，受访者对食品安全状况给予明确好转的肯定回答的比例并不高，绝大多数受访者对食品安全状况的改善状况持较为中性的评价态度。

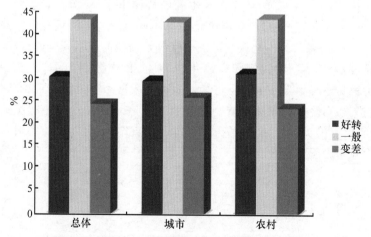

图 6-3　受访者对本地区食品安全改善状况的评价

（四）频发的重大食品安全事件对受访者食品安全信心的影响

近年来，我国重特大食品安全事件频发。当受访者被问及"是否会因近年来发生的诸如地沟油等重大事件影响食品安全的信心时",分别有47.05%、23.15%的受访者认为比较有影响或有严重影响,只有18.91%的受访者认为食品安全事件难以避免且自身的信心不受影响。可见,70%以上受访者的食品安全信心受到重大食品安全事件频发的影响。从城乡差异看,城市和农村受访者的食品安全信心受到重大事件频发影响的比例分别为73.03%、69.02%。可见,最大限度地减少食品安全事件与正确引导食品安全舆情等,成为提升受访者食品安全信心最有效的路径。

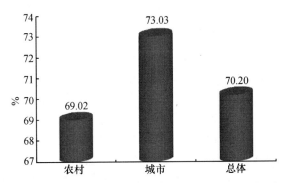

图6-4　受访者食品安全信心受重大事件频发影响的比例

（五）食品安全状况未来走势的判断

在回答"你对食品安全状况未来走势的判断"时,45.44%的受访者对食品安全状况好转表示有信心,即认为未来估计会"有所好转"或"肯定有好转";但约23.71%的受访者对未来食品安全状况改善没有信心,认为"肯定没有好转"或"难有好转"。此外,还有30.85%的受访者对食品安全状况未来发展趋势态度模糊,认为"一般"。在对食品安全状况未来走势的判断上,城乡受访者的判断的差异较小,分别有45.49%、45.39%的受访者对未来食品安全状况好转持有信心,说明受访者对未来食品安全状况改善前景的态度并不乐观。

表6-3　受访者对未来食品安全状况进一步改善的信心 （单位:人、%）

特征描述	总体频数	总体有效比例	城市		农村	
			总体频数	总体有效比例	总体频数	总体有效比例
肯定没有好转	285	6.64	133	6.21	152	7.08
难以有好转	732	17.07	400	18.67	332	15.47
一般	1323	30.85	635	29.63	688	32.06
估计有所好转	1681	39.19	847	39.52	834	38.87
肯定有好转	268	6.25	128	5.97	140	6.52

三、最主要的食品安全风险因素与受访者的担忧度

城乡居民对食品安全问题和食品安全状况的认知程度与评价更直接和深入地反映在居民是否可以区别或识别食品中可能含有的风险因素，以及其对这些因素可能造成的健康危害的担忧程度上。为此，本次调查中设计了最主要的食品安全风险因素，以及受访者对食品添加剂滥用与非食用物质的恶意添加、农兽药残留超标、细菌与有害微生物污染、重金属污染四个主要食品安全风险的担忧度，请受访者选择与评价。

（一）最主要的食品安全风险因素

在调查的 4289 个样本中，36.33% 的受访者认为最主要的食品安全风险因素是"食品添加剂滥用与非食用物质的恶意添加"，而有 23.51%、16.02%、14.64%、9.50% 的受访者则分别认为是"农兽药残留超标"、"细菌与有害微生物污染"、"食品中天然存在的有毒有害物质污染"、"重金属污染等"。可见，（1）受访者对"食品添加剂滥用与非食用物质的恶意添加风险"的认知程度较高，是受访者比例唯一超过 30% 的选项。原因可能与"三聚氰胺"奶粉等因食品添加剂引起的重特大食品安全事件有关。（2）受访者对最主要的食品安全风险因素的选择相对分散。除"食品添加剂滥用与非食用物质的恶意添加风险"外，受访者对"农兽药残留超标"、"细菌与有害微生物污染"等都有所认知，表明受访者关注的食品安全风险因素相对较广。

城市与农村受访者在上述五个最主要的食品安全风险因素选择的排序上完全一致。但由于熟知农兽药的使用情况，因而农村受访者对农兽药残留超标的担忧比例（24.72%）高出城市受访者（22.47%）。

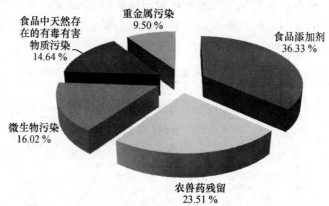

图 6-5　受访者对最主要的食品安全风险因素的判断

（二）主要食品安全风险的忧虑度①

食品在生产、运输、贮存、销售过程中受到外界有毒有害物质的污染，即食品污染，是最常见的食品中存在危害的来源。因此，在进一步的调查中没有就城乡居民对食品中天然存在的有毒有害物质的忧虑度展开调查，而是重点调查外在的安全风险，主要包括就受访者对"食品添加剂滥用与非食用物质的恶意添加"、"农兽药残留超标"、"细菌与有害微生物污染"、"重金属污染"等四个问题的担忧度进行调查。

1. 食品添加剂滥用与非食用物质的恶意添加

由图6-6可知，76.94%的受访者对食品添加剂滥用与非食用物质的恶意添加感到担忧，分别有38.10%、38.84%的受访者表示"非常担忧"、"比较担忧"；仅有4.78%和3.38%的受访者表示"不担忧"或"非常不担忧"。可见，受访者对食品添加剂滥用与非食用物质的恶意添加表现出较高的担忧度。

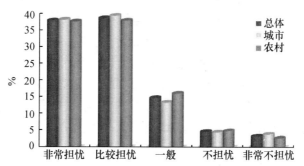

图6-6 受访者对食品添加剂滥用与非食用物质的恶意添加的忧虑状况

城市受访者中对食品添加剂滥用与非食用物质的恶意添加"非常担忧"、"比较担忧"的比例均大于农村受访者（38.36% > 37.84%、39.57% > 38.12%），但区别并不显著。可见，城乡居民对食品添加剂滥用与非食用物质的恶意添加的担忧具有普遍性和一致性。

2. 农兽药残留超标

总体样本中，受访者对食品农兽药残留超标感到"非常担忧"、"比较担忧"、"一般"、"不担忧"、"非常不担忧"的比例分别为34.41%、38.52%、19.77%、5.20%、2.10%。72.93%的受访者对食品中农兽药残留超标感到担忧。城市受访者中，对食品中的农兽药残留超标"比较担忧"和"非常担忧"的比例达到74.62%，高出农村71.25%比例约3个百分点。在农村的受访者中，只有7.36%的受访者表示"不担忧"或"非常不担忧"。这从一个侧面反映出改善农兽药残留已十分迫切。

---

① 本节的研究将非常担忧、比较担忧的加总比例称为担忧度。

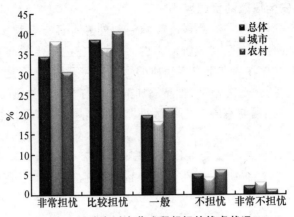

图 6-7　受访者对农药残留超标的忧虑状况

3. 细菌与有害微生物超标

由图 6-8 可知,分别有 29.91%、35.02% 的受访者对食品中细菌与有害微生物超标感到"非常担忧"、"比较担忧",两者之和高达 64.93%。只有 6.92% 和 2.56% 的受访者表示"不担忧"或"非常不担忧"。此外,还有 25.58% 的表示"一般"。在细菌与有害微生物的担忧程度上,城市受访者"非常担忧"、"比较担忧"的比例分别为 30.89%、36.86%,而农村受访者的比例分别为 28.94% 和 33.18%,城市受访者比例普遍高于农村受访者。

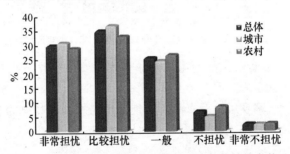

图 6-8　总体受访者对细菌与有害微生物超标的忧虑状况

4. 重金属污染

如图 6-9 所示,67.78% 的受访者认识到重金属污染的危害,感到"非常担忧"或"比较担忧",而只有 8.42% 的受访者对重金属污染危害"不担忧"或"非常不担忧"。此外,还有 23.81% 的受访者感到"一般"。在城乡差异上,城市受访者比农村受访者更担忧。71.58% 的城市受访者"比较担忧"或"非常担忧"重金属污染,高出农村受访者 63.98% 比例约 7.6 个百分点。

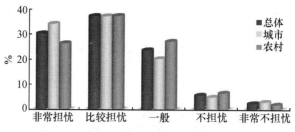

图 6-9　受访者对重金属污染的忧虑状况

（三）食品安全风险忧虑度的比较

无论是总体样本,还是城市样本与农村样本,受访者对食品添加剂滥用与非食用物质的恶意添加、农兽药残留超标、细菌与有害微生物污染、重金属污染等四个主要食品安全风险的忧虑度排序完全一致,依次为食品添加剂滥用与非食用物质的恶意添加＞农兽药残留超标＞重金属污染＞细菌与有害微生物污染,且均超过 64% 的受访者表示担忧。

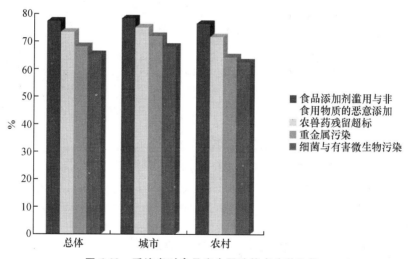

图 6-10　受访者对食品安全风险忧虑度的比较

由于对食品安全风险认知的差异,城市受访者样本对上述四个食品安全主要风险的忧虑度均超过农村受访者样本。忧虑度差异由大到小的排序为重金属污染、细菌与有害微生物污染、农兽药残留超标、食品添加剂滥用与非食用物质的恶意添加。其中忧虑度差异最大的是重金属污染,城市受访者对此的忧虑度高出农村 7.6 个百分点;差异最小的是食品添加剂滥用与非食用物质的恶意添加,城市样本的忧虑度高出农村 1.97 百分点。

四、风险主要成因的判断与政府监管执法能力评价

本书在调查受访者对食品安全风险主要成因判断的基础上,重点就政府食品安全监管与执法能力进行了调查。

(一) 食品安全风险主要成因的判断

在 4289 个样本中,27.12% 的受访者认为,产生食品安全风险的主要原因是消费者和政府监管部门无法完全获知生产过程和食品含量中的相关信息,使不良食品生产、加工与经营厂商有机可乘;24.56% 的受访者认为是由于食品相关企业片面追求利润而导致;22.71% 的受访者认为是由于政府食品安全监管不到位;10.80% 的受访者认为是由于食品的有关国家标准不完善。受访者认为,由于企业社会责任意识淡薄、环境污染严重、食品企业生产与加工技术与水平不高和其他原因的比例分别为 8.97% 、1.68% 、1.71% 和 2.45% 。

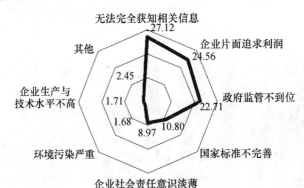

图 6-11   总体受访者认为产生食品安全风险最主要的原因(单位:%)

至于风险产生的原因,高达 60.65% 的受访者认为食品生产加工与经营企业有机可乘、片面追求利润、社会责任意识淡薄等原因是产生食品安全风险最主要的原因,并且城市与农村受访者对该问题的认识几乎完全一致。因此,强化对食品生产加工企业的监管应该成为政府监管的重点。

(二) 政府监管与治理食品安全风险能力的评价

调查的问卷中设置了政策与法律法规体系建设成效、政府食品安全监管与执法力度、政府与社会团体食品安全消费引导能力、政府处置食品安全事件能力、政府管理的新闻媒体舆论监督能力等五个问题,就受访者对政府监管与治理食品安全风险能力的满意性评价展开调查。

1. 政策与法律法规体系建设成效评价

图 6-12 的调查数据显示,40.34% 的受访者对政府保障食品安全的政策、法律法规体系建设的满意程度反映"一般";32.62% 的 "比较满意"和"非常满意"比例

之和,高于27.04%的"非常不满意"和"不满意"比例之和约5.6个百分点。可能与受访者的了解程度有关,虽然满意性评价反映不一,但受访者总体上基本认可政府保障食品安全的政策、法律法规建设所取得的成效。此外,城市和农村受访者对此选项的满意性评价基本一致。虽然受收入水平和受教育程度的限制,但农村受访者对政府保障食品安全的政策、法律法规体系建设成效的满意性评价并不落后于城市受访者,反映出农村居民对政府改善食品安全也有较高期待。

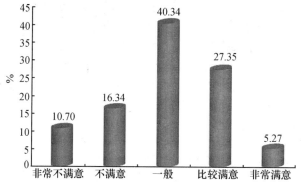

图 6-12 受访者对政府保障食品安全的政策、法律法规体系建设满意性评价

2. 政府食品监管与执法力度的评价

图6-13的数据显示,分别有19.47%和4.24%的受访者对政府保障食品安全的监管与执法力度表现"比较满意"和"非常满意",而27.00%和13.13%的则表示"不满意"和"非常不满意","不满意"和"非常不满意"的受访者比例超过"比较满意"和"非常满意"16.42个百分点,可见,受访者对此选项的满意性评价远低于对政策与法律法规体系建设成效的满意性评价。因此,政府加强食品安全的监管与执法力度也就成为提升城乡居民食品安全消费信心的重要内容。

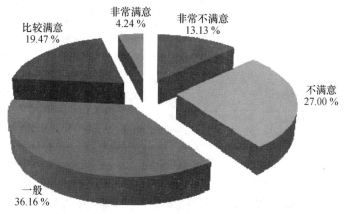

图 6-13 受访者对政府保障食品安全的监管与执法力度的满意性评价

进一步考察,城市与农村受访者对政府保障食品安全的监管与执法力度的满意性评价高度吻合。而且在本次调查中发现,农村受访者的不满意比例(41.33%)高出城市受访者不满意比例(38.92%)2.41 个百分点。这一调查结果说明,农村受访者对食品安全需求与安全消费意识正在逐步提高,政府食品监管与执法力量应该进一步延伸到农村,加强农村食品市场的监管与执法力度。

3. 政府与社会团体食品安全消费引导能力的评价

消费者的食品安全消费意识的提高需要政府与社会团体的引导。加大宣传力度,形成安全消费的环境,引导城乡居民食品安全消费的认知是提升食品安全保障水平的基础性环节。图 6-14 的调查数据表明,受访者对政府与社会团体食品安全消费引导能力的满意性评价表现出一定的正态分布,评价"非常不满意"和"不满意"比例(29.42%)超过"非常满意"和"比较满意"比例(26.18%)3.24 个百分点。

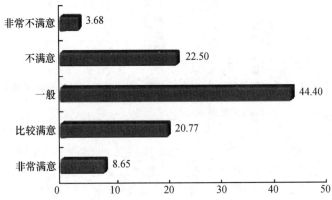

图 6-14 受访者对政府与社会团体食品安全消费引导能力的满意性评价(单位:%)

如图 6-15 所示,虽然城市受访者中反映比较满意和非常满意的比例(27.4%),高于农村受访者的比例(24.97%),但仍然低于城市受访者不满意与非常不满意比例(29.31%)约 2 个百分点。可见,城市受访者对政府与社会团体的食品安全宣传等引导能力的满意性评价略高于农村,但满意性评价并不高。在目前我国城乡居民食品安全消费科学素养总体水平普遍不高的情况下,加强对食品安全消费引导,应该成为政府与社会团体所必须高度重视和切实解决的一个重要课题。

4. 政府处置食品安全事件能力的评价

调查中设置了受访者对"政府处置食品安全事件能力的评价",并提示受访者以食品安全事件发生后政府迅速发布新闻等为例。图 6-16 的数据显示,34.62%的受访者对此选项的评价"一般",处于 5 个评价选项的第一位;但评价"非常满意"与"比较满意"的比例之和(33.93%)低于"不满意"与"非常不满意"比例之和(37.45%)3.55 个百分点。

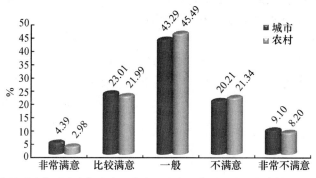

图 6-15　城市与农村受访者对政府与社会团体食品安全消费引导能力满意性评价的比较(单位:%)

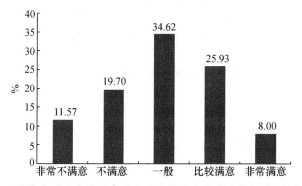

图 6-16　受访者对政府处置食品安全事件能力的满意性评价(单位:%)

图 6-17 显示,城市受访者评价认为"比较满意"、"非常满意"的比例之和(32.48%)与"不满意"、"非常不满意"的比例之和(32.52%)十分接近;农村评价的数据相应为 35.37%、30.38%。相对而言,农村受访者对政府处置食品安全事件能力评

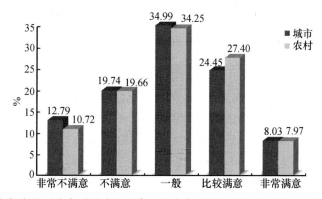

图 6-17　城市与农村受访者对政府处置食品安全事件能力满意性评价的比较(单位:%)

价相对好于城市。这与农村居民食品安全需求相对较低、眼界相对有限有密切的关系。

5. 政府管理的新闻媒体舆论监督能力的评价

由图 6-18 可知,在受访者总体样本中,分别有 5.29%、27.00%、36.96%、19.58% 和 11.17% 的受访者评价政府管理的新闻媒体食品安全舆论监督能力为"非常满意"、"比较满意"、"一般"、"不满意"和"非常不满意","比较满意"和"非常满意"的比例之和为 32.29%,超过了"不满意"和"非常不满意"30.75% 的比例之和。

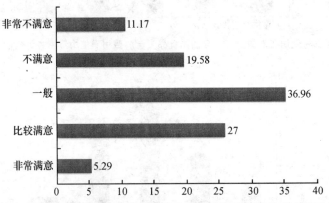

图 6-18　受访者对政府管理的新闻媒体食品安全舆论监督能力的调查统计(单位:%)

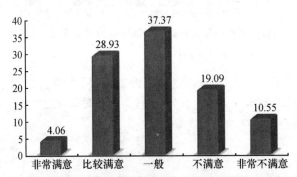

图 6-19　城市受访者对政府管理的新闻媒体食品安全舆论监督能力的调查统计(单位:%)

对政府管理的新闻媒体食品安全舆论监督能力的满意性评价上,城市与农村受访者总体格局基本一致。但在城市受访者中,"比较满意"和"非常满意"的比例之和达到 32.99%,超出"不满意"和"非常不满意"的 29.64% 的比例之和约 3.4 个百分点;而在农村受访者中,"比较满意"和"非常满意"的比例之和(31.52%)与"不满意"和"非常不满意"的比例之和(31.87%)基本持平。

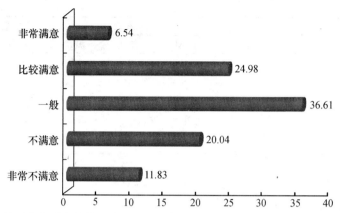

图 6-20 农村受访者对政府管理的新闻媒体食品安全舆论监督能力的调查统计 (单位 : %)

(三) 相关评价的基本总结

对问卷中"政府监管与治理食品安全风险能力评价"各个选题的"非常不满意"、"不满意"、"一般"、"比较满意"、"非常满意"五个选项,分别赋值为 1、2、3、4、5。然后,对每个选项的样本数求平均值,此平均值就是受访者对"政府监管与治理食品安全风险能力"某一方面的满意性评价值。通过此方法可以获得表 6-4。

表 6-4 受访者对政府监管与治理食品安全风险能力的评价

评价的项目	样本数			满意性评价值	
	选项	农村	城市	农村	城市
政策与法律法规体系建设成效	1	214	245	3.01	2.99
	2	365	336		
	3	865	865		
	4	581	592		
	5	121	105		
政府监管与执法力度	1	273	290	2.70	2.79
	2	614	544		
	3	808	743		
	4	385	450		
	5	66	116		
政府与社会团体食品安全消费的引导能力	1	176	195	2.90	2.93
	2	458	433		
	3	976	928		
	4	472	493		
	5	64	94		

（续表）

评价的项目	样本数			满意性评价值	
	选项	农村	城市	农村	城市
政府处置食品安全事件能力	1	230	274		
	2	422	423		
	3	735	750	3.02	2.95
	4	588	524		
	5	171	172		
政府管理的新闻媒体舆论监督能力	1	253	226		
	2	431	409		
	3	784	801	2.94	2.97
	4	538	620		
	5	140	87		

　　由于在五个选项中居于中等水平的"一般"选项的满意性评价分值为3。因此，可以以分值为"3"作为合格标准。表6-4的数据显示：（1）就农村受访者而言，对政府处置食品安全事件能力评价和政府政策与法律法规体系建设成效的满意性评价的分值分别为3.02和3.01，显然刚刚超过合格标准；而对政府监管与执法力度、政府与社会团体食品安全消费的引导能力、政府管理的新闻媒体舆论监督能力三个选项的评价均处于不合格状态。（2）就城市受访者而言，对上述五个选项的满意性评价分值均低于3。可以认为，城市受访者对政府监管与治理食品安全风险能力的总体评价处于不合格的状态。进一步分析，虽然城市与农村受访者之间的评价并非常完全相同，但对政府食品安全监管与执法力度的满意性评价最低却是共同的。

五、对政府强化食品安全风险治理的建议

　　降低食品安全风险涉及制度、技术、标准、社会责任等各个方面，且各种复杂因素交融在一起，由此决定了食品安全风险治理的艰巨性与复杂性。为了更好地集中民智，本次调查问卷中专门设置了对政府强化食品安全风险治理建议的选项，请受访者回答。

（一）建议征集内容

　　调查问卷中专门设置了"您认为，在加强食品安全方面，最重要的治理手段"是"公开有关食品生产与加工等方面的信息"、"加大对发生食品安全事故企业的惩罚力度"、"加强生产企业社会责任教育"、"完善食品相关国家标准"、"严惩食品安全监管失职与渎职的政府官员和相关责任人"、"加强环境保护"、"加强政府

食品安全的监督检查"、"完善群体举报"、"其他"等九个选项。

表6-5的统计数据显示,由于受访者的角度不一,在九个选项中没有一个选项的受访者比例超过30%。由此表明,受访者对今后加强食品安全风险治理措施持相对广泛的不同意见。24.04%的受访者选择了"严惩失职与渎职的政府官员和相关责任人",位居所有选项的第一位。其他选项的排列依次为"加大对发生食品安全事故企业的惩罚力度"(21.22%)、"加强政府监督与执法力度"(17.28%)、"公开有关食品生产与加工等方面的信息"(15.06%)、"加强生产企业社会责任教育"(9.72%)、"完善食品相关国家标准"(7.37%)、"完善群体举报"(2.77%)、"其他"(1.56%)、"加强环境保护"(0.98%)等。

表6-5 受访者对加强食品安全措施的选择统计

措施	总体样本数	占比	城市		农村	
			样本数	占比	样本数	占比
公开有关食品生产、加工等方面的信息	646	15.06	330	15.40	316	14.73
加大对发生食品安全事故企业的惩罚力度	910	21.22	494	23.05	416	19.38
加强生产企业社会责任教育	417	9.72	208	9.71	209	9.74
完善食品相关国家标准	316	7.37	147	6.86	169	7.88
严惩食品安全监管失职、渎职的政府官员和相关责任人	1031	24.04	532	24.83	499	23.25
加强环境保护	42	0.98	22	1.03	20	0.93
加强政府监督与执法力度	741	17.28	329	15.35	412	19.20
群体举报	119	2.77	49	2.28	70	3.26
其他	67	1.56	32	1.49	35	1.63
合计	4289	100.00	2143	100.00	2146	100.00

(二)受访者的主要建议与基本特点

进一步分析,受访者对政府强化食品安全风险治理的建议主要有两个特点。第一,城市和农村受访者对政府强化食品安全风险治理的措施的认识基本相同。虽然城市、农村受访者对食品安全状况的感受不同、安全消费的需求不同、个体与家庭特征不同,但统计结果显示,城市与农村受访者对政府强化食品安全风险治理的措施重要性或优先顺序的选择完全相同。

第二,尽管对治理措施持相对广泛的不同意见,但主要集中在三个措施上。"严惩食品安全监管失职与渎职的政府官员和相关责任人"、"加大对发生食品安全事故企业的惩罚力度"、"加强政府监督与执法力度"三个措施均是总体、城市与

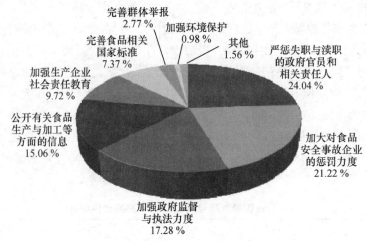

图 6-21　受访者对加强食品安全措施选择统计

农村受访者第一、二、三选择,分别占对应样本比例的 62.54%、63.23% 和 61.83%。从这个角度来分析,"加强监督、严格执法、加大惩罚"就成为未来一个时期全面贯彻《食品安全法》及其配套的法律法规、提高食品质量安全总体水平的三个基本举措。

六、本章研究的主要结论

　　本章主要从上述四个方面初步总结了全国 12 个省份的 96 个调查点的 4289 个城乡居民对食品安全状况等相关方面的关切与建议。虽然这些调查的研究结论可能受客观限制,难以完全反映目前的整体情况,但仍然不失为人们描述了一个大体的,基本能够说明问题的民意。归纳起来,目前城乡居民对食品安全的关切与愿望表现在:

　　第一,食品安全将持续成为社会关注的热点。调查显示,无论是城市还是农村受访者均普遍关注食品安全问题。虽然受访者对食品安全的总体评价开始趋于好转,但对所在地区食品安全状况的评价并不高,对未来食品安全状况改善前景的态度也并不乐观,更由于城乡居民普遍食品安全信心易受重大食品安全事件频发的影响,因此,一旦发生食品安全重大事件,完全可能在网络舆情放大的背景下,食品安全的关注度将进一步升温,产生非常强烈的社会负面效应。

　　第二,防控食品安全风险的人源性因素成为当务之急。城乡居民最担忧的食品安全风险是食品添加剂滥用与非食用物质的恶意添加、农兽药残留超标、重金属污染、细菌与有害微生物污染等。在这四个食品安全风险的因素中,重金属污染将是一个长期艰巨的任务,而其他三个因素在不同程度上与食品生产经营者的不当、违规违法行为有着密切关系。锁定不当、违规违法行为食品生产经营者集合，并通过政府监管、市场监管与契约治理多种方式，才能真正从源头上有效解决食品质量安全问题，这应该成为政府食品安全监管的重中之重。

第三，政府监管与治理食品安全风险能力的不足。调查显示，就总体而言，城乡居民对政府监管与治理食品安全风险能力的总体评价处于不合格的状态，而且对政府食品安全监管与执法力度的满意性评价最低。与此同时，调查显示，"严惩食品安全监管失职与渎职的政府官员和相关责任人"、"加大对发生食品安全事故企业的惩罚力度"、"加强政府监督与执法力度"等是受访者认为最重要、最迫切的三个治理措施。

因此，改革政府食品安全监管的方式，严惩食品安全违法违规行为尤其是犯罪行为，并将食品监管与执法力量延伸到农村，加强农村食品市场的监管与执法力度，在食品安全持续成为社会关注热点的背景下，是政府监管部门不得不面对的课题。

中篇

食品安全与支撑

体系建设

第七章　食品安全法律体系的演化发展与实施效果

　　食品安全是全球性难题。致力于完善食品法律体系①、严格食品安全执法,最大限度地降低食品安全风险,尽可能地确保食品安全,是世界各国尤其是发达国家的通行做法。2009 年 6 月 1 日《食品安全法》的正式实施,标志着我国食品安全法律体系建设进入了新的发展阶段。本章主要以《食品安全法》的颁布实施为逻辑起点,简要回顾我国食品安全法律体系的发展轨迹、分析现行食品安全法律体系的实施效果、揭示面临的主要问题,并初步就完善食品安全法律体系作了初步的思考。

一、食品安全法律体系的建设历程

　　改革开放以前,基于当时的国情,我国相关部门先后制定、颁布和实施了相应的食品卫生标准、食品卫生检验方法等规章制度与管理办法,同时逐步建立了与当时环境基本适应的食品卫生监督管理的专门机构和专业队伍。改革开放以后,随着经济体制改革的不断深入,我国的食品产业迅速发展。1987 年,我国食品工业产值达到 1134 亿元,是 1978 年的四倍,总量在国民经济的产业体系中位居第三位②。进入 21 世纪以来,伴随着农业和食品加工业、食品国际贸易的发展变化,尤其是执政理念的巨大转变,我国的食品安全法律体系逐渐地建立并不断完善。以2009 年 6 月 1 日《食品安全法》正式实施为标志,我国已初步建立了较为完整且能较好发挥效用的食品安全法律体系。

(一)《食品安全法》实施以前的基本概况

　　1.《食品卫生法(试行)》的制定与实施

　　建国初期,食品安全的概念主要局限于数量安全,解决温饱是当时食品安全

---

　　①　法律体系(legal system),法学中有时也称"法的体系"或简称为"法体系",是指由一国现行的全部法律规范按照不同的法律部门分类组合而形成的一个呈体系化的有机联系的统一整体。参见,张文显主编:《法理学》(第三版),法律出版社 2007 年 1 月第三版,第 148 页。根据我国《立法法》的规定,我国的法律体系包括法律、行政法规、地方性法规和规章等形式。

　　②　杨理科、徐广涛:《我国食品工业发展迅速,今年产值跃居工业部门第三位》,《人民日报》,1988 年11 月 29 日。

的最大目标。由于在 20 世纪五六十年代食品安全事件大部分是发生在食品消费环节中的中毒事故,因此在某种意义上食品质量安全就等同于食品卫生。1965年,当时的国家卫生部、商业部、第一轻工业部、中央工商行政管理局、全国供销合作总社联合制定实施的《食品卫生管理试行条例》,就成为新中国成立以来我国第一部中央层面上综合性的食品卫生管理法规[1],其在内容上体现出计划经济时代我国政府食品安全管控的体制特色[2]。在 1965 年颁布实施的《食品卫生管理试行条例》的基础上,根据当时的客观要求,卫生部于 1979 年进一步修改并正式颁发了《中华人民共和国食品卫生管理条例》。1978—1992 年间国家的经济体制开始实施重大改革,大量个体经济和私营经济进入餐饮行业和食品加工行业,食品生产经营渠道日益多元化和复杂化,食品污染的因素和机会随之增多,出现了食物中毒事故数量不断上升的态势,有些问题甚至严重威胁人民健康和生命安全。例如,广东省广州市 1979 年发生食物中毒事故 46 起,中毒人数为 302 人,而 1982 年发生的食物中毒事故则上升至 52 起,中毒人数飙升至 1097 人[3]。实践中发现的主要问题是,急性食物中毒不断发生,经食品传染的消化道疾病发病情况较多。农药、工业三废、霉变食品中毒素等有害物质对食品的污染情况在有的地区比较严重,食品生产中有些食品达不到标准,有的食品卫生严重违法事件得不到应有的法律制裁等。全社会改善食品卫生环境的需求日益迫切,对健全食品卫生法制建设提出了新的要求[4]。

基于上述原因,1981 年 4 月,国务院着手起草《食品卫生法》,并在广泛征求意见的基础上进行了 10 多次的反复修改,最终全国人大常委会于 1982 年 11 月 19日通过了《中华人民共和国食品卫生法(试行)》,并于 1983 年 7 月 1 日起开始试行。这部法律虽然是带有过渡性质的试行法律,体现出浓厚的妥协和折中性质,但相对于之前的食品安全管控体制而言,在内容上还是取得了一定的突破[5]。该法的基本内容包括以下七个方面:(1) 提出了食品的卫生要求,列出了禁止生产

---

[1] 在此之前,我国中央和各级地方政府也曾经就某一具体的食品品种卫生管理发布过相关的条例规定和标准。1953 年 3 月卫生部《关于统一调味粉含麸酸钠标准的通知》《清凉饮食物管理暂行办法》等,1954 年卫生部《关于食品中使用糖精剂量的规定》,1957 年天津市卫生部门检验发现酱油中砷含量高,提出了酱油中含砷量的标准为每公斤不超过 1 毫克,卫生部转发全国执行。1958 年轻工业部、卫生部、第二商业部颁发了乳与乳制品部颁标准及检验方法,由 1958 年 8 月 1 日起实施。

[2] 《天津市人民委员会关于转发国务院批转的"食品卫生管理试行条例"的通知》,《天津政报》1965年第 17 期,第 2—7 页。

[3] 丁佩珠:《广州市 1976—1985 年食物中毒情况分析》,《华南预防医学》1988 年第 4 期,第 79—80页。

[4] 参见当时的卫生部副部长王伟所做的《关于〈中华人民共和国食品卫生法〉(草案)的说明》。

[5] 刘鹏:《中国食品安全监管——基于体制变迁与绩效评估的实证研究》,《公共管理学报》2010 年第4 期。

经营的不卫生食品的种类;(2)食品添加剂生产经营实行国家管制;(3)提出了食品容器、包装材料和食品用工具、设备的卫生要求和生产经营的国家管制方法;(4)实行食品卫生标准制度;(5)食品生产经营企业的主管部门和食品生产经营企业对食品安全承担管理义务和责任;(6)初步确立了以食品卫生监督机构为核心的包括工商行政机关和农牧渔业主管部门在内的分段监管体制;(7)明确了法律责任,尤其是增设了相应的刑事责任的规定。

2.《食品卫生法》的制定与实施

虽然从 20 世纪 80 年代末开始,我国已在机械工业、商业、石油工业等产业领域逐步推行政企分开改革,但是食品工业领域中的政企分开改革则是在 1992 年提出建立社会主义市场经济体制目标之后。1993 年 3 月召开的全国八届人大一次会议通过的《国务院机构改革方案》决定撤销轻工业部。从食品安全监管的角度来分析,这次国务院机构改革的意义重大。存在了 44 年之久的轻工业部终于退出历史舞台,包括肉制品、酒类、水产品、植物油、粮食、乳制品等诸多食品饮料制造行业的企业在体制上正式与轻工业主管部门分离,代之以指导性的轻工总会,后又改为国家经贸委下辖的国家轻工业局,直至 2001 年再次被撤销。不管是轻工总会,还是国家经贸委下辖的轻工业局,食品工业领域的政企合一模式已经基本被打破。从 1983 年 7 月 1 日起开始实施《中华人民共和国食品卫生法(试行)》到 1993 年 3 月的国务院机构改革,10 年来中国食品工业实现了迅猛的发展,食品工业企业单位数由 51734 个增加到 75362 个,从业职工人数由 213.2 万人增加到 484.6 万人,一些新型食品、保健食品、开发利用新资源生产的食品大批涌现,使得旧有的试行版《食品卫生法》难以适应新的形势[①]。基于这样的历史背景,在当时的国务院法制局和卫生部的大力推动下,1995 年 10 月,全国八届人大常委会第十六次会议正式通过修订后的《中华人民共和国食品卫生法》,并由试行法调整为正式法律,将原有试行法中事业单位执法改为行政执法。为维护《食品卫生法》的稳定性、连续性,在当时的修改过程中坚持了凡试行法中经实践证明行之有效的条款或者可改可不改的条款均保留不动的原则,主要重点修改以下五个方面的内容:(1)改变了原来由卫生防疫站或者食品卫生监督检验所非行政部门直接行使行政权的方式,将食品卫生监督权授予各级卫生行政管理部门;(2)对尚无国家标准或者宣传特殊功能的进口食品的管理,要求进口单位必须提供输出国的相关资料;(3)加强食品生产经营企业责任和对街头食品、各类食品市场的管理;(4)给卫生行政部门在食品卫生执法活动中授予具体的行政强制措施的权力,如

---

① 刘鹏:《中国食品安全监管——基于体制变迁与绩效评估的实证研究》,《公共管理学报》2010 年第4 期。

封存产品、扣留生产经营工具、查封生产经营场所等;(5)完善了对违法行为法律责任的规定,加大处罚力度,增强可操作性。

《食品卫生法》(包括试行法)的制定实施,对于解决改革开放后食品工业大发展产生的新情况、新问题发挥了巨大的作用,对当时的食品卫生监管产生了积极的效应。全国食品中毒事故爆发数从 1991 年的 1861 件下降至 1997 年的 522 件,中毒人数由 1990 年的 47367 人剧减至 1997 年的 13567 人,死亡人数也由 338 人降至 132 人①。此后,部分地方的人大常委会和政府进行了执行性立法②,充实和丰富食品卫生的法规体系。全国人大常委会对食品卫生工作也分别于 1997 年和 2002 年组织了两次《食品卫生法》的执法大检查。

3. 食品安全分段监管法律体系的确立

1998 年国务院的政府机构改革调整了国家质量技术监督局、卫生部、粮食局、工商总局、农业部等食品安全相关监管部门的职责。这种调整为后来的分段监管体制奠定了基础,也标志着《食品卫生法》所确定的以卫生部门为主导的监管体制逐步发生了一定程度的变化,卫生部门的主导地位有所削弱。为了重新强化对以上诸多监管部门的协调,同时也受美国 FDA 食品药品监管一体化模式的影响,在 2003 年的国务院机构改革中,国务院进一步决定将原有的国家药品监督管理局调整为国家食品药品监督管理局,并将食品安全的综合监督、组织协调和依法组织查处重大事故的职能赋予该机构。2003—2004 年间安徽阜阳劣质奶粉事件的爆发成为催生食品安全分段监管体制的诱发因素。国务院于 2004 年 9 月颁布了《国务院关于进一步加强食品安全工作的决定》(国发【2004】23 号),在已有的食品安全监管体制上首次明确了"按照一个监管环节、一个部门监管的原则,采取分段监管为主、品种监管为辅的方式"。

《食品卫生法》主要规范生产、加工、运输、流通和消费环节的食品卫生安全活动,并没有规范种植业、养殖业以及捕捞、采集、猎捕等初级农产品生产环节的监管,同时也没有规范诸如食品安全风险分析与评估、食品召回制度、食品添加剂等方面的监管,以及界定食品广告监管等一些市场经济条件下科技、法制含量较高

---

① 刘鹏:《中国食品安全监管——基于体制变迁与绩效评估的实证研究》,《公共管理学报》2010 年第 4 期,第 63—77 页。

② 地方性法规主要有:《江西省违反〈食品卫生法〉罚款细则》;《云南省关于〈中华人民共和国制品卫生法〉(试行)》;《河南省洛阳市〈食品卫生法(试行)〉实施细则》;《北京市实施〈中华人民共和国食品卫生〉办法》;《甘肃省实施〈中华人民共和国食品卫生法(试行)〉的若干规定》;《四川省〈中华人民共和国食品卫生法〉实施办法》;《浙江省〈中华人民共和国食品卫生法〉实施办法》;《湖北省〈中华人民共和国食品卫生法〉实施办法》;《辽宁省〈中华人民共和国品卫生法〉实施办法》;《西藏自治区〈中华人民共和国食品卫生法〉实施办法》。上述部分地方性法规还进行了修改。地方性规章共有三部:《成都市〈中华人民共和国食品卫生法〉实施办法》;《青岛市〈中华人民共和国食品卫生法〉实施办法》;《青海省人民政府实施〈中华人民共和国食品卫生法(试行)〉的暂行办法》等。

的现代监管方式。从本质上看,《食品卫生法》更多地体现了市场经济发展初期的我国食品产业发展特征。

随着10多年来食品产业的飞速发展,食品安全监管体制已相形见绌。多部门分段监管体制的确立使得《食品卫生法》的一些内容规定显得有些相对滞后,需要通过《产品质量法》、《农产品质量安全法》等其他法律加以补充。《产品质量法》发轫于《工业产品质量责任条例》,主要调整产品的生产、储运、销售及对产品质量监督管理活动中发生的法律关系,重点解决产品质量宏观调控和产品质量责任两个范畴的问题。凡属于这个领域的食品、食品添加剂和食品包装等商品均属于该法的调整范围。《产品质量法》的主要内容包括产品质量责任主体、生产许可证制度,企业质量体系认证和产品质量认证制度、产品质量监督检查制度,规定了生产者、储运者、经销者的产品质量义务、对建立质量体系、产品基本要求、交接验收等作了原则规定,明确了产品质量民事纠纷的解决途径和相关的法律责任。《产品质量法》于1993年颁布实行后,于2000年经过一次修改。目前青海、湖北、安徽和山东四省进行了地方的执行性立法。

第十届全国人民代表大会常务委员会第二十一次会议于2006年4月29日通过、2006年11月1日起施行的《农产品质量安全法》,被认为是我国第一部关系广大人民群众身体健康和生命安全的食品安全法律。《农产品质量安全法》将"农产品"界定为来源于农业的初级产品,包括植物、动物、微生物及其产品,同时还建立了农产品质量安全标准体系。该法在内容上还包括加强农产品产地管理、规范农产品生产过程、规范农产品的包装和标识、完善农产品质量安全监督检查制度等。在立法时,考虑到《农产品质量安全法》与《产品质量法》、《食品卫生法》的相互衔接问题,且当时《食品安全法》已经在起草过程中,有部分全国人大委员对制定《农产品质量安全法》的必要性提出过质疑①。《农产品质量安全法》于2006年颁布实行后,宁夏、新疆和湖北分别发布了各自的《农产品质量安全法》实施办法的地方性法规,而四川省则相应制定了《四川省〈中华人民共和国农产品质量安全法〉实施办法》的地方规章。

2004年《国务院关于进一步加强食品安全工作的决定》是明确建立食品安全分段监管模式的重要文件,明确农业部门负责初级农产品生产环节的监管;质检部门负责食品生产加工环节的监管,将现由卫生部门承担的食品生产加工环节的卫生监管职责划归质检部门;工商部门负责食品流通环节的监管;卫生部门负责餐饮业和食堂等消费环节的监管;食品药品监管部门负责对食品安全的综合监督、组织协调和依法组织查处重大事故。除此之外,生猪及牛、羊等禽畜的屠宰由

① 参见十届全国人大常委会第十八次会议分组审议《农产品质量安全法(草案)》的意见,2005年10月22日。

商品流通行政主管部门管理。根据这个文件确立的职能分工体制,法律与监管机关相配合对食品加工阶段和环节进行监管,这是我国在食品安全立法方面的基本构思。如果食品监管法律体系是一张拼图,那么《农产品质量安全法》就是最后一块拼板。2006 年《农产品质量安全法》的颁布实施,标志着我国食品安全分段监管模式完整的法律体系已正式确立。

(二)《食品安全法》的实施

随着中国食品产业的全面迅猛发展,食品产业的外延已经延伸到农业、农产品加工业、食品工业、食品经营业以及餐饮行业等整个产业链体系,食用农产品种植和饲养、深加工、流通以及现代餐饮业也出现了一系列新的变化,主要局限于餐饮消费环节的传统食品卫生概念已无法适应食品产业外延的扩展变化,远远不能满足社会公众对于食品安全的质量要求。而强调食品种养殖、生产加工、流通销售和餐饮消费四大环节综合安全的食品安全概念更加符合社会和公众对于食品安全消费的标准和需求[1]。同时在《食品卫生法》实施的阶段,立法者主要关注的是食源性疾病、食物中毒、小摊贩、小作坊等问题,而无证摊贩、个体户、私营企业主则是主要监管对象。但 2008 年"三鹿"奶粉事件的出现,促使立法者转变了对食品安全问题法律调控的整体看法。"三鹿"奶粉事件暴露出我国食品安全分段监管的弊端,也反映出在食品安全标准、食品安全信息公布以及食品风险监测、评估等方面缺乏统一、协调的制度。加之在加入 WTO 后我国已经逐步融入世界贸易体系,WTO 中的 SPS、TBT 等协议也促使我国必须在食品安全的法制领域与国际社会衔接。这些因素的合力导致立法者的思路从修改《食品卫生法》转变为制定《食品安全法》。

从《食品卫生法》转变为《食品安全法》并不是简单的概念问题,而是立法理念的变化。世界卫生组织发表的《加强国家级食品安全性计划指南》将食品安全解释为"对食品按其原定用途进行制作和食用时不会使消费者受害的一种担保",而将食品卫生界定为"为确保食品安全性和适合性在食物链的所有阶段必须采取的一切条件和措施",食品安全与食品卫生是两个不同的概念。总之,制定《食品安全法》取代《食品卫生法》的目的就是要对"从农田到餐桌"的全过程的食品安全相关问题进行全面规定,在一个更为科学的体系之下,用食品质量安全标准来统筹食品相关标准,避免食品卫生标准、食品质量标准、食品营养标准之间的交叉与重复。正是基于上述认识的转变,国务院法制办在起草《食品卫生法(修订草案)》的过程中将名称变为《食品安全法(草案)》[2]。

---

[1] 刘鹏:《中国食品安全监管——基于体制变迁与绩效评估的实证研究》,《公共管理学报》2010 年第 4 期,第 63—77 页。

[2] 曹康泰 2007 年 12 月 26 日在第十届全国人大常委会第三十一次会议上所做的《关于〈中华人民共和国食品安全法(草案)〉的说明》。

表 7-1 《食品安全法》涉及的八大制度及其主要内容

序号	制度框架	现有体制及弊端	未来格局
1	监管	分段监管。农业、质检、工商、卫生、食品药品监管等部门分管生产流通环节。各管一段,协调性差	一是进一步明确分段监管的各部门具体职责。卫生部门承担食品安全综合协调职责;质检、工商、食品药品监管部门分别对食品生产与流通、餐饮服务实施监管;农业部门主要依据农产品质量安全法的规定进行监管,但制定有关食用农产品的质量安全标准、公布食用农产品安全有关信息则依照食品安全法的有关规定;二是在分段监管基础上,国务院设立食品安全委员会,作为高层次的议事协调机构,协调、指导食品安全监管工作;三是进一步加强地方政府及其有关部门的监管职责。
2	风险评估监测	无	国务院卫生部门负责组织食品安全风险评估工作,成立由医学、农业、食品、营养等方面的专家组成的食品安全风险评估专家委员会,进行食品安全风险评估。卫生部门汇总信息和分析,实行风险警示和发布制度。
3	安全标准	不统一、不完整	统一制定食品安全国家标准。除此之外,不得制定其他的食品强制性标准。
4	经营者责任制	不完整	从四个方面确保食品生产经营者成为食品安全的第一责任人:食品生产经营许可、索票索证制度、食品安全管理制度以及不安全食品召回与停止经营等。
5	添加剂安全	不规范使用/滥用食品添加剂;允许使用的有22类1812种	食品添加剂应当经过风险评估证明安全可靠,且技术上是确有必要,方可列入允许使用的范围;食品生产者应当按照食品安全标准关于食品添加剂的品种、使用范围和用量的规定使用添加剂,不得在食品生产中使用食品添加剂以外的化学物质或者其他危害人体健康的物质。
6	保健食品监管	缺乏监管,保健食品市场"乱象"	国家对声称具有特定保健功能的食品应实行严格监管。有关监督管理部门应当依法履职,承担责任;声称具有特定保健功能的食品不得对人体产生急性、亚急性或者慢性危害,其标签、说明书不得涉及疾病预防、治疗功能,内容必须真实,应当载明适宜人群、不适宜人群、功效成分或者标志性成分及其含量等;产品功能和成分必须与标签、说明书相一致。
7	事故	报告制度有漏洞	一是报告制度。日常监管部门向卫生部门立即通报制度;卫生部门、县级政府逐级上报;任何单位或者个人不得对食品安全事故隐瞒、谎报、缓报,不得毁灭有关证据;二是事故处置。卫生部门接到食品安全事故的报告后,应当立即会同有关监管部门进行调查处理,并采取措施,防止和减轻事故危害。发生重大食品安全事故的,县级以上人民政府应当立即成立食品安全事故处置指挥机构,启动应急预案,及时进行处置;三是责任追究。发生重大食品安全事故,设区的市级以上人民政府卫生行政部门应当立即会同有关部门进行事故责任调查,督促有关部门履行职责,向本级政府提出事故调查处理报告。

（续表）

序号	制度框架	现有体制及弊端	未来格局
8	惩罚性	力度不够	对严重违法行为进行相关的刑事、行政和民事责任；在民事责任方面，突破目前我国民事损害赔偿的理念，确立了惩罚性赔偿制度——生产不符合食品安全标准的食品，或者销售明知是不符合食品安全标准的食品，消费者除要求赔偿损失外，还可以向生产者或者销售者要求支付价款 10 倍的赔偿金；"民事赔偿优先"——违反本法规定，应当承担民事赔偿责任和缴纳罚款、罚金，其财产不足以同时支付时，先承担民事赔偿责任。

资料来源：根据《食品安全法》的相关内容整理形成。

立法理念的变化直接影响着法律的内容。2009 年 2 月 28 日《食品安全法》在十一届全国人大常委会第七次会议上以 158 票赞成，3 票反对，1 票弃权的最终结果高票获得通过。《食品安全法》在内容上比《食品卫生法》更为广泛，涉及了八大制度（表 7-1），其主要亮点就在于：（1）成立国务院食品安全委员会，统筹协调和指导食品安全监管工作；（2）健全了相应的安全、事故报告与处置以及各方责任制度；（3）监管的重点是有害物质、食品添加剂的生产和使用；（4）监管范围扩大至保健食品，而不只是限于普通食品；（5）监管过程上溯到源头，初级农产品的质量安全管理由农产品质量安全法规定，而有关食用农产品的质量安全标准及公布则遵守《食品安全法》的规定；（6）对食品广告宣传实施特别限制，不允许夸大食品功能；（7）带有惩罚性质的赔偿与罚款、民事与刑事相结合的处罚制度等。

二、食品安全法律体系的主要特点

目前，我国已基本形成了以《食品安全法》为核心，各相关专项法律为支撑，与环境保护、产品质量、进出口商品动植物检验检疫等法律相衔接的综合性食品安全法律体系。我国食品安全法律体系有如下三个方面的主要特点。

（一）法律渊源形式多样与法律效力层次丰富

从法律渊源的角度来看，我国食品安全法律体系呈现出法律规范文件数量庞大、形式多样、法律效力层次丰富的鲜明特点。我国食品安全法律体系涵盖了我国《立法法》所规定的法律、法规和规章这三种立法形式。这反映出食品安全立法具有立法主体多元化的特点，食品安全的法律渊源具有不同的法律效力。为了对食品安全的法律体系有一个基本的了解，以下简单地归纳出主要的食品安全法律、行政法规和部委规章等。

1. 法律层面

《食品安全法》、《农产品质量法》是保障食品安全最直接和最基础的法律依据。同时,还有一些法律针对食品安全的特殊内容进行调控。(1)对于食品相关产品,即用于食品的包装材料、容器、洗涤剂、消毒剂和用于食品生产经营的工具、设备等的生产经营活动,应受《产品质量法》的调控;(2)对于食品安全标准实施的监督检查工作,应适用《标准化法》的规定;(3)对于违反食品安全相关规定,承担刑事责任的,则应适用《刑法》及其修正案的有关规定;(4)《食品安全法》和《农产品质量法》中涉及行政处罚、行政许可和行政强制的内容,应遵循《行政处罚法》、《行政许可法》和《行政强制法》这三部行政程序法的统一规制;(5)进出口食品的检验和动植物的防疫、检疫,应适用《进出口商品检验法》、《动物防疫法》和《进出口动植物检疫法》。

2. 行政法规层面

既有执行性立法,也有涉及食品安全特殊领域的创制性立法。法律的执行性立法包括《食品安全法实施条例》、《标准化法实施条例》、《进出口商品检验法实施条例》、《进出口动植物检疫法实施条例》等。为了对一些特殊的食品进行调控和规制,国务院还制定了《乳品质量安全管理条例》、《农业转基因生物安全管理条例》、《生猪屠宰条例》、《盐业管理条例》等行政法规。另外,《政府信息公开条例》也是规范食品安全信息公开的重要法律依据。2007年,国务院还颁行了《国务院关于加强食品等产品安全监督管理的特别规定》,这也是食品安全监管的一个重要法律文件,其中的部分内容已经上升为法律规定。

3. 部委规章层面

各主管部门颁布了一些针对其分管领域或者食品安全特殊事项调控的规章。按照先后顺序,目前实施的部委规章主要有:《出入境检验检疫风险预警及快速反应管理规定》(国家质量检验检疫总局,2001年)、《超市食品安全操作规范(试行)》(商务部,2006年)、《流通领域食品安全管理办法》(商务部,2007年)、《新资源食品管理办法》(卫生部,2007年)、《食品安全企业标准备案办法》(卫生部,2009年)、《流通环节食品安全监督管理办法》(国家工商行政管理总局,2009年)、《进口食品安全国家标准食品许可管理规定》(卫生部,2010年)、《食品安全风险评估管理规定(试行)》(卫生部等,2010年)、《食品安全国家标准制(修)订项目管理规定》(卫生部,2010年)、《铁路运营食品安全管理办法》(卫生部、铁道部等,2010年)、《餐饮服务食品安全监督管理办法》(卫生部,2010年)、《餐饮服务许可管理办法》(卫生部,2010年)、《食品安全国家标准管理办法》(卫生部,2010年)、《餐饮服务单位食品安全管理人员培训管理办法》(国家食品药品监督管理局,2011年)、《食品安全地方标准管理办法》(卫生部,2011年)、《餐饮服务食品安全快速检测方法认定管理办法》(国家食品药品监督管理局,2011年)、《餐饮服务食品安全专家管理办法》(国家食品药品监督管理局,2011年)、《进出口食品安全管理办法》(国家质量监督检验检疫总局,2011 年)、《重大活动餐饮服务食品安全监督管理规范》(国家食品药品监督管理局,2011 年)等。

4. 地方立法层面

在地方性法规层面,《食品安全法》的执行性立法数量较少。目前仅上海和浙江 2 省市。2011 年 7 月 29 日上海市第十三届人民代表大会常务委员会第二十八次会议通过了《上海市实施〈中华人民共和国食品安全法〉办法》;2011 年 7 月 29 日浙江省第十一届人民代表大会常务委员会第二十六次会议通过了《浙江省实施〈中华人民共和国食品安全法〉办法》。宁夏根据《食品安全法》第二十九条的授权,制定了对小作坊、小摊贩的管理办法。北京、广东在《食品安全法》颁行之前就已经制定了各自的《食品安全条例》。而值得注意的是,各省区市对生猪或牛羊马的屠宰均有相应的地方性法规。

在地方规章层面,《食品安全法》的执行性立法有《重庆市食品安全管理办法》和《唐山市食品安全监督管理规定》;针对食品安全特殊领域的地方规章有《石家庄市农村聚餐食品安全管理办法》、《宁夏回族自治区食品安全行政责任追究办法》、《厦门市生鲜食品安全监督管理办法》、《广州市食品安全监督管理办法》、《北京市食品安全监督管理规定》等。

除了上述立法对食品安全的相关环节进行规范和调控外,我国各级政府及其职能部门还制定了数量极其庞大,形式十分多样的规范性文件。这些规范性文件在食品安全监管的实践中发挥着巨大的作用。

(二) 主次分明与结构合理

《食品安全法》颁布实施后,我国已经基本构建了一个庞大的食品安全法律法规群。这个法律法规群以《食品安全法》和《农产品质量安全法》为核心,结合大量调控特殊领域事项的法律法规而形成,既能基本保证食品安全各领域均有法可依,又能减少法律规范冲突,促进法律体系内部的和谐。

1.《食品安全法》与《农产品质量安全法》居于核心

《食品安全法》与《农产品质量安全法》是全面调控食品安全管理的两个核心法律。《食品安全法》颁行以前,食品生产经营的环节、食品安全的管理机关和调控食品安全管理的法律这三者基本上是一一对应的关系。表7-2反映了这种基本关系。

表7-2 《食品安全法》实施前监管环节、监管机关与调控法律之间的关系

食品生产经营的环节	食品安全的监管机关	调控食品安全事项的法律
初级农产品的生产	农业部门	《农产品质量安全法》
食品生产、加工和流通环节	质检部门和工商部门	《产品质量法》
食品消费环节	卫生部门或食品药监部门	《食品卫生法》

资料来源:根据相关法律法规的内容整理形成。

我国食品安全法律框架的建构基本上是按照分段管理模式来进行的。《食品安全法》颁行后,国家对食品安全管理调控的法律框架仍保留了最基本的分段管理的体制,但明显提高了在《食品安全法》中的作用和地位。《食品安全法》第 2 条的规定对这种结构性分工做了明确的规定,食品、食品添加剂、食品相关产品的生产经营活动,食品生产经营者使用食品添加剂、食品相关产品的活动以及对食品、食品添加剂和食品相关产品的安全管理活动应遵守《食品安全法》;而食用农产品的质量安全管理,遵守《农产品质量安全法》的规定;但制定有关食用农产品的质量安全标准、公布食用农产品安全有关信息应当遵守《食品安全法》的有关规定。根据《食品安全法》,我国的食品安全法律框架有如下的改变:一是将原来由《产品质量法》调控的食品生产、加工、流通环节纳入《食品安全法》调控的范围;二是将《食品卫生法》调控的食品消费环节纳入《食品安全法》调控的范围;三是食用农产品的质量安全标准和食品安全信息公布这两方面的事项也由《食品安全法》调控。《食品安全法》颁行后,调控事项内容、监管机关和法律三者间的关系如表 7-3 所示。

表 7-3　《食品安全法》实施后监管环节、监管机关与调控法律之间的关系

食品生产经营的环节		食品安全的监管机关	调控食品安全事项的法律
食用农产品	食用农产品的质量安全管理	农业部门	《农产品质量安全法》
	农产品质量安全标准和食用农产品安全信息公布	卫生部门	《食品安全法》
食品生产、加工和流通环节		质检、工商、卫生部门	
食品消费环节		食品药品监管部门、卫生部门	

资料来源:根据相关法律法规的内容整理形成。

2. 《产品质量法》、《标准化法》是食品安全特定领域的一般法规则

在食品类产品的质量调控和食品标准管理等事项上,《产品质量法》、《标准化法》与《食品安全法》是一般法和特别法的关系[①]。

《产品质量法》第 2 条规定,在我国境内从事产品生产、销售活动,必须遵守《产品质量法》,而所谓"产品",是指经过加工、制作,用于销售的产品。符合上述定义的食品、食品添加剂和食品相关产品,也属于《质量安全法》所称的产品,应受《产品质量法》调控。对于食品在工业和商业环节的生产、销售行为,应同时适用《食品安全法》和《产品质量法》。因此,在食品、食品添加剂和食品相关产品的产

① 根据《立法法》第 83 条规定:"同一机关制定的法律、行政法规、地方性法规、自治条例和单行条例、规章,特别规定与一般规定不一致的,适用特别规定;新的规定与旧的规定不一致的,适用新的规定。"根据这个规定,一般法和特别法的关系基本上可以概括为:(1)特别法优先。特别法和一般法均可适用时,特别法优先;(2)一般法补充。特别法无规定时,适用一般法规定。

品质量安全监管领域,《食品安全法》与《质量安全法》是特别法与一般法的关系①。由于食用农产品不符合《产品质量法》中关于"产品"的定义,因此食用农产品的质量安全管理不适用《产品质量法》。实践中,食用农产品、水产品以何种方式加工或者加工到何种程度就成为符合《食品安全法》定义的"食品"和符合《产品质量法》定义的"产品",是一个复杂难解的问题,容易产生监管机关的权限冲突。

在食品安全标准事项上,《食品安全法》的有关规定与《标准化法》也属于特别法和一般法的关系。《食品安全法》专设第三章共九条规定了食品安全标准事项:制定食品安全标准的目的;食品安全标准的强制执行性;食品安全标准的内容;食品安全标准的管理职责分工;食品安全国家标准的整合;食品安全国家标准评审机构和评审依据;食品地方标准和食品安全企业标准的规定;公众知情权;该法第85条和第86条还规定了违反食品安全标准的法律责任。可见,《食品安全法》就食品安全标准事项做了充分和周全的规定,已经自成体系。但尚有个别环节需要适用《标准化法》,如食品安全标准实施的监督检查工作,需要按照《标准化法》第18条的规定由县级以上政府标准化行政主管部门执行。另一方面,《标准化法》的制定时间较早(1988年),如果将来进行修改增设了《食品安全法》没有规定的新内容,则此类规定也可以适用于食品安全标准领域。

3. 相关法律发挥补充调节的作用

我国还有许多法律在各自所调整的特定领域中发挥着保证食品安全,保障公众健康和生命安全的功能,这些法律都属于食品安全相关法律。有些法律在立法目的中就包含对食品安全的保障,例如《畜牧法》第一条就规定,"保障畜禽产品质量安全"是该法的立法目的之一;又如《动物防疫法》也将"保护人体健康"视为立法目的;有些法律设立的若干制度和措施,可以发挥保障食品安全的功能。例如,《进出口商品检验法》对进口商品(包括食品、食品添加剂和食品相关产品)检验的主管机构和程序进行了规定;有些法律的规定则从特定的角度对食品安全法律体系做出了补充。例如,《消费者权益保护法》中对商品信息标注的规定就涉及对食品标签的管理,该法对欺诈行为双倍赔偿的规定可以补充《食品安全法》中民事赔偿的内容。又如,违反《食品安全法》规定在广告中对食品质量做虚假宣传,欺骗消费者的,依照《广告法》的规定给予处罚。再如,《刑法》也有若干规定是针对食品安全犯罪行为的。

---

① 在《食品安全法》制定以前,曾有学者认为《产品质量法》和《食品卫生法》都是关于产品质量的规定,但比较而言,《产品质量法》是一般法,《食品卫生法》则属于特别法,涉及食品质量时,应适用《食品卫生法》。参见全国人大常委会法制工作委员会民法室王胜明:《中华人民共和国侵权责任法解读》,中国法制出版社2010年版。此论可推及目前《产品质量法》和《食品安全法》的关系。

4．根据法律授权的部分行政法规调整特定领域的管理事项

根据《食品安全法》的授权而制定的部分行政法规成为《食品安全法》的授权立法，对特定领域的食品安全管理事项进行规定。根据《食品安全法》第101条规定，乳品、转基因食品、生猪屠宰、酒类和食盐的食品安全管理，适用《食品安全法》，但法律、行政法规另有规定的，依照其规定。而目前对上述特殊食品进行规定的共有《乳品质量安全管理条例》、《农业转基因生物安全管理条例》、《生猪屠宰条例》、《盐业管理条例》四部行政法规①。这些行政法规的规定与《食品安全法》的关系带有特别规定与一般规定的特征。

5．大量的执行性立法是食品安全法律体系的重要内容

我国立法的基本原则是原则性与灵活性的统一，法律通常需要有大量的配套法规和规章才能具有可操作性。食品安全领域也不例外，存在着大量的行政法规、地方性法规以及规章，大多数都是《食品安全法》、《农产品质量安全法》以及食品安全相关法律的执行性立法，在规范食品安全领域事项上发挥着巨大的、直接的作用。

《食品安全法》中对授权立法条款作出了明确的规定（表7-4），要求国务院、中央军委、有关部委和地方立法机关就特定管理事项制定相应的法规、规章。

表7-4 《食品安全法》中的授权立法条款

条款	被授权机关	授权内容
第21条	国务院卫生行政部门和国务院农业行政部门	食品中农药残留、兽药残留的限量规定及其检验方法与规程
第21条	国务院有关主管部门会同国务院卫生行政部门	屠宰畜、禽的检验规程
第29条	省、自治区、直辖市人民代表大会常务委员会	食品生产加工小作坊和食品摊贩从事食品生产经营活动的具体管理办法
第51条	国务院	对声称具有特定保健功能的食品的具体管理办法
第102条	国务院卫生行政部门会同国务院有关部门	铁路运营中食品安全的管理办法
第102条	中央军事委员会	军队专用食品和自供食品的食品安全管理办法

资料来源：根据《食品安全法》的相关内容整理形成。

根据上述授权条款制定的行政法规、地方性法规、军事法规和部门规章均为

---

① 目前商务行政部门负责酒类流通的管理。商务部制定的《酒类管理办法》（2006年1月1日起施行）确定了备案登记制度，酒类流通溯源制度。但目前尚无行政法规对酒类的安全做出特别的规定。

《食品安全法》的执行性立法。例如，卫生部、工商总局、质检总局、食品药品监管局会同铁道部制定了《铁路运营食品安全管理办法》，农业部制定的《生猪屠宰检疫规程》等。此处的授权立法与《食品安全法》是下位法和上位法的关系，与根据《食品安全法》第101条所制定的行政法规属于《食品安全法》特别规定的特点是完全不同的。

　　除此以外，有大量的部门规章和地方立法虽然没有法律的直接授权，但也是为执行法律或行政法规而制定，符合《立法法》中关于执行性立法的规定。例如，《浙江省实施〈中华人民共和国食品安全法〉办法》、《石家庄市农村聚餐食品安全管理办法》、《宁夏回族自治区食品安全行政责任追究办法》等。

　　实践中还有很多地方性法规和地方规章并非执行性立法，有一些调控食品安全的地方性法规，如《北京食品安全条例》的制定时间早于《食品安全法》，还有一些是根据地方实际需要对本地区的食品安全事项进行规定，如《厦门市生鲜食品安全监督管理办法》。这两类地方性立法固然属于职权立法的范畴，但在食品安全法律体系基本建立和完善的情况下，应逐渐向执行性立法进行过渡。

（三）多种性质的法律规范的集合体

　　从法律性质来看，我国目前的食品安全法律体系包括了行政法规范、经济法规范、民法规范、刑法规范，是多种法律规范的集合体。行政法规范、经济法规范构成了我国食品安全法律法规规范集合体的主体。

　　1. 行政法规范是食品安全法律体系中最主要的内容

　　明确政府食品安全监管部门的监管职责来保证食品安全，是世界各国食品安全立法的共同思路。同样，在我国的《食品安全法》和《农产品质量安全法》中，规定政府食品安全监管部门职权、职责的条款数量最多。目前我国的食品安全法律体系主要由行政法律规范构成，包括了行政组织法规范、内容极其丰富的行政行为法规范和行政责任法规范。

　　第一，《食品安全法》和《农产品质量法》对食品安全监管的机关和职权进行了规定。以《食品安全法》为例，行政组织法规范包括以下四类规定：一是对国务院和地方人民政府之间的监管职责进行了分工；二是对卫生行政部门、质量监督部门、工商行政管理部门、食品药品监督管理部门的具体监管职责做了概括性的分配；三是设立了国务院食品安全委员会；四是对国务院在规定和调整上述机关、机构职责方面的授权性规定。

　　第二，在食品安全法律体系中规定了行政立法、行政计划、行政许可、行政确认、行政调查、行政强制、行政处罚、行政公开、行政指导等行政行为，为保障食品安全监管行政机关拥有足够的监管手段完成行政任务提供了法律保障。例如，食品安全标准的制定就属于行政立法行为的一种①；食品生产许可、食品流通许可、餐饮服务许可等属于行政许可的范畴；食品安全风险监测和评估、食品检验是典型的行政确认行为；在《食品安全法》第八章"监督管理"，规定了行政调查、行政强制的程序，还规定了食品安全信息进行行政公开的机关和内容；对于食品生产经营者及其他主体违反食品安全法律规定的法律责任中包含了大量的行政处罚规定。

同时，对于食品安全监管机关及其工作人员规定了行政责任，以促使这些机关和工作人员勤勉、谨慎、认真地履行监管职责。

2. 经济法规范在食品安全法律体系中占有重要地位

我国食品安全法律体系的另一个主要内容是对食品生产经营者等法律主体科以各类法律义务和责任的经济法规范。由于食品是特殊的产品，直接关系到公众的身体健康和生命安全，但在生产经营者和消费者之间，又存在着明显的信息不对称，因此对食品安全的保证成为食品生产经营者必须承担的社会责任之一。但是基于逐利的本能，食品生产经营者不会主动地、积极地承担这一社会责任，而侧重于保护和维持市场机制的民商法规范无法有效地解决这个难题。因此必须通过经济法规范建构特殊的食品生产经营制度②，并对食品生产经营者科以特殊的义务与责任。鉴于此，《食品安全法》第3条明确规定了食品生产经营者是食品安全的第一责任人③。规定食品生产经营者在创造利润、对股东负责的同时，必须承担对相关利益方(包括消费者、员工、社会和环境)的社会责任。

3. 食品安全法律体系中还包含了一些民法规范和刑法规范

《食品安全法》第96条规定就是典型的民法规范，其中所规定的"十倍赔偿"就属于特殊的惩罚性赔偿。对于违反《食品安全法》和《农产品质量安全法》，构成犯罪的，则适用刑法的相关规定。

---

① "标准"在形式上与法律、法规有所差别，但实质上却属于法的范畴。有人指出，"标准的功能与社会规则体系中法律规则的功能几无二致"。参见宋华琳：《论技术标准的法律性质》，《行政法学研究》2008年第3期，第36页。在1988年8月29日第七届全国人民代表大会常务委员会第三次会议上，国家技术监督局局长徐志坚在《关于〈中华人民共和国标准化法(草案)〉的说明》中，就指出："标准本身具有严肃的法规性和统一性。标准是各项经济技术活动中有关方面共同遵守的准则和依据。"

② 有学者针对《食品安全法》中所规定的社会责任，指出："明确现代社会中生产经营者及相关的公共组织在社会经济生活中的角色，申明其行为的社会性，让其承担含有积极的、向前看的'预设的社会责任'，是现代社会经济法的必然要求。"这与传统民法、行政法以及刑法的事后救济和惩罚的消极的"向后责任"范式有明显的区别。参见，刘水林：《从个人权利到社会责任——对我国食品安全法的整体主义解释》，《现代法学》2010年第3期，第32—47页。

③ 参见全国人大常委会法制工作委员会行政法室李援：《中华人民共和国食品安全法解读与适用》，人民出版社2009年版，第89页。

三、现有食品安全法律体系的实施效果

以 2009 年 6 月 1 日《食品安全法》施行为标志,三年来,我国食品质量安全水平总体向好,食品安全法律体系发挥了巨大的保障作用。总体来看,我国的食品安全法律体系实施效果良好。

(一)监管部门依法完善监管制度

各级政府食品安全监管部门根据法律赋予的职能分工,相继制定了一些新制度、新措施和新规定。例如,国家质检总局确立了坚持和完善"分类管理、层级负责、预防为主、全程监督"的食品安全监管思路,改革和完善生产许可、风险监测、风险预警、监督抽查、问题食品召回以及质量追溯、巡查、回访、年审、黑名单等 10 项监管制度,加强对食品生产企业加工过程的管理。国家工商总局建立健全流通环节食品安全监管"八项制度":食品市场主体准入制度,严格规范食品许可或登记注册行为;食品市场质量准入制度,严格监督食品经营者切实把好食品质量观;食品市场巡查监管制度,严格规范食品经营者的经营行为;流通环节食品抽样检验工作制度,严格食品质量监管;食品市场分类监管制度,严格食品市场日常规范管理;食品安全预警和应急制度,严格防范和处理食品安全突发问题;食品安全广告管理制度,严格规范和监督食品广告行为;食品安全监管部门协作制度,严格履行和落实与相关部门的协调配合职责。同时,国务院部署开展了全国食品安全整顿工作,特别对食品添加剂、地沟油、明胶等进行了专项治理。

(二)监管的综合协调机制初步建立

《食品安全法》第四条规定:"国务院设立食品安全委员会,其工作职责由国务院规定。"该条规定的立法目的是在现有分段监管体制的基础上,由国务院设立食品安全委员会,作为高层次的议事协调机构,加强对各有关监管部门的协调、指导。2010 年 2 月 6 日,国务院发布了《国务院关于设立国务院食品委员会的通知》(国发【2010】6 号),正式设立国务院食品安全委员会。国务院食品安全委员会的主要职责是,分析食品安全形势,研究部署、统筹指导食品安全工作;提出食品安全监管的重大政策措施;督促落实食品安全监管责任。国务院食品安全委员会由三位副总理分别担任主任、副主任,共有 15 个国务院部委办局的正副职首长担任委员。在国务院食品委员会下设国务院食品安全委员会办公室,具体承担委员会的日常工作。至此,全国层面上的食品安全综合协调机制初步建立。

与此同时,根据《食品安全法》规定的统一协调和分工负责相结合的食品安全监管体制要求,地方性食品安全综合协调机制建设进展顺利。截至 2011 年 12 月,全国 31 个省(市、自治区)和新疆生产建设兵团,以及大部分市、县都已建立了议事协调机构与办事机构。河北、吉林、山东、河南、四川、云南等省政府还单设了办

事机构。省一级的食品安全委员会或领导小组均由省政府分管领导任主任,并设立办公室。总体上看,各级政府的食品安全综合协调机制正在完善并开始发挥作用。

(三) 风险监测预警能力明显加强

世界贸易组织(WTO)和国际食品法典委员会(CAC)都将食品安全风险监测与评估方法作为制定食品安全监管控制措施和标准的科学手段。借鉴国际经验,风险监测评估制度成为我国《食品安全法》确立的一项重要制度。按照《食品安全法》及其实施条例的有关规定,卫生部于 2009 年组建成立了国家食品安全风险评估专家委员会,建立了专家委员会相关规章制度,并先后出台了《食品安全风险评估管理规定(试行)》、《食品安全风险监测管理规定(试行)》等配套管理制度。同时牵头组织制定实施年度国家食品安全风险监测计划,各地根据国家计划组织制定实施本区域的风险监测方案。进一步扩大医疗机构等对食源性疾病隐患的监测布点,完善网络体系,及时组织开展隐患评估工作。目前我国的食品安全风险监测体系初步建立,对全面掌握全国食品安全状况和开展针对性监管执法提供了重要依据。目前全国共设置化学污染物和食品中非法添加物以及食源性生物监测点 1196 个,覆盖了 100% 的省份、73% 的市和 25% 的县(区),在 465 个医疗机构主动监测食源性病例和健康事件[1]。此外,卫生部还开展了一系列应急和常规食品安全风险评估项目,完成了三聚氰胺、丙烯酰胺、苏丹红、氯丙醇、溴酸盐、二恶英等污染风险评估基础性工作。

在建构食品安全风险监测网的同时,卫生部还努力提高我国食品安全风险监测评估工作水平。建立健全风险监测评估制度规范,完善相应工作机制和程序;建设国家食品安全风险监测参比实验室、食品中非法添加物和放射性物质监测等实验室;建立监测数据共享平台,研究设立风险评估模型,不断提高食品安全风险监测评估能力。食品安全风险评估中心于 2011 年 10 月正式挂牌组建。该中心的成立将对完善食品安全技术支撑体系,进一步提高风险监测评估水平发挥重要作用。我国食品安全风险监测预警相关的技术体系可参见本《报告》的第十二章。

(四) 配套法规和标准体系初步形成

依据《食品安全法》的规定,食品安全机构清理、修订了一批部门规章和规范性文件,并颁布实施了《食品添加剂新品种管理办法》、《食品安全国家标准管理办法》、《食品安全风险评估管理规定(试行)》、《食品安全风险监测管理规定(试行)》、《食品检验机构资质认定条件》等规章制度。

---

① 陈竺:《2012 年国际食品安全论坛开幕式致辞》,卫生部网站:http://www.moh.gov.cn/publicfiles/business/htmlfiles/mohwsjdj/s3594/201204/54536.htm。

依据《食品安全法》关于由卫生部重点承担食品安全国家标准制定任务的规定,卫生部已逐步展开食品标准制(修)订工作,并颁布实施了《食品安全国家标准"十二五"规划》。据卫生部 2012 年 6 月发布的信息,目前我国已制定并公布了 269 项新的食品安全国家标准,内容涵盖从原料到产品中涉及健康危害的各种卫生安全指标。修订公布了新的食品添加剂使用标准,明确规定了 2314 种食品添加剂的使用范围与用量等①。

(五) 严惩危害食品安全的犯罪行为

各监管部门按照《食品安全法》等要求,重点围绕落实食品生产企业的安全责任制,进一步加大执法力度。与此同时,司法机关和行政机关发布了一系列严惩危害食品安全行为和食品安全职务犯罪的规定,包括《关于依法严惩危害食品安全犯罪活动的通知》(法发【2010】38 号,最高人民法院、最高人民检察院、公安部、司法部,2010 年 9 月 15 日);《关于加强违法使用非食用物质加工食品案件查办和移送工作的通知》(卫生部、公安部、农业部、工商总局、质检总局、食品药品监督局,2011 年 1 月 28 日);《关于严厉打击食品非法添加行为切实加强食品添加剂监管的通知》(国办发【2011】20 号,国务院办公厅 2011 年 4 月 20 日年);《关于依法严惩危害食品安全犯罪和相关职务犯罪活动的通知》(最高人民检察院,2011 年 3 月 28 日);《关于依法严惩"地沟油"犯罪活动的通知》(最高人民法院、最高人民检察院、公安部,2012 年 2 月),这些规定要旨大致相同,都是加强各部门之间的协调、配合和沟通,贯彻"从重从快"的原则,严肃查处食品违法犯罪案件。2012 年 6 月 23 日发布的《国务院关于加强食品安全工作的决定》也再次强调"重点治乱,严惩重处"的原则。

根据从重从快打击食品违法犯罪案件的精神,近年来大量的食品违法犯罪案件得到了处理,一些典型案件还做了重点宣传,以实现预防犯罪的功能。根据国务院食品安全委员会的部署,2011 年各有关部门展开了对非法添加化学物质、滥用食品添加剂、非法使用"瘦肉精"、"地沟油制售食用油"等食品安全重点问题专项整治,查处了一批典型案件。2012 年 3 月,最高人民法院公布了四个危害食品安全犯罪典型案件,为执行刑法修正案(八)作出了示范;2011 年 12 月 12 日,公安部公布了制售"地沟油"犯罪十大典型案例。2011 年,全国各级公安机关共侦破食品安全类犯罪案件 5200 余起,抓获涉案人员 7000 余人;各级检察机关共依法批捕制售有毒有害食品等犯罪嫌疑人 1801 人,提起公诉 1254 人;各级人民法院共审结生产、销售有毒、有害食品,生产、销售不符合卫生(安全)标准的食品等案件 333 件,刑事处罚 416 人,其中有 286 人被判处有期徒刑以上刑罚;还有部分涉及

---

① 陈啸宏:《2012 全国食品安全宣传周启动仪式和主论坛活动的主题发言》,卫生部网站:http://www.moh.gov.cn/publicfiles/business/htmlfiles/mohwsjdj/s3594/201206/55074.htm。

危害食品安全的案件的被告人依法以生产、销售伪劣产品罪,以危险方法危害公共安全罪,非法经营罪等罪名从重处罚。各级食品安全监管部门坚持严格执法,强化日常监管,仅食品非法添加类案件就查处 18000 多起,取缔关闭违法企业5000 余家。纪检监察机关加大了对失职、渎职人员责任追究力度,查处食品安全责任追究问题 5975 个,因食品安全问题共对 3895 人进行了责任追究①。严厉打击食品安全违法犯罪行为,有力震慑了不法分子,顺应了人民群众的强烈呼声。

四、食品安全法律体系建设与实施中的主要问题与展望

我国尚处于社会主义初级阶段,人民群众不断增长的食品安全需求与现实的食品生产和经营主体数量庞大、主体多元、分散化、小规模的食品生产方式之间的矛盾将长期存在。虽然我国食品安全的总体格局是保持稳定且趋势向好,但食品安全事件今后仍将处于多发期。由于我国的食品安全法律体系刚刚基本形成,食品安全事件的高发状态也与目前的食品安全法律体系建设中存在的问题有着密切的关系。因此,必须从现实出发,在食品安全法律体系建设与实施过程中需要关注并努力解决以下四个突出问题。

(一)法律体系结构的完善

《食品安全法》是我国食品安全领域的基本法。目前在食品安全领域有效的法律、法规和规章,有很多制定于《食品安全法》正式实施之前。立法时并没有以现行的《食品安全法》为基础,难以完全遵循《食品安全法》的立法理念,在内容上也较为分散且难成体系。同时,由于部门立法的影响,这些法律、法规相互之间还存在一些无法磨合甚至相互冲突的地方。因此,必须进一步确立《食品安全法》在食品安全领域的基本法地位,梳理与整合低位阶的食品安全的相关法律、法规、规章、规定等,并按照《食品安全法》的内容和结构,进一步完善食品安全法律体系框架,使《食品安全法》在食品安全法律体系中发挥核心、统领作用。与此同时,要关注以下相关的完善工作。

1. 对食品安全的概念应做广义的理解

广义的食品安全概念,是指食品不仅应当无毒、无害,符合应有的营养要求,对人体健康不造成任何急性、亚急性或者慢性危害,且不存在任何掺假掺杂或添加任何非法物质。对食品安全的概念,应当从质量安全与防止欺诈两方面考虑②。掺假掺杂的食品,即使不存在安全隐患,应予禁止;食品生产加工企业向食品添加任何非传统原料或添加尚未列入国家食品添加剂目录的食品添加剂,也应予以禁

① 严惩重处正成为食品安全治理常态,新华网:http://news. xinhuanet. com/legal/2012-02/09/c_
111505033. htm。

② 孙效敏:《论食品安全法立法理念之不足及其对策》,《法学论坛》2010 年第 1 期,第 105—111 页。

止。因此,应对《食品安全法》中的上述食品安全概念在广泛征求意见的基础上作出相应的完善。

2. 发挥消费者参与食品安全监督的作用

完善现有的《食品安全法》关于惩罚性赔偿制度的规定。由于食品价格相对低廉,十倍赔偿金尚不足以激励消费者运用该条款维护消费者权益[1],因此要提高惩罚性赔偿的标准。同时建议将食品销售者的过错责任改为违法责任,取消消费者证明食品销售者主观过错的要求。

2007 年《国务院关于加强食品等产品安全监督管理的特别规定》中曾经肯定了设立消费者举报奖励这一做法,但《食品安全法》没有采纳。目前,很多地方设立该项制度,例如,《苏州市食品安全举报奖励办法》、《黑龙江省食品安全举报奖励办法》;《关于进一步加强上海食品安全举报奖励工作的实施意见》;《湄潭县食品安全举报奖励办法》等等。2012 年 6 月《国务院关于加强食品安全工作的决定》将"大力推行食品安全有奖举报"作为动员全社会广泛参与食品安全工作的重要措施予以肯定。因此在《食品安全法》修改的时候,可以总结各地的经验,将举报奖励制度以法律的形式予以规定,激励消费者主动、积极地监督食品生产者和销售者。

3. 制定专项的风险评估法律法规

《食品安全法》中对食品风险评估做了相应的规定,但只是原则上的定位,还缺乏具体的专项立法。虽然国家质量检验检疫总局于 2001 年颁布实施的《出入境检验检疫风险预警及快速反应管理规定》对风险预警作出了专门的规定,但对风险管理也主要从快速反应管理角度入手进行尝试,而且该规定属于规章,法律位阶较低。因此。应借鉴 WTO 其他成员特别是发达国家这方面的法律制度,对风险评估这一过程制定专项的法律法规,就风险评估的权利义务、方式方法、考虑因素、评估机制等方面作出专门的规定,使风险评估有法可依、有据可循,保证风险评估的规范化和透明化。

有关完善食品安全信息公布制度实施与运行情况等,可参见本书的第十一章。

4. 加快诸如转基因食品等新问题的立法

随着食品工业、食品技术的发展,食品安全领域所面对的新问题、新对象必然会层出不穷。我国已经发生的一些食品安全事件,与食品加工新技术、新原料、新

---

[1] 由于食品价格低廉,十倍赔偿根本无法发挥对食品生产企业和销售企业的威慑作用,这点已经受到广泛的注意。不得不承认,这样的规定,与立法初衷恐难一致。李响:《我国食品安全法十倍赔偿规定之批判与完善》,《法商研究》2009 年第 6 期,第 42—49 页。徐海燕:《论食品安全法中的新型民事责任》,《法学论坛》2009 年第 1 期,第 12—18 页。

添加剂的应用有关。这些新问题对食品安全法律制度的发展与完善提出新的要求。毫无疑问,立法通常都带有滞后性。但是针对食品安全方面的立法应加快步伐。对急需解决的新问题,可以先由规章和地方性法规予以规范。但规章和地方性法规在立法权限上有很多限制,尤其是有些监管手段和措施是规章和地方性法规所不能设定的①。全国人大常委会和国务院也应对此类问题加大关注,及时将此类规范升格为法律和行政法规。

(二) 分段监管体制下的监管部门之间的协调性

《食品安全法》虽然对食品安全的分段监管体制作出了局部调整,但并未从根本上改变分段监管体制,分段监管体制将是我国未来一个较长时期内食品安全监管的基本制度。为了解决各监管机关之间的权限冲突,消除监管盲区,《食品安全法》创设了国家食品安全委员会这样一个综合协调机构。对于实践中可能出现的一些比较突出的权限冲突问题,《食品安全法》也设计了一些解决办法。例如,针对"前店后厂"导致的质监、卫生等部门的权限冲突问题②,《食品安全法》第 29 条用精简许可的方法理清了监管职权的具体分配。

不过在食品安全分段监管体制下,由于固有的惯性,监管部门的权限冲突是不可避免的。目前部分食品的监管职权归属仍存在分歧。例如,猪血制品属于农业初级产品还是加工品就存在争论,结果导致在农业行政部门和质检部门质检出现权限冲突;卤菜制作和销售究竟应由质检部门还是工商部门抑或食品药品监督局监管在实践中也存在争论。这些问题出现在基层执法的环节,但影响到监管部门的权限划分,地方的食品安全综合协调机构无法解决此类问题。比较合理的方法应该是逐级上报到中央部委,然后由国家食品安全委员会进行协调,最终将特定事项的监管权限确定交给特定的监管部门③。然而,《国务院关于设立国务院食品安全委员会的通知》对于国务院食品安全委员会的职责的规定中不包括解决监管部门的权限冲突这一项,而且实践中国务院食品安全委员会也并不就此类具体事项作出决定。可见,监管权限冲突将始终成为困扰我国食品安全监管的制度性难题,需要进一步总结在国务院食品安全委员会综合协调机构的框架下分段监管

---

① 《立法法》对于规章和地方性法规的立法事项和立法权限有所限制。行政许可、行政处罚和行政强制是最主要的几种监管手段。但在《行政处罚法》、《行政许可法》和《行政强制法》中,地方性法规和规章的设定权都由严格的限制,其立法能力有限。

② 食品链条的自然属性与人为切断的监管体制之间存在必然的矛盾。实际上,食品生产、流通以及餐饮等环节是密不可分的,一个环节可能涉及监管主体往往不止一个,从而不可避免地出现重复监管与多头监管的问题。其中,"前店后厂"就是一个很突出的问题。实践中,典型的"前店后厂"类企业有蛋糕店、榨油坊等。参见颜海娜:《我国食品安全监管体制改革》,《学术研究》2010 年第 5 期,第 43—52 页。

③ 有些学者提出要将食品安全委员会这个机构实权化,使其拥有规则制定权、处罚权。参见韩忠伟、李玉基:《从分段监管转向行政权衡平监管》,《求索》2010 年第 6 期,第 155—157 页。

的新情况,通过逐步调整相关的行政规范来解决。

(三)食品标准制(修)订程序的设计有待完善

《食品安全法》中设立的食品安全风险评估制度,明确了我国保障食品安全的理念不是零风险,而是基于风险分析①。根据《食品安全法》第 18 条的规定,制定食品安全标准,应当以保障公众身体健康为宗旨,做到科学合理、安全可靠。而该法第 16 条也明确规定,食品安全风险评估的结果是制定、修订食品安全标准的科学依据。可见,我国在食品安全标准制定时并非只考虑公众身体健康,而是要同时兼顾食品生产技术和食品企业的经济利益。但是在实践中遇到的问题是,我国食品安全国家标准设立时过于关注生产条件和生产者利益,一些食品安全国家标准备受质疑。同时在国家标准制定过程中,公众参与程度欠缺。乳品国家标准的争论就是一个典型事例。2010 年颁布实施的乳品国家标准被认为是"全球最差,是全球乳业的耻辱",并称"中国生乳标准被个别生产常温奶的大企业绑架"②。卫生部对此作出了回应,称乳品标准绝不可能被企业绑架,卫生部还专门公布了《乳品安全国家标准问答》,对蛋白质含量和菌落总数两个指标进行了详细的解释。《乳品安全国家标准问答》在解释乳品蛋白质指标偏低时提出三点理由:一是符合我国生乳生产实际;二是符合奶牛泌乳规律;三是尊重客观事实。在解释菌落总数指标偏高的时候,理由就是我国奶牛养殖是以小规模散养为主的现状。但符合中国乳品国家标准的乳品质量及安全性远不及欧美国家是不争的事实。

乳品标准争论反映了在乳品国家标准的设立时过于迁就目前乳品生产的现状,国家标准并没有很好地发挥引导作用。食品安全国家标准与国际标准不接轨、难接轨的弊端是显而易见的。一方面,国民对食品安全总体缺乏信任;另一方面,我国的农产品和食品的出口深受其害,常因不符合进口国的食品安全标准而被进口国采取贸易保护措施而拒之门外。因此,今后我国更多的食品、食品添加剂和食品相关产品的国家标准的制(修)订的法定程序应做适当的调整和完善,尤其要促进各利益主体,特别是消费者的参与,并使标准制定过程更具有透明度。

(四)小作坊、小摊贩食品安全监管的地方立法空白

规模小、分布散、条件差的小作坊、小摊贩一直是现行食品监管体系中的软肋,甚至成为监管的"真空",是直接导致各类食品安全事故频发的高危地带。实际上,全国人大常委会对这个问题始终是十分关注的。《食品安全法》第 29 条第 3款规定,食品生产加工小作坊和食品摊贩从事食品生产经营活动,应当符合本法

---

① 关于"零风险"和"风险分析"问题以及相关的在食品安全保障方面的两种理论"绝对安全论"、"实质安全论"的内容和关系,可参阅王贵松:《日本食品安全法研究》,中国民主法制出版社 2009 年版。

② 裴晓兰:《喝低标准牛奶还不如喝白开水》,《京华时报》,2011 年 6 月 27 日。

规定的与其生产经营规模、条件相适应的食品安全要求,保证所生产经营的食品卫生、无毒、无害,有关部门应当对其加强监督管理,具体管理办法由省、自治区、直辖市人民代表大会常务委员会依照本法制定。这一规定为地方立法预留了很大的空间。2011 年,全国人大常委会在开展《食品安全法》执法检查时,专门将食品生产加工小作坊和食品摊贩管理办法等地方性法规制定情况作为检查重点之一。从检查的情况看,全国仅有宁夏依照《食品安全法》的规定出台了《宁夏回族自治区食品生产加工小作坊和食品摊贩管理办法》这一地方性法规,有些地方仅出台了一些部门规章或文件对小摊贩和小作坊的监管作出相应规范,力度显然远远不够,而大部分地方还处于起草或研究探索阶段,地方对小作坊、小摊贩食品安全监管的立法工作推进缓慢。

第八章 食品安全监管体制的历史
变迁与绩效研究

　　第七章重点研究了食品安全法律体系的演化发展与实施效果,而食品安全法律法规体系内在地规定了食品安全监管体制。本章在第七章研究的基础上,回顾我国食品安全监管体制的历史变迁,全景式地描述食品安全监管历史的演化和现实状态,在重点考察 1990—2011 年间食品安全监管体制绩效的同时,分析制约我国食品安全监管绩效优化的结构性因素,并基于监管绩效的基本现状与历史制度根源紧密联系的视角,探讨未来我国食品安全监管型体制的改革方向。

一、计划经济时期的指令型管理体制(1949—1978)

　　1949 年新中国成立到 1978 年改革开放之前的近 30 年间,我国实行的是中央集权式的计划经济体制。"解决温饱是当时食品安全的最大目标"。因此,在计划经济体制的背景下食品质量安全在某种意义上就等同于食品卫生。由于公私合营、政企合一、财政预算软约束的食品企业产权和预算体制决定了企业的经营管理高度依附于各个具体的主管部门,企业没有也不可能形成自身相对独立的商业利益诉求,运行的目标也几乎完全被置换为行政组织的目标。这就使得这一时期的食品风险主要由非市场竞争因素所导致,在本质上是一种前市场风险(pre-market risk)。此外,政府主管部门主要采取内部管控方式对企业行为进行约束,极少运用经济奖惩、司法审判、信息披露与技术标准等现代化的食品监管的政策工具。总体而言,在这一时期我国实行的是以主管部门管控为主、卫生部门监督管理为辅、寓食品卫生管理于行政管理之中的食品安全管理体制。由于该管理体制的主要载体是指令式的计划经济,因此本《报告》将此时期的食品安全监管体制称为"指令型体制"(command regime)。

(一) 食品卫生监督体系的形成

　　如前所述,建国初期的食品安全事件大部分是发生在消费环节的食品中毒,加之当时受苏联卫生防疫体制的影响,食品卫生管理就十分自然地落到了卫生部门的职权范围之内。1949 年,原长春铁路管理局成立了我国最早的卫生防疫站。从 1950 年开始,我国各级地方政府开始在原防疫大队、专业防治队等基础上自上而下地建立起了省、地(市)、县各级卫生防疫站,同时还建立了有关的专业性机构。此外,结合爱国卫生运动对主要食品、食品企业进行卫生管理,并在广泛调查的基础上陆续制订食品卫生质量要求和卫生管理办法①。1953 年 1 月,政务院第 167 次会议正式批准在全国建立卫生防疫站,开展食品卫生监督检验与管理。1954 年,卫生部颁布了《卫生防疫站暂行办法和各级卫生防疫站编制》②。1956 年底,全国 29 个省、直辖市、自治区及其所属的地市、州、县(旗)全部建立了防疫站。1959 年,当时大部分的人民公社也相应建立了卫生防疫机构,从而基本形成了初具规模的卫生防疫和食品卫生监督体系。以食品卫生监督管理为主是 1949—1978 年间我国食品安全监管的重要特征。

1959—1961 年三年自然灾害期间,许多地方的卫生防疫机构撤并,工作停顿,人员流失,初步建立的卫生防疫体系经受了第一次曲折。1962 年,根据中央提出的"调整、巩固、充实、提高"的方针,卫生部于 1964 年颁发实施了《卫生防疫站工作试行条例》,卫生防疫体系逐步恢复正常。该条例首次明确了卫生防疫站作为包括食品卫生监督在内的卫生监督体系的主体机构的性质、任务和工作内容,并规定了卫生防疫站的组织机构与人员编制,对卫生防疫系统的发展奠定了法律基础。到 1965 年底,全国共有各级各类卫生防疫站 2499 个,专业防治机构 822 个,人员 77179 人,其中卫生技术人员 63879 人,与 1952 年相比,机构增长了 16 倍,人员增加了 3 倍多。十年"文革"期间,卫生防疫体系又遭受严重的破坏,卫生防疫和监督工作再次处于全面停顿状态③。

值得注意的是,从管理体制上看,虽然 1949 年到 1978 年这一时期食品卫生管理工作由卫生防疫部门负责,但由于卫生防疫机构兼有卫生防疫和卫生监督的双重职能,工作中心在卫生防疫,卫生监督居于从属的地位。同时卫生监督又包括环境卫生、劳动卫生、食品卫生等诸多内容,所以食品卫生监督工作在整个卫生防疫系统乃至卫生监督系统中都处于相对边缘的位置。

(二)主管部门承担管理职责的体系形成

随着 1956 年社会主义工商业改造的结束,我国以苏联为模板建立了一套专业化分工色彩浓厚的工商业部门管理体制。由于涉及粮食、水产品、食盐、糖等多种产品的生产和销售,食品工商业在当时的国民经济体系中尚未成为一个单独的产业部门。不同的部门,如轻工部、粮食部、农业部、化学工业部、水利部、商业部、对外贸易部、供销合作社等行业主管部门,对不同食品的卫生和质量进行监管,并都建立了确保本部门监管的食品卫生安全的、独立的卫生检验和管理机构,分别

① 武汉医学院:《营养与食品卫生学》,人民卫生出版社 1981 年版。
② 张福瑞:《对卫生防疫职能的再认识》,《中国公共卫生管理杂志》1991 年第 2 期,第 67—69 页。
③ 戴志澄:《中国卫生防疫体系五十年回顾——纪念卫生防疫体系建立 50 周年》,《中国预防医学杂志》2003 年第 4 期,第 241—243 页。

承担各自的食品卫生的管理职责(见表 8-1)。

表 8-1 1949—1978 年我国食品安全管理体制的变迁

管理职能	具体的主管部门及时期
食品、盐业、制糖、酿酒等行业	轻工业部(1949 年 10 月—1952 年 9 月)、食品工业部(1949 年 10 月—1950 年 12 月)、财政部(1949 年 10 月—1952 年 7 月)、地方各级工业部(1954 年 9 月—1956 年 5 月)、食品工业部(1956 年 5 月—1958 年 2 月)、轻工业部(1954 年 10 月—1965 年 2 月)、第一轻工业部(1965 年 10 月—1970 年 6 月)、轻工业部生产一组(1970 年 6 月—1978 年)
粮食加工、食用油、饲料	粮食部(1954 年 10 月—1970 年 6 月)、商业部(1970 年 7 月—1978 年)
粮食生产和畜牧业	农业部(1949 年 10 月—1970 年 6 月)、农林部(1970 年 6 月—1979 年 2 月)
水产品生产经营质量	水产部(1956 年 5 月—1970 年 6 月)、国家水产总局(1978 年 3 月—1982 年 5 月)
食品卫生标准管理	国家标准计量局(1972 年 11 月—1978 年 8 月)
食品生产经营管理	贸易部(1949 年 10 月—1952 年 8 月)、商业部(1952 年 8 月—1970 年 6 月)
食品购销质量管理	农产品采购部(1955 年 7 月—1956 年 11 月)、城市服务部(1956 年 5 月—1958 年 2 月)、供销合作总社(1955 年 1 月—1958 年 2 月)、第二商业部(1958 年 2 月—1962 年 7 月)、供销合作总社(1962 年 7 月—1970 年 6 月)、商业部(1970 年 6 月—1975 年)、供销合作总社(1975 年—1978 年)
食品卫生检验	国家计量局(1954 年 11 月—1958 年 3 月)、国家技术委员会(1958 年 3 月—1972 年 11 月)、国家标准计量局(1972 年 11 月—1978 年)
食品卫生监督查处	卫生部卫生防疫司(1953 年—1957 年)、卫生部卫生监督局(1957 年—1958 年)、卫生部卫生防疫司(1958 年—1978 年)
食品交易市场管理	工商行政管理局(1954 年 11 月—1970 年 6 月)、商业部(1970 年 6 月—1978 年)、工商行政管理局(1978 年—1982 年)
进出口食品管理	贸易部(1949 年 10 月—1952 年 8 月)、对外贸易部(1952 年 11 月—1973 年 10 月)、进出口商品检验局(1973 年 10 月—1980 年 2 月)

(三)该时期食品安全事件的主要特点

公私合营,政企高度合一的体制下,各类农副食品的价格由国家统一控制和调整,企业没有定价权,食品企业负责人由主管部门直接委派,其行为以强烈的政治升迁而非经济利益为导向,这使得企业的经营管理都高度依附于其直接主管部门。不仅在体制上高度附属于政府部门,食品企业的财务、人事、物资、价格、生产、供应、销售等具体行为也都受制于主管政府部门的严格管控,没有相对独立的商业利益诉求。因为食品企业负责人没有必要冒着巨大的政治风险以弄虚作假来获取没有太多政治价值的商业利润,因而该时期主管部门与食品企业间在食品质量和卫生管理方面信息不对称的程度相对较轻。

这一时期虽然也存在一些食品安全事故,但主要原因并不是因食品企业出于利益冲动的偷工减料、违规掺假所致,而是受当时生产、经营、消费、技术等客观环境限制。例如,上海徐汇区20世纪60年代发生了107起食物中毒事件,中毒人数4237人。中毒的主要原因分别是交叉污染(48.60%)、放置时间过长(23.36%)和食物变质(14.95%)①。随着环境改善,到70年代,中毒事件、中毒人数则分别大幅下降到71起和2058人。在江苏省,1974年、1975年和1976年的三年间,分别发生177起、133起、96起食物中毒事件,食物中毒致死率为0.17%,其中89%是农民,主要原因是误食有毒动植物②。

(四)指令型管理体制的基本特征

在指令型体制下,食品企业受各自主管部门的直接管理,食品安全管理权限是根据食品企业的主管关系来划分的,主管部门与食品企业更多的是政府部门内部上下级的行政管控关系,而不是政府与企业间的监督管理关系。这种带有非常强烈的强制和行政色彩的管控体系较多地依靠行政任免、教育说服、质量竞赛等组织内部或群众运动式的控制手段,而非法律、经济、专业化标准等来进行监督管理。1965年,卫生部、商业部、第一轻工业部、中央工商行政管理局、全国供销合作总社制定的新中国成立以来我国第一部中央层面的综合食品卫生管理法规——《食品卫生管理试行条例》中③鲜明地体现了指令型体制下食品安全监管的特征。总体来看,有如下三个基本特征④。

(1)寓企业于行政管理之中。《食品卫生管理试行条例》明文规定"食品生产、经营(包括生产、加工、采购、贮存、运输、销售)单位及其主管部门,应当把食品卫生工作纳入生产计划和工作计划,并且制定适当的机构或者人员负责管理本系统、本单位的食品卫生工作";"卫生部门应当负责食品卫生的监督工作和技术指导";"卫生部门制订食品卫生标准,应当事先与有关主管部门协商一致",即实行

① 陈雪珠:《徐汇区30年(1960—1989)食物中毒分析》,上海人民出版社1990年版,第233—235页。

② 广西医学科学情报研究所:《江苏省1974—1976年食物中毒情况分析》,《国内医学文摘卫生防疫分册(1979年)》,第178页。

③ 在此之前,我国中央和各级地方政府也曾经就某一具体的食品品种卫生管理发布过相关的条例规定和标准。1953年3月卫生部《关于统一调味粉含麸酸钠标准的通知》、《清凉饮食物管理暂行办法》等;1954年卫生部《关于食品中使用糖精剂量的规定》;1957年天津市卫生部门检验发现酱油中砷含量高,提出以酱油中含砷量的标准为每公斤不超过1毫克,卫生部转发全国执行。1958年轻工业部、卫生部、第二商业部颁发了乳与乳制品部颁标准及检验方法,于1958年8月1日起实施。参见,陈瑶君:《我国食品卫生标准化工作50年》,《中国食品卫生杂志》1999年第6期,第17—19页。

④ "指令型食品安全监管体制的基本特征"的引文均来自于《天津市人民委员会关于转发国务院批转的"食品卫生管理试行条例"的通知》,《天津政报》1965年第17期,第2—7页。

的是以主管部门管控为主、卫生部门监督管理为辅,寓食品卫生管理于企业管理和行政管理之中的体制。

(2) 管理工具以软性管控为主。《食品卫生管理试行条例》强调"食品生产、经营主管部门,应当经常对所属单位的基层领导干部、职工进行重视卫生的思想教育,自觉地做好食品卫生工作";同时规定"食品生产、经营主管部门和所属单位,应当把食品卫生工作列为成绩考核和组织竞赛、评比的重要内容之一"。此外,还规定了群众性食品卫生监督工作由各级爱国卫生运动委员会负责实施。由此可见,食品安全所涉及的大部分管理工具均属于思想教育、质量竞赛、发动群众等组织内部的软性管控手段,而经济奖惩、司法审判、信息披露与技术标准等现代化的监管政策工具运用较少。

(3) 司法机制很少介入。《食品卫生管理试行条例》提出"食品生产、经营主管部门和卫生部门对认真执行本条例、经常坚持做好卫生工作的单位和个人,应当给予表扬或者奖励";"对违犯本条例的个人和单位,应当根据情节轻重,给予批评,或者限期改进,或者责令停业改进;对情节严重、屡教不改或者造成食物中毒等重大事故的有关人员,应当给予行政处分,必要时建议法院处理"。由此可见,对于企业违规行为的外部奖惩机制控制非常薄弱,仅限于简单的表扬或批评,以及内部的行政处分,司法机制很少介入。

二、经济转轨时期的混合型管理体制(1979—1992 年)

总体而言,1979—1992 年间我国食品安全管理仍然侧重于食品卫生管理,但管理体制是介于计划经济与市场经济、政企合一与政企分离、传统管控与现代监管之间的过渡或混合模式。因此,这一时期的我国食品卫生管理体制又可以称为"混合型体制"(Mixed Regime)。

(一) 多元所有制并存格局的形成

改革开放伊始,随着经济政策的调整与改革,与食品相关的产业部门迅速发展。农业总产值从 1978 年的 1567 亿元,增长到 1983 年的 3120.7 亿元,五年内翻了一番[①]。食品工业总产值在 1979—1984 年间年均递增 9.3%,比 1953—1978 年间 6.8% 高出 2.5 个百分点[②],到 1987 年时总产值已达到 1134 亿元,是 1978 年的四倍,产业规模在整个国民经济中已位居第三位[③]。产业规模的增加带动了食品

---

① 中华人民共和国农牧渔业部宣传司:《新中国农业的成就和发展道路》,农业出版社 1984 年版,第 23 页。

② 吕律平:《国内外食品工业概况》,经济日报出版社 1987 年版,第 76 页。

③ 杨理科、徐广涛:《我国食品工业发展迅速,今年产值跃居工业部门第三位》,《人民日报》,1988 年 11 月 29 日。

生产、经营和餐饮企业数量的剧增。以乳业为例,1949 年我国各类乳制品工厂数量不超过 10 家,1980 年增长到 700 多家①;

按照当时经济改革中大力发展多种经济成分的要求和"多成分、多渠道、多形式"的原则,食品工业推行了国营、集体、个体共同发展,大中小企业与前店后厂相结合的改革举措,食品工业生产经营模式和所有制体系均发生了很大的变化。食品工业的发展不但突破了行业和地区之间的限制,更突破了所有制之间的限制,多年来国有企业一家独大的局面逐步改变。以北京市为例,仅在 1984—1985 年间就新增加了 560 多家集体所有制食品工业企业,520 多个个体食品加工户,还有 500 多个工商兼营的前店后厂,生产人员则由 5 万多人增加到 7 万多人②。这种多元并存的所有制结构使得计划经济时代下的以主管部门管控为主、卫生部门监督管理为辅、寓食品卫生管理于行业管理的食品卫生管控体制相形见绌。大量的集体和私营生产企业游离于主管部门的管理体制之外,而卫生部门又没有相应足够的资源对新生企业进行严格管理,从而使政府对食品卫生质量的管理开始变得力不从心。食品产业多元所有制并存格局的形成,直接动摇了计划经济时代形成的指令型的食品卫生管理体制。

(二)食品卫生状况的一度恶化

1979 年,卫生部在 1965 年的《食品卫生管理试行条例》的基础上,修改并正式颁布了《中华人民共和国食品卫生管理条例》。虽然新条例规定了违反条例和标准,造成中毒等事故要进行处罚直至向司法部门起诉,但该条例多从道德规范要求出发,对违法者如何处理和量刑则没有明确规定,司法部门无法管理,肇事者往往逍遥法外。此外,卫生监督部门执法职责不明确,仍多靠说服教育;一些地方政府和部门不理解食品卫生监督的意义和作用,盲目进行干预,反而起到支持违法的作用;食品生产经营部门和单位的食品卫生管理和检验人员也无法充分发挥作用。结果导致这一过渡时期我国食品卫生状况逐步下降,食品卫生和食物中毒事故数量呈现上升趋势。例如,广州市 1979 年发生食物中毒事故 46 起,中毒人数为 302 人,而 1982 年则分别上升至 52 起,1097 人③;浙江省 1979 年发生食物中毒事件 132 起,中毒人数为 3464 人,病死率为 0.49%,而 1982 年中毒事件上升至 273 件,中毒人数上升至 3946 人,病死率上升至 0.71%④。

① 张保锋:《中外乳品工业发展概览》,哈尔滨地图出版社 2005 年版,第 67 页。
② 北京市统计局、北京市食品工业协会、北京市人民政府食品工业办公室:《北京食品工业》,北京科技出版社 1986 年版,第 52 页。
③ 丁佩珠:《广州市 1976—1985 年食物中毒情况分析》,《华南预防医学》1988 年第 4 期,第 79—80 页。
④ 丛黎明、蒋贤根、张法明:《浙江省 1979—1988 年食物中毒情况分析》,《浙江预防医学》1990 年第 1 期,第 5—6 页。

显然,法制不健全是这一时期全国食品卫生状况呈一度恶化态势的主要原因。因此,起草和颁布《食品卫生法》,将食品卫生管理从单纯的部门行政管理转变为法律约束,已成为当时改革的关键问题。基于当时的客观实际,1981 年起卫生部等相关部门就进行了食品卫生法的起草工作,最终于 1982 年 11 月正式通过了《中华人民共和国食品卫生法(试行)》(以下简称《食品卫生法(试行)》)。

(三)混合型管理体制的基本特征

1979—1992 年间,我国食品安全管理的混合型体制具有较为鲜明的特征。

(1) 卫生行政部门是食品卫生监督的执法主体。1983 年 7 月 1 日开始实施的《食品卫生法(试行)》明确规定"各级卫生行政部门领导食品卫生监督工作"、"卫生行政部门所属县以上卫生防疫站或者食品卫生监督检验所为食品卫生监督机构",并规定获得食品卫生许可证是食品生产和经营企业申请工商执照的前提要件,同时将卫生许可证的发放管理权赋予卫生部门。因此,与计划经济时代的指令型管理体制下主管部门联合管理、各自为政不同,混合型体制下卫生部门作为国家食品卫生监督的执法主体地位得到了正式的确认。

(2) 多部门共同管理食品卫生的格局继续保留。《食品卫生法(试行)》并没有完全取消各类行政主管部门对食品卫生的管理权,仍然由"食品生产经营企业的主管部门负责本系统的食品卫生工作,并对执行本法情况进行检查"。因此,这一时期虽然在名义上卫生部门取得了食品卫生监管的主导权,但由于当时食品生产经营领域中的政企合一体制并没有彻底瓦解,食品生产经营领域各个主管部门的部分管理权依然得以保留,卫生部门的主导监管权陷于分割化的尴尬境地。

(3) 食品卫生管理呈现分散化态势。《食品卫生法(试行)》将一些特殊场所的食品卫生监督权赋予了非卫生部门,例如城乡集市的食品卫生管理由工商行政管理部门负责,畜禽兽医卫生检验由农牧渔业部门负责,出口食品的监督检验由国家进出口商品检验部门负责,同时铁道、交通、厂矿的食品卫生由其各自的卫生防疫机构主管;粮油、副食品、土特产、饮食服务等方面的生产经营与卫生由商业部负责;食品质量标准的制定和执行由在原国家标准局、计量局基础上组建的国家技术监督局负责。因此,从地方政府层面看,工商、标准计量、环保、环卫、畜牧兽医、食品卫生监督等六个部门都涉及食品质量监督的职能①。

(4) 食品卫生监督执法同时出现两个主体。《食品卫生法(试行)》明确了县级以上各级卫生防疫站或食品卫生监督检验所是国家实行食品卫生监督的执法机关。但同时又强调各级卫生行政部门领导食品卫生监督工作,致使在执法实际

---

① 徐维光:《食品卫生法执行中有关法规重叠问题的探讨》,《中国农村卫生事业管理》1992 年第 5 期,第 43 页。

过程中有两个机构行使食品卫生执法权。而卫生防疫站仅是事业单位,结果造成卫生防疫站在执法过程中的诸多不协调,包括卫生许可证审核权与发放权的分割、卫生许可证的发放权与吊销权的分割、各种食品卫生标准规范的制定与审核等多个层次①。

(四)混合型食品安全监管体制面临的挑战

食品安全监管的混合型体制确立后,面临复杂的挑战。

(1)食品安全开始出现市场因素。随着改革开放的推进,食品卫生监督管理的客体在数量上呈现出大规模增长的趋势,在生产规模、所有制结构、技术手段、经营规模等方面也日益复杂。新出现的集体和私营企业以追求商业利润作为最重要的目标,旧有的国营企业也因经济模式的改革而产生了独立的商业利益诉求,食品企业逃避、扭曲食品卫生管理政策的动机明显增强,食品企业和管理部门之间的信息不对称日益增强。这就意味着,除了前市场风险因素外,这一时期食品安全开始出现了市场风险,即市场经济竞争而引发的人为安全质量风险。

(2)管理主体在经济发展与食品卫生监督管理间产生冲突。大量出现的集体和私营食品企业,与国有的食品企业构成了直接的市场竞争关系。在国有食品企业的行政管理部门逐步推行统一领导、分级管理、两级核算的制度,同时逐步打破计划经济体制下统购包销、计划分配、逐级调拨的旧模式的背景下,为了保证所辖的企业能够在日益激烈的市场竞争中占据有利地位,一些主管部门放松了食品卫生的管理要求,部门和地方保护主义盛行,严重削弱了《食品卫生法(试行)》的实施效力。政企合一的管理体制与经济利润导向的经济增长模式间的矛盾直接导致和放大了管理主体在经济发展与食品卫生监督管理之间的矛盾和冲突。

(3)立法与经济手段的管理工具极度缺乏。虽然指令型体制下的行政命令、思想教育、群众运动等方式并没有完全退出历史舞台,但是其管理效果已经明显下降。为了适应农业与食品工业的迅速发展,政府开始有意识地通过立法、行政执法、经济奖惩和司法审判等方式来丰富食品卫生监管的政策工具。但在短时间内,当时环境下仍然无法完全取代传统管理工具。1979 年后我国食品卫生监督管理所面临新的挑战,实际上在某些方面至今仍未解决。

三、市场经济条件下的监管型体制(1993 年—至今)

1992 年 10 月,党的十四大确立了我国经济体制改革的目标是建立社会主义市场经济体制。伴随着市场经济体制的不断完善,我国的食品安全管理逐步形成了基于市场经济的"监管型体制"(Regulatory Regime)。

---

① 任中善、孟光:《浅议食品卫生监督管理权的归属》,《河南卫生防疫》1987 年第 4 期,第 96—97 页。

（一）卫生部门主导的监管体制

20 世纪 80 年代末期开始，我国已经逐步在机械、商业、石油等领域推行政企分开改革。但食品工业领域中政企分开改革则是在党的十四大提出建立社会主义市场经济体制的目标之后开始的。党的十四大强调"理顺产权关系、实行政企分开、落实企业自主权"；"转变政府职能的根本途径是政企分开"，"凡是国家法令规定属于企业行使的职权，各级政府都不要干预，下放给企业的权利，中央政府部门和地方政府都不得截留"①。这就为 1993 年国务院政企分开的机构改革奠定了基础。

1993 年 3 月，全国八届人大一次会议通过《国务院机构改革方案》，决定撤销轻工业部、纺织工业部等 7 个部委，分别改组为轻工总会、纺织工业总会等行业协会②。存在了 44 年之久的轻工业部门退出历史舞台，食品企业开始逐步成为独立生产经营的主体。这标志着食品安全管理体制中政企关系在体制上正式分离，也标志着食品安全管理体制正式转变为外部型、第三方的监管型体制。

政企分离极大地促进了食品工业的发展③。而《食品卫生法（试行）》已难以适应新的环境和形势。1995 年 10 月，全国八届人大常委会第十六次会议正式通过修订后的《食品卫生法》，明确规定"国务院卫生行政部门主管全国食品卫生监督管理工作"，有效地避免了作为事业单位的卫生防疫站或食品卫生监督所从事行政执法的尴尬境地④。从监管体制上看，这部法律虽然并没有将食品卫生监督管理权完全授予卫生行政部门，但终归确立了卫生部门的主导地位，同时废除了政企合一体制下主管部门的相关管理职权，由此形成了相对集中与统一的食品安全监管体制，提高了食品卫生监管的水平与效果。这一时期全国食品中毒事故、中毒人数迅速剧减⑤。

（二）多部门分段式的监管体制（2003—2008 年）

1992 年以后，经济体制改革的不断深化不仅极大地促进了食品产业的发展，而且有效地完善了食品全程产业链体系。与此相对应的是，多环节综合安全的食品安全概念更加符合现代食品产业的发展。监管理念的微妙变化也逐步投射到

---

① 江泽民：《加快改革开放和现代化建设步伐，夺取有中国特色社会主义事业的更大胜利——在中国共产党第十四次全国代表大会上的报告》，《人民日报》1992 年 10 月 21 日。

② 罗干：《关于国务院机构改革方案的说明——1993 年 3 月 16 日在第八届全国人民代表大会第一次会议上》，《中华人民共和国国务院公报》1993 年第 10 期，第 413—415 页。

③ 《中国食协主办中国食品工业十年新成就展示会：食品工业成就巨大》，《食品与机械》1992 年第 1 期，第 4—5 页。

④ 陈敏章：《关于〈中华人民共和国食品卫生法（修订草案）〉的说明》，《全国人民代表大会常务委员会公报》1995 年第 7 期，第 92—94 页。

⑤ 数据来源于《中国卫生统计年鉴 1991、1998》。

监管体制的改革上。1998 年国务院的政府机构改革中,明确由新成立的国家质量技术监督局分别承担原来由卫生部承担的食品卫生国家标准的审批、发布职能,以及由原国家粮食局承担的粮油质量标准、粮油检测制度和办法制订等职能,工商部门则取代原来由质量技术监督部门负责的流通领域食品质量监督管理职能,而农业部门则依然负责初级农产品生产源头的质量安全监督管理。这种调整为后来的分段监管体制奠定了基础。在 2003 年的国务院机构改革中,国务院决定将原有的国家药品监督管理局改变为国家食品药品监督管理局,并将食品安全的综合监督、组织协调和依法组织查处重大事故的职能赋予该机构。

安徽阜阳劣质奶粉事件成为催生食品安全分段监管体制的诱发因素。这起致使 189 名婴儿出现轻中度营养不良、12 名婴儿因重度营养不良而死亡的恶性食品安全事故,引起了中央政府对于食品安全监管工作前所未有的关注与重视,其中暴露出来的监管缺失与缺乏协调等问题触目惊心。基于此,国务院于 2004 年 9 月颁布了《国务院关于进一步加强食品安全工作的决定》,正式确立了"农业部门负责初级农产品生产环节的监管、质检部门负责食品加工环节的监管、工商部门负责食品流通环节的监管、卫生部门负责餐饮业和食堂等消费环节的监管;食品药品监督管理部门组织对食品安全的综合监督、组织协调和依法组织查处重大事故"。可以说,该决定正式从政策层面确立了分段监管体制的地位,同时将原卫生部承担的食品加工环节的监管职能赋予了质检部门,质检部门的地位和作用得到加强,而进一步弱化了卫生部门的主导作用。食品监管体制正式从卫生部门主导的体制转变为"五龙治水"的多部门分段监管体制。

应该说,这种多部门分段监管的体制从本质上反映出我国食品产业迅猛发展之后,仅限于消费环节的食品卫生概念已经远远不能满足社会公众对于食品质量的要求。从农田到餐桌全过程的食品安全监管新模式要求农业、工商、卫生等多个部门的全程介入。比如,阜阳劣质奶粉事件暴露出因技术原因导致奶粉生产环节监管的混乱以及卫生部门的能力孱弱。而 2001 年成立的质检部门比卫生部门在食品生产和加工领域的监管具有更大的技术和经验优势,因此被赋予了监管食品加工环节的职能。另外,食品、药品、保健品、化妆品等健康产品产业属性日益模糊,为了将此类产品的监管权更好地整合,决策者组建了食品药品监管局。

(三)综合协调下的部门分段监管体制(2009 年一至今)

2007 年以来,我国食品安全事件频繁发生,社会对食品安全问题空前关注,政府也给予了足够的重视,并采取了一系列改革措施。2008 年,为解决部门间职责交叉问题,国务院出台"三定"规定,由卫生部管理国家食品药品监督管理局,承担食品安全综合协调、组织查处食品安全重大事故的职责;食品餐饮消费环节的安全监管和保健品、化妆品质量监管,由国家食品药品监督管理局负责。2009 年 2

月,十一届人大常委会第七次会议通过《食品安全法》。2010 年 2 月,国务院设立国务院食品安全委员会,作为国务院食品安全工作的高层次议事协调机构;卫生部成立第一届食品安全国家标准审评委员会,下设 10 个专业分委员会。2011 年,国务院批准将卫生部食品安全综合协调、牵头组织食品安全重大事故调查、统一发布重大食品安全信息等三项职责划入国务院食品安全办,同意国务院食品安全办增设政策法规司、宣传与科技司①。

　　2009 年通过的《食品安全法》并没有从本质上改变分段监管体制,只是在内容上对 2004 年的多部门分段监管体制进行了局部调整。将食品安全的综合监督、组织协调和依法组织查处重大事故的职能从食品药品监督管理局转移到卫生部,并决定在国务院层面增设国家食品安全委员会以通过引入超越部门利益至上的机制来协调食品安全监管工作,同时规定"国务院根据实际需要,可以对食品安全监督管理体制作出调整",为下一步政府进一步改革食品安全监管体制提供了法律保障。至此,以国务院食品安全委员会为协调机构、多部门分工合作、地方政府负总责的食品安全监管体制得以正式确立。

(四) 比较与总结

　　自 1993 年以来,虽然我国的食品安全监管体制一直处于不断地变化和调整之中,但可以明显观察到不同的管理模式及发展趋势。

　　第一,从管理主体角度分析,1993 年以来,中国食品安全监管体制逐步由卫生部门主导转变为多部门分段监管,同时部门间协调机制的建设正在逐步加强。其特征就是作为监管者的各个行政职能部门在体制上已经与作为监管对象的食品企业完全分离(军队系统除外),内部食品安全管理体制已经被外部的食品安全监督体制所取代。

　　第二,从管理对象的角度分析,市场经济体制的确立与完善,不仅使得食品企业在数量、规模、所有制结构等方面发生了巨大的变化,而且改变了食品卫生的传统涵义,使食品监管由仅限于消费环节的食品卫生管理逐步转向贯穿事前、事中、事后,从农田到餐桌的全过程食品安全风险监管。食品监管对象的覆盖范围和复杂程度大大增加,食品安全的主要风险由前市场风险转变为市场风险。

　　第三,从管理工具的角度分析,1993 年以来,传统的行政命令、思想教育、群众运动等管理手段在监管体制中发挥作用的空间已经非常有限。相反,国家立法、行政执法、经济奖惩和司法审判等经济、法律监管工具的运用继续得以强化,同时行业技术标准、质量认证体系、信息披露、风险评估与监测等与风险监管相关的监

---

① 参见《关于国务院食品安全委员会办公室机构编制和职责调整有关问题的批复(中央编办复字(2011)216 号)》。

管工具逐步得以使用并扩展,有效地丰富了政府食品安全监管的政策工具箱(Policy Toolbox)。这种食品安全管理体制为"监管型体制"。"监管型体制"以市场经济为基础,具有外部型、第三方监管特征,同时综合运用行政、经济、法律、科技等多种监管工具。

表 8-2　中国食品安全管理体制变迁与指令型、混合型和监管型体制的差异性

	指令型体制 (1949—1977)	混合型体制 (1978—1992)	监管型体制 (1993—现在)
对待市场机制的态度	消灭市场	扩展市场	监督市场
管理主体	主管部门管控为主、卫生部门监督管理为辅、政企合一	分割化格局下的卫生部门主导体制,政企部分合一	从卫生部门主导体制变为多部门分段监管体制,政企完全分离
管理对象	公私合营、政企合一、财政预算软约束、前市场风险	所有制非国有化、政企开始分离、财政硬约束、混合风险(前市场与市场风险)	所有制多元化、政企完全分离、财政硬约束、由单一环节的食品卫生过渡到全过程的食品安全、以市场风险为主
主要的政策工具	劝说教育、政治运动、直接行政干预	法律禁止、司法审判经济处罚	产品和技术标准、特许制度、信息提供

四、食品安全监管型体制的绩效评估:趋势与解释

　　无论是卫生部门主导,还是现行的多部门分段监管型体制,根本的出发点都是为了提高食品安全监管的效率,更好地改善与提升我国食品质量安全的总体水平。20 世纪 90 年代以来,经过不断探索与修正,我国逐步确定并建立了食品安全监管的多部门分段监管体制。然而近年来,我国陆续爆发了多起食品安全事件,引发了消费者对政府食品安全监管能力和模式的质疑与不满。那么,分段监管体制究竟是否符合我国国情,是否能够较好地降低食品安全风险、减少食品安全事件的发生是考查我国食品安全监管体制变迁绕不开的话题。因此,选择一个合适的指标,科学评估 20 世纪 90 年代初期以来至目前的我国食品安全监管型体制的绩效就显得尤为重要。

(一) 1991—2011 年间的食品质量安全水平的变化轨迹

　　根据数据资料的可得性,本《报告》选择了年度食物中毒事故数、食物中毒人数、食物中毒死亡人数与年度食品抽检合格率作为衡量我国食品质量安全状况的四个指标,试图近似地描述我国食品监管型体制的绩效。

　　1. 食物中毒报告数的变化

　　从图 8-1 所示的数据来看,自 20 世纪 90 年代初期至 2005 年,我国食物中毒

报告数量呈现出明显的 U—型或马鞍形曲线。1991—2002 年,食物中毒报告数量逐步下降,从 1861 起降至 464 起。2003 年成为重要的拐点,自该年起,食物中毒事故数量明显成倍增长,2004 年突破 2000 起,到 2005 年更是升至 2453 起的历史最高点。从 2006 年开始,食物中毒报告数量又开始下降,从 598 起迅速降至 2011 年的 189 起。

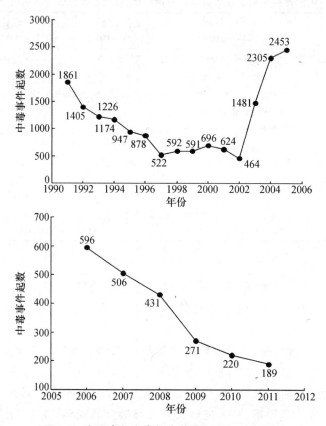

图 8-1　中国食物中毒报告数量(1991—2011 年)

　　数据来源:《中国卫生统计年鉴 1992—2006》、《卫生部办公厅关于 2006—2011 年全国食物中毒报告情况的通报》。需要说明的是,《中国卫生统计年鉴》从 2006 年开始不再公布食物中毒相关数据,而由卫生部办公厅网站公布年度全国食物中毒报告情况的通报,并说明是通过中国疾病预防控制中心网络直报系统统计的数据。2009 年《食品安全法》颁布以后,由于卫生部门不再负责监管餐饮环节,因此数据统计方式也发生了很大的变化,故单列 2006—2011 年图表。

　　2. 食品中毒人数的变化

　　结合图 8-2 的数据进行分析,可以有趣地发现图 8-1 中所呈现的 U 型曲线同样在图 8-2 中(2005 年以前)大致显现出来。从 1991 年到 2005 年的 14 年间,我国食品中毒人数在总体上同样呈下降趋势,由 1991 年的 47367 人下降至 1996 年的 13567 人,在 2002 年下降至谷底的 11572 人。而从 2003 年开始,食物中毒人数又突然呈直线上升趋势,2004 年升至 42876 人,2005 年虽有所下降,但仍然有 32553 人中毒。2006 年以后,食物中毒人数呈直线下降趋势,从 2006 年的 18063 人迅速降至 2011 年的 8324 人。

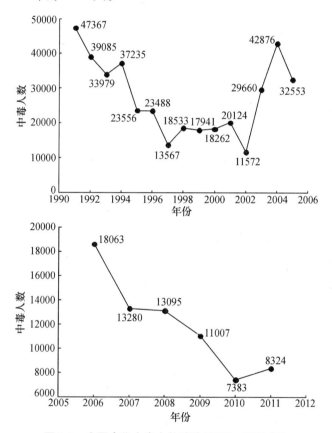

图 8-2　中国食物中毒人数统计(1990—2011 年)

数据来源:《中国卫生统计年鉴 1991—2006》、《卫生部办公厅关于 2006—2011 年全国食物中毒报告情况的通报》。

3. 因食物中毒而死亡人数的变化

图 8-3 则展示了从 1991 年起到 2005 年全国因食物中毒而死亡的人数的变化状况。图 8-1 和图 8-2 所展现的 U 型曲线再次在图 8-3 中重现:全国因食物中毒而死亡的人数从 1991 年最高时期的 338 人下降到 2002 年最低时期的 68 人,总体上呈现出持续下滑的趋势。而从 2003 年开始,食物中毒死亡人数又出现激增趋势,2005 年增至 381 人并超过了 1991 年的水平。与前两个指标相对应的是,2006

年以后我国食物中毒死亡人数总体上呈现出平稳下降的趋势,五年间死亡人数总体上稳定在 130—250 人左右的区间。

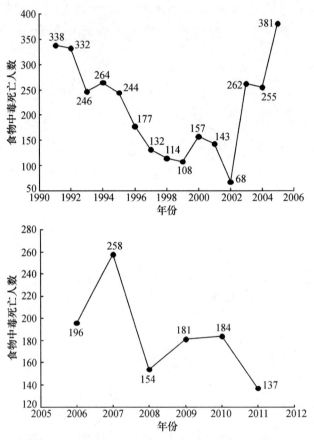

图 8-3　中国食物中毒死亡人数统计(1990—2011 年)

　　数据来源:《中国卫生统计年鉴 1991—2006》、《卫生部办公厅关于 2006—2011 年全国食物中毒报告情况的通报》。

　　总体上看,1991—2005 年间我国食物中毒报告数、食物中毒人数与食物中毒死亡人数这三个指标均呈现出 U 型曲线的特征:1991—2002 年间基本上处于下降趋势,显示出食品质量安全水平总体态势向好;而在 2003—2005 年间三个指标均表现出明显的上升趋势,表明食品质量安全水平总体态势趋于恶化。从 2006 年开始到目前,这三个指标又同步表现出下降趋势,食品安全质量安全水平又处于好转的趋势。

　　事实上,这三个指标之间具有某种连锁关系,具有很强的共线性(co-linearity),其中一个指标的变化很可能自然地就会引起其他两者的变化,因此将表现出共同的趋势。但是这三个指标之间的共线性不是完全确定的,例如,食物中毒报告的增加,并不一定意味着食品中毒人数的增加,反而有可能降低。同时食物中毒人数的增加,也并不一定意味着中毒死亡人数的必然增加。同时,根据调查了解,2002 年底和 2003 年上半年爆发非典促使此后突发公共卫生事件报告制度的完善,也在部分程度上导致了各类突发事件上报数据的上升。当然,为了更好地避开这种共线性和制度完善所带来的解释障碍问题,本《报告》从年度食品抽检送检平均合格率这第四个指标来加以证实。

4. 食品抽检送检平均合格率的变化

食品卫生主管部门每年都根据国家下达的抽验任务对食品相关企业进行有针对性的抽样检验,同时一些食品企业也可能主动送交相关样品送至卫生部门检验。自 1992 年开始,卫生部门每年均依据熟食及其制品、冷食、饮料、酱油、消毒牛乳、全牛乳脂粉、蒸馏酒、配制酒、发酵酒、生啤酒、熟啤酒、水产品、非发酵豆制品、粮食、植物油、糕点等大样分类标准,对与人民群众日常生活密切相关的食品进行质量抽检和送检,分别得出各类食品的合格率,同时折算出平均合格率。如图 8-4 所示,20 世纪 90 年代初期的食品抽检送检合格率相对较低,1994 年达到了历史最低的 82.15%。但从 1994 年食品抽检送检合格率开始逐步上升,到 2002年升高至 90.45%,之后又开始出现缓慢下滑的趋势。虽然 2006 年又一直增至90.80%,但随后的 2007 年又降至 88.35%。

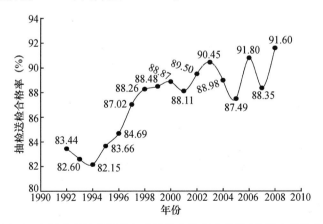

图 8-4　中国食品抽检送检年度平均合格率趋势图(1992—2008 年)
数据来源:《中国卫生统计年鉴 1993—2008》。

由此可见,年度食物中毒事故数、食物中毒人数、食物中毒死亡人数与食品抽检送检年度平均合格率的趋势同样也揭示出,从 20 世纪 90 年代初期到 2002 年,中国的食品质量安全总体水平处于逐步的改善之中,但在 2002 年之后出现了下滑和不稳定的趋势,而这一观察与上述三个指标所反映出来的趋势也是基本吻合的。在1991—2011年我国食品质量安全水平走势变化的轨迹中,2002年是一个重要的时间拐点。这就足以证明对这一趋势的界定并不是纯粹的偶然,而确实可以揭露出我国食品质量安全水平走势的某种规律性变化。

(二)食品质量安全水平走势与监管型体制间的关联

如前所述,自20世纪90年代初开始,我国逐步建立了监管型的食品安全管理体制。在监管型的食品安全管理体制下,我国食品质量安全水平的走势确实呈现某种规律性的轨迹。20世纪90年代初至21世纪初食品质量安全的总体状况得到明显改善,从2002年开始食品质量安全水平则开始明显下滑,而从2006年开始又实现了新的改善。导致这种规律性轨迹的原因则可能有很多因素,例如食品工业规模的扩大、食品行业市场竞争态势的变化、不同时期监管政策的变化、食品安全检验检测能力的提高等,但食品安全监管体制的变迁也肯定是其中至关重要的影响因素之一。特别是自1993年以来,虽然已经逐步建立外部型、第三方的监管型体制,但在具体的监管权力配置机制上却仍然经历了一个由卫生部门主导的监管机制到多部门分段合作监管机制的较长过程。但20世纪90年代初建立的真正意义上的以卫生部门为主导的监管型体制(不同于20世纪80年代高度分割化背景下在食品卫生监督中卫生部门主导的执法体制),在降低食物中毒事故、减少食物中毒人数及其死亡人数、提高食品卫生抽检的合格率方面确实发挥了一定的作用。

自1998年以后,由于食品安全的概念逐步扩展至整个食品全程产业链的各个环节,质监、工商、农业等部门逐步获得一定的食品安全管理权,使得原有相对集中的食品卫生管理体制发生相应的调整。在2004年更是由于安徽阜阳劣质奶粉所暴露出来的监管缺失问题,直接导致中央政府作出"分段监管为主、品种监管为辅"的多部门分段合作监管体制的决定。虽然不能据此简单臆想地论断"分段监管为主、品种监管为辅"监管型体制的实施加剧恶化了食品质量安全总体水平,但至少上述数据与初步的分析可以表明,这种多部门分段合作监管型体制对降低我国的食品安全风险效果并没有如决策者所期望得那样高。

(三)关联的研究假设

对我国食品质量安全总体水平走势与监管型体制间的关联的分析,可以提出以下具有解释性的研究假设:第一,"十五"计划以前的中国食品产业虽然取得了很大发展,但工业化程度较低,1996年我国农产品加工程度仅为20%—30%,工业产值与农业产值之比0.43:1,而发达国家农产品加工程度一般为95%,食品工业产值与农业产值之比为 2.3∶1①。这些数据都表明,2000 年以前食品工业并不是我国食品产业的重心,食品卫生监管的重点仍然主要是餐饮环节,而对餐饮环节的食品卫生监管则一直是卫生部门的优势。因此,以卫生部门为主导的监管型体制能够较好地稳定和改善食品卫生安全水平;第二,"十五"计划实施以后,我国食品产业的工业化程度虽然与发达国家相比仍然有很大差距,但与 20 世纪 90 年代相比较,已经有了大幅度的提升。2005 年我国东部地区食品工业产值与农业总产值的比重升至 1.05∶1,食品工业产值已经超过农业总产值;虽然中西部仍然相对较低,但食品工业产值与农业总产值的比重也分别提高至 0.50∶1 和 0.40∶1②。这些都表明,2000 年以后我国食品工业在整个食品产业中的地位逐步上升,食品卫生的监管重心开始扩展至生产、加工环节,面对日益复杂的食品工业生产的技术和流程,以卫生部门为主导的监管型体制显然有些力不从心,因此导致 2002 年前后食品质量安全总体水平处于下滑的状态;第三,2004 年食品安全多部门分段监管型体制的确立,并没有很好地合理划分食品生产加工环节的监管责任与权限,质检部门虽然获得了食品加工环节的监管权限,但由于其之前的监管经验主要集中在食品安全标准领域,在生产加工领域并没有相应的监管执法经验,因此导致其在监管能力建设上的相对孱弱。与此同时,卫生部门食品安全监管的主导权又逐步被肢解,原来由一个部门主导的体制优势不复存在。这些因素综合起来,可能导致 2004 年后我国食品质量安全走势依然不断下行。

五、食品安全监管型体制的改革取向

在历史制度主义者看来,某个社会一旦进入某种制度模式之后,沿着同一条路径继续发展的可能性会增大。其原因在于一旦某种制度被固定,学习效应、协同效应、适应性预期和退出成本的增大将使得制度的改变越来越困难,即形成所谓的"路径依赖"(path-dependence)③。因此,对于一项制度的历史分析,在一定程度上也能帮助我们认识它现实所遇到的困境及未来的发展趋势。鉴于本章前文对我国食品安全监管体制的历史梳理、二十多年来的监管型体制绩效的分析考察,可以从历史的角度对当下制约我国食品安全监管型体制绩效优化的主要因素进行解析。这是因为从历史角度的分析更能帮助人们从更加深刻的角度来观察

---

① 杨兴华:《我国食品工业的基本状况及"九五"发展方向》,《中国商办工业》1996 年第 7 期,第 6—7 页。

② 国家发展改革委、科技部、农业部:《食品工业"十一五"发展纲要》,《轻工标准与质量》2006 年第 6 期,第 4—19 期。

③ Pierson P., "Increasing Returns, Path Dependence and the Study of Politics", *American Political Science Review*, Vol. 94, No. 2, 2000, pp. 252—254.

这一问题。正是我们以前独特的制度历史传统,孕育了今天的制约影响因素,两者之间存在历史逻辑上的因果关系。今后我国食品安全监管型体制未来的改革,应重点关注以下五个问题,同时启发人们未来如何更好地优化与完善食品安全监管型体制。

(一) 改革分散的监管权力的分配机制

目前依旧分散的监管权力的分配机制是制约我国食品安全监管型体制建设与绩效提升的关键性瓶颈。无论是从社会公众还是学者视角,分散的多部门监管体制已经被广为诟病。但多部门分段式监管体制源于计划经济体制下的行业主管部门体制,同时也与食品安全概念的扩展与食品产业链体系的日益复杂化高度相关,并非一无是处。关键的问题是目前的分段监管型体制并没有很好地发挥各部门分工监管的专业优势,反而增加了部门之间协同监管的协调难度,加大了信息、资源、监管标准等食品安全监管因素共享的难度,模糊了监管部门的问责机制,削弱了国家作为统一的监管主体的监管权威。然而,由于受到历史发展的惯性影响,短期内要完全将食品安全监管职能统合到一个部门,基本上没有可能,也不一定就能取得好的效果。因此,在发挥各个监管部门监管优势的基础上,应该利用国家食品安全委员会成立的新契机,在国务院层面强化监管部门之间的协调,同时因势利导地推动食品安全监管权由多个部门向农业和市场监管两大部门集中配置。集中配置的过程应遵循先易后难的原则,先从统一监管标准体系、共享监管信息和技术条件等一些相对容易突破的领域着手,进而推进到食品市场准入审批、食品安全稽查执法等相对较难领域的改革。深圳在这方面的改革已经提供了较好的前期探索经验。可以预见,在今后较长的一段时期内,我国的食品安全监管型体制建设目标应当是一个由国务院主导协调、监管权力相对集中的两部门分段监管体制。

(二) 解决严重不足的监管独立性

从管理主体与管理对象之间的关系分析,严重不足的监管独立性则反映出食品安全监管型体制建设的最大困难。"监管独立性"主要包括三个层面的内容,政治独立性——监管机构相对于政治性价值的独立性;行政独立性——监管机构相对于行政部门中其他机构的独立性;产业独立性——监管机构相对于作为监管对象的产业利益的独立性。在以消费者保护为目标的社会性监管领域中,鲜明的监管独立性可以被视为高效优质监管的必要保障之一。

结合对我国食品安全监管型体制的历史分析,可以发现,监管机构的政治、行政、产业三方面独立性都不同程度地存在一定的问题。在政治独立性上,各个食品安全监管部门在制定食品安全标准、对食品安全实施科学检验、推进食品安全执法稽查等具体环节均难以完全依据科学的标准来看待食品安全问题,容易受地方保证经济增长、保护地方食品产业发展、加大吸纳社会劳动力就业容量、保持社会基本稳定等政治性价值的干扰。在行政独立性上,地方单个政府监管部门不仅会受到来自其他相关监管部门的挑战,也会遭遇到来自于该地区政府、社会团体与企业集团的说情和通融。尤其在产业独立性上,由于长期以来的政企合一体制的历史惯性,各个食品安全监管部门不可避免地会产生冲突的监管意愿,即必须在推动食品产业发展与严格质量监管之间寻求某种策略性的平衡。由于我国食品生产条件、技术设备、营商环境、研发水平等与西方发达国家相去甚远,如果严格按照发达国家通行的食品质量标准对食品生产和销售进行监管,将会大大增加企业的生产和经营成本,导致食品产业发展的整体萎缩与竞争力下降,这并不是监管部门所希望的。同时在地方层面,由于各地对食品监管部门的财力支持力度的差异性很大,一些地方的监管部门为了弥补自身运作经费的不足,或明或暗地通过赞助费、办证费、培训费、认证费等各种形式向当地食品企业征收费用。而为了营造一个较好的生产经营环境,食品生产经营企业也往往乐意通过向当地监管部门"进贡"的方式来息事宁人等,这些都在不同程度上损害了各个食品监管部门的产业独立性。

综上所述,从组织建设的角度分析,由于在目前我国的政治经济环境下,各个食品安全监管部门面临着来自各种不同性质的价值挑战和冲击,导致监管组织系统目标体系出现的紊乱,客观上制约了食品安全监管的效果。可以说,相对于其他因素而言,不足的监管独立性涉及的部门利益问题最为突出,牵涉的利益面最广,也最难在短期内消除。因此,监管独立性不足,已经成为制约我国食品安全监管绩效提高的最大障碍。

(三) 完善安全监管政策的执行方式

管理工具过于依赖行政方式的监管风格弱化了监管体制的监管质量。结合历史的分析,可以清楚地看到,与西方国家明显不同的是,我国的食品安全监管体制是从原来的计划经济体制下的行业主管体系的母体中孕育出来,监管部门在制定和执行监管政策时往往不可避免地带有强烈的行政强制色彩,而且这些指令型的食品安全监管政策往往是先于法律法规而出台,有些甚至本身与法律法规相违背,将一些本不应该由监管部门担负的职能揽入怀中,僭越了政府的应有职能,结果导致原本最为重要的食品安全监管职能受到冲击,间接弱化了监管绩效。例如质检系统曾经推行过的免检制度和名牌评选活动,由政府评选名牌或以国家背景作为市场营销的手段,其实质是用政府信用为企业"背书"。一旦企业信用破产将严重损害政府的信誉,导致信任危机,影响其他职能的正常发挥。再如,此前一些地方的卫生监督部门为了更好地监管餐饮业的食品卫生,曾出台命令规定区域内的餐饮业门店的厨房面积不能低于一定的标准。卫生监督部门的政策出发点无疑是良好的,但食品卫生与厨房面积到底有没有关系？监管部门是否应该事无巨细地都去管理？这些都值得进一步商榷。此外,各个食品安全监管部门都热衷于依据中央的文件精神,在各自的监管领域频繁发动各种专项整治运动。这些专项整治运动往往源于国务院的某些文件、工作会议精神或者突发事故的影响,缺乏法律授权支持,主要依靠自上而下的行政指令开展。专项整治运动起始阶段,监管部门利用各种资源和渠道进行发动和宣传,而运动行将结束时则往往草草收尾,一些违法经营现象在运动结束之后往往死灰复燃,整治效果无法持续化和制度化。频繁地通过发动整治运动的方式来实现食品安全的监管目标,从本质上反映出食品安全监管过程中无法建立起制度化的长效机制与监管能力不足的现实。因此,由于长期以来指令型体制的巨大惯性,现有的食品安全监管型体制无论在一些具体监管政策的执行方式上,抑或是在履行监管职能的范围上,都不可避免地带有鲜明的行政色彩,也就难以做到严格意义上的完全依据法律授权来制定和执行监管政策,进而削弱了监管部门监管职责的履行。

(四) 强化监管的基础设施建设

从管理能力角度来看,孱弱的监管基础设施建设则是导致食品安全监管体制绩效低下的重要原因之一。除了食品安全监管权力的配置、监管独立性以及监管方式之外,提升监管能力的关键因素还包括重要监管部门能否具备与监管任务相匹配的监管的基础设施条件,以便拥有足够的资源、条件和技术水平实现食品安全监管政策的各项目标。然而,在摆脱食物短缺不久的中国,由于食品安全问题长期以来并没有引起各级政府的足够重视,经济发展是各级政府优先考虑的目标,食品卫生或安全问题便成为了可以牺牲的社会利益。因此,与飞速发展的食品产业及生产经营技术相比较,各个食品安全监管部门的监管基础设施建设就显得相形见绌。以原来负责食品消费环节的卫生监督部门为例,由于原来在卫生系统内长期得不到足够的重视,卫生监督部门的行政编制问题始终没有完全得到解决。2006 年全国共有卫生监督员约 10 万人,但他们同时要承担食品卫生、职业卫生、医疗服务和采供血等多项监督执法任务。从理论上分析,卫生监督机构应当取得财政的全额预算安排,但全国的调查结果显示,由政府完全承担财政职能的仅占卫生监督调查机构总数的 18.2%,尚有 0.5% 的机构完全没有政府投入。为弥补财政投入缺口,一些卫生监督机构倾向开展有收益、高收益的职能项目,严重违背了卫生监督执法的根本宗旨,影响了卫生执法的公正性、严肃性,增加了监管对象的经济负担,也使卫生监督质量下降、行业不正之风盛行。同时,经费有限还带来物质保障不足问题。对照《卫生监督机构建设指导意见》配置标准,诸多地方的基层卫生监督机构房屋建设面积普遍不达标,执法现场快速检测设备数量严重不足,执法取证工具和办公设备性能陈旧,信息网络建设落后,严重影响监督监测的质量和执法的公正性、权威性①，其他的相关监管部门如质监、工商等也具有类似监管能力不足的问题。由此可见，从长远来看，如果不解决各级政府对食品安全监管事业的财政投入问题，食品安全监管的基础设施建设继续落后于食品产业的高速发展，我国的食品质量安全状况可能将会因为众多的潜在问题无法被有效的监管基础设施所识别和界定而难以提高。

（五）提升社会组织与公众的参与度

由于长期形成的"强政府"和"小社会"的社会结构，我国食品安全监管依作用大小依次是政府监管、市场自我监管、社会组织和公众监管，反映出我国食品安全监管过度依赖政府单一主体的状况。而政府监管必然面临着监管失灵、制衡机制不足、因监管主体的信息成本劣势产生监管专业性有限和增加监管成本等一系列问题。社会组织与公众在食品安全监管过程中参与力度不够也是制约政府食品安全监管效率的重要因素。解决这一问题，除了促进市场主体由外部被迫约束自觉转为内部自我约束外，加强社会和公众的参与和风险沟通是必不可少的。促进食品行业协会以及其他社会组织的发展、被誉为"第四种权力"的新闻舆论监督、提高消费者维权意识和加强公众参与力度等，都可以有效地发挥监督作用。发达国家的实践和经验表明，安全成熟的食品安全监管体制的形成是一个开放、动态、发展和优化的持续过程，确保整个体系的信息传递、快速反应和风险沟通才能最大限度地保证食品安全。而预警信息、潜在风险发现、危机爆发与快速反应的基础就是政府监管机构、市场主体、社会组织和公众之间良好的风险沟通。

综上所述，从历史制度主义有关路径依赖的观点出发，结合我国食品安全监管体制几十年来的发展轨迹，可以认为，分散的监管权力配置结构、不足的监管独立性、过于依赖行政方式的监管风格、羸弱的监管基础设施建设，缺乏参与的监管过程已经成为制约我国食品安全监管绩效提高的五大结构因素。这些结构性制约因素都涉及我国食品安全监管体制的深层次矛盾问题，化解这些结构矛盾都不可能在短时期内完成，而需要通过不断的改革和制度建设来逐步加以解决，昭示出我国食品安全监管体制建设仍然是一个艰巨而充满挑战的政治过程。

（本章的研究内容，也是中国人民大学中央高校基本科研业务费专项资金资助项目"工业化背景下的国家食品安全影因素及监管制度研究"的阶段性成果，项目批准号 11XNJ020）

---

① 崔新、何翔、张文红等：《我国卫生监督体系的历史沿革》，《中国卫生监督杂志》2007 年第 2 期，第 157—160 页。

第九章 食品安全科技支撑体系的发展与国际比较

科技支撑体系是一个由科技资源投入,经过科技组织运作,形成符合经济和社会发展需要的科技产品的有机系统。食品安全的科技支撑体系是指国家进行食品质量安全控制时所需要的科学依据和技术支撑,其主体是技术,主要任务是基于食品质量安全的需求,形成能够支撑食品质量安全的主要技术体系。本章主要是轮廓性描述我国食品安全科技支撑体系发展的基本情况①。

一、食品安全检验检测技术与体系

随着食品链的延长、生产加工技术的创新,食品的形式早已突破传统观念,赋予了它更多的价值概念。同时,食品质量安全也已不能通过简单的感官行为来判别,需要借助于科技手段得以实现。因此,各国均将检测机构的设置、先进检测技术与方法的研究应用置于优先发展的地位,作为国家食品质量安全科技体系能力建设的重点。

(一) 国际上食品安全检验检测技术的研究与应用

食品安全质量检验检测技术重点是农兽药残留检测技术、微生物检测技术、食品添加剂检测技术等。目前,国际上食品检验检测技术发展迅速,对保障食品安全起到了重要的支撑作用。

1. 农兽药残留检测技术

食品中的残留农兽药对人类健康所造成的影响越来越受关注。残留农兽药检测采用复杂混合物中痕量组分的检测技术。20世纪60年代后,气相色谱技术得到飞速发展,许多灵敏的检测器开始使用,过去许多难以检测的农兽药残留物从此可以检测出来。20世纪70年代末特别是80年代以来,高效液相色谱的发展又拓宽了残留农兽药的检测范围。20世纪90年代以来,新的检测方法,尤其是同类型农药的多残留检测方法、多种类型农药的多残留检测方法以及多种试剂中单个农药的检测方法都取得了重要进展,国际上也相继出现一批标准分析方法,例

---

① 需要说明的是,本章涉及技术与体系问题,在研究过程中参考了大量相关文献,有些技术问题比较复杂,本章则采取了直接引用的方法。重要引用的文献已标注,但难免有所遗漏。

如国际食品法典委员会(CAC)方法,美国分析化学家协会(AOAC)方法,美国环保署(EPA)方法与EPA608、614、617、622、701和1618,欧盟的方法(例如DSG-S19),日本和加拿大等国家注册并颁布的方法等。上述方法的共同特点是:多组分残留分析,上述标准方法多半采用先进的前处理技术,结合运用色谱仪和色质联用仪进行分析,一次性可同时处理并检测数百种组分的残留物或污染物。例如,美国多残留方法可检测360多种农药;德国多残留方法可检测325种农药;加拿大海洋和渔业研究所采用的DSG-S19法,可以一次性处理、检测800多种化学污染物,包括农药、含溴化合物、多氯联苯等[①]。

2. 微生物检测技术

新世纪以来,各国政府在努力发展化学性有毒有害物质的监控技术的同时,食品检验检测技术的研究重点已经渐渐转向致病微生物的检测和防控的技术研究。目前微生物鉴定与检验方法主要有三大类型:传统方法、传统法基础上的数值化方法、化学及分子生物学方法。每一类检测类型又派生出十几种检测方法和检验仪器[②]。20世纪90年代,国外发达国家推出许多的新方法及仪器,其中应用最广的方法是根据细菌对不同碳源的代谢利用率的不同,而进行鉴定和检验,如ATB、API、Vitek等系统;利用抗原和抗体的结合具有专一性,通过这样的免疫反应对细菌进行检验,其中最具代表性的是酶联免疫分析(ELISA),例如自动酶联荧光免疫检测系统(VIDAS)[③];根据细菌的特征性脂肪酸图谱,通过基因技术来检测病原菌等,如美国科学家Volokhov等通过单管复合体扩增以及基因芯片技术检测来鉴别6种李斯特菌[④];Wilson等采用病原体诊断区基因扩增以及20寡核苷酸藻红素标记探针研究出一套多病原体识别微阵列,可以准确识别18种致病性病毒、真核生物和原核生物等[⑤]。

3. 食品添加剂检测技术

目前,高效液相色谱法是应用最广泛的食品添加剂检测手段之一。该方法可以同时测定多种食品添加剂,但是该技术的缺点是:样品前处理复杂,费时、成本高等。因此,这种方法可应用于现场的快捷、准确的快速检测方面。例如,碱性副

---

① 蒋士强、周勇、杨莉:《农产品、食品安全检测方法与仪器的进展》,《分析仪器》2006年第3期,第1页。

② 代娟、李玉峰、杨潇:《食品微生物快速检测技术研究进展》,《食品研究与开发》2006年第5期,第110—112页。

③ 蒋士强、周勇、杨莉:《农产品、食品安全检测方法与仪器的进展》,《分析仪器》2006年第3期,第1页。

④ Volokhov, D., Rasooly, A., Chumakov, K., et al., "Identification of Listeria Species by Microarray-based Assay", *Journal of Clinical Microbiology*, Vol. 40, No. 12, 2002, pp. 4720—4728.

⑤ Wilson, W., Strout, C., DeSantis, T., et al., "Sequence-specific Identification of 18 Pathogenic Microorganisms Using Microarray Technology", *Molecular and Cellular Probes*, Vol. 16, No. 2, 2002, pp. 119—127.

品红甲醛溶液法和二苯乙醇酸法可以对食品中的亚硫酸盐进行快速检测,检测时间为 5 分钟;再如可根据纳米金形成动力学以及测定共振光散射信号随时间的变化,对没食子酸、辛基没食子酸、丙基没食子酸、丁基羟基甲氧基苯、十二烷基没食子酸等进行快速检测,检测时间仅耗 15 分钟。另外,在食品添加剂检测的新仪器研发方面也取得了很好的成效。如伊朗学者 Sorouraddin 等研制了一种简单快速的可以检测食品中 5 种食品色素的便携式多波长分光光度计,对于食品样品中常用色素检测有很好的一致性。

(二) 国外食品质量检测体系的运行机制

1. 德国

德国的检测检验体系可以分为三个层次。第一个层次是企业自我检测检验,从源头上保证食品质量安全;第二层次是中性外部机构的检测检验;第三层次是政府检测检验,属于宏观层次的检测检验。在上述三个层次中,第一个层次是核心,是确保食品质量安全的主要环节;第二层次为第三层次提供了必要的信息和前提;第三层次则承担了除检测检查职能之外的更多重要职能。可见,第二、三两个层次是对第一个层次效果的监督和补充,三个层次共同确保了食品质量安全。

2. 美国

美国根据食品市场监管的需要,按照不同的食品种类建立国家专业检测机构和分区域的大区性检测机构,同时各州也根据需要建立了食品质量检测机构。主要的检测体系包括联邦谷物检验体系、农业市场局新鲜水果和蔬菜检测体系和农业部畜禽产品检验体系。肉禽类产品是美国食品安全风险较大的一类食品,农业部食品质量与安全检验局(FSIS)特别指定了新的监测和检验计划以加强监管。一是所有联邦和州检验的肉类和禽类的屠宰场和加工厂,必须制定危害分析和关键控制点计划;二是所有联邦和州的受监督的畜产品和禽类产品生产企业,必须制定书面的操作程序卫生标准;三是 FSIS 检测未加工的畜、禽类产品中的沙门氏杆菌,以验证是否达到了沙门氏杆菌病原菌所要降低的标准;四是屠宰企业检测屠宰后的胴体大肠类病菌,以验证是否有效地预防和消灭了由排泄物可能导致的病菌感染。

3. 加拿大

加拿大食品检验局总部设在首都,在全国分 4 个大区,下设 18 个地区性办公室,185 个基层办事处,并在 408 个非政府机构设点。食品检验局拥有 22 个实验室和研究机构,从事发展新技术、组织测试、提供咨询和指导科研工作。目前在境内 18 个地区开展了 14 个与食品、动植物有关的检验项目,以确保加拿大卫生部制定的食品质量与安全和营养品质标准得以执行,以及为动物健康和植物保护制定的标准得以实施。

4. 日本

由农林水产省和厚生劳动省负责,这两个部门都设有专门的机构负责农产品的质量安全工作,而且从上至下自成体系。行政管理部门的主要职责是制定有关政策,起草有关法规,具体工作由独立行政法人和地方农业机构承担。例如,农林水产省下设的消费技术服务中心主要承担检验检测工作。该中心设有 7 个分中心,负责全国 47 个都道府县农产品质量安全调查分析,受理消费者投诉和办理JAS 认证及认证产品的监督管理。地方农业机构及其他农林水产省的地方机关,也要与农林水产消费技术服务中心协作,进行情报收集和指导监督。

(三)我国食品安全检测技术的进展与体系建设

总体而言,我国食品安全的检测技术研发取得了新的进展,但与国外的差距仍然非常明显。

1. 农兽药残留检测技术

农业部农药检定所成功开发了适合我国特点的蔬菜中农药残毒快速检测仪,能够有效地检测出蔬菜中有机磷和氨基甲酸酯类农药的残留,具有操作简单、快速,自动化程度高、成本低的特点;在参照国际标准的基础上,上海有关单位开发生产的农药残留检测仪可快速测定有机磷、氨基甲酸等农药在果品、蔬菜中的残留量,同时可通过网络信息系统快速传递测试总站与测试分站的数据,监控整个地区的农残情况。但由于我国对农药残留检测的研制起步较晚,农兽药残留检测技术体系还缺乏多残留系统化的快速检测方法,诸多残留检测技术研发主要是借鉴国外经验,检测试剂大多依赖于进口。

2. 微生物检测技术

我国的微生物检测技术取得了显著的进步,主要常用的快速检测方法是应用单克隆抗体结合各种形式的放射免疫分析、酶免疫分析、荧光免疫分析、时间分辨荧光免疫分析、化学发光免疫分析、生物发光免疫分析等。市场的检测试剂采用的方法主要有金标法、酶联免疫定量等。在食源性病毒检测方面,我国一直没有可供监督检验用的实用方法。目前深圳匹基生物工程股份有限公司成功研发并生产出"禽流感快速检测试剂盒",具有快速、灵敏、安全及应用范围广的特点,取样及样品处理方便,不受疫苗免疫影响。但限于经济及技术等因素,我国长期以来对于微生物的检测多依赖于传统的数值化法,难以适应食品安全的需求。

3. 食品添加剂检测技术

近年来,由于我国食品安全事件大多与食品添加剂有关,因而食品添加剂检测技术备受重视,也取得了较大进步。例如,采用中空纤维膜液相微萃取技术对食品中防腐剂与抗氧化剂进行前处理后,可同时准确测定食品中的多种防腐剂和抗氧化剂;利用火焰离子检测器与电子俘获检测器或火焰光度检测器联用可测定复杂样品中含氯及含硫等类型有机化合物,检测器的性能组合性有效提高,逐步发挥了一体多能的检测功效。在快速检测方面,军事医学科学院某课题组利用三乙醇胺吸收盐酸恩波副品红显色原理制得亚硫酸盐试纸并与小型光电比色计联用进行定量检测,克服了现有仪器检测操作繁琐、体积庞大、不便进行现场检测等缺陷,最低检出限值达到 0.2 mg/L;该课题组研制的硝酸盐试纸条快速检测法检测时间仅为 3—12 分钟,并与自制的智能型微型光反射传感器联用,最低检出限值也达 0.2 mg/L,在食品中添加剂监督检查突发事件及各种大型活动的后勤保障中发挥了重要作用①。

4. 体系的建设现状

截至目前,我国已建立了 219 项实验室检测方法,其中农药、兽药多残留检测方法可分别检测 150 种农药、122 种兽药,并研制出了 81 个检测技术相关试剂(盒);研制成功了针对 H5、H7、H9 等不同亚型禽流感病毒的荧光 RT—PCR 检测试剂盒,在保证禽肉安全发挥了重要作用;建立了食品安全网络监控和预警系统,构建了全国共享的污染物监测网(含食源性疾病)、进出口食品安全监测与预警网。目前,我国已初步建立了较为完善食品安全检测技术体系,为保障百姓"从农田到餐桌"的食品安全提供了有力保障。

5. 运行机制

我国食品安全监管按照"分段监管"的原则分属不同部门,食品安全的检测机构也同样分属于农业、商务、卫生、质检等部门。不同系统检测机构的侧重点不一样,检测品种、项目各不相同。卫生系统可开展对乳制品、谷物、豆类、肉类、水产品、水果、蔬菜、水及其加工品的检测,内容包括重金属、农药残留、微生物检测、生活饮用水卫生质量、人工合成色素、抗生素等,主要侧重于检测食品、饮料、食品添加剂、食品包装容器卫生质量以及饮用水、矿泉水、水源水、纯净水的卫生质量,尤其擅长于病原微生物的检测。环保系统擅长于检测水和气,尤其是废水、废气、降水、土壤和底质等与种养殖环节、环境对食品安全的影响的有关样品和项目。质监系统主要可开展对绿色食品、饮料、白酒、酒类、果脯酱类、蜂产品、糕点类、植物油、冷饮、面粉制品、酱油、醋、动物饲料类及无公害蔬菜、水果、水产品、畜禽肉及产地环境、香肠类等,擅长于对生产加工环节与食品安全有关的产品质量方面的检测。粮食系统主要检测米类、面粉类、油脂类、挂面类和原粮类及其产品的质量、成分。农业、工商系统主要开展对蔬菜农药残留快速检测以及动物肉制品检疫。

---

① 吴园园:《食品安全检测技术的研究进展》,《科技资讯》2010 年第 17 期,第 227 页。

（四）主要差距分析

无论是技术，还是运行管理机制，我国食品质量检测技术与体系建设与国外有相当的差距。

1. 技术上的差距

发达国家的食品安全检测技术日益呈现出快速化、系列化、精确化和标准化的特征，检测方法灵敏度高，特异性高，适用范围较宽，检测的费用低。虽然我国食品安全检测技术有了新的发展，但原创性技术研发不足，快速检测技术基本上是在借鉴国外技术基础上的模仿创新，急需开发具有自主知识产权的技术。国内的检测产品稳定性、灵敏度等有待于进一步提高，产品的商品化程度低。例如，目前国外现有的试剂盒检测灵敏度普遍可以达到 ppb 级，而且稳定性很好，试剂盒的保藏期基本在六个月以上，操作简便快捷。而我国目前的此类技术和产品大多数处在实验室阶段。

2. 机制上的差距

发达国家检验机构组织构架多以国家检验机构为主导，形成自上而下的垂直监管模式，管理的统一性强，协调性较好。而我国食品安全多部门监管协调性差等缺点同时"复制"在检测机构上，虽然各地、各部门都投入大量的人、财、物用于检验检测机构的建设，质监、工商、卫生、农业、检验检疫等部门都有自己的检验检测机构，但由于没有统一的规划，导致检测机构分散，低水平重复建设，难以共享检验检测资源。

二、食品安全风险评估技术与体系

食品的风险评估是指对食品生产、加工、保藏运输和销售过程中所涉及的对人体健康产生有害影响的各种食源性危害进行的科学评估，世界卫生组织与国际食品法典委员会均强调，这是制定食品质量安全控制措施的不可或缺的技术手段，其评估结果是各国政府制定食品安全政策、法规和标准的主要的科学依据之一。我国学者李宁、严卫星（2011）等对此展开了较为系统的研究[①]。

（一）食品安全风险评估技术及其研究进展

目前，全球性食品安全风险评估技术发展日趋成熟。尤其是发达国家或地区均已根据各自国情形成了先进且有效的评估技术与方法。

1. 化学污染物及食品添加剂风险评估

国际上对化学性危险因素（农药和兽药残留污染物、食品添加剂、天然毒素）

---

① 参见李宁、严卫星：《国内外食品安全风险评估在风险管理中的应用概况》，《中国食品卫生杂志》2011 年第 1 期，第 13—17 页。本章相关部分，不再一一注明。

的危害识别方法主要是：通过动物毒性试验、体外试验、流行病学研究及临床资料、定量的结构活性关系分析来分析确定某种物质的毒性。对于食品添加剂而言，国际上主要是依据毒理学研究结果，结合流行病学及临床资料来提出人群日容许摄入量（ADI），并作为制定相关标准的科学依据。对于有些食品中的污染物，诸如金属污染物、霉菌毒素等，则是采用在毒理学评价和流行病学数据来提出每日耐受摄入量（TDI）、暂定每周耐受摄入量（PTWI）或者暂定每月耐受摄入量（PTM），以确保人类在摄入此剂量以下的人体健康是得到保障的。

2. 营养素及相关物质风险评估

与化学污染物、食品添加剂等相似，当营养素及相关物质摄入超过某个上限极值时也可能会产生一定的毒副作用。然而结合营养素在一定范围内能够满足机体各种生理功能的需要，需对营养素摄入过量进行风险评估。其中，要在考虑到营养物质存在的特殊性的前提下，思考如何建立新的风险评估模型。近年来，尽管世界上许多发达国家，营养素及相关物质领域的评估已经涵盖于风险评估的工作中，并且开展的很多工作具有里程碑意义，但由于评估对象及方式的不同，所产生的结果存在一定的差异性，给国际评估方法的协调统一带来了一定的挑战。2005年，在日内瓦会议上，国际食品法典委员会通过了建立营养素和相关物质的可耐受最高摄入量的模型，这标志着以科学为基础，制定营养素及相关物质安全摄入量上限研究的良好开端。不过在总体上而言，目前国际上对营养素及相关物质评估研究还处于起步阶段。

3. 微生物风险评估

与化学性危险因素的研究相比，因微生物风险评估过程中涉及的因素多且非常复杂，食品原本的微生物污染状况及从加工到消费的整个过程中食品的储存条件、时间等因素都会对食品微生物的污染程度产生重要的影响。因此，在描述微生物的危险性特征时，要考虑微生物本身的繁殖传播特性及宿主受到微生物侵入感染时产生的影响。微生物污染与健康影响的剂量—反应关系因微生物本身具有复杂的特性使得此种模型建立变得比较棘手。而微生物风险评估的数学模型将成为微生物风险评估的重要方法。自20世纪80年代以后，许多微生物性食品安全的预测数学模型已经得到应用。为了满足对微生物风险评估工作的需求，2000年由世界FAO和WHO组建的微生物风险评估专家联席会议（JEMRA）对微生物风险评估的相关资料进行分析、评价，并向各方微生物风险管理提出建设性的意见。

（二）国外的食品安全风险评估技术体系

世界各国食品安全风险评估技术体系建设有着不同的特点。总体上看，发达国家或地区的评估体系已日趋成熟。

1. 欧盟

2002 年,欧盟成立了欧盟食品安全局,承担风险评估和风险交流工作,目前已形成了主要由欧盟委员会健康和消费者保护总署欧盟食品与兽药办公室和欧盟食品安全局组成的严密体系。欧盟食品安全局已完成了综合统一、可贯穿从农田到餐桌整条可追溯食品链上的风险评估技术体系。同时,为了确保风险管理的公开透明性,一方面欧盟食品安全局将其内部管理及运行程序通过专门的网站公布于众,鼓励消费者参加有关会议,使公众可以广泛获取该局信息;另一方面大规模的网络平台的建立促进了欧盟食品安全局各项活动的可视化,鼓励社会各界广泛关注和了解食品安全风险评估的工作。

2. 美国

1997 年,美国总统食品安全行动计划规定要求所有负有食品安全管理职责的联邦机构建立风险评估协会,来负责管理生物性因素的风险评估工作。美联邦政府虽没有设立专门食品安全风险评估机构,但参与风险评估的机构有很多,最主要的是食品药品监督管理局(FDA)、毒物及疾病注册局、职业安全与健康研究所(NIOSH)、动植物卫生检验局(APHIS)、食品安全检验局(FSIS)和风险评估工作的专家。

3. 日本

在疯牛病事件后,日本政府对食品安全政策有了新的认识,强调应当在科学与风险分析的基础上建立食品安全管理。2003 年,日本成立了日本食品安全委员会(FSC),该委员会主要承担来自厚生劳动省及农林水产省等风险管理部门的风险评估工作。FSC 依据风险评估的结果及时向相关部门提出建议,并在消费者与食品相关企业经营者等利益共存者之间进行风险交流,也能对食源性突发事件等紧急事件做出及时反应。

(三) 我国风险评估工作进展与主要挑战

20 世纪 70 年代中后期,我国将风险评估应用于食品安全管理方面,至今已在农产品、水产品等领域内取得了明显的效果。目前我国食品中农药残留限量标准、食品中污染物限量和兽药典均较大程度地引用了国际食品法典委员会相关风险评估数据。目前,我国已初步形成了食品安全风险评估体系的框架。

自 20 世纪 90 年代以来,卫生部牵头对国内多个地区食品中的多种重金属、黄曲霉毒素等各种污染物进行流行病学调查,且在 1959 年、1982 年、1992 年和 2002 年进行了 4 次中国居民营养与健康调查,因此初步积累了居民膳食消费基础数据。此外,我国成功开展总膳食研究,是全球食品污染物监测计划的成员国。

2001 年,我国建立了食品污染物监测及食源性疾病监测网络系统,我国食品中重要污染物的污染状况得到了初步掌握。目前,许多食品安全标准的制定,如食品中镉铅限量标准的制定等,都是以风险评估为基础。新资源食品添加剂上市要先通过风险评估开展安全性评价,才能得到行政许可。目前,国家食品安全风险评估专家委员会,正在根据制(修)订标准的需要,以食品中镉和铝对健康的风险评估相关数据为科学依据,修订食品中镉限量和含铝食品添加剂使用的标准。在微生物领域,食物中毒菌沙门菌和大肠杆菌 O157∶H7 的定量风险评估,都是以食物中毒暴发的调查和运用数学模型,来估计引起食源性疾病的最低活菌摄入量或造成食用者发病的活菌量。

与此同时,2002 年,农业部畜牧兽医局成立的动物疫病风险评估小组,依据世界动物卫生组织的有关规定对中国 A 类和 B 类动物疫病进行风险评估以达到预防的效果。同年 7 月,农业部成立了农业转基因生物安全评价专家委员会,展开了针对转基因动植物和微生物的风险评估和安全评价。

在处置突发的食品安全事件中也展开了相关的风险评估,为政府应对突发公共卫生事件处理提供了强有力的技术支撑。如在 2005 年发生的辣椒酱中污染物苏丹红、红心鸭蛋中添加了苏丹红、油炸食品所含丙烯酰胺等突发食品安全事件中,国家组织专家对苏丹红与丙烯酰胺开展了风险评估,进行风险交流,通过媒体科学引导消费者,让消费者认识到食品安全问题的严重性。2008 年爆发的三鹿婴幼儿奶粉事件中,食品安全风险评估专家委员会对三聚氰胺进行风险评估,并制定了乳与乳制品中三聚氰胺临时管理限量值,为政府及时掌握和控制市场中乳及乳制品安全状况有着重要的意义,也为三聚氰胺对人体的健康风险提供了科学依据。

为深入了解部分沿海地区居民碘摄入可能过量及其潜在的健康损害,强化我国全民食盐加碘策略的科学性,国家食品安全风险评估专家委员会根据 1995—2002 年全国碘缺乏病监测、2002 年全国膳食与营养状况调查、2009 年沿海地区居民碘营养状况及膳食摄入量调查等数据,就尿碘水平和碘的膳食摄入量两个方面,对我国全民食盐加碘,在预防控制碘缺乏危害方面,及我国不同地区居民碘营养状况的存在的潜在风险进行了评估,努力为制修订碘缺乏病防治策略与风险交流提供了科学依据。

2009 年 12 月,我国第一届国家食品安全风险评估专家委员会在北京宣告成立。该委员会隶属于国家卫生部,由 42 名来自营养学、食品安全、环境生态检疫防疫、疾病预防、公共卫生等领域的专家组成,主要任务包括参与制定与食品安全风险评估相关的监测和评估计划,拟定国家食品安全风险评估技术规则,解释食品安全风险评估结果,开展风险评估交流,承担卫生部委托的其他风险评估相关任务等。

我国正处于食品安全风险隐患凸现和食品安全事故高发期,因此面临的评估任务繁重。尽管食品安全风险评估在我国食品安全标准制定、突发食品安全事件处理中得到应用,但与发达国家相比尚有较大差距,主要表现在:用于危险性评估的技术支撑体系尚不完善,危害识别技术、危害特征描述技术、暴露评估技术层次有待进一步提升;食品中诸多污染物暴露水平数据缺乏,用于风险评估的膳食消费数据库和主要食源性危害的数据库还很不完善。当务之急是要进一步提升我国食品安全风险评估的技术水平,建立与完善适合我国国情的评估模型和方法。

三、食品安全溯源技术与体系

食品可追溯性体系的概念最初由法国等部分欧盟国家在国际食品法典委员会生物技术食品政府间特别工作组会议上提出,作为风险管理的措施在发现危害人类健康安全问题时,可按照从原料上市至成品最终消费过程中各个环节所必须记载的信息追踪流向,召回未消费的食品,撤销上市许可,切断源头,消除危害,减少损失①。目前,食品安全溯源体系已成为全球保障食品安全的主要方法。

(一) 国外食品安全追溯系统的应用现状

1. 美国

1989 年美国食品质量与安全监测局(FSIS)通过对猪肉加工包装厂的检查监测发现,高达 11% 的猪肉中磺胺类药物残留严重超标。为此,美国国家猪肉生产者委员会从 1989 年开始了肉品质量保障计划,目的是通过对养猪生产者适当的教育解决猪肉中药物残留严重超标问题。因此,食品溯源技术系统虽然在美国肉食品生产中应用起步较晚,落后于欧盟及加拿大等国,但近年来可追溯系统在美国发展迅速,并已广泛应用。

2. 欧盟

欧盟的食品溯源体系是以畜产品可追溯系统为主,主要应用在牛及牛肉制品的生产和流通领域。欧盟的牛肉可追溯系统是通过一个法律框架向消费者提供足够清晰的产品标识信息,同时在生产环节对牛建立有效的验证和注册体系,采用统一的中央数据库对信息进行管理。这一体系包括标识单个牛的耳标、数据库的处理、牛的证照、农场保留个体牛注册的信息。在法国所有的牛都必须戴有两个身份识别环,每头牛一出生,便有护照。这种身份标志文件是由每个省专门负责牛的身份识别机构编制。每头牛都有唯一标在耳环上的号码,这个号码也登记在牛的护照上。饲养阶段的牛大都采用电子耳标进行标识,而牛肉统一采用AEN-UCC 标识系统。

---

① 莫锦辉、徐吉祥:《食品追溯体系现状及其发展趋势》,《中国食物与营养》2011 年第 1 期,第 14 页。

3．日本

作为应对疯牛病的重要手段，2001 年，日本在肉牛生产供应体制中全面导入了信息可追踪系统。2002 年，日本制定法律对牛肉生产业强制实行可追溯系统，规定牛饲养场必须为每头牛戴上耳标，耳标上有个体识别号，饲养者必须记录每头牛的基本信息，包括标识号、品种、性别和饲养历史信息（如出生日期，转到饲养场的日期等）。2002 年 6 月，日本将食品信息可追踪系统推广到全国的猪肉和肉鸡等肉食产业，消费者购买商品时，通过包装可获取品种、产地和生产加工流通过程的相关信息。

4．澳大利亚

2001 年，英国发生口蹄疫后，澳大利亚开始建立国家牲畜标识计划（NLIS），并成立相应的管理机构。NLIS 是澳大利亚的牲畜标识和追溯系统，主要用于牛和羊，它能从出生到屠宰追溯动物的饲养全过程。加入 NLSI 系统的牛必须使用统一的电子耳标，羊使用统一的塑料耳标。

（二）国内食品安全溯源体系发展现状

借鉴国际经验，我国在 2000 年先后开始探索实施食品安全溯源体系，虽有进展，但可追溯食品生产水平有限，难以满足市场需求①。

1．追溯体系应用及技术研发现状

2002 年，农业部颁布《动物免疫标识管理办法》，要求猪、牛、羊必须佩带免疫耳标并建立免疫档案管理制度。2004 年，国家质检总局出台了《出境水产品追溯规程（试行）》，要求出口水产品及其原料按照规定进行标识。同年，我国食品药品监督管理局、农业部等八部门确定肉类行业为食品安全信用体系的试点行业，开始启动肉类食品追溯制度和系统建设项目。2003 年以来，开始实施农产品可追溯系统的试点工程，并取得了众多成果。例如，进京蔬菜产品质量追溯制度试点项目、南京的农产品质量 IC 卡管理体系、山东潍坊寿光蔬菜基地的蔬菜安全可追溯性信息系统研究及应用示范工程、奥运食品安全追溯系统等，许多省市也开始试点农产品身份标识制度。同时我国政府也增加了对可追溯系统的科研投入，在此领域开展了广泛的研究。如科技部的肉用猪工厂化生产全程质量管理与畜产品可追溯计算机软件研究、国家 863 专项饲料和畜禽产品数字化安全监控体系研究等。

2．面临的突出问题

目前我国对于可追溯系统的研究尚处于起步阶段，虽然在部分城市可追溯系

---

① 吴林海、徐玲玲、王晓莉：《影响消费者对可追溯食品额外价格支付意愿与支付水平的主要因素》，《中国农村经济》2010 年第 4 期，第 77—86 页。

统的建设过程中已经积累了一定经验,但仍然面临以下技术问题。

(1) 新型个体识别技术的应用。目前,个体识别技术分为自动识别技术(一维条形码、二维条形码和无线射频识别技术 RFID)和生物识别技术(血型鉴定、视网膜图像识别、DN 标识)两大类。我国自动识别技术的应用起步较晚,但发展较快,例如山东寿光已利用条形码标识技术实现了蔬菜质量安全可追溯系统。生物识别是当今世界农业领域中的新型个体识别技术,具有相当高的识别精度,目前在我国还没有应用。为了使我国的可追溯技术达到更高水准,应注重这两类技术的有机结合。

(2) 通用数据标准问题。由于数据结构和格式的不一致阻碍了供应链各节点间的信息传递,因此各节点交换的数据在结构和格式上均需要标准化,即产品的标识、属性的表达都需要依照通用的数据标准。此方面的技术研发亟须加强。

(3) 追溯系统建模。由于追溯涉及供应链各节点,食品从原材料到产成品要经历多道工序加工变换,使得追溯单元的信息不断变化,因此建立有效的追溯系统必须以一个优化的追溯模型为基础,识别各供应链追溯单元的变换形式,并对追溯流程进行优化,否则极易影响质量信息的准确采集与传递。追溯系统建模应如何从实际出发,注重模型的实用化和可操作性,在我国仍有待进一步加强。

(4) 地理信息技术的应用。追溯与地理位置密切相关,例如要对蔬菜追踪到某一地块。因此,如何将 GIS(地理信息系统)、GPS(全球定位系统)技术应用到可追溯系统的建设中去也是一个重要的技术问题。

生产经营组织化程度低是我国食品安全溯源体系发展中面临的更加突出的问题。虽然少数信息化程度较高的食品龙头企业已逐步实现追溯机制,例如双汇、伊利等,但农业生产大多还是以农户为基本单位,这些农户生产分散、管理松散,对追溯制度的认知程度很低,参与追溯的意愿也不强,很难开展质量追溯。

四、食品安全预警技术与体系

食品安全预警体系是在现有法律法规、标准体系的基础上,利用现代食品安全预警相关技术,对食品中的添加剂或者其他微生物含量等可能对食品安全产生影响的要素进行抽样调查,并应用预警理论和方法对调查结果进行统计分析、预警判断,并有效发布与传递预警信息。食品安全预警体系是有效保障食品质量安全的重要科技支撑体系。

(一) 国际上典型的食品安全预警技术及体系

1. 美国

美国的食品安全预警技术及体系以科学、高效的食品安全预警监测、应急反应和研究机构为支撑,以食品安全预警信息管理和发布机构为强大后盾,将食品安全预警信息快速及时地通报给消费者和各相关机构,大大降低了美国食品安全事件可能给经济社会造成的损失。美国的预警系统主要采用三套监测网工具系统对食源性疾病进行检测,即脉冲凝胶电泳 DNA 指纹图谱监测网系统(Pulse Net)、国家抗生素耐药性监测网系统(NARMS)和食源性疾病主动监测网系统(Food Net)①。同时,美国对于常规食品安全的预警也非常灵敏,一旦监测发现相关食品可能存在危险后,会立即发布既简明又准确的食品安全预警公告。如 2007 年美国 FDA 警告未经高温消毒的商标为"有机牧场 A 级生奶油"的奶油可能受到李斯特菌污染,不要食用。美国农业部食品安全检疫署在 2008 年对可能污染沙门氏菌的初加工鸡肉产品发布警告信息。

2. 欧盟

全球最具代表性的预警系统是欧盟食品安全预警系统(RASFF)。该预警系统首次区分"预警"和"信息",设定了两种通报类型:信息通报和预警通报。与信息通报不同的是预警通报是特指与食品安全密切相关的信息。该系统的信息流是双向互动的。国家联系点把本国内的饲料和食品安全信息上传到欧盟委员会,与此同时接收传回的其他成员的信息,并在国内通过各种方式进行通报。此外,预警系统还以通报及信函的方式将相关信息传播到第三国,引起原产地国各方的注意,提高警惕,防止问题的再次发生②。图 9-1 是 RASFF 信息流转示意图。

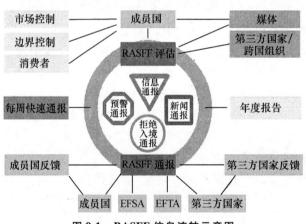

图 9-1　RASFF 信息流转示意图

自 2002 年 2 月开始,欧盟健康与消费者保护总局每周进行食品安全通报,并在网站上公布。而每年欧盟委员会还会在网站上发布详细的年度分析报告。用

---

① 丁玉洁:《食品安全预警体系构建研究》,南京邮电大学硕士研究生学位论文,2011 年。
② 焦阳、郭力生、凌文涛:《欧盟食品安全的保障——食品、饲料快速预警系统》,《中国标准化》2006 年第 3 期,第 20—22 页。

户在 RASFF 系统上可以定制查询得到自己关注的食品安全通告。RASFF 在 2009 年新开通了数据库,用户可以根据自己的喜好查询相关的食品安全通告。随着 WHO 国际食品安全当局网络与 RASFF 合作,RASFF 系统将逐步发展成为一个在世界范围内的食品安全预警系统。图 9-2 是 RASFF 未来发展示意图。

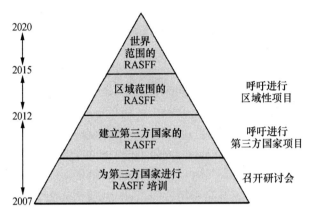

图 9-2　RASFF 未来发展示意图

3. 加拿大

加拿大对食品的生产、加工、销售和消费的整个过程进行监督,强调每一道环节与食品安全之间的重要性。目前,加拿大食品检验局实施由联邦卫生机构制订的与在售食品的质量安全问题相关的政策及标准。加拿大食品检验局会对国内的食品安全事件灵敏地做出应急反应,对公众提供的关于食品安全方面的信息做出应急措施。加拿大食品召回流程见图 9-3。

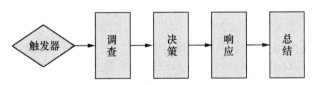

图 9-3　加拿大食品召回流程图

(二) 我国食品安全预警技术与体系的建设

目前我国食品安全面临严峻挑战,多次重大的食品安全事故增强了政府和企业的食品安全风险防范意识,相关部门应对食品安全事件的能力逐渐提高,预警研究和预警系统建设也得到相应发展[①]。2007 年由国家质检总局研发的"快速预警与快速反应系统"(RARSFS)采用数据动态采集机制,建立动态监测和趋势预测

---

① 本书将在第十二章中具体研究国家食品安全风险监测评估与预警体系。本节主要从技术角度展开简单分析。

网络,初步实现了网络食品质量安全数据信息资源的共享。此外,卫生部门也通过建立的网络平台成功发布了河豚、霉甘蔗等危及人们身体健康的一些食品安全预警信息①。由此,通过网络平台的公告和媒体把食品安全预警信息及时传达给民众,从而提高消费者的自我保护意识,降低食源性疾病发生的风险,起到预防效果。

然而,目前我国食品安全预警与应急体系的建设与发达国家相比还有较大差距,主要存在以下三个突出问题:一是缺乏食品安全控制的信息平台,缺乏面向广大消费者、生产者的教育、培训和信息咨询系统以及大规模的食品安全预警机制。目前,虽然在我国各相关部门做了大量监测和检测工作,但食品安全信息没能形成跨部门的统一收集分析体系,没有统一机构协调食品安全相关信息的通报、预报和处置。在国家食品安全委员会的统一领导下,将分散在卫生部、农业部和质检总局的食品安全监测系统进行资源整合和信息共享,建立统一、协调、权威、高效的信息共享平台势在必行。二是由于缺乏统一协调和有效管理,资源没有充分利用。目前我国食品和消费品检测资源、食品和消费品数据资源以及食品和消费品相关信息资源分散,面对突发事件难以在最短时间内调集包括食品和消费品检测方法、限量指标、配套标准、检测机构等在内的关键资源,难以在最短时间内对食品和消费品中有毒有害物质进行风险评估确认,难以在最短时间内对相关食品和消费品安全数据进行采集、分析和预警,更难以预先对食品和消费品中有毒有害物质进行识别,从而导致我国应对食品和消费品安全问题的预警、分析和应对能力还远远不足,食品监管的针对性和有效性较差。三是由于至今缺乏真正科学意义上的食品质量安全预警与引导系统,致使无法对影响食品质量安全的危害因素实现实时采集、分析与处理、提示与引导,更由于没有合理、公开的途径保证消费者获得食品质量安全信息和数据,难以真正做到早发现、早报告、早预防、早控制。四是食品安全预警技术等相对比较落后。食品安全预警数据分析体系是一项涉及食品工程、统计分析、数据库信息管理、计算机网络等多领域和新兴技术的研究。目前我国在此领域的研究还比较粗浅,食品安全数据库的应用尚未涉及多维数据应用领域等,需要进一步研究和完善。同时,基于风险的检测是食品安全预警工作的基础,食品检测的手段和水平的高低直接影响食品安全风险预警的准确性和时效性,而我国食品检测技术与设备的研发水平不高,难以为预警体系的建设提供强有力的科技支撑。

---

① 罗艳、谭红、何锦林等:《我国食品安全预警体系的现状问题和对策》,《食品工程》2010 年第 4 期,第 3—9 页。

五、动植物防疫检疫技术及其支撑体系

随着经济的进步,商品的流动性增强,动植物防疫与检疫受到世界各国的普遍重视。利用先进的科技手段或相关政策来防止具有危害性的虫、草、病等危害或感染动植物,保障动植物健康成长,这对促进国家进出口经济贸易,保障国民健康及畜牧业的发展都具有十分重要的意义。目前,我国的动植物防疫检疫技术及其支撑体系建设有了新的进展,但仍然面临繁重的任务。

(一)动物防疫检疫体系建设与国外的差距

改革开放后我国的防疫检疫事业发展较快,目前已初步形成体系。

1. 建立了动物防疫检疫的法律法规

我国对动物防疫检疫给予了高度重视,出台了许多相关的法律法规:《中华人民共和国畜牧法》、《中华人民共和国动物防疫法》、《中华人民共和国进出境动植物检疫法》、《兽药管理条例》、《中华人民共和国进出境动植物检疫法实施条例》等为动物防疫检疫工作提供了法律保障[①]。

2. 建立了专门机构

我国的动物检疫包括出入境检疫和国内动物检疫。按照《动物防疫法》,国内动物检疫由国务院兽医主管部门和县级以上地方人民政府兽医主管部门分别负责全国及地方的动物检疫工作,而县级以上地方人民政府设立的动物卫生监督机构除需负责动物、动物产品的检疫工作外,还需负责相关的动物防疫的监督管理执法工作。出入境检疫由隶属于国家质量技术监督检验检疫总局的出入境检验检疫机构按照《进出境动植物检疫法》全面负责。

3. 初步实现了与国际接轨

我国从加入 WHO 以来,与国际间的经济贸易与合作交流有了较大的发展与提高,政府先后与世界多个国家签署了《动物防疫和动物卫生合作协定》、《双边输出输入动物及产品单项检疫议定书》。2007 年国际委员会大会恢复我国在世界动物卫生组织(OIE)的合法权利和义务,作为世界畜牧业大国,中国政府愿与世界各国和包括 OIE 在内的有关国际组织加强在动物卫生领域的交流与合作。目前,一些危害畜牧业产品的人畜共患病及畜禽疫病可以得到很好的控制和治疗,保障畜禽产品的安全卫生[②]。

4. 动物防疫检疫体系建设与国外的差距

这方面主要体现在,一是我国动物防疫诊断标准不足,涉及的动物疫病少;有

---

① 崔言顺、李建亮:《我国动物防疫检疫工作的现状及应对措施》,《山东畜牧兽医》2008 年第 6 期,第 1—3 页。

② 同上。

些诊断标准与国际标准之间存在差异,由此导致我国兽医实验室的诊断水平参差不齐,实验结果难以获得国际认同,影响动物产品的进出口。因此,需要在全国动物检疫标准化委员会的统一协调下参照 WHO 指定的 OIE 的《诊断试验和疫苗标准手册》,制订符合国际要求,适合国情的动物疫病诊断标准,建立完善的诊断标准体系。二是部分疫病未得到控制,需进一步提升防疫检疫技术。在过去 80 年里美国消灭动物疫病有 40 余种;澳大利亚有 60 余种。而我国自新中国成立以来仅消灭了牛肺疫和牛瘟两种动物疫病,能控制的有 50 多种,但目前流行的畜禽疫病还有几十种。加上我国兽医基础和技术不足导致防控疫病能力不足[①]。因此,加强我国动物防疫检疫技术与体系的建设刻不容缓。

(二)植物防疫检疫技术与体系建设进展与国际趋势

我国防疫检疫技术与体系建设进展良好,但与国外的差距仍然较大。

1. 我国防疫检疫技术与体系与进展

自 2002 年以来,国家质检总局组织专家并经世界贸易组织及多方审核完成了《进境植物检疫性有害生物名录》的修订。此次修订不仅大幅增加了有害生物的种类(增加了约 351 种),而且扩大了保护植物的种类和范围,提高了植物进境的检疫门槛,有效地保证了进出口经济贸易的稳步发展。

(1)建立有害生物风险预警制度。检验检疫部门在全国建立的检疫性害虫监测体系有助于了解并掌握疫情的相关信息,并且可以及时有效地采取积极的应对措施。2006 年,在全国各个省、市建立了疫情监测网络和检测点,全面监测检疫性有害生物包括外来生物的数量、季节变化、习性、分布、繁殖等情况,预防实蝇等其他外来生物的入侵,对国外流行的或在入境时查获的有害生物进行风险预警通报,增强国内及海关人员的保护防范意识,有效地实时掌控国内疫情的发生和发展。

(2)形成良好的国际合作机制。由国家质检总局设立的《实施卫生与植物卫生措施协议》(SPS)咨询点与 SPS 秘书处建立了正常的联系制度,由此可向国内有关部门及时通报 WHO 的 SPS 有关信息。目前,我国已与欧洲、南非、菲律宾等近 30 个国家和地区建立 SPS 磋商机制,并借此以平台解决我方关注的检疫问题。近年来由我国、泰国及荷兰携手举办了三次针对贸易中存在的动植物检疫的 SPS 措施研讨会,共同促进各国相关领域工作的开展。

2. 国际上植物检疫检验技术的应用和发展

传统的植物病害及其他有害生物的诊断技术在植物检疫检验中发挥了巨大

① 秦莉、刘潇威等:《农产品产地环境质量监测技术的发展趋向》,《安徽农业科学》2008 年第 32 期,第 14277—14278 页。

的作用且在现在和将来都有着不可替代的应用价值。随着科学技术进步,特别是生物技术和信息技术的飞跃发展,给植物检疫检验提供了非常先进的仪器设备和技术方法,促进了检疫检验技术的现代化。一系列分子生物技术和方法在植物检疫检验中得到了较广泛的研究和应用,其大大提高了对检疫性有害生物的诊断鉴定的准确性、可靠性,并可以大幅度地缩短检疫鉴定所需的时间,方便了动植物进出口,促进了国际贸易的发展;网络信息技术及数据库已被用作植物检疫检验中对有害生物的远程诊断鉴定;地理信息系统和地理定位系统已被应用于植物有害生物发生疫情的监测和预警中。但也应该看到,绝大多数这些方面的技术在植物检疫方面尚处于研究试验或初步应用阶段,离在检疫检验的实践中实质性地、大量地应用尚存在较大的距离。科学技术特别是生物技术和信息技术的飞速发展,植物检疫检验技术的创造与更新也将永无止境。

六、产地环境控制技术及其支撑体系

农业生产依赖于产地的自然环境,包括空气、水、土壤等自然条件,而这些环境因素势必会对农产品的质量和产量产生重大的影响。空气、灌溉及饮用水和土壤中残留或污染的农药、激素、排放的尾气等在植物和动物体内经过一段时间的富集,从而影响动植物产品的质量安全性。因此,解决农产品的污染应对产地的环境质量进行监控,从源头降低农产品中的农兽药残留水平,保护环境就是保护我们人类自身的健康。农业生产是依赖于自然环境的开放性生产,环境质量必然会对农产品的质量产生影响,尤其是农作物对环境污染物的生物富集效应将对人体健康产生不可忽略的影响。因此,产地环境监测技术和风险评估技术是产地环境控制技术与体系的基础和核心。

(一) 我国产地环境监测技术与体系的发展

目前,我国产地环境监测技术与体系的发展取得了新的发展。

1. 监测技术仪器与监测方法

目前,我国的标准环境监测方法主要以中型分析仪器为主,如原子吸收光谱仪(AAS)、气相色谱仪(GC)、极谱仪(POLAR)等,其检测水平可以达到国际先进水平。其中,我国自行研发的 AFS 技术对重金属含量检测灵敏度很高,可应用于实际的环境监测工作中。一些大中型检测仪器已经在欧美等发达国家广泛应用而因价格相对昂贵及相应的标准监测方法的限制在我国尚未普及。而一些大型仪器如等离子体光谱—质谱仪(ICP-MS 或 MIP-MS)、X-射线荧光光谱仪(XRF)等大型仪器在我国还没有相应的标准的检测方法,我国在这方面尚属空白。

2. 快速检测技术

在产地环境监测快速检测技术方面,我国农药残留快速检测技术应用最多的是酶抑制法。目前,根据此法生产出来的速测卡、快速检测仪已经被全国各地的蔬菜基地、市场采用,并且已被农业部推崇。而从美国引进的酶联免疫测定技术(ELISA)和胶体金技术制备农药特异性抗体可检测的农药残留的最低检出限为ng/ml 级,且检测时间一般在 15min 内,特异性和准确性很高。此外,在重金属的快速检测技术方面,我国天津市科委、农业部环境保护科研监测所研制出的一种金属快速检测试纸对重金属有良好的选择性,灵敏度和准确度都能达到技术要求,是我国的一项重大突破。

3. 野外自动连续监测技术

在 20 世纪 80 年代初,我国开始引进国外的先进系统设备,先后建立了地面大气自动监测站和水质连续监测系统[①]。目前,自动监测系统已经成为我国对大气环境检测的主要方法,使环境监测走向自动化发展的轨道。

4. 卫星遥感监测技术

我国通过遥感监测研究了大型水体的污染与水体叶绿素含量之间的关系,并可通过遥感监控资料了解水体污染区域和富营养化状况。我国曾根据水体热污染原理,先后对湘江、大连海、海河等进行了红外遥感监测。

(二) 国际上产地环境监测技术的发展趋势

国际上产地环境监测技术发展很快,为确保农产品的质量安全提供了有力支撑。

1. 快速检测技术

目前产地环境的检测项目主要是农药残留及重金属,因此这两类物质的快速检测技术受到世界各国的普遍重视。酶抑制法和酶联免疫法是目前国际上较为成熟的农药残留快速检测技术,而且对比较重要的农药都研发出相应的试纸条和试剂盒,在实地检测中极为方便。在重金属的快速检测方面,传感器及免疫分析技术研究最多,且检测的灵敏度可达到 ng 级以上,检测快速。

2. 野外自动连续监测技术

控制污染,保护环境,需准确掌握环境质量各指标的变化动态状况。传统的环境监测耗费的人力、物力比较大,如需得到比较客观科学的结果定时定点采样监测的样本量比较大,难以适应信息数字化的时代需求。因此,在 20 世纪 70 年代以后,实行环境的自动连续监测统计积累数据的技术就应运而生了,使环境检测工作走上连续自动化轨道。目前,自动环境检测系统主要应用于水质污染和大气污染的监测。

---

① 秦莉、刘潇威等:《农产品产地环境质量监测技术的发展趋向》,《安徽农业科学》2008 年第 32 期,第14277—14278 页。

3. 卫星遥感监测技术

这是一种通过分析收集周围环境中的电磁波信息来判断检测目标的环境质量和污染状况,其特点是在获取大面积环境信息方面快而全。目前,国际上已经将此技术应用到如生态环境调查监测、城市热环境及水域热污染调查、海洋油污染事故调查等,并可检测出几种主要污染物的浓度,还可跟踪遥感调查环境污染事故,预报事故的各种情况。在当今全球环境问题日益突出的年代,遥感技术在全球环境变化监测中已经成为一种主要的技术手段。而且国际上的全球环境遥感监测计划极大地推动了环境遥感技术的发展。

(三)产地环境风险评估技术发展概况

随着人们对农产品质量安全的越来越关注,农业产地环境风险评价成为一个不可或缺的研究领域,有助于保障农产品产地的环境安全。

1. 国内外农业产地环境风险评价的发展概况

化学产品在农业中的应用给农业产地环境带来了不可忽视的影响,由此引起广大消费者和学者们的关注。20世纪70年代,风险评价的研究领域逐渐扩大到了环境领域的风险评价。从1980年开始,欧美许多国家主要从灌溉水、土壤、大气环境质量与农艺措施等方面来研究农产品质量安全问题。随着计算机技术的迅猛发展带动了风险评价模型的发展。进入21世纪,有机材料、农药、化肥和激素等的过量使用,使得农兽药残留问题日益凸显。此外,研究者们还意识到要严格规范农业系统评估与环境质量标准,才能防止农业环境的恶化。日本学者对收集的大量环境质量进行研究分析,提出了数学和统计模型,指出确定权威有效的风险指标是完全必要的。欧洲ECNC通过欧洲数据集和相关的农业环境指标对杀虫剂、水土的富营养和污染进行环境风险识别和中和全面的风险评价[①]。如今评价模型方法已成为我们对环境进行风险评价不可或缺的手段。

在国内,我们认为对农产品的生产过程中可能出现的各种风险因素进行识别,分析和评价就是农业产地环境风险分析。农业环境的风险评价和管理主要包括面源污染和点源污染,国内的水体面源污染和农业的点污染研究相对比较深入,而其他方面还是处于初步的探索阶段。自2005年以来,我国修订的《环境保护法》和出台的一些政策和制度,在环境损害,环境风险管理等方面提出了要求,加大了实行的力度,大大地推动了农业产地环境风险评价的发展。

2. 农业产地环境污染物及其评价方法

农产品产地可以通过大气、水体、土壤等各种途径影响农产品的质量,主要分

---

① 陈歆、韩丙军、李勤奋等:《国内外农业产地环境风险评价研究进展》,《热带农业科学》2011年第11期,第64—69页。

为土壤污染、水污染和大气污染。按污染物的种类主要可分为农药、化肥和重金属[①]。

土壤重金属污染研究在国外起步较早,从 1954 年国外学者就提出"金属存在形态"。20 世纪 90 年代开始重金属风险评价。土壤重金属污染的评价方法,包括富集因子法、地积累指数法、Hakanson 重金属潜在生态危害指数评价法等,建立在重金属形态学基础上的评价能更好地反映出重金属的污染状况,更能较为客观地提供科学的依据。

国外对水体和土壤污染研究较为深入。在土壤污染方面,学者们对农药、化肥对土壤的影响而产生各方面的变化进行了全面的研究,如动植物和微生物的生长变化,从而在这方面得到更为理性的认识。其中使用到的风险评价模型包括暴露模型、污染物时空分布模型、污染物环境转归模型、风险计算模型、生物体分布模型、外推模型等。而水体污染的研究因其主体的不易控制,研究主要集中在实验室进行。目前,国内外的水环境保护主要还是在总量控制方法的基础上。虽然全国各地对化肥农药的使用情况都做了相应的标准,但还缺乏结构活性相关数据信息和我国的水流域污染模型系统。因此,我国农业产地环境风险分析要取得更大发展,还需要在充分利用计算机模拟技术和空间分析技术的基础上进行更深入探讨,完善相关标准,并加大农业污染基础研究领域科研强度,克服基础数据缺乏的问题。

---

① 参见李路平、宋小顺、李俊玲:《新乡市朗公庙镇无公害花生产地环境监测与质量评价》,《河北农业科学》2009 年第 2 期,第 65—66 页;Vladimir Novotny, "Diffuse Pollution from Agriculture: A Worldwide Outlook", *Water Science and Technology*, Vol. 39, No. 3, 1999, pp. 1—13。

第十章 食品安全标准体系的建设与发展概况

我国食品安全标准交叉、重复、矛盾、超期服役等问题，给食品安全监管与安全质量的提升带来了巨大的障碍。2009 年 6 月 1 日起正式施行的《食品安全法》对我国食品安全标准体系建设等一系列问题作出了明确的规定，为食品安全标准体系的清理、整合和统一创造了条件。本章旨在总结《食品安全法》公布施行后我国食品安全标准体系的建设与发展概况。

一、完善食品安全标准的管理制度

《食品安全法》第 21 条明确规定："食品安全国家标准由国务院卫生行政部门负责制定、公布，国务院标准化行政部门提供国家标准编号。"自 2009 年 6 月 1 日《食品安全法》正式实施后，卫生部等相关部门在完善安全标准管理制度等展开了卓有成效的工作。

（一）颁布实施了《食品安全国家标准管理办法》

为了规范食品安全标准管理工作，确保顺畅展开食品安全标准的整合、清理和修订、制定等工作，卫生部根据《食品安全法》的有关规定，结合食品安全国家标准工作特点，组织起草了《食品安全国家标准管理办法》（草案），在征求国家有关部委和各省级卫生厅、局意见进行修改后，于 2010 年 9 月 20 日经卫生部部务会议审议通过，正式颁布《食品安全国家标准管理办法》（下文简称《办法》），并自 2010 年 12 月 1 日起施行。该《办法》在内容上体现出了以下四个特点：

第一，强调了标准制定过程的科学性。《办法》要求以食品和食用农产品质量安全的风险评估结果为制定标准的主要依据，同时参照国际食品法典标准，并充分考虑我国社会经济发展水平。

第二，体现了公开透明原则。《办法》要求标准在起草完成后，应当书面征求专家、监管部门、标准使用单位、行业和企业、科研院校、消费者等各方面意见，且在经审评委员会秘书处初审通过后，需在卫生部网站上公开征求意见。

第三，鼓励广泛参与。《办法》鼓励社会广泛参与食品安全国家标准的制定工作，特别强调任何单位和个人都可以提出标准的制（修）订建议，同时鼓励对标准实施过程中存在的问题提出意见和建议。

第四，重视标准审查工作。《食品安全国家标准审评委员会章程》将审评委员会内的审查细化为秘书处初审、专业分委员会审查、主任会议审议三个环节,同时还增设了卫生部卫生监督中心审核环节,最大限度地保证报至卫生部的标准报批材料的规范性。

(二) 出台了食品地方标准与企业标准管理办法

由于食品种类繁多且更新速度快,而食品安全国家标准的制定和公布有严格的程序性规范,故而不能及时制定覆盖全部食品种类的国家标准。因此,一些生产和食用范围局限在较小区域范围内的产品,如地方传统食品,暂无必要制定国家标准时需要制定地方标准或企业标准来规范其生产行为。根据《食品安全法》规定,没有食品安全国家标准的,可以制定食品安全地方标准;企业生产的食品没有食品安全国家标准或者地方标准的,应当制定企业标准,作为组织生产的依据。这样的规定对保护人民群众的身体健康和生命安全具有重要意义,同时也体现了对食品企业生产经营自主权的尊重。2009 年 6 月 10 日,卫生部制定发布《食品安全企业标准备案办法》,对企业安全标准的内容、制定原则及备案期限等做了规定,同时还特别强调了企业的法律责任。2011 年 3 月,卫生部印发了《食品安全地方标准管理办法》,对可制定地方食品安全标准的条件,标准涉及内容、禁止条款及备案期限作了详细规定。

(三) 成立了食品安全国家标准审评委员会

2010 年 1 月 20 日,第一届食品安全国家标准审评委员会大会在北京举行。食品安全国家标准审评委员会主要负责评审食品安全国家标准,并提出实施食品安全国家标准的建议,同时提供食品安全标准重大问题的咨询服务等。第一届食品安全国家标准审评委员会由 10 个专业分委员会(食品产品、微生物、生产经营规范、营养与特殊膳食食品、检验方法与规程、污染物、食品添加剂、食品相关产品、农药残留、兽药残留)组成,分别对其专业领域范围的食品安全国家标准进行评审。食品安全国家标准审评委员会的成立充分发挥了多学科专家的作用,有利于食品安全国家标准制定的科学性和合理性。

二、修订新的食品安全国家标准

近年来,随着我国经济社会的快速发展,人民群众对食品安全标准工作提出了更高的要求。2008 年,国务院公布《乳品质量安全监督管理条例》和《奶业整顿和振兴规划纲要》,要求用一年时间清理乳品安全标准。2009 年 2 月,国务院办公厅印发的《食品安全整顿工作方案》要求用二年左右时间,对农兽药残留、有毒有害污染物、致病微生物、真菌毒素、食品添加剂标准进行修订完善,并依法整合相关食品安全标准。自 2010 年以来,卫生部颁布了 269 项新的食品安全国家标准,包括乳品安全国家标准、食品添加剂使用、复配食品添加剂、真菌毒素限量、预包装食品标签和营养标签、农药残留限量以及部分食品添加剂产品标准,修订并完善了食品包装材料标准,提高了食品安全国家标准的科学性和实用性。

(一)乳品安全国家标准

乳品不仅仅是一个直接提供给消费者使用的产品,同时作为重要的原料,广泛应用于食品工业领域,乳品的安全对整个食品工业产品安全十分重要。根据《食品安全法》《乳品质量安全监督管理条例》和《奶业整顿和振兴规划纲要》等规定,经第一届食品安全国家标准审评委员会审查,卫生部于2010年4月21日公布了《生乳》(GB19301-2010)等66项新乳品安全国家标准,其中,产品标准15项,包括一般产品标准11项,婴幼儿配方产品标准4项;检验方法标准49项,包括理化方法39项,微生物方法10项;生产规范2项。修订后的新标准提高了乳品安全国家标准的科学性,形成了统一的乳品安全国家标准体系,基本解决了此前乳品标准中矛盾、重复、交叉和指标设置不科学等问题。

乳品安全产品标准分为一般产品标准和婴幼儿食品安全标准。一般产品标准包括11种产品,分别是:生乳、巴氏杀菌乳;灭菌乳;发酵乳;乳粉;炼乳;稀奶油、奶油和无水奶油;乳清粉和乳清蛋白粉;干酪;调制乳;再制干酪。婴幼儿食品安全标准包括:婴儿配方食品;较大婴儿和幼儿配方食品;婴幼儿谷基辅助食品;婴幼儿罐装辅助食品。之所以将婴幼儿食品单独列出,是因为婴幼儿是特殊人群,婴幼儿食品要符合婴幼儿生长和生理需要。但是婴幼儿配方食品有一大部分是有乳制品的成分,因此把婴幼儿的食品安全标准放到乳制品标准中。检测方法标准分为理化检测方法标准和微生物检测方法标准。其中,理化检测方法39项,主要是对食物成分、物理性状、维生素、微量元素、污染物等开展检测;10项微生物检测方法是对微生物的一般要求、指示菌和致病菌。生产规范的2项是《乳制品企业良好生产规范》《婴幼儿配方奶粉生产企业良好操作规范》。乳品安全新的国家标准的进步性主要体现在以下六个方面:

第一,突出了安全性要求。新标准注重生产过程等安全的源头管理,生产规范标准中突出了对产品召回、培训、消费者沟通、记录等内容的要求。另外,标准中增设了一些指标,如阪崎肠杆菌等。

第二,指标的设定更加科学。例如在微生物检测标准中,根据微生物的生物特性,采用分级采样原则设置微生物指标,使得指标的检测结果更加可靠。

第三,标准协调性增强。新标准的制定整合了我国现行的食品卫生标准、食品质量标准和有关行业标准,修订了重复矛盾的内容。

第四,初步完善了乳品标准体系。首先扩大了标准的覆盖面,增强了食品安全标准的通用性。另外,检测方法与产品标准相配套,检测方法以参数设定为原则,对一些乳品相关的检测方法进行了拆分或整合。如将《乳与乳制品卫生标准的分析方法》拆分为《乳与乳制品中脂肪的测定》、《乳与乳制品杂质度的测定》、《乳与乳制品中酸度的测定》、《生乳相对密度的测定》4 个标准；将几个关于脂肪、酸度、蛋白质、水分、灰分、相对密度、杂质度、脂肪酸的方法合并为一个。最后，在参考国际相关标准的基础上，新制定了反式脂肪酸等检测方法标准。

第五，规范了乳制品的名称。如消费者日常饮用的几种液态乳：明确仅以生乳为原料，经巴氏杀菌等工艺制得的液体产品为巴氏杀菌乳；以生乳为原料，无论是否添加复原乳，采用灭菌等工艺制成的液体产品为灭菌乳；此外，在生乳或复原乳中添加其他原料或食品添加剂或营养强化剂，采用杀菌或灭菌等工艺制成的液体产品为调制乳。

第六，注重婴幼儿食品的安全。《婴儿配方食品》、《较大婴儿和幼儿配方食品》、《婴幼儿谷基辅助食品》、《婴幼儿罐装辅助食品》等 4 项新婴幼儿食品安全标准涉及的产品并非全是乳品，而是乳品安全国家标准的重点内容。同时，婴幼儿食品安全标准工作中除了根据产品的特性对一些标准进行了适当归并外，还根据国际同类标准、《中国居民膳食营养素参考摄入量》以及中国人群营养调查的数据调整了一些营养素的含量，使其在保证安全的前提下，更适合中国婴幼儿膳食营养的需要。对于新制定的《特殊医学用途婴儿配方食品标准》，由于此类产品既要以普通婴儿配方食品为基础，又要根据不同疾病或医学状况的特殊要求进行调整，成分复杂且营养要求各异，尚缺乏相应的配套管理措施，需要进一步加紧研究，修改完善后发布。

作为《食品安全法》颁布后首批公布的食品安全国家标准，乳品安全标准的出台不仅使整个食品工业对食品安全标准有了具体的认识，尤其是众多的中小企业对食品安全从只有抽象概念转变为有了具象的理解，充分认识法律的意义和存在的价值，而且对建立健全食品安全标准体系、保护人民群众身体健康、促进乳品产业健康发展、提高食品安全水平具有十分重要的意义。

（二）食品添加剂使用标准

食品添加剂使用标准是国家强制性标准，为适应社会经济发展需要，新标准《GB2760-2011 食品安全国家标准食品添加剂使用标准》代替了旧标准《GB2760-2007 食品添加剂使用卫生标准》，并于 2011 年 6 月 20 日正式实施。

与 GB2760-2007 相比，GB2760-2011 发生了很大的变化：

（1）名称更加合理。新版标准的名称由"食品添加剂使用卫生标准"改为"食品安全国家标准食品添加剂使用标准"。

（2）充实了相关内容。增加了 2007 年至 2010 年第 4 号卫生部公告的食品添加剂的规定。

（3）调整了部分食品添加剂的使用规定。如，常用的防腐剂苯甲酸及其钠盐,新版之中增加了在蛋白饮料类、茶、咖啡、植物饮料类中的使用,限制了在蚝油、虾油、鱼露及葡萄酒中的使用。

（4）添加原则有根本性改变。例如,2007 年版表 A.2 为"食品中允许使用的添加剂及使用量",而 2011 年版表 A.2 改为"可在各类食品中按生产需要适量使用的食品添加剂名单"。

（5）调整了部分食品分类系统。在此基础上,对食品添加剂使用规定进行了调整。

（6）增加了食品用香精、香料的使用原则。并调整了食品用香料的分类,与此同时,增加了食品工业用加工助剂的使用原则,调整了食品工业用加工助剂名单。

食品添加剂是现代食品工业的重要组成部分,是食品工业技术进步和科技创新的重要推动力,同时也是近年来我国频频爆发的食品安全事件的主因。总体来讲,GB2760-2011《食品安全国家标准食品添加剂使用标准》新版标准注重清理整合,重点解决了标准缺失、重复和矛盾问题,对于我国的食品工业发展及保障公众的生命安全和身体健康都具有重要意义。

（三）复配食品添加剂通则

卫生部于 2011 年 7 月 5 日发布了 GB26687-2011《食品安全国家标准复配食品添加剂通则》,并于 2011 年 9 月 5 日实施,适用于除食品用香精和胶基糖果基础剂以外的所有复配食品添加剂。该标准给出了复配食品添加剂和辅料的定义以及复配食品添加剂的命名原则,复配食品添加剂使用的基本要求及其在标签和说明书上的标示问题。

GB26687-2011 的出台对食品添加剂行业,特别是对复配食品添加剂生产企业来说是一个福音,多年悬而未决的标准问题终于得到解决。有业界人士指出,虽然标准还不够完善,起码为复配食品添加剂的发展提供了统一的依据和规范化管理标准,对于产业的发展很有帮助。GB26687-2011 的主要特点是:

（1）明确规定了复配食品添加剂定义。GB26687-2011 对此的界定是:"为了改善食品品质、便于食品加工,将两种或两种以上单一品种的食品添加剂,添加或不添加辅料,经物理方法混匀而成的食品添加剂。"这为复配添加剂的管理提供了基础依据。

（2）规定了复配食品添加剂的命名原则。使得复配添加剂的名称有理可循,避免一些因为名称造成的误解和混乱。

（3）强调了复配添加剂的配料透明化。标准中关于复配食品添加剂产品的标签、说明书应当标明的事项中第二条规定,"标明各单一食品添加剂的通用名称、辅料的名称,进入市场销售和餐饮环节使用的复配食品添加剂还应标明各单一食品添加剂品种的含量。"这项规定使得复配添加剂的配料透明化,更加有利于消费者的选购。

从食品添加剂应用技术的复杂性和安全性的角度看,发展复配食品添加剂是食品健康发展的重要出路,是连接单体添加剂企业和食品生产企业的重要桥梁。发达国家已经走到最终产品以复配食品添加剂发展为主的阶段。因此,随着GB26687-2011 的颁布,我国复配添加剂的管理将逐步走向法制化和规范化,不但有利于食品安全保障水平的提高,也将为产业的健康发展提供法律保障。

(四) 真菌毒素限量标准

2011 年 4 月 20 日,卫生部发布了《GB2761-2011 食品安全国家标准食品中真菌毒素限量》,代替了《GB2761-2005 食品中真菌毒素限量》以及《GB2715-2005 粮食卫生标准》中的真菌毒素限量指标。GB2761-2011 共规定了 6 种真菌毒素(即黄曲霉毒素 B1、黄曲霉毒素 M1、赭曲霉毒素 A、展青霉素、脱氧雪腐镰刀菌烯醇和玉米赤霉烯酮)在不同类别食品中的限量指标,对食品进行了 11 个大项的分类,每项大类中又分成若干 2 级或 3 级小类,根据 2 级或 3 级小类食品制定真菌毒素的限量标准。

GB2761-2011 是以 GB2761-2005 为基础,依照 GB2760-2007 附录 F 的食品分类体系,梳理分析了我国现行有效的食用农产品质量安全标准、食品卫生标准、食品质量标准以及有关的行业标准中强制执行的真菌毒素的限量指标,得出了详细的比较结果,以删减重复内容、补充缺失内容,并比较分析国际食品法典委员会、美国、欧盟、澳新、日本、我国香港和台湾等地的此类标准,同时根据我国食品中真菌毒素的监测结果,结合我国居民膳食暴露量确定了食品中真菌毒素的限量值,使标准的科学性和实用性大大增加。与 GB2761-2005 相比,GB2761-2011 主要变化是:修改了标准的名称;增加了可食用部分的定义,使得标准的科学性和合理性增强;增加了应用原则,对标准的适用对象、特殊情况及控制措施等提出要求,使标准更加严谨和实用;增加了赭曲霉毒素 A、玉米赤霉烯酮指标;修改了黄曲霉毒素 B1 的限量指标,尤其是婴幼儿食品中该值较 GB2761-2005 降低了 90%;修改了黄曲霉毒素 B1、黄曲霉毒素 M1 及脱氧雪腐镰刀菌烯醇的检测方法;增加的附录 A 食品类别(名称)说明等。

(五) 预包装食品标签通则

按照《食品安全法》及其实施条例和食品安全监管工作需要,卫生部组织修订了预包装食品标签标准,食品安全国家标准审评委员会第五次主任会议审查通过,于 2011 年 4 月 20 日公布了《GB7718-2011 预包装食品标签通则》。

GB7718-2011 与 GB7718-2004 相比,其主要变化如下:

(1) 标准的适用范围更加明确。GB7718-2004 只是简单地规定标准适用于提供给消费者的所有预包装食品标签,而 GB7718-2011 则做了详细的规定,考虑到实际流通过程中的具体情况,将适用与不适用情况都做了说明,如下所示:此标准适用于直接提供给消费者的预包装食品标签和非直接提供给消费者的预包装食品标签;不适用于为预包装食品在储藏运输过程中提供保护的食品储运包装标签、散装食品和现制现售食品的标识。

(2)修改了部分术语定义。在 GB7718-2004 的基础上,GB7718-2011 修改了预包装食品和生产日期的定义,增加了规格的定义,取消了保存期的定义,但保质期要求维持不变。

(3)修改了食品添加剂的标示方式。GB7718-2011 细化了食品添加剂标示要求,明确了食品添加剂应标示其在《食品添加剂使用标准》(GB2760)中的食品添加剂通用名称。同一预包装食品的标签上,可在全部标示食品添加剂的具体名称、全部标示食品添加剂的功能类别名称及国际编码、全部标示食品添加剂的功能类别名称及具体名称等三种标示形式中选择。

(4)增加了规格的标示方式。规格的标示应由单件预包装食品净含量和件数组成,或只标示件数,可不标示"规格"两字。单件预包装食品的规格即指净含量。

(5)进一步规范了标示方式。新标准修改了生产者、经销者的名称、地址和联系方式的标示方式。在 GB7718-2011 中增加了生产者的联系方式,即应当标注生产者的名称、地址和联系方式,依法承担法律责任的生产者或经销者的联系方式应标示以下至少一项内容:电话、传真、网络联系方式等,或者与地址一并标示的邮政编码。同时 GB7718-2011 规定了进口预包装食品可不标示生产者的名称、地址和联系方式等。

(6)规定了预包装食品包装物最大表面面积。修改了强制标示内容的文字、符号、数字的高度不小于 1.8 mm 时的包装物或包装容器最大表面面积的有关规定。预包装食品包装物或包装容器最大表面面积大于 35 cm^2 时(最大表面面积计算方法见附录 A),强制标示内容的文字、符号、数字的高度不得小于 1.8 mm。GB7718-2011 中将最大表面面积从 20 cm^2 增加到了 35 cm^2。同时,修改了附录 A 中最大表面面积的计算方法,增加了"包装袋等计算表面面积时应除去封边所占尺寸",使最大表面面积计算更加合理。

(7)明确了含有致敏物质的推荐性标示要求。参照国际食品法典标准,GB7718-2011 增加了食品中可能含有致敏物质时的推荐性标示要求,以便于消费者根据自身情况科学选择食品。

(8)增加了附录。主要是增加了附录 B《食品添加剂在配料表中的标示形式》和附录 C《部分标签项目的推荐标示形式》。GB7718-2011 在适用范围、产品定义、基本要求和食品添加剂标示方式等方面的改变,增强了食品标签应用的科学性和可操作性,提升了消费者获取食品信息的便捷性和准确性,提供了监督检验机构判定标签的合法性和规范性。随着《GB7718-2011 预包装食品标签通则》的正式颁布实施,食品标签在食品安全管理中的作用将更加突出。

(六)食品营养标签标准

根据国家营养调查结果,我国居民既有营养不足,也有营养过剩的问题,特别是脂肪、钠(食盐)、胆固醇的摄入较高,是引发慢性病的主要因素。而食品营养标签是向消费者提供食品营养信息和特性的说明,也是消费者直观了解食品营养组分、特征的有效方式,为食品安全国家标准,属于强制执行的标准。因此,完善营养标签标准不但有利于宣传普及食品营养知识,指导公众科学选择膳食,有利于促进消费者合理平衡膳食和身体健康,而且有利于规范企业正确标示营养标签,科学宣传有关营养知识,促进食品产业健康发展。根据《食品安全法》有关规定,为指导和规范我国食品营养标签标示,引导消费者合理选择预包装食品,保护消费者知情权、选择权和监督权,卫生部在参考国际食品法典委员会和国际管理经验的基础上,组织制定了《GB28050-2011 预包装食品营养标签通则》,并于 2011 年10 月 12 日发布。GB28050-2011 充分考虑了《食品营养标签管理规范》的实施情况,借鉴了国外的先进经验,进一步完善了营养标签管理制度。主要是:(1)简化了营养成分分类和标签格式。删除"宜标示的营养成分"分类,调整营养成分标示顺序,减少对营养标签格式的限制,增加文字表述的基本格式。(2)明确了相关强制性的标示要求。增加了使用营养强化剂和氢化油要强制性标示相关内容,能量和营养素低于"0"界限值时应标示"0"等强制性标示要求。(3)简化了允许误差。删除对维生素 A、D 含量在"强化与非强化食品"中允许误差的差别。同时,删除可选择标示的营养成分铬、钼及其 NRV 值(营养素参考值)。(4)适当调整了营养声称规定。增加营养声称的标准语和同义语,增加反式脂肪(酸)"0"声称的要求和条件,增加部分营养成分按照每 420kJ 标示的声称条件。(5)对营养成分功能声称进行了适当调整。删除对营养成分功能声称放置位置的限制,增加能量、膳食纤维、反式脂肪(酸)等的功能声称用语,修改饱和脂肪、泛酸、镁、铁等的功能声称用语。

(七)农药残留限量标准

农药是农业的基本生产资料,但农药残留所固有的化学毒性既会对食用农产品安全产生隐患,也会对农业生态环境造成破坏。因此,农药最大残留限量标准既是保证食品安全的基础,也是促进生产者遵守良好农业规范、控制不必要的农药使用、保护生态环境的基础。根据《食品安全法》规定,经食品安全国家标准审评委员会审查通过,国家卫生部、农业部于 2012 年 2 月 16 日联合发布了

《GB28260-2011 食品中阿维菌素等 85 种农药最大残留限量》的国家标准,并于 2012 年 4 月 1 日起实施①。GB28260-2011 规定了食品中 85 种农药 181 项最大残留限量,其中 13 项最大残留限量与国际食品法典委员会(CAC)标准《食品中农药最大残留限量》中的有关规定一致,其余 168 项最大残留限量的一致性程度为非等同。标准中特丁硫磷在花生中的相关规定代替 GB2763-2005 中特丁磷在花生中的相关规定。

(八)其他相关的食品安全标准

主要是部分食品添加剂产品质量标准与食品包装材料标准。食品添加剂产品标准规定了食品添加剂的鉴别试验、纯度、杂质限量以及相应的检验方法,是鉴别食品添加剂质量的依据,《食品安全法》颁布后为加强食品添加剂管理,卫生部先后颁布食品安全国家标准/指定标准或卫生部公告《GB25584-2010 食品添加剂氯化镁》、卫生部公告 2011 年第 8 号指定标准食品添加剂乙酰化单、双甘油脂肪酸酯等共 200 余项食品添加剂产品质量标准。

随着科技的不断发展、包装材料的成分也日趋复杂和多样化,其中一些材料中的有害物质会在食品贮运和销售等过程中迁移到食物中,对人体健康造成损伤。为了加强食品包装材料的监管,按照卫生部等 7 部门《关于开展食品包装材料清理工作的通知》(卫监督发〔2009〕108 号)的要求,经组织专家评估,公布了聚己二酰丁二胺等 107 种可用于食品包装材料的树脂名单,对现行国家标准 GB 9685-2008《食品容器、包装材料用添加剂使用卫生标准》起到了补充完善的作用。

三、大力推进食品安全国家标准的实施

食品生产经营企业是贯彻落实食品安全标准的主体。发挥标准主体的作用才能最大限度地保证食品的质量安全。为此,近年来,我国食品安全监管部门在大力清理、整合和补充食品安全标准的同时,在全国范围内大力推进实施食品安全国家标准。展开了一系列食品安全国家标准的宣传和培训工作。

(一)有重点的宣传培训

2010 年 12 月 20 日以来,卫生部先后发布了《GB25596-2010 特殊医学用途婴儿配方食品通则》、《GB2760-2011 食品添加剂使用标准》、《GB7718-2011 预包装食品标签通则》等一系列食品安全国家标准。但标准发布后,食品生产企业等在执行中普遍存在理解不够准确,执行不到位的现象。为了替企业释疑解惑,帮助

---

① 本《报告》描述的食品安全状况等,主要以 2011 年为主体。考虑到完整性,本章的有关内容延续到 2012 年 7 月,特此说明。

其对标准的正确理解,使食品安全标准得到较好的贯彻实施,2011 年 7 月中国乳制品工业协会率先在北京举办了"食品安全国家标准培训会议"①,这次会议邀请了国家疾控中心的专家分别对上述 GB25596-2010、GB 2760-2011、GB7718-2011 三个标准进行了详细的讲解,并进行了现场答疑。来自全国从事乳制品或添加剂生产、贸易的 70 余家企业的 120 多人参加了本次培训会议。

2012 年 3 月,卫生部卫生监督中心在北京举办了"全国《预包装食品营养标签通则》国家标准培训会议"②,以推动预包装食品标签和营养标签国家标准的贯彻实施。来自全国 30 个省级卫生部门的代表以及国家质检总局、食品药品监督管理局、工商总局、中国营养学会等部门的代表 160 余人参加了此次培训。该培训的目的在于,增强监管人员对食品安全国家标准重要性的认识,同时加深对标准条款的理解,以切实提高对这两项标准的应用能力。

2012 年 4 月,卫生部监督中心在北京举办了"全国食品安全国家标准宣贯研讨会议"③,以推动食品安全国家标准的贯彻实施。专家在这次会议上就《预包装食品营养标签通则》和《食品添加剂使用标准》两项重点标准进行了系统详细的解读,并对参会代表提出的问题进行了一一解答。60 余家全国各大主流媒体及主流网络媒体参加了这次会议。

2012 年 5 月,农业部联合卫生部在北京主办了"转基因生物安全管理全国记者研讨班"和"食品安全国家标准宣贯培训班"④。培训班不但请专家解读《预包装食品营养标签通则》,还讨论了"转基因生物安全"方面的研究进展及其风险管理措施,促使新闻工作者正确认识转基因产品,及时正确理解国家新颁布标准,以免产生失实报道,进而造成不必要的社会恐慌。

2012 年 7 月,卫生部食品安全风险评估中心又举办了"食品安全标准面对面"开放日活动⑤。来自食品企业、媒体、行业协会、高等院校等机构的代表和公众 70 余人报名参加了活动。在开放日活动中,专家以通俗易懂的方式讲解了我国食品添加剂标准、食品污染物标准以及预包装食品营养标签通则相关知识。同时,还认真听取了公众对食品安全标准制修订工作的意见和建议,强化了公众参与标准

---

①　《中国乳协食品安全国家标准培训会议在京举办》,千龙新闻网,http://www. qianlongnews. com/index. php/cms/item-view-id-62741. shtml。

②　《全国〈预包装食品营养标签通则〉国家标准培训会议在京召开》,卫生部卫生监督中心卫生标准网,http://wsbzw. jdzx. net. cn/wsbzw/article/22/2012/3/2c909e8e35f6ca690136063c385d00b1. html。

③　《食品安全国家标准宣贯研讨会议在京召开》,卫生部卫生监督中心卫生标准网,http://wsbzw. jdzx. net. cn/wsbzw/article/22/2012/4/2c909e8e36e8260e0136f28277070036. html。

④　《农业部卫生部联办食品安全国家标准培训班》,中国网络电视台,http://nongye. cntv. cn/20120511/106707. shtml。

⑤　《国家食品安全风险评估中心举办"食品安全标准面对面"开放日活动》,食品伙伴网,http://www. foodmate. net/news/guonei/2012/07/211091_4. html。

化活动的权利。

这一系列食品安全标准的宣传贯彻活动对我国食品安全国家标准的落实实施起到了积极推动作用,加深了监管人员对标准的理解,以便更好地执法;有利于企业正确认识和了解标准,以便更好地落实标准;有利于媒体、公众及其他社会团体对食品安全标准的制定目的及依据等内容有一个系统而正确的认识,保持舆论导向的理智正确,同时为公众参与食品安全标准活动提供一个平台,使得消费者维权行为得以实现。

(二)积极开展标准跟踪评价

由于时间与空间的限制,食品安全标准的制定很难兼顾方方面面,而限于地理、经济及科学技术环境,在食品安全标准的实施过程中也会存在各种各样的问题。确保食品安全标准切实实施,必须找出这些问题,才能对症解决问题。因此,标准的追踪评价就十分重要,不但可及时发现标准执行过程中存在的问题,以全面衡量标准的科学性和适用性,同时还可为标准修订工作提供重要的参考资料。《食品安全法》颁布后,为了解所颁布的乳制品与食品添加剂一系列新的食品安全国家标准的适应性,卫生部组织了相关标准的追踪评价工作。

2011年9月,"食品安全国家标准追踪评价项目启动会"在乌鲁木齐召开[1]。会议强调了食品安全标准追踪评价工作的重要性,公布了《食品安全国家标准追踪评价项目工作组织实施细则》。该《细则》对工作的调查对象、内容、方式、前期准备、数据统计、人员培训等都作了详细规定,以保证追踪评价工作的顺利进行。

2011年11月河北省卫生厅发布了《食品添加剂使用标准及食品工业用酶制剂跟踪评价工作方案》(冀卫监督〔2011〕50号)[2],以了解食品安全国家标准《食品添加剂使用标准》(GB 2760-2011)及《食品工业用酶制剂》(GB 25594-2010)贯彻执行情况及使用中存在的问题,收集标准修订意见和建议。调查对象涉及食品安全监管部门、食品检验机构,60家食品添加剂使用单位(食品生产企业30家,餐饮服务单位30家),以及全省所有食品工业用酶制剂生产企业和30家食品工业用酶制剂使用单位。2012年6月,内蒙古自治区卫生厅下发了《关于做好食品安全国家标准跟踪评价工作的通知》,公布了《内蒙古自治区食品安全国家标准跟踪评价工作实施方案》[3],方案侧重于食品添加剂检测标准的评价工作,涉及琼脂、磷

① 《食品安全国家标准追踪评价项目启动会在乌鲁木齐召开》,卫生部卫生监督中心,http://www.jdzx.net.cn/article/40288ce4062bb7e101062bbbd0650002/2011/9/2c909e8c328b80f10132b45177c20029.html。

② 《食品添加剂使用标准及食品工业用酶制剂跟踪评价工作方案(冀卫监督〔2011〕50号)》,食品伙伴网,http://www.foodmate.net/law/hebei/174128.html。

③ 内蒙古自治区卫生厅:《关于做好食品安全国家标准跟踪评价工作的通知》,http://www.nmwst.gov.cn/html/ywlm/zhifajiandu/zhengcexinxi/201206/13-50231.html。

酸二氢钾、酒石酸氢钾、硫黄、苋菜红、柠檬黄铝色淀、柠檬黄、日落黄及二丁基羟基甲苯 9 种食品添加剂的食品安全标准中所用检测方法部分检测项目进行实验室验证。

2011 年 9 月，云南①、新疆②和湖北③等省、区相继展开了《婴儿配方食品》、《灭菌乳》、《调制乳》三项标准的追踪评价工作，同时参与这三项标准追踪评价工作的还有中国营养协会、中国食品科学技术协会。中国营养协会、中国食品科学技术协会则分别负责调查国家级食品安全监管部门、国家级检验机构及全国范围内（除参与项目的 10 个省、新疆建设兵团和港澳台外）的婴幼儿配方食品生产企业。各省负责本省级和（地）市级的食品安全监管部门、本省级和（地）市级检验机构及省内的所有婴儿配方食品、灭菌乳、调制乳生产企业的调查。调查内容主要是了解被调查对象对婴儿配方食品、灭菌乳、调制乳三类乳品标准的认知及使用情况，了解三类乳品标准主要技术内容的贯彻实施情况，收集各监管部门、检验机构、生产企业等在标准使用过程中遇到的问题，以及对标准修订的意见和建议。

通过这些追踪评价工作确保了食品标准制定部门了解我国各地食品安全监管部门、检验机构、食品生产企业使用食品安全国家标准情况，同时可征集对食品安全国家标准的修订建议，发现食品安全链条中相关标准存在的问题，便于及时进行食品安全风险交流，有利于食品安全监管部门做好监管工作。随着这些工作的完成和评价结果的分析总结，将为我国食品安全国家标准的修制订工作发掘出建设性建议，对提高食品安全国家标准的适用性和科学性，保障消费者的身体健康和饮食安全发挥重要作用。

四、农业标准化与农产品质量安全标准体系

农业标准化包括种植业、林业、畜牧业、渔业、农用微生物业的标准化，它是指按照"统一、简化、协调、优选"的原理，通过制定标准和实施标准，把农业生产的产前、产中、产后全过程纳入标准化生产和标准化管理轨道的活动④。建设与发展农业标准化与农产品质量安全标准体系是提高我国农业生产效率和农产品质量安全、增强国际竞争力的必要措施。

---

① 《卫生部监督中心关于开展食品安全国家标准追踪评价项目工作的通知》，云南卫生监督信息网，http://www.ynwsjd.cn/Item/12470.aspx。

② 卫生部卫生监督中心：《食品安全国家标准追踪评价项目启动会在乌鲁木齐召开》，http://www.jdzx.net.cn/article/40288ce4062bb7e101062bbbd0650002/2011/9/2c909e8c328b80f10132b45177c20029.html。

③ 湖北省卫生厅卫生监督局：《省卫生监督局召开会议对全省食品安全国家标准追踪评价调查资料进行分析评价》，http://www.hbwsjd.gov.cn/Item.aspx?id=15991。

④ 周锡跃、徐春春、李凤博等：《我国农业标准化发展现状问题与对策》，《广东农业科学》2011 年第 20 期，第 184—186 页。

（一）农业标准化的建设进展

我国农业标准化工作可以追溯到建国初期，当时主要是种子标准化、种畜标准化的工作的开展①。之后由于"大跃进"、"文革"对生产的破坏，农业标准化工作停滞。1978年，农业标准化工作得以恢复和发展，原农林部在科学技术局中设立了标准处，主管全国的农业标准化工作。但由于长期受到农产品短缺的掣肘，提高产量一直是农业生产的重心，农业标准化的重要性并未引起足够的重视。

从20世纪90年代后期起，我国农业综合生产能力有了明显提高，农产品市场已从长期的全面短缺局面转变成大部分品种供大于求、农产品卖出困难的情况。这就要求农业生产要从过去单纯追求产量转变到既要保证产量又要提高质量、既要增产又要增效上来。同时，随着农产品贸易日益国际化，国际市场对我国农产品质量安全提出了更高的要求。1996年第三次全国农业标准化会议普遍被认为是我国农业标准化工作的一个转折点，提出了农业标准化工作必须贯彻农业生产全过程的思路来规划和布局农业标准体系。在以上精神指导下，我国农业标准化工作进入新的阶段。1999年农业部和财政部启动"农业行业标准制修订专项计划"，农业标准化步入了快速发展轨道；2001年，农业部在全国范围内组织实施"无公害食品行动计划"，进一步促进了农业标准化的实施。与此同时，农业标准化示范区工作在全国范围内全面铺开。继1996年首批160项全国农业标准化示范区建成后，1998年和2001年分两批分别建成示范区122项和243项。

近年来，在一系列政策的强力驱动下，我国农业标准化进入了全面推进的新时期。从2004年起，中央一号文件持续多年关注农业，反复强调加快推进农业标准化体系建设。2005年，农业部提出把农业标准化作为农业和农村经济工作的一个主攻方向，并在市场信息司专设质量标准处以加强组织力量。2006年农业部在蔬菜、粮食、茶叶、水果等主产区创建了200个无公害农产品生产示范基地、100个无公害农产品生产示范农场和86个全国农产品标准化生产综合示范区，组织创建各类农业标准化示范区539个，引导各地建设省级农产品标准化示范基地3500多个，示范面积8000万亩②。更具有里程碑意义的是，2006年辟有专章以促进农业标准化体系建设的《农产品质量安全法》出台并正式实施③。2007年11月，来自国际组织、全国各地民间团体、科研机构、食品企业、新闻媒体等近千名代表齐聚中国廊坊，共同开启"中国农业标准化·食品安全发展论坛"大幕。中国技术监督情报协会与我国三北地区13个省（市、区）标准化研究院共同签署《农业标准化

---

① 徐乐俊：《我国农业标准化历程综述》，《农村工作通讯》2007年第6期，第8—9页。

② 农业部：《全国农产品质量安全检验检测体系建设规划（2006—2010年）》，2006年10月，http://www.sdpc.gov.cn/fzgh/ghwb/115zxgh/t20070917_160040.htm。

③ 徐乐俊：《我国农业标准化历程综述》，《农村工作通讯》2007年第6期，第8—9页。

食品安全发展联盟战略合作框架协议》，标志着中国农业标准化事业进入共同促进农业发展的历史阶段。2010 年，农业部探索创建了 503 个国家级标准示范县（场），规划建设蔬菜水果茶叶标准园 819 个，畜禽养殖标准示范场 1555 个，水产健康养殖场 500 个①。2011 年农业部新建设国家级农业标准化整体推进示范县45 个，新创建蔬菜水果茶叶标准园、畜禽标准化规模化养殖场、水产健康养殖示范场 1600 个②。通过标准化示范基地的建设，有力地推动了农业生产方式的转变，促进了农业标准化、规模化发展。

(二) 农产品质量安全标准体系的现状

1. 农产品质量安全标准体系框架初步形成。"十一五"期间，我国共制定农业国家标准和行业标准 1800 多项，农产品国家标准和行业标准总数已累计达到4500 多项，覆盖各类农产品，贯穿产前、产中、产后全过程③。"十二五"开局之年的 2011 年又取得了新的进展。截至 2011 年底，我国已制定产地环境、产品质量、投入品使用准则、质量控制规范等行业标准 400 余项，组织地方和生产主体制定并实施生产技术规程近 9 万项，提高了我国农产品质量安全标准体系水平④。总之，从总体上判断，目前我国已初步形成了以国家标准为主，行业标准、地方标准和企业标准与之相配套，包括农产品产前、产中、产后全过程的农产品质量安全标准体系。

2. 农产品质量安全标准管理体制日趋完善。目前我国农业主管部门、各省、自治区和直辖市农业部门都设置了农业、农产品标准化管理机构，在技术方面成立了全国性农业标准化专业技术委员会和技术归口单位 20 多个，负责对标准的技术性和实用性进行审查⑤。目前，我国已基本形成了省、市 (地)、县、乡农产品质量安全监管，无公害农产品、绿色食品、有机农产品认证和农产品地理标志 ("三品一标") 推广，农产品风险评估与应急处置、综合执法等紧密衔接配套的农产品质量安全监管体系。同时，农产品质量监督体系建设成效显著，已形成了以国家级产品质检中心为核心、部级质检中心和省市县检测机构相辅相成的遍布全国的农产品质量安全检验检测体系。

---

① 参见农业部：《农产品质量安全发展"十二五"规划》，http://www.moa.gov.cn/zwllm/ghjh/201106/t20110616_2031099.htm。

② 《农产品质量安全水平稳中有升》，中国绿色食品网，http://www.greenfood.org.cn/Html/2011_12_27/2_5129_2011_12_27_21453.html。

③ 周锡跃、徐春春等：《我国农业标准化发展现状问题与对策》，《广东农业科学》2011 年第 20 期，第184—186 页。

④ 《我国"三品一标"进入更加注重发展质量和提升品牌的新阶段》，中国农业信息网，http://www.agri.gov.cn/V20/ZX/nyyw/201203/t20120329_2549706.htm。

⑤ 周锡跃、徐春春、李凤博等：《我国农业标准化发展现状问题与对策》，《广东农业科学》2011 年第 20期，第 184—186 页。

3. 法律法规和检测体系逐步完善。自 1991 年我国颁布了《中华人民共和国产品质量认证管理条例》以来，全国各地均加强了农产品质量安全标准的制定和实施。近年来我国又先后颁布了《标准化法实施条例》、《农产品质量安全法》、《食品安全法》等一系列与农业标准化相关的法律法规，规范了农产品质量安全标准的体系建设，使农业标准化工作步入了法制管理的轨道，为依法行政依法治农奠定了基础。

（三）无公害农产品、绿色与有机食品标准

1. 无公害农产品标准

无公害农产品是指产地环境符合无公害农产品的生态环境质量、生产过程必须符合规定的农产品质量标准和规范、有毒有害物质残留量控制在安全质量允许范围内，安全质量指标符合《无公害农产品（食品）标准》的农、牧、渔产品（食用类，不包括深加工的食品），经专门机构认定，许可使用无公害农产品标识的产品。广义的无公害农产品包括有机农产品、自然食品、生态食品、绿色食品、无污染食品等。这类产品生产过程中允许限量、限品种、限时间地使用人工合成的安全的化学农药、兽药、肥料、饲料添加剂等，它符合国家食品卫生标准，但比绿色食品标准要宽。无公害农产品是保证人们对食品质量安全最基本的需要，是最基本的市场准入条件，普通食品都应达到这一要求。

无公害农产品标准是无公害农产品认证和质量监管的基础，其结构主要由环境质量、生产技术、产品质量标准三部分组成，其中产品标准、环境标准和生产资料使用准则为强制性国家或行业标准，生产操作规程为推荐性国家或行业标准[①]。截至 2008 年，我国已颁布实行的主要国家无公害农产品标准有 9 项：《GB 18406.1-2001农产品质量安全无公害蔬菜安全要求》、《GB18406.2-2001 农产品质量安全无公害水果安全要求》、《GB 18406.3-2001 农产品质量安全无公害畜禽肉产品安全要求》、《GB18406.4-2001 农产品质量安全无公害水产品安全要求》、《GB/T18407.1-2001 农产品质量安全无公害蔬菜产地环境要求》、《GB/T 18407.2-2001 农产品质量安全无公害水果产地环境要求》、《GB/T18407.3-2001 农产品质量安全无公害畜牧产地环境要求》、《GB/T 18407.4-2001 农产品质量安全无公害水产品产地环境要求》、《GB/T18407.5-2003 农产品质量安全无公害乳与乳制品产地环境要求》。农业部标准中产品标准有 125 项，产地环境条件标准 22 项、农业投入品使用准则 7 项、生产管理技术规范 106 项、加工技术规程 9 项、认证管理技术规范 11 项。此外，各地为了加强本地特色农产品的管理还制定了地方标准，如《DB440300-T14-2009 无公害蔬菜生产技术规程》、《DB33-T717-2008 无公害绿

---

① 张水华、余以刚：《食品标准与法规》，中国轻工业出版社 2010 年版，第 92 页。

芦笋大棚生产技术规程》、《DB652-T14-2006 无公害食品艾草》等。

2. 绿色食品标准

绿色食品是特指无污染的安全、优质、营养的食品,有 A 级和 AA 级之分。前者在生产过程中允许限量使用限定的化学合成物质,而后者在生产过程中禁止使用任何有害化学合成肥料、化学农药及化学合成食品添加剂。

绿色食品标准是应用科学技术原理,结合绿色食品生产实践,借鉴国内外相关标准所制定的在绿色食品生产中必须遵守、在绿色食品认证时必须依据的技术性文件[①]。绿色食品标准不是单一的产品标准,而是由一系列标准构成的非常完善的标准体系。我国的绿色食品标准以"从土地到餐桌"全程质量控制为核心,包括产地环境质量、生产技术标准、产品标准、包装与标签标准、贮藏运输标准以及其他相关标准六个部分。

绿色食品产地环境标准。我国颁布实施的《NY/T391 绿色食品产地环境技术条件》分别对绿色食品产地的空气质量、农田灌溉水质量、畜禽养殖用水质量、渔业水质量和土壤环境的质量的各项指标、浓度限值及检测评价方法做了明确规定。

绿色食品生产技术标准。包括两部分:一部分是对生产过程中的投入品如农药、肥料、饮料和食品添加剂等生产资料使用方面的规定,如《NY/T393 绿色食品农药使用准则》、《NY/T 471 绿色食品饲料和饲料添加剂使用准则》等;另一部分是针对具体种养殖对象的生产技术规程,如《NY/T473 绿色食品动物卫生准则》、《DB 44 0300-T 35-2009 绿色食品南山甜桃生产技术规程》等。

绿色食品产品标准。此类标准对次级农产品及其加工制品的外观、营养、卫生品质进行规范,其要求一般都高于国家现行的普通食品的标准,主要表现在农药及金属元素的限量要求,突出了绿色食品的无污染、安全的特性[②]。目前我国的绿色食品产品标准主要由农业部制定的行业标准,如《NY/T418-2007 绿色食品玉米及玉米制品》、《NY/T 420-2009 绿色食品花生及制品》、《NY/T843-2009 绿色食品肉及肉制品》等。

绿色食品包装、标签标准。农业部于 2002 年发布了《NY/T658 绿色食品包装通用准则》,对绿色食品包装材料的选用范围、种类及包装外标示等都做出了具体规定。绿色食品的标签除了符合国家《食品标签通用标准》外,还要符合隶属于农业部的中国绿色食品发展中心于 1997 年颁布的《绿色食品商标标志设计使用规范手册》的规定。该手册对绿色食品的标准图形、标准字形、图形及广告用语等做

---

① 《绿色食品标准》,百度百科:http://baike.baidu.com/view/354615.htm。
② 张水华、余以刚:《食品标准与法规》,中国轻工业出版社 2010 年版,第 92 页。

了具体规定。

绿色食品贮藏、运输、检测标准。绿色食品的贮运有《NY/T1056-2006 绿色食品贮藏运输准则》对贮运条件、方法、时间等进行规范；其监测则有《NY/T 896-2004 绿色食品产品抽样准则》、《NY/T1055-2006 绿色食品产品检验规则》、《NY/T 1054-2006 绿色食品产地环境调查、监测与评估导则》进行监管指导。

3. 有机食品标准

有机食品也叫生态或生物食品，是指来自有机农业生产体系，根据有机农业生产的规范生产加工，并经独立的认证机构认证的农产品及其加工产品。有机农业是指一种完全不用人工合成农药、肥料、生长调节剂和家畜禽饲料添加剂的农业生产体系。因此，有机食品在生产加工过程中不得使用上述农业投入品及化学防腐剂、色素，也不可使用基因工程技术。

有机食品的标准内容涵盖有机食品的原料生产（作物种植、畜禽养殖、水产养殖）、加工、贮藏、运输、包装、销售等过程。我国颁布了一系列标准对有机食品的安全标准进行了规范。主要有，《GB/T19630.1-2000 有机产品第 1 部分生产》、《GB/T19630.2-2005 有机产品第 2 部分加工》、《GB/T19630.3-2005 有机产品第 3 部分标示与销售》、《GB/T19630.4-2005 有机产品第 4 部分管理体系》。此外，农业部和各省市也制定有行业标准和地方标准，如《NY5196 有机茶》、《HJ/T80-2001 有机食品技术规范》、《DB33567 有机蜂产品》等。

五、积极参与国际食品法典事务

国际食品法典标准是建立在科学证据的基础之上，作为农产品及食品领域唯一的国际参考标准，已为国际社会广泛接受。因此，国际食品安全标准已经由原来的推荐性标准演变成一种为国际社会广泛接受和普遍采用的食品安全标准，成为国际食品贸易中的强制性标准。积极参与并主动承担国际食品安全标准的制修订工作，对提高本国食品安全标准水平、维护本国在食品国际贸易中的合法权益显得十分重要。近几年，我国积极参与国际食品法典事务，进一步提升了在国际标准制定组织中的地位，而且主办了一系列食品添加剂和农药残留标准的国际法典会议。

2006 年 7 月，在瑞士日内瓦举行的国际食品法典委员会第 29 届会议上，以协商一致方式确定中国为食品添加剂和农药残留两个委员会的新主持国①，这是自1963 年国际食品法典委员会成立以来，我国首次担任其附属委员会的主持国，也

---

① 《关于参加国际食品法典委员会第 29 届会议的报告》，中国农业质量标准网，http://www.caqs.gov.cn/gjspfd/ztbg/t20070131_766224.htm。

成为国际食品法典委员会 10 个综合性委员会主持国中唯一一个发展中国家。按照规定,我国成为国际食品添加剂和农药残留法典委员会主持国后,主要负责该委员会的运作及费用、行政管理并负责选派委员会主席。食品添加剂和农药残留两个委员会主持国的成功当选,对促进我国食品公平贸易,提高食品安全控制水平具有重要意义。近年来,我国作为食品添加剂和农药残留委员会主持国举办了多次国际食品法典农药残留委员会议和国际食品添加剂委员会议。

(一) 国际食品添加剂委员会的工作

到 2011 年为止,我国作为国际食品添加剂委员会主持国,先后主持举办了 5届(第 39—43 届)国际食品添加剂法典委员会会议,对食品添加剂法典通用标准(GSFA)、食品添加剂质量规格标准、香料使用准则草案、食品添加剂国际编码系统等问题进行了讨论。经国际食品添加剂法典委员会第 43 届会议讨论后,委员会决定将《GSFA 食品添加剂规定草案和拟议修订草案》、《食品添加剂 INS(食品添加剂的国际编码)拟议修订草案》、《GFSA 食品分类体系拟议修订草案》、第 73届 JECFA 会议提出的《食品添加剂特性和纯度的质量规格标准》、《食品级盐标准拟议修订草案》、《撤销和终止的 GSFA 食品添加剂规定》等提交给第 34 届国际食品法典委员会大会采纳[①]。此外,为了加快标准制修订进展,国际食品添加剂法典委员会同时决定成立 7 个电子工作组在相关领域继续开展工作,其中中国代表团承担了加工助剂数据库的建立和维护工作。

(二) 国际农药残留委员会的工作

同样到目前为止,我国作为农药残留委员会主持国举办了 6 届国际农药残留国际法典委员会会议。这些会议重点审议了食品与饲料农药最大残留限量(MRLs)的草案和建议草案,共涉及 53 种农药在粮食、肉类、蔬菜、水果等动植物产品中的 511 项 MRLs,并制定 MRLs 优先审议的农药名单[②]。在国际农药残留国际法典委员会第 41 届会议上,我国代表团结合我国实际情况,建议将乙酰甲胺磷列入优先评估名单,以尽早制定稻谷中酰甲胺磷的 MRLs;还提出保留茶叶上的法典 MRLs 建议,使得原定取消的茶叶中氯氰菊酯法典 MRLs 再保留至少 4 年[③]。这些标准的优先制定或保留无疑有利于维护我国国际贸易利益。

据了解,国际标准化组织对各个国家和地区按贡献率进行排名,目前中国已经超过了加拿大、意大利、澳大利亚、瑞士等中等发达国家,紧随美国、英国、德国、

---

① 《第 43 届国际食品添加剂法典委员会会议概况》,《中国卫生标准》2011 年第 2 期,第 63—68 页。

② 《关于参加国际食品法典农药残留委员会第 39 届会议的报告》,中国农业质量标准网,http://www.caqs.gov.cn/gjspfd/ztbg/t20080122_785923.htm。

③ 宋稳成、单炜力、叶纪明:《国际食品法典农药残留委员会第 41 届会议概况及争论焦点》,《世界农业》2010 年第 2 期,第 42—44 页。

日本和法国之后,上升至世界第六位①。

六、食品安全标准体系建设的重点与主要措施

《食品安全法》实施以来,我国食品安全标准体系建设取得明显成效,尤其加快了食品安全标准的清理整合,稳妥地处理了现行标准间交叉、重复、矛盾的问题。但是我国食品安全标准体系建设中仍然存在诸多突出的问题。未来我国食品安全标准体系的建设应该积极有效地贯彻《食品安全法》所提出的以保障公众身体健康为宗旨的原则,坚持基本原则、明确发展目标,落实具体措施,为提升我国的食品安全质量总体水平提供有效的标准支撑。

(一)基本原则

食品安全标准的制定必须以保障公众身体健康为宗旨,做到科学合理、安全可靠。要在总结经验的基础上,在实际食品安全标准的制定过程中始终坚持如下原则。

(1)坚持依法制定食品安全国家标准的原则。《食品安全法》专门设置了一章(第三章)对食品安全标准的宗旨、涉及内容、制定主体、制定依据、审查主体及过程、地方及企业食品安全标准的制定主体、条件及备案制度等做了明确规定。而相关条款的实施管理办法及细则均在后续发布的《食品安全法实施条例》和《食品安全法实施细则》中做了进一步的具体阐述。这些法规的颁布为食品安全标准的制定工作提供了法律依据和保障,同时也对标准制定工作提出了要求,尤其是要坚持以保障公众健康为立足点,严格遵守标准制定程序,制定涵盖与人体健康密切相关的食品安全技术要求。

(2)坚持以风险评估为基础的科学性原则。风险评估技术已成为国际食品法典委员会制定食品安全法律法规和标准的必要技术手段,同时西方发达国家早在20世纪90年代就已将风险分析的原则贯穿于食品安全法规及标准的制定工作中。这说明风险评估技术在提升食品安全管理水平上发挥着重要作用,突出表现在确定重点(高风险或不可忽略的)监管对象(领域或品种)、判断某一因素的风险和制定食品安全标准三个方面。特别是制定农兽药、环境污染物、食品添加剂、病原微生物的限量标准时,其重要的依据就是风险评估的结果。有了评估结果做支撑,标准才科学合理,才能取得国际和其他国家的认可。因此,要提升我国食品安全标准的科学性,就必须坚持以风险评估为基础。

(3)坚持立足国情与借鉴国际标准相结合的原则。由于科学技术先进、产业

---

① 《中国将基本建成适应发展需要的国家标准体系》,食品伙伴网,http://www.foodmate.net/news/guonei/2008/04/108851.html。

结构合理等优势,国际食品法典委员会及一些发达国家或地区的食品安全标准具有科学合理、水准高等优点,非常值得我国借鉴和学习。但也要清楚地认识到,我国有自己独特的国情,产业水平不高、组织化程度低等现状。如果不加思考和论证,只是机械地引用国外标准,只能造成标准"水土不服",无法执行的结果。因此,我国应学习和借鉴国外标准制定的先进技术和理念,然后充分体察国情,制定科学合理又具操作性的食品安全标准。

(4)坚持公开透明的原则。2010 年 3 月颁布《生乳》(GB19301-2010)等 66 项新乳品安全国家标准后,在我国出现了一股讨论新乳品标准的热潮,公众对新颁布的乳品标准提出诸多质疑,认为新标准"倒退",甚至被"大企业所绑架"。这些质疑使得国家行政部门的公信力和形象受到损伤,同时使标准的贯彻遭受阻碍。究其缘由,是由于标准的制定过程不够公开透明,征求公众意见的途径不够有效和宽阔,致使标准颁布后引起公众质疑和误解。因此,在国家食品安全标准制定过程中坚持公开透明的原则十分重要,还必须考虑拓宽宣传和意见征求的渠道,使更多的公众及社会团体参与到标准的制定过程中。这一方面可以避免公众产生不必要的误解,另一方面也是一种有效的监督机制,可提升标准制定过程的合法性。

(二) 建设重点

我国卫生部等 8 部门颁布的《食品安全国家标准"十二五"规划》(卫监督发〔2012〕40 号)已经明确提出,到 2015 年基本完成食用农产品质量安全标准、食品卫生标准、食品质量标准以及行业标准中强制执行内容的清理整合工作,基本解决现行标准交叉、重复、矛盾的问题,形成较为完善的食品安全国家标准体系。实现这些目标,需要全社会的共同努力。图 10-1 描述了需要进一步重点落实的工作:

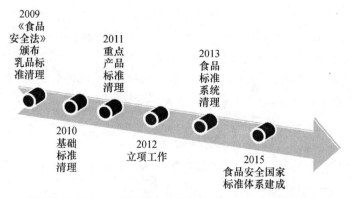

图 10-1　"十二五"期间食品安全国家标准体系建设目标

（1）清理、整合现行的食品安全标准。由于我国食品安全标准制定主体涉及多个部门，又没有做好充分协调工作，使得现行的许多标准存在交叉、重复和矛盾等问题，为了"治愈"我国食品安全标准体系的这一"硬伤"，必须对现行的食品基础标准、产品标准、管理控制标准及农产品相关标准必须进行内容的认真比对分析，删减重复内容，废止不合理规定，建立起协调一致的食品安全标准体系。

（2）加快制定、修订食品安全国家基础标准。食品安全基础标准涉及农兽药、环境污染物、食品添加剂、致病性微生物的限量标准及标签标识等重要标准，这些标准的不完备将直接导致食品安全监管的盲点和空白，很不利于国民生命安全与身体健康的保障。因此在《食品安全国家标准"十二五"规划》中，特别强调了按照"边清理边完善"的工作原则，积极借鉴国外先进标准，加快制定和修订食品安全国家标准，并对工作重点提出要求①。力争在 2015 年底之前，根据食品安全标准的追踪评价结果修订农药和兽药残留、食品污染物、真菌毒素等限量标准和食品添加剂及食品营养强化剂使用标准，并制定食品中致病性微生物限量标准、食品生产经营过程的指示性微生物控制要求、即食食品微生物控制指南等基础标准，同时完善食品包装、容器、加工设备材料的产品标准及其所用添加剂的使用及产品标准。另外，针对目前我国食品生产经营过程中缺乏预防与控制风险措施的现状，我国将重点做好食品生产经营规范标准制定和修订工作，强化原料、种养殖过程、加工过程、销售及储运过程中的卫生管理等要求，规范食品生产经营过程，预防和控制食品安全风险。

（3）完善食品安全国家标准的管理机制。目前，我国食品安全国家标准的管理趋于法制化和规范化，基本满足了食品安全国家标准的制定和实施的需求。然而，限于资源及时间，一些更具体和详细的管理环节还未制定相应的管理制度，需要进一步完善。在未来的 1—2 年内，我国应进一步制定食品安全国家标准跟踪评价管理制度，规范各类标准的追踪评价工作。此外，我国虽然已经成立了食品安全标准审评委员会，但评审委员的选拔、任期等管理制度均为制定，需要尽快完善。同时，在上述各项法规中虽然均提及了标准制定过程的公开透明性，但具体的参与方式及交流沟通机制并未建立，难以真正做到标准制定的公开透明性。这需要监管机构尽快制定相关机制，并完善相关的保障措施，为公众参与标准制定工作，发表意见等提供必要平台和渠道。

（4）强化标准的宣传贯彻和实施工作。由于食品安全标准的宣传贯彻力度不够，在标准颁布后民众会产生某些疑问和误解，并影响标准的实施力度。因此，今后需要进一步加强标准的宣传贯彻力度，拓宽宣传渠道、丰富宣传形式、扩大宣

---

① 参见卫生部：《食品安全国家标准"十二五"规划》。

传范围,重点做好标准的宣传及相关科普知识的普及,特别是技术性强且公众关注度高的标准的宣传和释疑,使公众理解和认知标准的意义和内涵,可有效避免错误舆论的盛行。而一项食品标准的顺利实施更需要生产经营者的正确解读和切实践行。因此,卫生部等监管部门应该进一步依据法律法规和标准,督促食品生产经营者主动执行食品安全国家标准,并及时追踪评价、掌握标准执行的情况,为食品安全标准的修订提供重要参考依据。

(三)保障措施

实现食品食品安全标准建设目标,至少需要在以下三个方面落实相应的保障。

(1)建立食品安全国家标准协调配合工作机制。我国涉及食品安全标准管理的部门有十多个,因此在今后的食品安全标准制定和修订工作中,需要建立起有效合理的部门间协调机制,以高效顺利地完成标准的清理整合及制定修订工作。卫生部作为牵头部门,需要根据各部门的特点和长处,合理分配工作内容,明确工作目标,细化工作任务确保各项工作有序开展。其他参与部门需要积极配合,打破部门间的界限,提供所需监测数据,并及时收集和汇总新问题、新状况,积极展开交流与讨论,做好食品安全标准的制定修订及管理工作。

(2)加大对食品安全国家标准建设的投入。目前,我国仅国家及行业食品安全标准就有 5000 余项,要在未来几年内完成食品安全标准的清理整合及制定修订工作并非易事,首先就需要投入大量的资金来支持日常工作的正常运转。因此,国家财政需要加大对食品安全国家标准的制定修订工作的支持力度,保障经费投入。同时,需要严格监管标准制定修订工作的经费使用,确保这些经费的真正投入到保准工作中,并高效、合规使用。

(3)加强食品安全标准的人才队伍建设。除了建立高效合理的工作机制、争取到足够的经费支持,专业人才队伍的建设也至关重要,而人才队伍的整体水平会对工作的效率和质量产生决定性影响。故而,我国目前急需重点加强风险评估技术及标准制定和评审方面的人才队伍建设。可通过引进优秀领军人才提升队伍水准,增加标准研究制定和管理人员的配备,充实人才队伍技术力量。

第十一章　食品安全信息公开制度
体系的运行概况

　　食品安全信息可以分为厂商主导信息、消费者主导信息和中性信息（政府、媒体和消费者组织等）三大类[①]，而且不同类别的信息对防范食品安全风险具有不同的功能。以政府为主体发布的中性信息因其客观、中立地位而更具权威性和可信度，对解决食品市场失灵、保障群众饮食安全、维护社会正常秩序，具有不可或缺的重要作用。根据我国政府相关部门对食品安全信息的界定，从范畴上看，食品安全信息被限定为政府信息范围；从性质上看，食品安全信息属于政府信息，具有公共产品的属性；从内容上看，食品安全信息牵涉人体健康；从公开的方式上看，政府信息公开包括主动公开和依申请公开两种方式。本章主要立足于主动公开的范畴，对我国食品安全政府信息公开制度的主要内容和实施情况进行客观的描述。

一、信息公开制度的立法框架与主要内容

　　卫生部根据《食品安全法》而颁布实施的《食品安全信息公布管理办法》（卫监督发〔2010〕93 号）对食品安全信息作出了明确的界定。该《办法》第 2 条规定，"食品安全信息，是指县级以上食品安全综合协调部门、监管部门及其他政府相关部门在履行职责过程中制作或获知的，以一定形式记录、保存的食品生产、流通、餐饮消费以及进出口等环节的有关信息。"目前，我国已初步形成了食品安全信息公开制度的法律框架，并对食品安全信息公开制度的主要内容作出了相应的规定。

（一）食品安全信息公开制度的立法框架

　　我国的食品安全信息公开制度的起步，与政府信息公开制度的建立相一致，经历了从无到有的过程。有关政府信息公开的立法分散在中央和地方不同层次的法律规范中，食品安全信息公开制度的法律渊源，在法律、法规、规章到规范性文件各个层级均有所涉及。可以说，食品安全信息公开制度在立法层面已经建立起来，具备制度化和规范化的特征。

---

① Hornibrook S A, McCarthy M, Fearne A, " Consumers' Perception of Risk: The Case of Beef Purchases in Irish Supermarkets", *International Journal of Retail&Distribution Management*, No. 10, 2005, pp. 701—715.

1. 中央层面的立法规范

我国早期的食品安全立法并不重视食品安全信息制度,1983 年实施的《食品卫生法(试行)》第 33 条第三项规定,食品卫生监督职责包括"宣传食品卫生、营养知识,进行食品卫生评价,公布食品卫生情况。"这是整部法律中唯一与食品安全信息公开有关的条款。1995 年颁布的《食品卫生法》继续保留了试行立法的这一条款。这是我国有关食品安全信息公开制度的雏形。食品安全信息公开制度的这种情况与我国早期在行政管理中不重视政府信息公开制度的建设是一致的。不过由于食品安全问题的重要性,食品安全信息公开制度的建设在整体政府信息公开制度中仍然起步较早。2004 年 11 月 22 日,国家食品药品监督管理局会同农业部等部门联合制定了《食品安全监管信息发布暂行管理办法》(国食药监协〔2004〕556 号),确立了"国家食品药品监督管理局和国务院其他有关部门在各自职责范围内发布食品安全监管信息"的分散发布机制,并且对食品安全监管信息做了列举式的规定。2008 年 5 月 1 日施行的《中华人民共和国政府信息公开条例》在全国各级政府及其职能部门普遍建立起政府信息公开制度。该《条例》明确规定,行政机关对突发公共事件的应急预案、预警信息、应对情况、环境保护、食品药品、产品质量的监督检查情况等信息应当主动公开。2009 年 6 月 1 日起实施的《中华人民共和国食品安全法》在第 82 条、第 83 条设立了食品安全信息统一公布制度,并在第 95 条法律责任部分对行政处分做了概括性规定。2009 年 7 月 20 日起实施的《中华人民共和国食品安全法实施条例》更加关注信息公开的制度建设,第 2 条明确提出要整合、完善食品安全信息网络,实现食品安全信息和食品检验机构等技术资源的共享;同时在具体制度设置上也进一步细化与完善,如第 42 条一一列举了出入境检验检疫部门应收集、汇总、通报哪些相关信息,为行政机关的信息公开职责附加了更多义务,为公共安全提供了更好的保障。为确保食品以及药品安全监管工作的透明度,2009 年 12 月 27 日国家食品药品监督管理局专门发布了《国家食品药品监督管理局政府信息公开工作办法》,对食品药品信息公开的范围、方式、程序、监督以及保障等问题进行了较为详细的规定。2010 年 11 月 3 日,卫生部会同农业部、商务部、工商总局、质检总局、食药监局制定印发了《食品安全信息公布管理办法》(以下简称《办法》)。《办法》明确指出,要通过政府网站、公报、发布会、新闻媒体等多种渠道,及时向社会公布食品安全信息。卫生部办公厅专门下文《关于加强食品安全信息公布管理工作的通知》(卫办监督发〔2011〕16 号),督促各地认真贯彻执行《办法》的规定。2011 年 12 月 14 日国家食品和药品监督管理局发布专门针对餐饮服务业的《餐饮服务单位食品安全监管信用信息管理办法》(国食药监食〔2011〕493 号),对餐饮服务食品安全监管信用信息的收集、记录、整理、使用和管理做出了具体的规定。至此,食品信息公开制度在立法层面上已全面建立,食品安全信息的监管有了详细的规范依据。

2. 地方层面的立法规范

地方对于食品安全信息制度的规范化建设,紧随中央立法的步伐。从规范依据的法律地位上看,食品安全信息公开的专门性规定都是行政规范性文件,尚没有一件地方性法规或地方规章。从时间上看,地方对食品安全信息制度的规范化建设分为两个阶段。一是在 2004 年 11 月 22 日国家食品药品监督管理局等八部门颁发《食品安全监管信息发布暂行管理办法》后制定的,内容上以贯彻实施该管理办法的规定为主,例如《青岛市食品安全信息管理办法》(青食安委〔2005〕5号)、《新沂市食品安全委员会食品安全信息管理暂行办法》(新沂食品安全委员会2006 年 8 月 20 日发布)、《福建省食品安全信息管理暂行办法》(闽政办〔2007〕120 号)、《漳州市食品安全信息管理实施细则》(漳政办〔2007〕159 号)、《福州市食品安全信息管理暂行办法》(榕政办〔2007〕188 号)、《宁德市食品安全信息管理实施细则》(宁德市人民政府办公室 2007 年 12 月 28 日发布)等。这些地方规范性文件的共同特点是将食品安全信息作为规制客体,明确将《食品安全监管信息发布暂行管理办法》作为制定依据之一,因此,这些规范性文件属于执行性的行政规范性文件。随着《食品安全监管信息发布暂行管理办法》被《食品安全信息公布管理办法》所取代,上述地方规范性文件的效力也应终止。在这一阶段也有些地方规范性文件没有明确将《食品安全监管信息发布暂行管理办法》作为制定依据,但内容上以规范食品安全信息发布为主。例如,2006 年 12 月 25 日温州市人民政府办公室制定和发布《关于加强食品安全信息管理工作的通知》(温政办〔2006〕213 号)。这类规范性文件如果内容与现行《食品安全信息公布管理办法》没有抵触,那么应当继续有效。二是在《中华人民共和国食品安全法》、《食品安全信息公布管理办法》出台之后制定、以贯彻执行法律和规章的食品安全信息公开内容为主的规范性文件。例如《深圳市食品安全信息工作管理办法》(深食安委〔2010〕8号)、《江苏省食品安全信息公开暂行办法》(苏食安办〔2011〕9 号)、《江苏省食品安全信息报告与沟通管理规定》(试行)(苏食安办〔2011〕9 号)、《浙江省食品安全信息管理办法(试行)》(浙食安委〔2011〕1 号)、《吉林省流通环节食品安全信息管理制度(试行)》(吉工商食字〔2011〕76 号)、《黑龙江省食品安全信息管理办法》(黑政办发〔2012〕20 号)等。从内容上看,上述规范性文件都是针对食品安全信息的"管理",只有江苏省单独针对食品安全信息公开制定了《江苏省食品安全信息公开暂行办法》。

(二) 食品安全信息公开制度的主要内容

如前所述,我国从法律、行政法规到规章和规范性文件,对食品安全信息公开均有规定,显示出立法层面对食品安全信息的高度重视,食品安全信息的公开已成为食品安全监管的重要内容之一。根据现行立法的规定,食品安全信息公开制度的框架体系是一个纵横、内外交错的信息公开网络。

1. 纵横交错的信息发布网络

《食品安全法》确立了食品安全信息的统一公布与分散公布相补充、中央与地方相结合的信息发布网络,这与我国食品安全"分段管理"和"属地管理"的体制一致。从横向层次看,卫生部门负责统一公布"重要的食品安全信息",农业行政、质量监督、工商行政管理、食品药品监督管理以及出入境检验检疫部门负责公布各自职责范围内"食品安全日常监督管理信息"。从纵向层次看,中央行政机关负责公布全国性的食品安全信息,地方行政机关负责公布管辖范围内的食品安全信息。纵横交错的信息发布网络又存在主次之别,横向网络以卫生部统一公布重要信息为主,纵向网络以中央行政机关公布信息为主,地方行政机关负责公布"影响限于特定区域的"信息。同时,纵横交错的网络之间又存在一定的配合,以保障信息及时传递,县级以上地方卫生行政、农业行政、质量监督、工商行政管理、食品药品监督管理部门获知需要统一公布的信息,应当向上级主管部门报告,由上级主管部门立即报告国务院卫生行政部门;必要时可以直接向国务院卫生行政部门报告。县级以上卫生行政、农业行政、质量监督、工商行政管理、食品药品监督管理部门应当相互通报获知的食品安全信息①。食品安全信息发布与监管体制密切相关。如何设定我国食品安全的监管体制是《食品安全法》立法过程中的一个难点,而《食品安全法》在规定国务院成立食品安全委员会的同时,基本上没有改变《食品卫生法》的分段管理体制②。管理体制上的多头模式与信息公布上的统一机制本身就是一对矛盾,如何保证不同的机关向统一公布机关提供信息,就需要另外的制度来保障。《食品安全法》第 82 条规定"国家建立食品安全信息统一公布制度",统一公布食品安全信息的主体是"卫生部",改变了过去由"国家食品药品监督管理局"发布信息的机制③。因此在纵横交错的食品安全信息发布网络中,以卫

---

① 参见《食品安全法》第 83 条。

② 《食品安全法》第 2 条第 2 款规定:"供食用的源于农业的初级产品(以下称食用农产品)的质量安全管理,遵守《中华人民共和国农产品质量安全法》的规定。但是,制定有关食用农产品的质量安全标准、公布食用农产品安全有关信息,应当遵守本法的有关规定。"(即由农业部门负责)第 4 条规定:"国务院设立食品安全委员会,其工作职责由国务院规定。国务院卫生行政部门承担食品安全综合协调职责,负责食品安全风险评估、食品安全标准制定、食品安全信息公布、食品检验机构的资质认定条件和检验规范的制定,组织查处食品安全重大事故。国务院质量监督、工商行政管理和国家食品药品监督管理部门依照本法和国务院规定的职责,分别对食品生产、食品流通、餐饮服务活动实施监督管理。"

③ 《食品安全监管信息发布暂行管理办法》(国家食品药品监督管理局、公安部、卫生部、商务部、海关总署等八部委 2004 年 11 月 22 日联合发布,已废止)第 4 条第 2 款规定:"国家食品药品监督管理局负责收集、汇总、分析国务院有关部门的食品安全监管信息,对国内食品安全形势作出分析,并予以发布:综合发布国家食品安全监管信息。"第 7 条规定:"国家食品药品监督管理局负责食品安全监管信息的沟通、协调工作,并会同公安部、农业部、商务部、卫生部、工商总局、质检总局、海关总署建立国家食品安全监管信息协调机制。"

生部统一公布食品安全信息为核心。统一公布制度虽然可以解决以往信息公开上存在的诸多弊端，但又会带来新的问题。

2. 食品安全信息主动公开的范围

《食品安全法》对行政机关应主动公开的信息内容采取了列举式的规定，这些信息可以分为两类：第一，重要的食品安全信息，包括全国性的重要食品安全信息和地方性的重要食品安全信息，分别由卫生部和地方卫生部门公布；第二，食品安全日常监督管理信息，由农业行政、质量监督、工商行政管理、食品药品监督等部门在各自职责范围内公布。按照《食品安全信息公布管理办法》第7条规定，"全国性的重要食品安全信息"涵盖国家食品安全总体情况，包括国家年度食品安全总体状况、国家食品安全风险监测计划实施情况、食品安全国家标准的制订和修订工作情况等；食品安全风险评估信息；食品安全风险警示信息，包括对食品存在或潜在的有毒有害因素进行预警的信息，具有较高程度食品安全风险食品的风险警示信息；重大食品安全事故及其处理信息，包括重大食品安全事故的发生地和责任单位基本情况、伤亡人员数量及救治情况、事故原因、事故责任调查情况、应急处置措施等；其他重要的食品安全信息和国务院确定的需要统一公布的信息。从《食品安全法》的相关条文看，下列信息也应属于由卫生部统一公布的"其他重要的食品安全信息"：食品安全标准（第26条）；新食品原料的许可（第44条）；按照传统既是食品又是中药材的物质（第50条）。按照《食品安全信息公布管理办法》第8条规定，属于"地方性的重要食品安全信息"包括食品安全风险监测方案实施情况、食品安全地方标准制订、修订情况和企业标准备案情况等；本地区首次出现的，已有食品安全风险评估结果的食品安全风险因素；影响仅限于本辖区全部或者部分的食品安全风险警示信息，包括对食品存在或潜在的有毒有害因素进行预警的信息；具有较高程度食品安全风险警示信息及相应的监管措施和有关建议；本地区重大食品安全事故及其处理信息。其他监管部门负责公布的"食品安全日常监督管理信息"主要包括依照食品安全法实施行政许可的情况；责令停止生产经营的食品、食品添加剂、食品相关产品的名录；查处食品生产经营违法行为的情况；专项检查整治工作情况；法律、行政法规规定的其他食品安全日常监督管理信息。

3. 食品安全信息发布的时限

《食品安全法》要求"食品安全监督管理部门公布信息，应当做到准确、及时、客观"①，对信息公布的具体时间没有规定。《食品安全法实施条例》对食品安全信息公开的期限也没有提及。《食品安全信息公布管理办法》原则规定"食品安全信

---

① 《食品安全法》第82条第3款。

息公布应当准确、及时、客观①"。《国家食品安全事故应急预案》对食品安全事故信息的发布时间也没有规定，《食品安全信息公布管理办法》则要求重大的食品安全事故应在"第一时间"发布，"发生重大食品安全事故后，负责食品安全事故处置的省级卫生行政部门会同有关部门，在当地政府统一领导下，在事故发生后第一时间拟定信息发布方案，由卫生行政部门公布简要信息，随后公布初步核实情况、应对和处置措施等，并根据事态发展和处置情况滚动公布相关信息。"《政府信息公开条例》第 18 条明确规定："属于主动公开范围的政府信息，应当自该政府信息形成或者变更之日起 20 个工作日内予以公开。法律、法规对政府信息公开的期限另有规定的，从其规定。"《国家食品药品监督管理局政府信息公开工作办法》再次重申了 20 个工作日的公开时限。由于食品安全领域专门的法律、法规对食品安全信息公开的期限都没有明确的规定，对于主动公开的食品安全信息，适用《政府信息公开条例》20 个工作日的公开期限。

4. 食品安全信息内部流通机制

《食品安全信息公布管理办法》是专门规范食品安全信息的部门规章，该办法第 6 条规定："各有关部门应当建立信息通报的工作机制，明确信息通报的形式、通报渠道和责任部门"。由于食品安全的分段管理体制，各部门各自掌握信息，因此部门之间的信息流通是建立统一的食品安全信息发布平台的前提。2011 年 1月 26 日江苏省食品安全委员会办公室公布了《江苏省食品安全信息报告与沟通管理规定(试行)》，这是目前我国唯一将食品安全信息的内部流通单独作为规制对象的一个规范性文件。目前我国有关食品安全信息内部流通的制度主要有：

(1) 食品安全信息会商制度。会商制度是会晤和商讨的简称，是指职权相关且不具有隶属关系的行政部门之间聚集磋商探讨解决某一类行政事务。《食品安全信息公布管理办法》第 12 条规定："县级以上食品安全各监督管理部门公布食品安全信息，应当及时通报各相关部门，必要时应当与相关部门进行会商，同时将会商情况报告当地政府。"

(2) 信息报告与通报制度。食品安全信息的报告制度是指下级机关向上级机关汇报自己掌握的食品安全信息。通报制度是指食品安全监管机关向本地方其他对食品安全负有事务管辖权的机关提供食品安全信息，通报机关之间是平级行政机关，不具有隶属关系。《江苏省食品安全信息报告与沟通管理规定(试行)》就属于通报制度。

(3) 信息交流协作制度。也可称为信息交流合作制度，是指不同地区且不具有隶属关系的食品安全监管机关相互通报和提供信息的制度。《浙江省食品安全信息管理办法(试行)》第 9 条第 2 款规定："省食品安全办应当与国家及兄弟省市

① 《食品安全信息公布管理办法》第 3 条。

食品安全综合监管部门、科研院校及其他有关机构建立信息交流协作制度,收集食品安全相关信息。"

二、国家层面上食品安全信息公开制度的实施情况

食品安全风险的本质特征是信息的不对称①。向社会公开并提供准确、充分的食品安全信息是防范食品安全风险的重要路径。借鉴国际经验,我国在法律体系上已经初步建立起食品安全信息公开制度,但在实际执行过程中并不理想。本节重点考查食品安全监管机关信息公开制度的实施情况。

(一) 已有研究对执行情况的评价

根据北京大学公众参与研究与支持中心调研团队的测评,国务院食品安全委员会的主要组成部门卫生部、农业部、商务部、工商总局、质检总局在 2009 年中央各部委政府信息公开测评中的得分分别为:商务部 60 分(第 2 名)、质检总局 53 分(第 7 名)、农业部 52.5 分(第 8 名)、卫生部 44.5 分(第 30 名)、工商总局 44 分(第 31 名)②。除商务部外,其他四个部门的分数都没有及格。可见,政府食品安全监管部门信息公开的执行情况并不理想。

中国社科院发布的《2012 年法治蓝皮书》称"食品安全信息公开情况喜忧参半","值得肯定的方面主要有所有被调研地方的食品药品监督管理局及负责餐饮服务监管的部门均开设了网站;绝大多数地方的监管部门能够在网站提供本部门的内设机构和职责简介,仅 2 家未提供上述信息;41 家地方食品药品监督管理局网站公开了用于接受监督的电话或者电子邮件;40 家地方食品药品监督管理局网站提供了相应的法律法规及其他规范性文件;40 家地方监管部门公布了对餐饮服务的监督检查信息。但是食品安全信息公开存在的问题仍旧不容忽视,一是食品安全信息公开滞后于公众对食品安全信息的需求和加强食品安全监管的需要;二是一些法定应当公开的信息未在网站公开;三是信息更新不及时。信息更新滞后甚至不更新的情况普遍存在,信息公开没有服务于食品安全监管和公众维护自身健康的需要。"③蓝皮书侧重于对流通环节餐饮行业监管机关的食品安全信息公开情况的调研。

(二) 监管部门信息网络公开情况

从国务院食品安全委员会的组成部门来看,主要有国家发改委、科技部、工业和信息化部、公安部、财政部、环保部、农业部、商务部、卫生部、国家工商总局、国家质检

---

① 参见洪群联:《食品安全问题的原因审视与安全保障体系的构建》,《中国流通经济》2011 年第 9 期,第 68 页;杨永清等:《移动增值服务消费者感知风险前因的实证研究》,《管理评论》2012 年第 3 期,第 115 页;Hornibrook S A,McCarthy M,Fearne A,"Consumers' Perception of Risk:The Case of Beef Purchases in Irish Supermarkets",*International Journal of Retail&Distribution Management*,No.10,2005,pp.701—715。

② 北京大学公众参与研究与支持中心:《中国行政透明度观察报告》,法律出版社 2011 年版。

③ 中国社会科学网,http://www.cssn.cn/news/458081.htm。

总局、国家粮食局、国家食品药品监管局等13个部门所组成。在组成部门中,卫生部、农业部、商务部、工商总局、质检总局、食品药品监管局等6个部门是直接具有行政执法管理职责的部门,其他组成部门的职责仅是涉及,比如,盐业管理由发改委负责。本《报告》研究人员对食品安全涉及的上述五个直接具有行政执法管理职责的部门的网站进行查询,并分析食品安全信息公开制度的执行情况,查询日期截止到2012年5月30日。

1. 卫生部

在卫生部网站的首页上设有政府信息栏目,内容包括了机构职能、政策法规、规划计划、行政许可、卫生标准、卫生统计、工作动态、通报公告等部分,没有针对食品安全问题的专栏信息。卫生部下设食品安全综合协调与卫生监督局,专门负责食品安全问题。卫生部网站的首页设有连接"食品安全综合协调与卫生监督局"的分页,这是卫生部集中公布食品安全信息的网页。该网站上食品安全综合协调栏目设有"法规、政策、动态、通告公告和其他"部分,这样的信息分类与《食品安全法》的要求不一致,不便于查找相关的信息。卫生部网站首页连接了"食品安全综合信息网",这是食品安全信息的集中营,囊括了来自中央国家机关和地方食品安全监管部门的信息。总体上看,在卫生部负责公布的上述食品安全信息中,食品安全标准信息和行政许可类信息相对比较全面。食品安全风险监测计划信息、风险评估信息、风险警示信息和重大食品安全事故及其处理信息均处于较为零散的状态,"重大食品安全事故及其处理信息"一项,除了2008年发生的"三鹿牌"婴幼儿奶粉事件专门公布部分信息外,其他的食品安全事故信息分散在"卫生部卫生应急办公室"的网页中,查找极其困难。通过对上述三个网页的综合查询,卫生部公布食品安全信息的具体情况(见表11-1)。

表11-1　卫生部网站统一公布的全国性重要食品安全信息

事项		公布情况
食品安全总体情况	国家年度食品安全总体状况	无。 2007年8月17日国务院新闻办公室发布《中国的食品质量安全状况白皮书》,这是我国首部也是唯一一部全国性的食品安全总体情况白皮书。但该白皮书在卫生部网站上查不到。
	国家食品安全风险监测计划实施情况	食品安全综合信息网——风险监测栏目 http://www.nfsiw.gov.cn/business/htmlfiles/foodaqxxw/s59/list.html 共17条信息,其中10条信息的发布日期为2010年5月25日,3条信息的发布期间为2012年,具体时间为2012年4月23日、5月28日和5月30日。
	食品安全国家标准的制订和修订工作情况	食品安全综合信息网——食品安全标准栏目 http://www.nfsiw.gov.cn/business/htmlfiles/foodaqxxw/s52/list.html 截止到2012年5月30日共160条信息记录,内容包括了标准动态、标准文件和标准FAQ。

（续表）

事项	公布情况
食品安全风险 评估信息	国家食品安全风险评估中心网站（卫生部下属事业单位） 1. 食品安全风险评估的定义 http://www.chinafoodsafety.net/newslist/newslist.jsp? anniu = Denger_Cri_1 2. 卫生部：进一步加强食品安全风险监测评估预警 http://www.chinafoodsafety.net/newslist/newslist.jsp? anniu = Denger_Cri_1 3. 评估报告—中国食盐加碘和居民碘营养状况的风险评估 http://www.chinafoodsafety.net/newslist/newslist.jsp? anniu = Denger_Cri_1 4. 评估报告—食品中丙烯酰胺的危险性评估 http://www.chinafoodsafety.net/newslist/newslist.jsp? anniu = Denger_Cri_1 5. 评估报告—苏丹红的危险性评估报告 http://www.chinafoodsafety.net/newslist/newslist.jsp? anniu = Denger_Cri_1 食品安全综合信息网（http://www.nfsiw.gov.cn/business/htmlfiles/foodaqxxw/s60/list.html） 6. 畜产品中盐酸克伦特罗残留的风险评估 http://www.nfsiw.gov.cn/publicfiles/business/htmlfiles/foodaqxxw/s60/201006/1067.html 7. 生食牡蛎中副溶血性弧菌的定量危险性评估 http://www.nfsiw.gov.cn/publicfiles/business/htmlfiles/foodaqxxw/s60/201006/1066.html 8. 北京市菜地土壤和蔬菜铬含量及其健康风险评估 http://www.nfsiw.gov.cn/publicfiles/business/htmlfiles/foodaqxxw/s60/201006/1065.html 9. 北京市菜地土壤和蔬菜铅含量及其健康风险评估 http://www.nfsiw.gov.cn/publicfiles/business/htmlfiles/foodaqxxw/s60/201005/794.html 10. 苏丹红危险性评估报告 http://www.nfsiw.gov.cn/publicfiles/business/htmlfiles/foodaqxxw/s60/201005/793.html 11. 畜产品中沙门氏菌的风险评估 http://www.nfsiw.gov.cn/publicfiles/business/htmlfiles/foodaqxxw/s60/201005/792.html
食品安全 风险警示信息	食品安全综合信息网——风险预警栏目 http://www.nfsiw.gov.cn/business/htmlfiles/foodaqxxw/s61/index.html 共34条信息，1条信息的发布时间是2010年5月25日，29条信息的发布时间为2010年5月31日，2条信息的发布时间为2011年，分别是8月10日和9月8日，2条信息的发布时间是2012年，具体时间为4月10和5月8日。

（续表）

事项	公布情况
重大食品安全事故及其处理信息	卫生部主网站： 1. 三鹿牌婴幼儿奶粉事件 http://www.moh.gov.cn/publicfiles/business/htmlfiles/mohwsjdj/s9094/index.htm 卫生部卫生应急办公室分网站； 2. 卫生部办公厅关于 2012 年第一季度全国食物中毒事件情况的通报 http://www.moh.gov.cn/publicfiles/business/htmlfiles/mohwsyjbgs/s7860/201205/54655.htm 3. 卫生部办公厅关于 2011 年全国食物中毒事件情况的通报 http://www.moh.gov.cn/publicfiles/business/htmlfiles/mohwsyjbgs/s7869/201202/54200.htm 4. 卫生部办公厅关于 2008 年第四季度全国食物中毒情况的通报 http://www.moh.gov.cn/publicfiles/business/htmlfiles/mohwsyjbgs/s7865/200902/39092.htm 5. 卫生部办公厅关于 2008 年全国食物中毒报告情况的通报 http://www.moh.gov.cn/publicfiles/business/htmlfiles/mohwsyjbgs/s7865/200902/39151.htm
其他重要的食品安全信息	包括食品添加剂新品种、有关食品安全的国家标准、新资源食品批准等，分散在卫生部网站公告类栏目中。具体内容略。

2. 国家食品药品监督管理局

国家食品药品监督管理局虽隶属于卫生部，但其职能相对独立。2008 年 3 月国务院机构改革后将国家食品药品监督管理局由国务院管理的直属局改由卫生部管理，但卫生部"食品安全综合协调与卫生监督局"与"国家食品药品监督管理局"在职能划分上依然比较模糊。在食品生产、流通、消费环节许可工作监督管理职责的分工上，卫生部负责提出食品生产、流通环节的卫生规范和条件，纳入食品生产、流通许可的条件。国家食品药品监督管理局负责餐饮业、食堂等消费环节食品卫生许可的监督管理。国家质量监督检验检疫总局负责食品生产环节许可的监督管理①。国家食品药品监管局负责消费环节食品卫生许可和食品安全监督管理，制定消费环节食品安全管理规范并监督实施，开展消费环节食品安全状况调查和监测工作，发布与消费环节食品安全监管有关的信息。2012 年 3 月 28 日国家食品药品监督管理局发布的《2011 年度政府信息公开工作报告》宣称"坚持以公开为原则、不公开为例外，对于不涉及国家秘密、商业秘密和个人隐私的食品药品监管政府信息，以我局政府网站为重要渠道，及时予以公开，维护公众的知情

---

① 参见卫生部网站，http://www.moh.gov.cn/publicfiles/business/htmlfiles/zwgkzt/pjggk/200804/621.htm。

权、参与权、监督权,确保公众饮食用药安全。"对主动公开的政府信息情况,报告总结为"2011 年 1 月 1 日至 12 月 31 日,累计主动公开政府信息 7016 条。药监系统动态类信息 3777 条,占 53.84%;公告通告类信息 907 条,占 12.93%;行政许可类信息 1228 条,占 17.51%;法规文件类信息 307 条,占 4.38%;专栏及综合管理类信息 532 条,占 7.58%;人事信息类 44 条,占 0.63%。截至 2011 年 12 月 31 日,累计主动公开数据库信息 234 万条。发布基础数据库 45 个,数据量达 161 万条;发布受理审批进度数据库 7 个,数据量达 73 万条。"总体上来看,国家食品药品监督管理局是食品安全信息公开做得比较好的部门,以"保健食品审批信息"为例,该类信息每月公布一次,从 2010 年 1 月至 2012 年 5 月共 25 条信息,2010 年和 2011 年的信息相对完整。不过也存在信息滞后的问题,此类信息 2012 年仅有 1 条。此外,"违法保健食品公告"类信息也能做到定期发布。国家食品药品监督管理局各类食品安全信息具体公布情况见表 11-2。

表 11-2　国家食品药品监督管理局公布食品安全日常监管信息情况

事项	公布情况
实施行政许可的情况	共有 25 条保健食品审批公告,2010 年 12 条,2011 年 1 条,2012 年 1 条。
责令停止生产经营的食品、食品添加剂、食品相关产品的名录	国家食品药品监督管理局对 2 个严重违法广告保健食品采取暂停销售限期整改措施 http://www.sda.gov.cn/WS01/CL0050/70301.html
查处食品生产经营违法行为的情况	国家食品药品监督管理局网站 1. 国家食品药品监管局对麦当劳(中国)有限公司进行责任约谈 http://www.sda.gov.cn/WS01/CL0227/69844.html 2. 国家食品药品监督管理局曝光四种保健食品违法广告 http://www.sda.gov.cn/WS01/CL0051/61636.html 3. 国家食品药品监督管理局曝光六种保健食品严重违法广告 http://www.sda.gov.cn/WS01/CL0051/53014.html 4. 国家食品药品监督管理局通报违法保健食品广告 http://www.sda.gov.cn/WS01/CL0051/4064.html 5. 关于发布 2007 年第 1 期违法保健食品广告公告汇总的通知 http://www.sda.gov.cn/WS01/CL0085/14788.html 6. 关于发布 2007 年第 2 期违法保健食品广告公告汇总的通知 http://www.sda.gov.cn/WS01/CL0085/27916.html 7. 关于发布 2008 年第 1 期违法保健食品广告公告汇总的通知 http://www.sda.gov.cn/WS01/CL0085/32254.html 8. 国家食品药品监督管理局发布 2008 年第 2 期违法药品医疗器械保健食品广告公告汇总 撤销 73 个药品广告批准文号 http://www.sda.gov.cn/WS01/CL0051/36057.html 9. 关于发布 2008 年第 2 期违法药品医疗器械保健食品广告公告汇总的通知 http://www.sda.gov.cn/WS01/CL0085/36071.html

（续表）

事项	公布情况
	10. 关于发布 2009 年第 1 期违法药品、医疗器械、保健食品广告公告汇总的通知 http://www.sda.gov.cn/WS01/CL0085/40738.html 11. 关于发布 2009 年第 2 期违法药品、医疗器械、保健食品广告公告汇总的通知 http://www.sda.gov.cn/WS01/CL0085/45113.html 12. 关于发布 2010 年第 1 期违法药品、医疗器械、保健食品广告公告汇总的通知 http://www.sda.gov.cn/WS01/CL0085/48018.html 13. 国家食品药品监督管理局发布 2010 年第 2 期违法药品、医疗器械、保健食品广告公告汇总 http://www.sda.gov.cn/WS01/CL0050/50977.html 14. 关于发布 2010 年第 2 期违法药品、医疗器械、保健食品广告公告汇总的通知 15. http://www.sda.gov.cn/WS01/CL0085/50974.html 关于发布 2010 年第 3 期违法药品、医疗器械、保健食品广告公告汇总的通知 http://www.sda.gov.cn/WS01/CL0085/54677.html 16. 关于发布 2010 年第 4 期违法药品、医疗器械、保健食品广告公告汇总的通知 http://www.sda.gov.cn/WS01/CL0085/57715.html 17. 国家食品药品监督管理局发布 2010 年第 4 期违法药品、医疗器械、保健食品广告公告汇总 http://www.sda.gov.cn/WS01/CL0050/57703.html 18. 关于发布 2011 年第 1 期违法药品、医疗器械、保健食品广告公告汇总的通知 http://www.sda.gov.cn/WS01/CL0085/60859.html 19. 国家食品药品监督管理局发布 2011 年第 2 期违法药品、医疗器械、保健食品广告公告汇总 http://www.sda.gov.cn/WS01/CL0051/63795.html 20. 关于发布 2011 年第 3 期违法药品、医疗器械、保健食品广告公告汇总情况的通知 http://www.sda.gov.cn/WS01/CL0085/66413.html 21. 国家食品药品监督管理局发布 2011 年第 4 期违法药品、医疗器械、保健食品广告公告汇总 http://www.sda.gov.cn/WS01/CL0050/68488.html 22. 关于发布 2011 年第 4 期违法药品、医疗器械、保健食品广告公告汇总的通知 http://www.sda.gov.cn/WS01/CL0085/68422.html 23. 关于发布 2012 年第 1 期违法药品、医疗器械、保健食品广告公告汇总的通知 http://www.sda.gov.cn/WS01/CL0085/70818.html

（续表）

事项	公布情况
	24. 国家食品药品监督管理局集中曝光"雪胆胃肠丸"等九种产品违法广告及生产企业 http://www.sda.gov.cn/WS01/CL0050/45163.html
专项检查整治 工作情况	国家食品药品监督管理局——集中整治行动专栏 http://www.sda.gov.cn/WS01/CL0904/ 共有 54 条信息,绝大部分为药品专项整治的信息。与食品相关的整治信息有: 1. 青海省食品药品监督管理局开展保健食品化妆品生产流通领域集中整治 http://www.sda.gov.cn/WS01/CL0906/70047.html 2. 国家食品药品监管局与教育部联合开展学校食堂食品安全督查工作 http://www.sda.gov.cn/WS01/CL0227/71714.html 3. 国家食品药品监管局和教育部联合紧急部署迅速开展中小学食堂食品安全大检查 http://www.sda.gov.cn/WS01/CL0227/70819.html 4. 国家食品药品监督管理局开展 2011 年度餐饮服务食品安全监管绩效考核抽查 http://www.sda.gov.cn/WS01/CL0227/69990.html 5. 国家食品药品监督管理局部署开展春季学校食堂食品安全专项检查 http://www.sda.gov.cn/WS01/CL0227/69015.html 6. 边振甲副局长带队检查北京市春节期间餐饮安全监管工作 http://www.sda.gov.cn/WS01/CL0227/68520.html 7. 国家食品药品监管局和教育部联合开展学校食堂食品安全专项整治督查 http://www.sda.gov.cn/WS01/CL0227/67672.html 8. 国家食品药品监督管理局部署开展餐饮服务环节鲜肉和肉制品安全整顿治理工作 http://www.sda.gov.cn/WS01/CL0227/67381.html 食品安全综合信息网—食品安全专项整顿专栏 http://www.nfsiw.gov.cn/business/htmlfiles/foodaqxxw/s56/index.html 共 69 条信息,最早的是 2010 年 5 月 31 日,最新的是 2012 年 5 月 14 日。
其他食品安全日常 监督管理信息	1. 国家食品药品监督管理局发布 2012 年第 1 期餐饮服务食品安全预警公告 http://www.sda.gov.cn/WS01/CL0227/71528.html 2. 国家食品药品监管局关于螺旋藻保健食品有关问题的回应 http://www.sda.gov.cn/WS01/CL0051/70658.html 3. 国家食药监局关于注销养乐多牌乳酸菌乳饮品保健食品批准文号的公告(国家食药监局公告第 13 号) http://www.nfsiw.gov.cn/publicfiles/business/htmlfiles/foodaqxxw/s67/201203/2817.html

3. 农业部

《食品安全法》和《食品安全卫生管理办法》对农业部负责公布的食品安全信息没有明确的规定,其主要负责初级农产品生产环节的监管。农业部的"主要职能包括组织开展农产品质量安全风险评估,提出应对技术性贸易措施的建议。组织农产品质量安全技术研究推广、宣传培训;参与制定农产品质量安全国家标准,组织制定农业行业标准,并会同有关部门组织实施。制定农业转基因生物安全评价标准和技术规范;组织农产品质量安全的监督管理。组织农产品质量安全监测和监督抽查,组织对可能危及农产品质量安全的农业生产资料进行监督抽查。负责农产品质量安全状况预警分析和信息发布。指导建立农产品质量安全追溯体系。指导实施农产品包装标识和市场准入管理,等等;依法实施符合安全标准的农产品认证和监督管理。包括对无公害农产品、绿色食品和有机农产品实施认证和质量监督,对农产品地理标志审批登记和监督管理;指导农业检验检测体系建设和机构考核"①。其负责公布的食品安全信息也涉及这些领域。在农业部网站的首页上,以"农产品质量"为关键词进行搜索,涉及 31963 条信息。农产品专项检查信息方面,以"瘦肉精"为关键词进行检索,共有 5689 条信息;以"农药残留"为关键词进行检索,共有 8129 条信息。上述信息有相当多的部分来自地方农业部门的网站。通过检索得出的信息数量虽然很大,但"农产品质量"、"瘦肉精"、"农药残留"类信息内容上多属于新闻类的信息,信息质量却不高。例如在"黑龙江以病虫防控为中心狠抓蔬菜生产"这一条信息中提到了"农药残留",但却不是关于"蔬菜农药残留量"的信息。中国农业信息网(http://www.agri.gov.cn/)是农业部信息中心主办的农业类信息中心的集散地。以该网站上"沈阳:确保百姓吃上'放心肉'"的这条信息为例。该信息直接来源于某报纸,内容为报道该项工作开展的情况和取得的成效。在农业部的主网站上有"监测预警"栏目,提供了各类农产品的监测信息,但其信息内容不是"质量监测"而是"价格监测"。每类监测信息都是关于该产品近期在国内市场和进出口的价格、数量变化信息。行政许可和非许可类审批信息比较全面,包括许可和审批的条件、所需表格及申请方式等,但对于许可或审批的情况,则没有专栏查询,只能通过农业部网站的通知和公告逐项查询。总体上看,农业部网站上缺乏农产品质量安全总体情况的信息、各类农产品质量安全信息。消费者如果希望查到一段时间内某类农产品的农药残留信息、"瘦肉精"监测情况信息、生鲜乳质量信息、兽药质量安全信息等,根本无从查找。从信息内容来看,农业部网站及中国农业信息网上的食品安全信息基本是"报喜不报忧"的状况。

---

① 《食品安全各环节归谁管 涉及食品安全 13 部门的各自职责》,《人民日报》2011 年 5 月 5 日。

4. 商务部

商务部主管食品流通行业的食品安全。根据国务院批准的商务部"三定"方案和《食品安全法》及其实施条例、《生猪屠宰管理条例》、《酒类流通管理办法》等法律法规和规章,商务部作为流通行业主管部门,在食品安全方面主要负责:制定食品流通行业发展规划和产业政策;对生猪屠宰和酒类流通的行业管理、加强对生猪屠宰活动的监督检查,推动生猪定点屠宰标志牌、证书审核换发工作;配合卫生部,做好食品安全风险监测和评估,制定食品安全国家标准规划及其实施计划,对食品安全国家标准执行情况进行跟踪评价并适时组织修订等三项职责。截至2012年5月30日,在商务部政府信息公开查询系统中,涉及市场秩序类的信息有179条、"生猪屠宰"类信息30条、"酒类"信息13条(最近一条信息的时间为2010年2月9日)、"追溯"类信息18条。总体上来看,食品安全监管只是商务部职责的一小部分,因此其此类信息相对也较少。

5. 国家工商行政管理总局

国家工商总局下设食品流通监督管理司,负责流通环节食品安全的监督管理,主要职责是拟订流通环节食品安全监督管理的具体措施、办法;组织实施流通环节食品安全监督检查、质量监测及相关市场准入制度;承担流通环节食品安全重大突发事件应对处置和重大食品安全案件查处工作。其准入职责包括"先证后照",即负责颁发食品流通许可证,再对有许可证的经营主体颁发营业执照[①]。在国家工商行政管理总局2012年3月31日发布的《2011年度政府信息公开工作年度报告》中涉及食品安全问题只有寥寥数语,"在服务惠民生方面,公开了对乳制品、食用油、食品非法添加和滥用食品添加剂等流通环节食品安全治理整顿实施的一系列整治措施,……及时澄清了食品安全等方面的不实信息。"在国家工商行政管理总局网站上利用关键词进行查询,标题中含有"食用油"的信息为16项,其中有一项信息重复出现两次,一项信息重复出现三次,实际发布的信息为13项。经过逐一排查,在这13项信息中1项为规范性文件、1项来源于地方工商局网站、1项由地方工商局提供,其余10项均来源于《中国工商报》。国家工商行政管理总局的网站上设有"食品安全监管"栏目,截至2012年5月30日共发布327条信息,其中最早一条信息的发布时间是2008年1月1日,最新一条信息的发布时间是2012年5月23日。对上述327条信息的不完全统计,327条信息基本来源于《中国工商报》,信息标题和内容是新闻报道性的。以《广东食品打假成效初显》为例,"截至目前,全省各级工商机关共检查食品经营户92410户,捣毁食品售假窝点58个,查获案值达450多万元的假冒伪劣食品。"从该报道中,公众仅能获知相关部

---

① 《食品安全各环节归谁管 涉及食品安全13部门的各自职责》,《人民日报》2011年5月5日。

门进行了食品安全打假的执法行为,却无法了解详细的打假情况。食品流通监督管理司是工商总局下属专门负责食品安全的部门,通过点击机构设置栏目,查找到该司的网页链接,网页上设有机构职能、工作动态、政策法规和专题报道四个栏目。截至 2012 年 5 月 29 日,工作动态栏目中 2012 年只有 2 条信息,时间是 2012年 5 月 29 日;政策法规栏目中 2012 年也只有 1 条信息,发布时间是 2012 年 3 月14 日;专题报道栏目实际为"学习宣传贯彻落实食品安全法"专栏,有 7 条信息。总体上看,在国家工商行政管理总局的网站上,几乎找不到任何有关食品安全有价值的信息。不过工商总局的公众互动栏目利用率比较高,其中"食品安全"类的公众留言共 121 条,并且全部都有回复。

6. 国家质检总局

依据《食品安全法》及其实施条例,国家质检总局对食品生产加工活动和进出口活动进行监督管理。国家质检总局主要负责组织实施国内食品生产许可、生产加工环节安全监管,组织实施对食品生产者的监督检查,组织建立食品生产者安全信用档案,发布食品安全日常监管信息,依法责令食品生产者实施召回;负责组织实施国内食品添加剂生产许可;负责进出口食品、食品添加剂和食品相关产品的检验检疫和监督管理,对可能存在风险或者发现严重食品安全问题的进口食品采取风险预警或者控制措施;负责向我国境内出口食品的出口商或者代理商备案工作、向我国境内出口食品的境外食品生产企业的注册工作,以及出口食品生产企业和出口食品原料种植、养殖场备案工作,收集、汇总进出口食品安全信息等。①国家质检总局网站首页上设有公开专题,其中包括"通过乳制品重新审核企业名单"、"产品质量信用记录"、"产品质量抽检公告"、"进出口食品风险预警"、"进出口食品违规企业名单"、"每周质量报告"等与食品安全直接相关的信息。每周质量报告信息,最早的信息公布于 2006 年 10 月 29 日,发布于该日的信息共有 85条,此后开始出现 2007 年的信息,并逐步保持每周定期更新信息。质检总局下设食品生产监督司和进出口食品安全局,分别负责生产环节和进出境食品安全的监管。食品生产监督司的网页(http://spscjgs. aqsiq. gov. cn/)中可以进行"食品生产许可信息"和"食品添加剂、食品相关产品获证企业信息"查询。质检总局进出口食品安全局的网页(http://jckspaqj. aqsiq. gov. cn/)中设有进出口食品化妆品风险预警栏目,可以查询到进境不合格食品的及时信息,基本保持每月通报的记录。总体而言,国家质检总局食品安全信息发布比较及时,信息更新较快;在食品安全监管的相关政府部门中,质检总局的信息更新处于前列,但缺乏公众的参与,质检总局的主网页设置有"在线调查",实际上基本为摆设。

---

① 《食品安全各环节归谁管 涉及食品安全 13 部门的各自职责》,《人民日报》2011 年 5 月 5 日。

（三）食品安全信息公开存在的主要问题

1. 信息发布主体分散且各自为政

食品安全的分段管理体制造成了食品安全监管部门严重分割，这是目前食品安全信息共享协调机制不完善，缺乏统一权威的食品安全信息披露机构与平台的根本症结所在。如在 2004 年初安徽阜阳"劣质奶粉事件"中，包括质检部门、卫生部门、工商行政管理等多个执法部门纷纷向公众发布不合格奶粉名单和放心奶粉名单，甚至有些部门因为信息发布前没有很好地沟通检验标准、协调将要发布的信息内容，导致个别奶粉同时出现在不合格奶粉名单和放心奶粉名单中，严重影响了信息的科学性和权威性。[1] 以"食品安全风险评估信息"为例，该类信息分散公布在食品安全信息网和国家食品安全风险评估中心的网站上。同一类信息两个网站上公布的信息既有重叠又有差异。国家食品安全风险评估中心是卫生部下属的事业单位，该网站上公布的信息是否能作为"卫生部"公布的信息值得斟酌。再以"保健食品审批信息"为例，在国家食品药品监督管理局的网站上有 26 条信息，而在食品安全综合信息网上有 14 条信息，可见后者的信息更新明显较慢。"食品安全综合信息网"作为我国食品安全信息统一发布的重要平台，该网站仍处于初创阶段。由于该网站隶属于卫生部管理，因此其信息主要来源于卫生部、国家食品药品监督管理局的网站，少部分属于新闻资讯类的信息来源于国家工商总局、国家质检总局、商务部与地方相关部门，但几乎没有来源于农业部的信息，可见食品安全信息还没有完全在管理部门之间实现信息的交流与共享。涉及食品安全的信息由不同部门归口管理导致严重的信息分割，缺乏统一协调的信息服务管理机构，不仅造成信息资源总量不足，而且现有的资源利用率和资源投入效益也比较低。更为重要的是，食品安全信息的部门分割也给用户使用这些信息带来诸多不便和问题，降低了信息的权威性和指导作用。

2. 信息内容狭窄且质量不高

在涉及食品安全监管各个环节的政府部门网站上，都设置有政府信息公开专栏，供公众查阅相关信息。但政府信息公开的内容，主要是机构设置、职能、办事指南、政府信息公开目录、法律法规、食品安全标准等内容。食品安全信息披露的范围和内容狭窄，信息质量偏低。食品安全信息披露的内容应该以预防为主的预警、预测信息为重点。但是从我国政府信息发布的内容及范围来看，主要以检验检测、综合监督、食品安全知识、食品安全政策等事后处理结果信息为主，对信息的预测分析严重不足，缺乏对危机、危害的事前预警信息的披露[2]。已公开的政府

---

① 李红：《食品安全信息披露问题研究》，华中农业大学硕士研究生学位论文，2006 年，第 41 页。

② 李红：《我国政府食品安全信息披露障碍及对策》，《农业经济》2011 年第 9 期，第 85 页。

食品安全的相关信息在内容上以通报工作为主,有些信息直接来源于新闻媒体,政府监管部门自身制作的信息较少。例如卫生部网站公布的《卫生部:进一步加强食品安全风险监测评估预警》的信息,考察其内容,风险评估和预警信息不足,不属于"食品安全信息"的范畴,而是新闻报道。再以卫生部公布的食品安全风险评估信息为例,食品安全综合信息网上的风险评估信息共有 6 条,只有 2 条信息有完整内容,分别是"苏丹红危险性评估报告"和"畜产品中沙门氏菌的风险评估",其他信息只有寥寥数语,信息内容相当不完整,甚至根本无内容可言。上述问题反映出相关职能部门的信息采集能力不强,信息分析能力不够,没有形成系列化、专门化和专业化的信息集成体系。即使已有的简单信息也呈现杂乱无章的状态,以原始形态发布,零散地分布在相关网站的各个栏目中,不便于公众查找,没有对关联的食品安全信息进行分类整理。在食品安全信息的需求中,无论是制定政策的各级主管部门,还是实际进行生产的企业和消费者,最需要的不是未经加工的原始信息,而是经过专家研究和分析的权威性信息。目前,中国食品安全信息的分析预测工作刚刚起步,处于摸索和积累经验阶段,无论是从信息的范围还是从信息的质量来看,都不能满足管理决策者、生产者和消费者的需要。

3. 信息发布不及时且时效性不足

《政府信息公开条例》对于主动公开政府信息的时限有明确要求,即自"信息形成之日起 20 日内公开"。表面上看,行政机关主动公开信息只有 20 日的期限,但实际上由于该规定缺乏可操作性,信息公开的时限由行政机关单方面说了算。与依法申请公开政府信息不同的是,如果公开义务机关未能在法定期限内对申请人的信息公开申请做出处理,申请人可以依法申请复议和提起诉讼。但主动公开政府信息方面,信息何时形成只有信息制作机关自己清楚,如果该机关不遵守 20 日的期限,完全可以说该信息还没有形成。即使该信息已经形成,但行政机关没有在 20 日的期限内公开该信息,事实上也缺乏强制性的处理方式。卫生部作为食品安全信息公开的主要义务机关,其主网站链接的"食品安全综合信息网"上,关于风险评估的信息共有 6 条,其中有 1 条信息即"苏丹红危险性评估报告"在国家食品安全风险评估中心网站上也可查询到,有 3 条信息的发布时间是 2010 年 5 月 31 日,另外 3 条信息的发布时间是 2010 年 6 月 3 日,此后再无更新。以"三鹿牌婴幼儿奶粉事件"为例,有关该事件的最早一条信息发布时间是 2008 年 9 月 11 日,最晚一条信息的发布时间是 2009 年 1 月 24 日,信息内容为"婴幼儿奶粉事件患儿赔偿工作接近尾声,绝大多数患儿家长接受了主动赔偿"。赔偿后事件似乎至此就结束了。有关患儿治疗的最新信息在官方网站上完全找不到。再以国家食品药品监督管理局公布的保健食品审批公告为例,其中 2010 年和 2011 年分别有 12 条信息,可见此类公告每月公布一次。截至 2012 年 5 月 30 日有 3 条审批公告信息,信息的发布在一定程度上滞后于实际的审批行为。

4. 公众参与缺失且反馈不足

公布公开食品安全信息不是政府的单方行为,而是政府、生产者、公众与社会团体等的多方行为,公布的目的是让受众知悉相关信息,查找和利用信息,并提供反馈信息。不仅是食品安全信息公布行为本身,食品安全信息的制作、生成和采集过程均需要公众的参与。公众参与的前提是食品安全信息的公开。公开原则是食品安全化的重要保障,是对食品安全行政提出的基本要求。这既是食品安全风险沟通的需要,也是克服信息不对称的需要,更是保障和实现消费者在食品安全风险领域的参与权的需要①。在我国食品安全监管各个政府部门的网站上,公众参与板块栏目建设相对落后,有些网站上的公众互动栏目内容简单、陈旧,甚至是摆设。卫生部网站首页没有专门的公众参与栏目,"部长信箱"栏目勉强算是一个公众参与栏目,其利用和回复率相对较高。国家食品药品监督管理局网站设有"征求意见"和"公众留言"栏目,尤其"公众留言"基本能得到及时的回复,相对比较活跃。农业部的网站互动交流板块下设置有"部长信箱"、"网上信访"、"征求意见"、"网上直播"、"在线访谈"、"网上调查"等内容,公众可以通过网络提意见和信访,但效果如何不得而知。商务部的网站设有"公众留言"、"征求意见"、"境外投诉"、"网友评论"等交流互动栏目,公众留言基本得到回复,而且回复比较及时。此外,工商行政管理总局的网站设有"公众互动"板块,国家质量监督检验检疫总局网站有"公众留言"栏目。总体而言,各政府部门网站都设置有公众参与的相应板块,但信息反馈的及时性参差不齐,缺乏接受消费者信息反馈和投诉的专职机构,没有建立完善的公众信息反馈收集和处理机制。实际上,"政府部门在食品安全信息披露方面存在单向性,公众监督的触角没有覆盖食品安全保障的整个过程,公众监督者的意志很难被纳入食品安全制度中。而食品安全监管体系对社会监督的回应性不够,在我国现行食品安全制度中,还没有对公众提供的食品安全信息和消费者投诉处理的法定时限与步骤的规定。"②

三、食品安全信息公开的国际经验

信息公开是食品安全监管的核心内容之一。而在我国,食品安全信息公开无论是制度建设还是实际运行,情况都不尽如人意。完善我国的食品安全信息公开制度,应借鉴国际上其他国家的成功经验,尽快弥补我国立法缺憾和实践的不足。

---

① 王贵松:《日本食品安全法研究》,中国民主法制出版社 2009 年版,第 56 页。
② 《食品安全信息不对称成公众参与最大的掣肘》,法制网:http://www.legaldaily.com.cn/index_article/content/2011-10/17/content_3044687.htm? node=5955。

（一）信息公布主体：统一与分散

国际上食品安全信息的发布机制也不尽相同。有的国家，如德国、法国等是由政府的一个部门发布；也有一些国家与我国相类似，由政府多个部门发布。无论是由某一部门主导统一发布，还是多个部门分别发布食品安全信息，均与各国的食品安全监管体制相关。被认为"在世界上享有最高的食品安全水平"的欧盟，2002 年 1 月由其议会和理事会发布了 178/2002 号法规，即《食品安全基本法》。根据该法律，欧盟成立了食品安全局（European Food Safety Authority, EF-SA），其主要工作是负责收集并分析有关食品潜在风险的所有信息、向公众提供其权限范围内的所有信息。在欧盟食品安全局的督导下，一些欧盟成员国也对原有的监管体制进行了调整，逐步将食品安全监管职能集中到一个部门。德国于 2001 年将原食品、农业和林业部改组为消费者保护、食品和农业部，接管了卫生部的消费者保护和经济技术部的消费者政策制定职能，对全国的食品安全统一监管，并于 2002 年设立了联邦风险评估研究所和联邦消费者保护和食品安全局两个机构。丹麦通过改革将原来担负食品安全管理职能的农业部、渔业部、食品部合并为食品和农业渔业部，形成了全国范围内食品安全的统一管理机构。法国设立了食品安全评价中心。荷兰成立了国家食品局①。美国则建立了由各部门分工负责的食品信息发布机制。根据美国法律、法规的规定，联邦有关部门包括食品和药物管理局（FDA）、农业部食品安全检验署（FSIS）、农业部动植物卫生检验署（A-PHIS）、疾病控制与预防中心（CDC）以及环境保护署（EPA），各州政府卫生部门以及各市县卫生部门都对食品实施监督管理，在法律、法规赋予的权限范围内独立进行信息披露，形成了以联邦政府信息披露为主，地方各州政府信息披露为辅，分工明确、全方位的信息披露体系。但这种分散监管体制带来的弊端受到了公众的批判。时任美国总统的克林顿于 1998 年 8 月 25 日发布了成立总统食品安全委员会的行政命令，委员会的性质更接近于一个综合协调机构，食品安全信息仍然由负主要监管职责的各部门发布。美国食品和药品监督管理局（FDA）针对信息公开的不同申请对象，设立了面向公众，其他行政机构，州、地方政府与外国政府等不同的信息公开程序。面向其他行政机构，州、地方政府与外国政府的为非公众信息公开程序，公开的范围和程序与公众信息公开程序不同。其范围"可能包括非公知信息，也可能还包括一些尚未形成 FDA 最终裁决的前期信息。当公开信息涉及商业秘密或机密时，还要求出具商业秘密或机密所有者签名的知情同意书，收到公开信息的州政府或地方政府也要以书面形式保证不泄漏这些商业秘密或

---

① 管淞凝：《美国、欧盟食品安全监管模式探析及其对我国的借鉴意义》，《当代社科视野》2009 年第 1 期，第 39—42 页。

机密"。① 美国食品安全信息发布的主要渠道是网络,食品安全网(www. foodsafe-ty. gov)汇总了来自联邦政府部门及地方各州政府管理部门的大量食品安全信息,形成了由点到面的信息网络,使信息的披露有了统一、权威的发布平台,为公众提供从农场到餐桌的食品安全信息。日本负责食品安全的管理机构主要由农林水产省、厚生劳动省和食品安全委员会这三个隶属于中央政府的政府部门组成,其执行机构主要是农林水产省、厚生劳动省下属的动植物检疫所和食品检疫站②。农林水产省、厚生劳动省在各自职责范围内监管食品安全问题,并独立地公布相关信息。此外,日本食品安全委员会负责食品安全风险信息沟通与公开,并以委员会为核心,建立由相关政府机构、消费者、生产者等广泛参与的风险信息沟通机制,并对风险信息沟通实行综合管理。从世界各国的经验来看,其发展趋势由各部门联合监管向独立、统一部门监管转换,信息发布主体也倾向于由统一监管机关、统一发布平台发布。

(二)信息公布的内容:原则与例外

信息公开的内容是行政公开的核心问题。美国《信息自由法》确立了"政府信息公开是原则,不公开是例外"的原则,为了贯彻这一原则,在立法方式上针对可以公开的政府信息采取概括式规定,对不能公开的政府信息采取列举规定的方式。依据该法,除涉及国家安全、商业秘密、个人隐私等豁免提供的九项信息外,美国所有的政府信息均应公开。③ 美国食品安全信息公开从披露的对象来看,主要包括消费者、生产经营者、科学家和研究工作者。相应地信息披露的内容主要包括消费者教育与培训信息、缺陷产品召回信息、管理部门的管理规则、工作指南、指导方针、食源性疾病信息、食品安全资源信息等。④ 美国的食品安全信息的公开内容已从展示政府政务信息的平台,逐步变成食品安全审批监管的信息资源平台;从政府一方的单向信息流动,变为与相对人、公众和全球食品安全监管机构的多向交流与沟通。美国食品及药物管理局(Food and Drug Administration,FDA)掌握着数百万份关于食品和药品安全的文件,包括对公司的检查结果,以及食品安全操作与管理程序手册。FDA 在 1971 年以前只是将 10% 的记录公之于众。但从 1971 年开始,FDA 实施了 90% 的文件必须公开的新规定。今天,任何人都可以

---

① 宋华琳:《美国 FDA 药品信息公开的评介与思考》,《中国处方药》2007 年第 6 期,第 36 页。

② 杨光、崔路、王力舟:《日本食品安全管理的法律依据和机构》,《中国标准化》2006 年第 8 期,第 27 页。

③ 1966 年美国国会制定了《信息自由法》,代替了 1946 年《行政程序法》第 3 条的规定,1967 年这部法律的主要条款编入了美国法典,成为美国法典第五编第 552 节。美国国会于 1974 年、1976 年、1986 年及 1996 年对《信息自由法》进行了重大修改。

④ 《美国政府食品安全信息披露机制与经验启示》,国家食品安全信息中心,http://www. fsi. gov. cn/news. view. jsp? id = 17708。

在其网站上找到 FDA 的原始检查报告。[①] 美国联邦和地方政府对零售商和饭店检查的原始数据也在该网站上发表。[②] 在日本与食品安全相关的信息大部分是基于科学事实而来,原则上应予公开。

(三) 信息公布的时限:法定与裁量

欧盟、美国和日本等国家和地区的政府信息公开规定侧重于依申请公开的程序,对于行政机关依职权公开信息的期限则没有明确规定。公众无法查阅到相关信息时,可以通过申请的方式要求政府部门提供信息,并且任何人都可以提出申请。欧盟规定自登记收到申请之日起 15 个工作日内,相关部门应回复与确认最初申请。如果申请复杂或者数量巨大,可以延长 15 个工作日。时限的任何延长必须说明理由并告知申请人[③]。美国《信息自由法》规定政府部门在接到公民要求查阅某项资料的申请之后,必须在 10 个工作日之内公开该资料。若政府部门拒绝公开该资料,公民有权向政府部门中的复审官员提出第二次申请,该申请必须在 20 个工作日内得到肯定或者否定的答复。也就是说,依据《信息自由法》,在美国,政府部门必须在最多 30 个工作日的时间内对公民的信息公开申请作出答复。一个例外是,如果该政府部门接到了大量的查阅申请,该法允许其有 10 天时间的延长期,但同样必须出具书面证明。日本《信息公开法》第 10 条规定了依申请公开的两类法定期限:即原则公开决定期限和延长期限。行政机关的首长应该在公开请求到达之日起的 30 日之内作出公开或不公开(包括部分不公开)的决定。有事务处理方面的困难及其他正当的理由的,行政机关的首长可延长该期限,但延长的期限不得超过 30 日。[④]

(四) 信息公布的理念:公众参与和知情

欧盟非常重视消费者在食品安全监管,特别是法规、政策制定过程中的作用,充分听取消费者的建议,确保其工作能真正维护消费者的利益。2003 年 1 月 1 日起实施的《欧盟委员会向利益相关人进行咨询的一般原则和最低标准》明确规定"欧盟政策的质量取决于确保在整个政策链上广泛的公众参与——从概念到实施。"对于公众咨询的范围、时限、对象、咨询结果的确认与反馈都有明确的规定[⑤]。美国《联邦行政程序法》规定了行政当局制定、修改、废除行政法规所必须遵守的程序和利益集团要求公布、修订、行政法规所应遵守的程序,该法使厂家、消费者

① 美国食品与药品监督管理局网站,http://www.fda.gov/AboutFDA/CentersOffices/ORA/ORAElectronicReadingRoom/default.htm。
② 陈定伟:《美国食品安全监管中的信息公开制度》,中国食品安全法治网:http://www.foodlaw.cn/lawhtml/ywjy/3495.shtml。
③ 周汉华:《外国政府信息公开制度比较》,中国法制出版社 2003 年版,第 251 页。
④ 同上书,第 253 页。
⑤ 吴浩:《国外行政立法的公众参与制度》,中国法制出版社 2008 年版,第 128 页。

和其他相关单位和个人都可以参与相应食品安全行政法规的制定过程。美国政府食品安全信息门户网站"食品安全网"首页设置有询问专家的专栏,公众可以通过常见问题查询,或者在线交流以及电话等方式向专家询问,也可以发送电子邮件进行询问,并设置有肉、家禽及蛋、其他食物、宠物食品、疾病以及食物中毒等不同的邮箱,有些明确规定公众的问题将在 2 个工作日内予以回复。日本法律明确规定了食品安全政策制定过程中的公众参与,体现了消费者优先的理念。日本《食品安全基本法》第 13 条明确规定,为了将国民的意见反映于制定的政策中,并确保制定过程的公正性和透明性,在制定食品安全政策时,应采取必要措施促进提供政策相关的信息,提供机会陈述对政策的意见,促进相关单位、人员相互之间交换信息和意见①。

四、完善我国食品安全信息公开制度的建议

基于政府食品安全监管部门在食品安全信息公开方面存在的主要问题,从现实需要出发,未来一个时期,应该加快推进食品安全信息统一发布平台等方面的工作。

(一) 完善食品安全信息统一发布平台

《食品安全信息公布管理办法》第 5 条规定:"各地应当逐步建立统一的食品安全信息公布平台,实现信息共享。"食品安全的归口管理造成食品安全监管部门网站的建设各自为政,信息资源处于离散状态,没有形成信息资源共享共建的局面,信息检索、服务功能较弱,不能在一个统一的检索界面下实现一点式的资源检索。如要搜索不同种类、不同地区、不同部门的食品安全信息,必须通过多次检索界面的切换,降低了信息使用效率。解决这一问题的对策,应建立食品安全信息统一发布平台。食品安全信息涉及的部门多、内容庞杂、信息量大,卫生部的官方网站很难容纳如此丰富的内容,完善信息公开网络,可以借鉴美国的做法,通过统一的食品安全网(www.foodsafety.gov)发布信息。由卫生部牵头,建立单独的食品安全信息网,整合中央政府部门和地方政府部门的食品安全信息,统一信息发布主体和发布渠道,根据生产者、消费者、科研机构和人员等不同信息获取者的需求,对食品安全信息进行分类发布,提供公众反馈信息的途径,增强政府、企业与消费者之间的信息沟通,搭建通畅的信息桥梁。食品安全信息属于某类专项信息,农业部、商务部、质检总局、工商总局等国家机关其职能不限于食品安全监管一项,要求其在网站上专门公布食品安全信息也不现实,因此通过统一的信息发布平台公布来自不同部门的食品安全信息是最可行的方法。从中央职能部门的

---

① 王贵松:《日本食品安全法研究》,中国民主法制出版社 2009 年版,第 56 页。

层面看,"食品安全信息网"（http://www.nfsiw.gov.cn/）是中央国家机关有关食品安全信息的统一发布平台。但该网站没有检索功能,网站建设处于初创阶段,内容亟待完善。

食品安全信息统一发布平台的建立有赖于不同职能部门之间的信息共享。"为什么(我国)监管部门在食品安全信息发布上总是慢半拍? 一方面,食品安全信息交流存在着制度上的真空,使国内信息发布总不给力。在国外,要求收集信息必须准确,并要在研究单位、政府机构、粮食生产与食品加工企业及消费者之间进行有效交流,以便增加透明度。同时,收集其他国家的食品安全信息并进行参照。而在国内,不仅内部食品信息交流网络尚未架构起来,而且与国外信息交流,更是少得可怜。"①信息通报制度是协调食品安全监管各部门之间信息沟通的有效方法。信息发布的前提是信息的制作、生成和采集。食品安全信息涉及面广、内容复杂,信息的采集至关重要。《食品安全法》多处规定了相关部门之间的信息通报:第 12 条规定农业行政、质量监督、工商行政管理和国家食品药品监督管理向卫生部门的信息通报义务,第 15 条规定卫生部门向其他部门的信息通报义务,第 33 条规定认证机构向质量监督、工商行政管理、食品药品监督管理部门通报,第 64 条、第 69 条出入境检验检疫部门的信息通报义务,第 71 条规定农业行政、质量监督、工商行政管理、食品药品监督管理部门的信息通报义务,第 83 条规定卫生行政、农业行政、质量监督、工商行政管理、食品药品监督管理部门相互间的信息通报义务。《食品安全法》规定的食品安全信息统一公布制度,有赖于其他相关职能部门向卫生部门及时、准确、完善地提供相关的信息。虽然该法第 95 条第二款规定了对行政机关及其工作人员的处分措施,但仅靠处分并不能完全地落实信息通报制度,尤其是《食品安全法》在没有规定通报期限的情况下,执行起来弹性更大。在通报机制不能完全约束有关机关的情况下,可以考虑设立被动的"信息公开内部申请程序"以弥补通报制度的不足。

(二) 丰富食品安全信息公开的内容

食品安全事故"防"重于"罚",有些重大事故对人身的伤害不可逆转。政府应加强食品安全事故的预防和预警,扩大主动公开信息的范围。虽然《食品安全法》规定了信息公开的具体内容,但其范围依然狭窄并存在不明确之处。以食品召回信息为例,该法第 53 条规定召回的义务主体是食品的生产者,其有义务将食品召回和处理情况向县级以上质量监督部门报告。但法律却没有规定相关政府部门是否应公开与食品召回有关的信息,此类信息是否属于《食品安全法》第 82 条第一款第四项规定的"其他重要的食品安全信息和国务院确定的需要统一公布的信

---

① 《食品安全信息发布为何总不如国外给力》,《经济参考报》,2011 年 4 月 14 日。

息"。相比之下,"美国农业部食品安全检验署(FSIS)网站提供的产品召回信息非常详细,包括现在的召回案例和以往的召回案例档案。每一个召回信息包括产品资料和识别码、召回的原因、发现的时间、供消费者联系的人和电话、供媒体联系的人和电话、销售范围、召回等级、召回公告等级、直接公告方式、FSIS 的联系电话、召回案例编码等。"①

我国《政府信息公开条例》并没有规定"以公开为原则、以不公开为例外"的原则②,条例第二章"公开的范围"采取列举的方式重点对"可以公开的政府信息"进行了罗列,而对不能公开的"国家秘密、商业秘密和个人隐私"采取了概括规定的方式。概括方式在外延解释上的模糊性为行政机关不公开政府信息留下了灰色地带。《食品安全法》沿袭信息公开领域的一贯做法,列举可以公开的食品安全信息③,其他信息是否属于公开范畴,由行政机关"自由裁量"。扩大食品安全信息公开的内容,最佳的立法模式是采取"以公开为原则、以不公开为例外"的原则,对不能公开的食品安全信息采取列举规定,其余都属于可以公开的信息范畴。就我国目前的政府信息公开状况而言,采取上述做法还是一种理想化的设计。在现有立法框架和制度体系下,应通过行政法规和部门规章对《食品安全法》所规定的信息公开范围作出进一步明确的列举,可以公开的食品安全信息至少应包括:"食品安全抽检信息、食品安全预警信息、问题产品召回信息、重大食品安全事故调查处理信息、食品企业质量安全信用信息、过程质量信息、食品安全相关政策法规信息、食品安全标准信息、食品安全和营养目标、食源性疾病信息、食品污染信息、公众教育和参与"等④。

(三)推动食品安全信息的主动公开

信息发布不及时是我国政府信息公开领域存在的普遍问题。如何保证食品安全信息能"及时"发布?《政府信息公开条例》已经为信息制作部门设置了发布的时限,即信息形成之日起 20 日。但这一规定基本没有得到遵守。"现实中信息未公开之前,公民又如何知道政府有哪些信息,应当公开什么信息呢?即使公民提出要求,现行制度仍然为行政官员准备了诸多的借口和搪塞的理由。"⑤这一问题的根源是我国政府信息公开中依申请公开和依职权公开的脱节。域外政府信息公开制度中对依申请公开的申请人资格没有特别的限制,任何人都可以提出政

① 李红:《食品安全信息披露问题研究》,华中农业大学硕士研究生学位论文,2006 年,第 30 页。
② 《政府信息公开条例》第 5 条规定:"行政机关公开政府信息,应当遵循公正、公平、便民的原则。"
③ 参见《食品安全法》第 82 条。
④ 李红:《食品安全信息披露问题研究》,华中农业大学硕士研究生学位论文,2006 年,第 16 页。
⑤ 王锡锌:《公众参与和行政过程——一个理念和制度的分析框架》,中国民主法制出版社 2007 年版,第 45 页。

府信息公开申请。一方面,政府应主动公开其掌握的信息,另一方面,如果政府没有履行公开的义务,也可以通过任何人的申请促进政府公开信息。正因为如此,对于主动公开的政府信息没有时限的要求。而我国《政府信息公开条例》第13条明确规定:"公民、法人或者其他组织还可以根据自身生产、生活、科研等特殊需要,向国务院部门、地方各级人民政府及县级以上地方人民政府部门申请获取相关政府信息。"对于行政机关应主动公开的政府信息,只有公民、法人和其他组织与该信息有生产、生活和科研上的利害关系时,才可以申请获得该信息。否则,即使行政机关不主动公布信息,相对人也不能申请公开相关信息。也就是说,对政府信息公开申请人在"生产、生活和科研"三方面利害关系的限制,限制了申请政府信息公开的相对人范围,也使相对人丧失了有效监督行政机关公开政府信息的途径。对于主动公开的政府信息,如果与相对人没有上述利害关系,相对人不能申请公开或者申请也可以不对其公开,因此行政机关是否能依法做到主动公开,相对人无法直接参与监督。为了协调这一问题,《政府信息公开条例》规定了主动公开政府信息的20日的时限。但这一规定并不能从根本上解决问题。解决问题的关键,是借鉴国外政府信息公开对申请人的无条件原则,取消依申请公开政府信息的利害关系三要求,允许任何人提出政府信息公开申请,由此可以推动行政机关主动公开政府信息的进程。

(四) 增强公众参与程度

　　治理食品安全问题,是政府和社会共同的责任,两者不应站在对立面,而应共同应对可能出现的问题。食品安全信息公开与公众参与是一个相辅相成的过程,信息公开既是保障公众知情权的要求,也为公众参与食品安全管理提供更多的机会和选择。"知情是参与的基础。知情的质量决定参与的质量。只有充分的知情,才能知道哪些应当参与、可以参与、如何参与;只有充分知情,才能对政府的行为做出评价、判断;只有充分知情,才能对公共事务有所思考,提出有建设性的建议。只有充分公开,才能实现政府和社会共同面对社会问题,集中民智,共同解决,实现社会的良好治理"[①]。我国《食品安全法》及实施条例对食品安全标准制定过程中的公众参与作出了明确规定。《食品安全法》第23条第二款规定:"制定食品安全国家标准,……并广泛听取食品生产经营者和消费者的意见。"《食品安全法实施条例》第16条规定:"国务院卫生行政部门应当选择具备相应技术能力的单位起草食品安全国家标准草案。提倡由研究机构、教育机构、学术团体、行业协会等单位,共同起草食品安全国家标准草案。国务院卫生行政部门应当将食品

---

　　① 王锡锌:《公众参与和行政过程——一个理念和制度的分析框架》,中国民主法制出版社2007年版,第45页。

安全国家标准草案向社会公布,公开征求意见。"保障公众参与食品安全治理过程,首先应让公众充分地了解食品安全信息,加强信息公开制度建设。其次应为公众提供便捷、多元的参与渠道,加强政府网站建设,唤醒沉睡的"意见箱"、"公众参与栏目",与公众形成互动交流平台,充分吸收民智。最后应对公众的意见定期予以反馈,形成制度化、规范化的参与机制。

总之,解决食品安全信息发布主体混乱、信息发布不及时、信息内容缺失和重复等老问题需要假以时日。完善政府信息公开制度虽然不能一蹴而就,但至少应保证实在法的有效运行。

第十二章　国家食品安全风险监测评估与预警体系的建设进展

进入 21 世纪以来,在加强食品安全监管工作的进程中,科学确定食品安全监管的重点监管领域、监测与评估食品安全隐患和食源性疾病,受到了政府相关部门的高度重视。从 2003 年卫生部出台并实施《食品安全行动计划》,2006 年国务院颁布实施《国家重大食品安全事故应急预案》、2006 年 11 月 1 日实施《中华人民共和国农产品质量安全法》,到 2009 年 6 月 1 日实施的《食品安全法》明确国家建立食品安全风险监测和评估制度,以及 2010 年卫生部开始制定并实施的"年度国家食品安全监测计划",2011 年国家成立的食品安全风险评估专家委员会,组建并正式运行的国家食品安全风险评估中心等,经过坚持不懈的努力,我国已初步建成覆盖全国并逐步延伸到农村地区的食品安全风险监测评估与预警体系。

一、法律法规与体制建设

《食品安全法》将有关食品安全风险监测、评估和预警确立为一项法律制度,并做了具体的规定。到目前为止,我国已初步构建了食品安全风险监测评估与预警的法律法规、制度体系。食品安全风险监测评估与预警体系在我国尚处于初创阶段,对保障我国的食品安全具有重要意义,本章主要就食品安全风险监测评估与预警体系的法律法规与体制建设展开进一步的分析。

(一)法制建设进程

十届全国人大常委会第二十一次会议于 2006 年 4 月 29 日审议通过、2006 年 11 月 1 日起实施的《中华人民共和国农产品质量安全法》,在总则的第 6 条中明确要求农业行政主管部门设立"农产品质量安全风险评估专家委员会",对可能影响农产品质量安全的潜在危害进行风险分析和评估,并根据农产品质量安全风险评估结果,采取相应管理措施,将农产品质量安全风险评估结果及时通报国务院有关部门。

2009 年 6 月 1 日实施的《食品安全法》首次规定在我国实行"食品安全风险监测制度"和"食品安全风险评估制度"。《食品安全法》第 2 章第 11 条、第 13 条明确规定由国务院卫生行政部门开展食品安全风险评估工作,并就食品安全风险监测和评估的范围、主体、原则和方法,以及食品安全风险信息的通报与发布等作了具体的规定。《食品安全法》同时在第 23 条中指出,制定食品安全国家标准必须依据食品安全风险评估结果,尤其是食用农产品质量安全风险评估结果。在随后出台的《中华人民共和国食品安全法实施条例》(以下简称《食品安全法实施条例》)中,进一步明确了食品安全风险监测和评估实施的具体内容,规定了食品安全监测计划和监测方案的制订主体。《食品安全法实施条例》第 14 条要求,省级以上人民政府卫生行政、农业行政部门应当及时相互通报食品安全风险监测评估和食用农产品质量安全风险监测评估等相关信息;在第 63 条中规定,食用农产品质量安全风险监测评估由县农业行政部门进行。

卫生部根据《食品安全法》的要求,创新国家食品安全风险监测评估制度体系,先后会同相关部门共同制定了《食品安全风险评估管理规定(试行)》和《食品安全风险监测管理规定(试行)》等系列管理制度,对风险评估相关内容进行了详细的规定,明确了食品安全风险监测的范围、国家食品安全风险评估专家委员会的职责、预警管理机制、自身能力建设等相关问题。自 2010 年以来,卫生部会同国务院有关部门连续两年制定并组织实施了年度国家食品安全风险监测计划,各省市依据国家监测计划组织制定并实施符合自身实际情况的食品安全风险监测方案,着重解决监测内容和监测点的选择、监测方法等具体问题,有效地促进了风险监测评估工作的展开。同时,在农业部和全国农业行政管理部门的共同努力下,至 2011 年我国已初步形成例行监测、普查、监督抽查及专项整治监测计划相配合的食用农产品质量安全监测制度,建立了从源头生产到消费流通全方位的农产品质量安全监测程序。

在中央和地方的共同努力下,我国已基本建成"原则性基础法律—原理性指导法规—实施性细则规定"三位一体的国家食品安全风险监测评估的法律法规体系。2006 年以来颁布实施的相关法律法规与政策如表 12-1 所示。

表 12-1　我国食品安全风险监测评估的相关法律法规与政策

法律法规与政策名称	颁布主体	颁布时间	实施时间
《中华人民共和国农产品质量安全法》中华人民共和国主席令第九号	全国人大常委会	2006 年 4 月 29 日	2006 年 11 月 1 日
《中华人民共和国食品安全法》中华人民共和国主席令第九号	全国人大常委会	2009 年 2 月 28 日	2009 年 6 月 1 日
《中华人民共和国食品安全法实施条例》国务院令第 557 号	国务院	2009 年 7 月 20 日	2009 年 7 月 20 日
《食品安全风险评估管理规定(试行)》卫监督发(2010)8 号	卫生部等	2010 年 1 月 21 日	2010 年 1 月 21 日

（续表）

法律法规与政策名称	颁布主体	颁布时间	实施时间
《食品安全风险监测管理规定（试行）》卫监督发〔2010〕17号	卫生部等	2010年1月25日	2010年1月25日
《2010年国家食品安全风险监测计划的通知》，卫办监督发〔2010〕20号	卫生部等	2010年2月4日	22010年2月4日
《2011年国家食品安全风险监测计划》卫办监督发〔2010〕164号	卫生部等	2010年9月5日	2010年9月5日
《关于严厉打击食品非法添加行为切实加强食品添加剂监管的通知》国办发〔2011〕20号	国务院办公厅	2011年4月21日	2011年4月21日
《关于做好严厉打击食品非法添加行为切实加强食品添加剂监管工作的通知》卫监督发〔2011〕34号	卫生部等	2011年4月25日	2011年4月25日

资料来源：根据相关资料整理形成。

（二）应急管理的制度建设

自2003年以来，基于应对SARS疫情的国际经验和国家安全需求，我国食品安全预警与应急管理工作进入了发展最快的历史时期。2003年5月国务院制定颁布了《突发公共卫生事件应急条例》，重点针对突发公共卫生事件应急管理中存在的"信息渠道不通顺、信息统计不准确、应急反应不迅速、应急准备不充分"等问题，对有关政府及其部门对突发公共卫生食品事件隐瞒、缓报、谎报和对上级部门的调查阻碍干涉或者不予配合的，以及拒不履行职责、玩忽职守、失职、渎职等行为，规定了严格的法律责任。十届全国人大常委会第二十九次会议2007年8月30日通过、11月1日实施的《中华人民共和国突发事件应对法》，将公共卫生事件纳入突发事件的范围之内，从突发事件应对的应急准备、监测预警、应急处置与救援、事后恢复与重建等方面，初步构建了我国食品安全应急管理的法律框架和预案制度。在上述立法的基础上，《食品安全法》第七章进一步规定了食品安全事故应急处置的具体步骤和方法。这些法律法规的出台不仅完善了我国食品安全应急管理体系，也从法律上保障了食品安全应急体系的有效运行。

为了加强突发公共卫生事件应急处置能力建设，国家采用应急处置预案管理制度。2004年，国务院办公厅印发了《省（区、市）人民政府突发公共事件总体应急预案框架指南》，要求各省（区、市）人民政府编制突发公共事件总体应急预案。2005年1月26日国务院常务会议原则通过《国家突发公共事件总体应急预案》和

25 件专项预案、80 件部门预案，共计 106 件①。2006 年 6 月 27 日国务院颁布实施的《国家重大食品安全事故应急预案》，对应急处理指挥机构、监测、预警与报告系统、重大食品安全事故的应急响应、后期处理及应急保障都做出了详细的规定。2011 年 10 月 5 日国务院对该预案进行了修订，并更名为《国家食品安全事故应急预案》。《应急预案》明确将食品安全事故划分为四级，即特别重大、重大、较大和一般食品安全事故。根据食品安全事故分级情况，食品安全事故应急响应分为 Ⅰ级、Ⅱ级、Ⅲ级和Ⅳ级，明确了"统一领导、综合协调、分类管理、分级负责、属地管理为主"的食品安全事故应急机制。国家层面的食品安全事故应急管理相关法规与预案如表 12-2 所示。

表 12-2　国家食品安全事故应急管理相关法规与预案

名称	发布部门	实施时间
《突发公共卫生事件应急条例》	国务院	2003 年 5 月 9 日
《中华人民共和国突发事件应对法》	全国人大常委会	2007 年 11 月 1 日
《国家突发公共事件总体应急预案》	国务院	2006 年 1 月 8 日
《国家食品安全事故应急预案》	国务院	2011 年 10 月 5 日修订

资料来源：根据相关资料整理形成。

为积极配合相应国家食品安全预警与应急管理预案制度，相关行政部门也分别制定了部门预案。如，农业部于 2006 年 11 月 22 日印发了《国家重大食品安全事故应急预案农业部门操作手册》，要求全国各级农业部门严格按照《操作手册》有关规定做好食品安全事故应急工作。2006 年起农业部先后制定了一系列农牧产品突发事件应急预案（表 12-3）。目前，《农业部农产品质量安全事故应急预案》正在研究制订过程中。国家质检总局于 2007 年 12 月制定了《进出境农产品和食品质量安全突发事件应急处置预案》，国家工商总局于 2006 年 4 月制定了《工商行政管理系统流通环节重大食品安全事故应急预案》。而目前卫生部正在研究制订《卫生部食品安全事故应急预案》②。

---

　　① 李鹰强：《食品安全危机管理中政府应急处理机制研究——以"三鹿牌"婴幼儿奶粉事件为例》，复旦大学硕士研究生学位论文，2009 年。
　　② 《卫生部召开食品安全工作领导小组第二次全体会议》，http://www.moh.gov.cn/publicfiles/business/htmlfiles/mohwsjdj/s3594/201204/54466.htm。

表 12-3　农业部农牧产品突发事件应急预案

预案名称	实施时间
《应对人间发生高致病性禽流感疫情应急预案》	2005 年 11 月 15 日
《渔业船舶水上安全突发事件应急预案》	2006 年 3 月 27 日
《小反刍兽疫防控应急预案》	2007 年 8 月 3 日
《渔业水域污染事故信息报告及应急处理工作规范》	2007 年 8 月 6 日
《人感染猪流感应急预案(试行)》	2009 年 4 月 29 日
《猪感染甲型 H1N1 流感应急预案(试行)》	2009 年 5 月 5 日
《口蹄疫防控应急预案》	2010 年 3 月 27 日
《农药使用安全事故应急预案》	2012 年 3 月 13 日

资料来源:根据相关资料整理形成。

　　根据国家应急管理预案要求,各省(直辖市)、市和县也分别建立了本地区的食品安全事故应急预案。山东省是最早制定应急管理预案的省份之一,1998 年 5 月 5 日即发布了《山东省重大食品质量事件应急处置预案(试行稿)》,2003 年出台了《山东省食物中毒事件卫生应急处置预案》,2005 年试行了《山东省农产品质量安全事故应急预案》等。北京市于 2006 年 3 月 22 日发布《北京市突发公共事件总体应急预案》,2007 年 1 月 15 日发布《北京市突发食品安全事件应急预案》,两部预案分别于 2010 年 11 月 22 日和 2011 年 9 月 22 日进行了修订,截至 2011 年底,已基本完成所属市区郊县的食品安全突发事件应急预案制度建设。从 2006 年开始,山东省、市、县三级食品安全事故应急处置工作全面铺开,2006—2011 年间山东全省平均每年出台 4.2 个地方性应急预案,食品安全的应急预案制度不断完善。

　　我国在举办具有国际影响力的大型运动会和世界博览会期间,也分别相应制定了相关配套的食品安全应急预案。2008 年北京奥运会期间制定了一系列奥运食品安全保障的应急预案;2010 年广州亚运会期间出台了《广州市生产领域亚运食品安全突发事件应急预案》;2011 年上海世界博览会期间发布了《上海世博会种植养殖生产环节重大农产品质量安全事故应急预案》、《上海市世博会期间动物卫生及动物产品质量安全突发事件应急预案》等,明确了应急管理理念、预案制度和预警措施等,不仅保障了大型活动的食品安全,而且积累了经验。

　　根据不完全统计,截至 2006 年底,全国已制定各类食品安全突发事件预案约 135 万多件,100% 的省(市、自治区)、97.9% 的地级市和 92.8% 的县均制定了相应的食品安全突发事件预案,中央企业预案制定率达 100% ,食品行业绝大部分大型规模的企业也已分别制定了企业应急预案①。2007—2011 年各相关地区与有关部门等针对预案开展的多层次的修订工作,进一步提高了预案的科学性与针对性。目前,我国已基本形成国家、专项、部门、企业和大型会议的具有针对性的食品安全突发事件应急预案制度,初步实现从国家层面到县级层次的四级食品安全突发事件应急预案体系。

(三) 体制建设

依据《食品安全法》等法律规范,有关部门从我国的实际出发,努力构建以国家食品安全风险监测评估中心为龙头,地方风险评估技术支持机构为支撑,协调高效、运转通畅的全国食品安全风险监测评估与预警的体制。

1. 国家农产品质量安全风险评估专家委员会

2007 年 5 月 17 日,农业部依据《农产品质量安全法》的要求,成立了国家农产品质量安全风险评估专家委员会。委员会涵盖了农业、卫生、商务、工商、质检、环保和食品药品等部门,汇集了农学、兽医学、毒理学、流行病学、微生物学、经济学等学科领域的专家,建立了国家农产品质量安全风险评估工作的最高学术和咨询机构②。2008 年,农业部办公厅印发了《国家农产品质量安全风险评估专家委员会章程》,对农产品质量安全风险评估的工作程序和相关要求做出明确规定。

为加强农产品质量安全风险评估、科学研究、技术咨询、决策参谋等工作需要,充分发挥专家的“智库”作用,根据《农产品质量安全法》和《食品安全法》的有关规定,农业部于 2011 年 9 月 30 日成立了农产品质量安全专家组,首批聘任 66 位农产品质量安全专家,按照农产品质量安全危害因子和产品类别设综合性问题、农药残留、兽药残留、重金属、生物毒素和病原微生物等共 16 个专业组③。目前,吉林、安徽、上海等地也相继成立了农产品质量安全专家组,初步建立了农产品质量安全风险评估的专家队伍。

2. 国家食品安全风险评估专家委员会

2009 年 12 月 8 日,卫生部成立了第一届国家食品安全风险评估专家委员会,并明确了专家委员会的主要职责:承担国家食品安全风险评估工作,参与制订食品安全风险评估相关的监测评估计划,拟定国家食品安全风险评估的技术规则,解释食品安全风险评估结果,开展食品安全风险评估交流,并承担卫生部委托的

---

① 莫于川:《中华人民共和国突发事件应对法释义》,中国法治出版社 2007 年版。

② 《国家农产品质量安全风险评估专家委员会正式成立》,http://www.gov.cn/jrzg/2007-05/17/content_617467.htm。

③ 《农业部组建农产品质量安全专家组》,http://www.moa.gov.cn/zwllm/zwdt/201109/t20110909_2202218.htm。

其他风险评估相关任务。首届国家食品安全风险评估专家委员会由 42 名委员组成①。2011 年国家食品安全风险评估专家委员会在组织开展优先和应急风险评估、风险监测与风险交流，以及加强能力建设等方面做了大量卓有成效的工作，较充分地发挥了专家的学术和咨询作用②。

3. 国家食品安全风险评估中心

2011 年 10 月 13 日，卫生部成立"国家食品安全风险评估中心"，作为食品安全风险评估的国家级技术机构，采用理事会决策监督管理模式，负责承担国家食品安全风险的监测、评估、预警、交流和食品安全标准等技术支持工作。食品安全风险评估中心是我国第一家国家级食品安全风险评估专业技术机构，将在增强我国食品安全研究和科学监管能力，提高食品安全水平，保护公众健康，加强国际合作交流等方面发挥重要作用。根据卫生部的工作部署，目前有条件的省市正在积极筹建省级食品安全风险评估分中心。

4. 农产品质量安全风险评估体系

2011 年，为推进农产品质量安全风险评估工作，农业部启动了农产品质量安全风险评估体系建设规划，将逐步构建起由国家农产品质量安全风险评估机构、风险评估实验室和主产区风险评估实验站共同组成的国家农产品质量安全风险评估体系。2011 年底，农业部在全国范围内遴选了 65 家"首批农产品质量安全风险评估实验室"，组织制定了《农业部农产品质量安全风险评估实验室管理规范》，风险评估实验室包括 36 家专业性风险评估实验室和 29 家区域性风险评估实验室③，基本涵盖了我国农产品的主要类别和各行政区域，并推动辽宁、河北、甘肃、海南等省级农科院相继成立了质量标准研究机构④。

5. 食品安全应急处置体制建设

根据《国家食品安全事故应急预案》规定，食品安全事故发生后，卫生行政部门将首先依法组织对事故进行分析评估，确定事故级别。对于特别重大食品安全事故，卫生部将会同食品安全办向国务院提出启动Ⅰ级响应的建议，经国务院批准后，成立国家特别重大食品安全事故应急处置指挥部，统一领导和指挥事故应急处置工作，指挥部的成员单位将根据事故的性质和应急处置工作的需要确定；对于重大、较大、一般食品安全事故，分别由事故所在地省、市、县级人民政府组织

① 卫生部新闻办公室：《第一届国家食品安全风险评估专家委员会成立大会在京展开》，http://www.mov.gov.cn/publicfiles/htmlfiles/chenxh/pldhd/200912/44861.htm。

② 卫生部新闻办公室：《陈啸宏副部长出席国家食品安全风险评估专家委员会第五次全体会议》，http://www.moh.gov.cn/publicfiles/business/htmlfiles/mohwsjdj/s3594/201202/54195.htm.

③ 农业部：《农业部关于公布首批农业部农产品质量安全风险评估实验室名单的通知（农质发［2011］14 号）》。

④ 范南虹：《农产品质量安全与标准研究所挂牌成立》，《海南日报》2011 年 12 月 11 日。

成立相应的应急处置指挥机构,统一组织开展本行政区域事故应急处置工作。国家应急指挥部办公室成员由卫生部、食品安全办等有关部门人员组成,承担指挥部部署的日常工作,建立会商、发文、信息发布和督查等制度,以确保快速反应、高效处置。目前,国家层次上已基本形成了具有中国特色的食品安全应急管理体制基本框架(图12-1)。

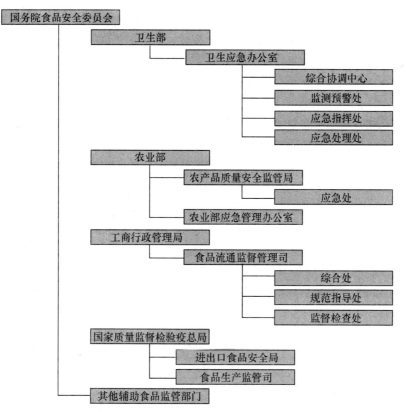

图 12-1 国家食品安全应急管理体制基本框架

其中,卫生部下设卫生应急办公室,是突发性卫生公共事件应急指挥中心,应对、处置包括食源性疾病引起的各类突发卫生公共事件。由卫生部牵头、会同公安部、监察部以及相关部门负责调查事故发生原因,评估事故影响,做出调查结论并提出防范意见。由事故发生环节的具体监管职能部门牵头,会同相关监管部门监督、指导事故发生地政府职能部门召回、下架、封存有关食品、原料、食品添加剂等,严格控制流通渠道,防止危害蔓延扩大。

根据国家食品安全事故应急指挥部要求和工作需求,农业部办公厅和农产品质量安全监管局、种植业管理司、畜牧业司等13个相关司局负责农产品质量安全事故应急处置工作。国家质量监督检验检疫总局主要负责产品质量安全预警和进出口食品安全预警。工商、商务与其他相关部门如医疗、交通、环境、公安等根据事故处置需要将作为指挥部成员单位协助应急工作的开展,承担相关交流工作和本部门应急管理工作。目前构建的我国国家食品安全应急管理流程如图 12-2 所示。

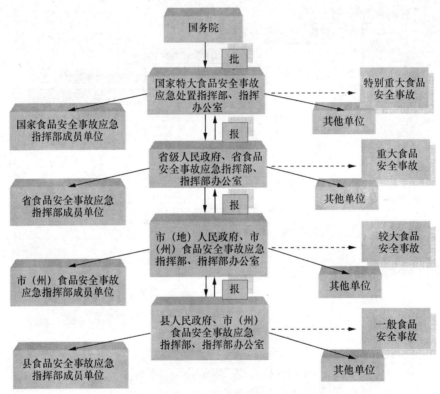

图 12-2　国家食品安全应急管理流程示意图

二、食品安全风险监测体系

食品安全风险监测是通过系统和持续地收集食源性疾病、食品污染物以及食品中有害因素的监测数据及相关信息,并进行综合分析和及时通报的活动[1]。国家食品安全风险监测是实施食品安全监督管理的重要手段,建立与国际接轨的食品安全风险监测体系,有利于早发现、早报告、早处置食品安全风险,积累食品安全管理经验,防范可能发生的系统性和区域性的食品安全事故,为食品安全风险

---

[1]　卫生部:《食品安全风险监测管理规定(试行)》(卫监督发〔2010〕17 号)。

评估和食品安全标准的制定等提供科学数据和实践经验,有助于提高食品安全水平并保障公众的生命健康权利。从 2000 年开始,我国启动建设食品安全风险监测体系,到 2011 年底基本形成了相对完整的风险监测体系。

(一)国家层次的食品安全风险监测体系

多层次的国家食品安全风险监测体系的基础是全国食品污染物监测网络和全国食源性疾病监测网络(以下简称"两网")。从 2000 年开始,我国食品安全风险监测体系建设大体经历了如下三个发展阶段。

1. 2000—2002 年的试点

卫生部为了改善多年来我国食品污染监测数据零散、缺乏动态的、哨点式的监测,难以掌握食品污染源头现状,负责组建国家食品污染物监测网络和全国食源性疾病监测网络,并从 2000 年 3 月开始启动监测工作,参照全球环境监测规划/食品污染监测与评估计划(GEMS/FOOD),选择监测项目和品种,在全国各省、直辖市、自治区逐步建立两网的监测点,针对消费量大的食品以及常见的化学污染物和食品致病菌进行常规监测,最初有北京、广东等 9 个省、直辖市参加。2000—2001 年间,卫生部在北京、河南、广东等 10 个省、直辖市进行了食品污染物监测试点工作,将 12 个省级卫生技术机构纳入监测网,开展了食品中重金属、农药残留、单核细胞增生李斯特菌等致病菌的监测工作,基本摸清了试点地区部分食品的污染状况①。

2. 食品安全行动计划的实施

在试点工作基础上,为进一步完善全国食品污染物监测网,卫生部于 2002 年在全国将食品污染物监测点扩大到北京、广东、河南、湖北、吉林、江苏、山东、陕西、浙江、重庆、广西、上海、云南、内蒙古等 14 个省、自治区和直辖市②。2003 年 8 月 14 日卫生部发布了《食品安全行动计划》,以初步绘制我国食品中主要污染物和主要化学污染物的污染状况趋势图为重点,以建立和完善食品污染物监测与信息系统、食源性疾病的预警与控制系统为目标,明确了食品安全风险监测的基本内容、主要步骤和监测目标(表 12-4)③。

① 《中国人食品污染状况有据可查》,《中国青年报》,2001 年 11 月 8 日。

② 卫生部:《卫生部关于建立和完善全国食品污染物监测网的通知(卫法监发[2002]134 号)》,http://law.lawtime.cn/d613495618589_1_p4.hpml。

③ 卫生部:《卫生部关于印发〈食品安全行动计划〉的通知(卫法监发[2003]219 号)》,http://www.moh.gov.cn/publicfiles/business/htmlfiles/mohbgt/pw10302/200904/33489.htm。

表 12-4　食品安全行动计划的监测步骤与监测目标

时间	监测数据	监测对象
2004—2005	监测数据 5 万个	监测肉与肉制品、蛋与蛋制品、乳与乳制品、水产品中的沙门氏菌、单核细胞增生性李斯特菌、弯曲菌、大肠杆菌 O157∶H7;监测玉米、花生及其制品中的黄曲霉毒素,玉米中的伏马菌。
2006—2007	监测数据 10 万个	增加副溶血性弧菌;苹果与山楂制品中的展青霉素
		初步绘制我国食品中主要污染物污染状况趋势图
2008	监测数据 15 万个	增加志贺氏菌、金黄色葡萄球菌、谷物中呕吐毒素和棕曲霉毒素 A。
		绘制出我国食品中主要化学污染物污染状况趋势图

资料来源:根据相关资料综合整理形成。

　　至 2006 年 3 月,我国"两网"建设取得重大进展,已初步查清消费量较大食品中重要污染物和食源性疾病发病状况及原因。同时,针对 2003 年、2004 年出现的副溶血性弧菌食源性疾病,卫生部组织专家开展了对生食牡蛎中的副溶血性弧菌的危险性评估,评估发现显著相关的危险性因素,并提出 4 项控制措施,可使每餐患病平均风险降低到十万分之一以下。而且组织专家对食源性疾病流行和致病菌防治进行了评估,评估结果显示,导致中国食物中毒致病因素依次为微生物性、化学性、有毒动植物性病原[1]。2007 年 7 月的公开信息表明,我国已基本掌握消费量较大食品中常见污染物和重要致病菌的含量水平及动态变化趋势[2]。截至 2009 年,全国已有 22 个省(直辖市)参加了食源性疾病监测网,食品污染物监测网扩大到 17 个省(直辖市)[3],覆盖全国约 80% 以上的人口[4]。

　　3. 国家层面体系的初步形成

　　为深入推进食品安全风险监测、评估与预警工作,2010 年我国首次在全国 31 个省(区、市)和新疆生产建设兵团开展了食源性疾病及食品污染和有害因素监测工作,主动开展对高风险食品原料、配料和食品添加剂的动态监测,扩大检测范围逐步覆盖到食品生产、流通和消费各个环节,312 个县级医疗技术机构开展了疑似食源性疾病异常病例和异常健康事件的主动监测试点工作,国家食品安全风险监

---

[1]　《中国食品污染物和食源性疾病监测点覆盖 8.3 亿人》,http://www.ce.cn/xwzx/gnsz/gdxw/200603/03/t200603036256173.shtml。

[2]　曾利明:《我国已建成食品污染物和食源性疾病监测网络》,http://www.ce.cn/cysc/sp/200708/10/t20070810_12497316.shtml。

[3]　卫生部新闻办公室:《陈啸宏副部长出席国家食品安全风险评估专家委员会第五次全体会议》,http://www.moh.gov.cn/publicfiles/business/htmlfiles/mohwsjdj/s3594/201202/54195.htm。

[4]　《中国力争两年内构建覆盖全国的食品污染物和食源性疾病监测体系》,http://news.xinhuanet.com/newscenter/2009-02/19/content_10851906.htm。

测在"边工作、边建设、边规范"中有序开展,初步形成了国家食品安全风险监测网络①。

2011 年国家继续启动食品安全风险监测能力建设试点项目,建设了食品中非法添加物、真菌毒素、农药残留、兽药残留、有害元素、重金属、有机污染物及二恶英等 8 个食品安全风险监测国家参比实验室,进一步保证食品安全风险监测质量②。在全国共设置化学污染物和食品中非法添加物以及食源性致病微生物县级监测点 1196 个,覆盖了 31 个省、244 个市和 716 个县,承担监测任务的技术机构发展至 405 个,同比增幅 17.73%;监测的样品扩大至 15.55 万份,同比增幅 25.81%。在全国范围内全面启动食源性疾病主动监测系统建设,疑似食源性疾病异常病例/异常健康事件监测点发展至 465 家医疗技术机构,同比增幅 49.04%;在国家、省级、地(市)和县(社区)的 2854 个疾控机构实施食源性疾病(包括食物中毒)报告工作,基本形成主动监测疑似食源性疾病异常病例/异常健康事件报告子系统和食源性疾病(食物中毒)报告子系统,初步形成了国家食品安全风险监测网络体系③。我国国家食品安全风险监测网络建设进展概况如表 12-5 所示。

(二)国家层次的食用农产品质量安全监测体系

我国的食用农产品质量安全监测工作可追溯到 20 世纪 80 年代末的农产品抽检。1999 年为争取欧盟对我国动物源性产品解禁,农业部首次开展了动物源性产品中药物残留监测;2000 年开始实施食用农产品质量安全普查计划;2001 年启动"无公害食品行动计划";2002 年开始实施农药及农药残留监控、兽药及兽药残留监控、饲料和饲料添加剂药物残留及有害物质污染监控、水产品中药物残留监控以及农资打假监控计划;2004 年开始实施水产品质量安全例行监测;2007 年开始实施农产品质量安全监督抽查。目前我国的食用农产品质量安全监测体系已经形成。

1. 监测工作体系

目前,我国农业部门组织开展的监测工作,涉及监测方案、抽样与检测、质量控制、分析汇总、结果通报、检测队伍等各个环节,形成了一套完整的体系,组织实施与运行良好,已初步建立了监测数据汇总分析和预警机制、质量安全形势会商

① 贺巍巍:《食品安全风险监测工作取得的显著进展》,http://www.chinafoodsafety.net/newslist/newslist/newslist.jsp? anniu = Denger_dect_4。

② 陈啸宏副部长出席 2012 年全国食品安全宣传周启动仪式和主论坛活动,http://www.chinafoodsafety.net/newslist/newslist.jsp。

③ 贺巍巍:《食品安全风险监测工作取得的显著进展》,http://www.chinafoodsafety.net/newslist/newslist/newslist.jsp? anniu = Denger_dect_4;陈竺部长出席 2012 年国际食品安全论坛,http://www.moh.gov.cn/publicfiles/business/htmlfiles/wsb/pp.ic/201204/54536.htm。

表 12-5　国家食品安全风险监测网络建设进展

时间	网络覆盖与监测数据	食品中化学污染物和有害因素、食源性致病菌监测情况与水平
2000—2001 年 12 月	监测点覆盖 10 个省,覆盖人口占总人口的 40%;12 个省级监测机构,44 个监测点,监测数据 3 万余个	10 大类食品中的重金属;8 大类食品中的有机磷农药;6 类食品中的沙门氏菌、肠出血性大肠杆菌(O157:H7)、单核细胞增生李斯特菌等项目
2002—2006 年 3 月	监测点覆盖 15 个省,人口 8.3 亿,占人口总数的 65.58%	监测消费量较大的 29 大类食品中的 36 种常见化学污染物和 5 种重要食物病原菌污染情况。以及食源性疾病病因、流行趋势等等进行了监测和评估。初步查清我国食品中重要污染物和食源性疾病发病状况及原因
2007 年 7 月	监测点覆盖 15 个省,人口 8.3 亿,占人口总数的 65.58%,监测数据 40 万	监测消费量较大的 54 种食品中常见的 61 种化学污染物和多种致病菌。基本掌握我国食品中常见污染物和重要致病菌的含量水平及动态变化趋势
2009 年 2 月	食品污染物监测网覆盖 16 个省,食源性疾病监测网覆盖 21 个省,占人口总数 80% 以上;监测数据 30 万	20 大类 400 余种食品约 120 项指标进行了监测
2009 年 12 月	食品污染物监测网覆盖 17 个省,食源性疾病监测网覆盖 22 个省	消费量较大的 60 余种食品、常见的 79 种化学污染物和有害病菌
2010 年 12 月	监测点覆盖 31 个省,监测技术机构 312 个,县级医疗技术机构 344 个,检测样品 12.36 万份	监测了 29 类食品,132 个项目的化学污染物和有害因素;13 种食品种类中的 8 个主要食源性致病菌,初步形成了国家食品安全风险监测网络
2011 年 12 月	监测点覆盖 100% 省、73% 市和 25% 县,监测技术机构 405 个,县级监测点 1196 个;县级医疗技术机构 465 个;检测样品 15.55 万份	基本形成主动监测疑似食源性疾病异常病例/异常健康事件报告子系统和食源性疾病(食物中毒)报告子系统,初步形成国家食品安全风险监测网络体系

资料来源:根据相关资料综合整理形成。

机制、抽检分离和检打联动机制,初步杜绝了不合格农产品入市①。同时,农产品质量安全监测规章制度不断完善,出台了质检机构考核管理办法、评审员管理办法、制定监测管理办法、速测认定办法和检测技术人员考核管理办法等规章制度;质检机构管理力度加大,定期审查考核认证农产品安全检测机构资格,不定期开展监督评审和风险检查,对例行监测任务承担单位开展复检,确保了质检机构管理的有效性;质检机构人员培训深入开展。截至 2011 年,全国共培训农产品质量安全检测机构考核评审员 700 多人,培训县级农产品质检站负责人 970 多人,中央投资的县级农产品质检站负责人已基本轮训一遍②。

2. 监测品种与范围

1999 年农业部首次开展食用农产品质量安全监测时,仅局限在黑龙江、湖北、江苏等 22 个主要动物源性食品生产、消费和出口省(市、区)进行,当年共抽取了猪肉、水产品、饲料等 6 类样品 16702 个,监测参数 15 项。2006 年农业部将食用农产品质量安全定点跟踪的监测范围扩大到全国 37 个城市蔬菜中的农药残留、16 个城市畜产品中的"瘦肉精"等污染、5 个城市水产品中的氯霉素污染,并将监测结果及时报送国务院领导,同时反馈定点跟踪监测城市的主管市长,在禁用、限用农药的管理以及打击违法生产、使用"瘦肉精"和氯霉素等方面发挥了重要作用③。

2009 年起我国农产品质量安全例行监测平均每年监测 4 次,监测产品种类已扩大到粮油、果蔬、棉麻、畜禽、水产等大类农产品及饲料、微生物肥料、种苗、兽医器械、农业机械等农业投入品近 30 类,监测参数增加到近 300 项。2009 年共检测蔬菜样品 11.5 万个、畜产品 7 万个、水产品 2 万个,获得有效数据 225 万个。2010年,针对大中城市消费安全的例行监测范围已经涵盖全国 138 个城市、101 种农产品和 86 项安全性检测参数,形成了覆盖全国主要城市、主要产区、主要品种的食用农产品质量安全监测网络④。2011 年我国农产品质量安全例行监测范围扩大到全国 144 个城市、91 余种农产品和 91 项检测参数,全年共组织 4 次例行监测、6 个行业性专项监测和 1 次普查,检测样品 10 万多个,及时有效地发现了一些农产品质量安全问题和隐患,并有针对性地进行了监管。

① 郑床木、白玲、钱永忠等:《我国农产品质量安全监测现状、问题及对策》,《中国畜牧杂志》2010 年第 16 期,第 43—46 页。

② 《目前我国已建成 1425 个农产品质检中心(站)》,煤质检验网,http://www. meizhijianyan. cn/info_Show. asp? InfoId =476。

③ 《全国农产品质量安全检验检测体系建设规划(2006—2010 年)》,人民网,http://www. sdpc. gov. cn/fzgh/ghwb/115zxgh/t20070917_160040. htm。

④ 农产品质量安全发展"十二五"规划。

3. 监测（检测）网络体系

2004年我国食用农产品质量安全监测（检测）机构总数为2060个①。2006年8月，国家正式启动实施了《全国农产品质量安全检验检测体系建设规划（2006—2010年）》，安排总投资50多亿元的专项资金，加大食用农产品质量安全检验检测体系建设投入。截至2006年底，我国食用农产品质量安全监测（检测）机构总数为2103个，其中国家级（部级）监测（检测）中心323个，省、县级监测（检测）机构1780个，涉及种植、畜牧、兽医、渔业、农垦等各个行业，监（检）测项目涉及农业环境、农业投入品和农业产出品等农业生产的全过程②。2007年全国食用农产品监测（检测）机构总数已达2228家，到2011年则达到3528个（图12-3）。其中已建设农产品部级监测（检测）中心53个、省级（含单列市）综合监测（检测）中心33个、县级综合质检站1339个，县级综合质检站在农业部食用农产品监测（检测）中心序列占到93.96%（图12-4）。

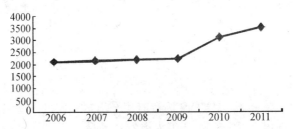

图12-3　2006—2011年间我国食用农产品质量安全监测（检测）机构总数变化
数据来源：历年农产品质量安全报告和规划。

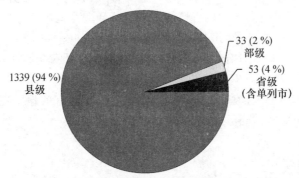

图12-4　农业部系统食用农产品监测（检测）机构国家、省、县分布示意图
资料来源：农业部。

---

① 《全国农产品质量安全检验检测体系建设规划》，人民网，http://www.sdpc.gov.cn/fzgh/ghwb/115zxgh/t20070917_160040.htm。

② 《我国基本形成农产品质量安全检验检测体系》，腾讯网，http://news.qq.com/a/20070725/003395.htm。

目前,我国已经基本形成了一个以农业部部级食用农产品质量安全监测(检测)机构为龙头、省级机构为主体、地市级机构为骨干、县级机构为基础、乡镇(生产基地、批发市场)速测实验室为补充的全国食用农产品质量安全监测(检测)体系[①],形成了覆盖全国主要城市、涵盖主要农产品的多层次全方位监测网络体系,进一步提高了农产品质量安全的监测力度和水平,为不断扩大农产品质量安全监测地域、产品、参数提供了强有力的技术支撑。

(三)省级层面食品安全风险监测体系

在国家食品安全风险监测评估体系中,各地尤其是省级层次的风险监测网络的建设具有非常重要的支撑作用。经过多年的努力,目前省级层次的食品安全风险监测评估体系建设进入了快速发展时期。以北京和山东为例,北京市于2000年启动建设食品污染物监测网,当年就监测17类9万件食品,获得了1367个分析数据,2001年、2002年则分别获取了6270个和超过1万个的分析监测数据。监测了粮食、植物油、蔬菜水果、肉制品、奶、生食水产品、豆类和豆制品、蛋、罐头食品、调味品和冰激凌等最普通的食品种类。监测的污染物主要是食品中的微生物和化学性污染物,如铅、汞、六六六、有机氯、有机磷农药含量、大肠杆菌等细菌含量,共涉及28个指标[②]。2008年北京奥运会期间监测食品由37类550多种扩大到65类3900种,总体合格率95%以上,猪肉、蔬菜、大米、小麦粉、食用油、豆制品6类重点食品总体合格率96%以上[③]。经过10年的建设,2011年北京市设立了1000个风险监测点[④],常规监测样本量为5000个,专项监测样本量为10000个,临时性监测样本量为5000个[⑤],食品安全统一监测抽查合格率达97.37%,创历史新高,其中大米、小麦粉、食用植物油、猪肉、豆制品等6类重点食品的总体合格率达98.23%[⑥]。

山东省2000年加入全国食源性疾病监测网,2007年加入全国食品污染物监测网,2000—2009年间,山东省共抽查食源性致病菌监测样品4259份,共检测出致病菌568株,总阳性率为13.34%。根据国家要求,山东省在食品中污染物的监测中选取了有代表性的10个地市为监测区域,2007年、2008年和2009年山东省

①　农业部:《我国农产品质量检验检测体系建设进程加快》,农业部网站,http://www.gov.cn/gzdt/2011-05/24/content_1870275.htm。

②　《北京市食品污染物监测网正式启动》,http://www.cdcbj.org.cn/punish/20020604.htm。

③　白文杰:《2008北京奥运会食品安全保障对我国畜牧业影响浅析》,《中国动物保健》2009年第3期,第89~94页。

④　《北京公布食品安全行动计划婴幼儿奶粉将可追溯》,http://news.china.com/focus/shipinanquan/11097158/20110728/16672666.html。

⑤　《北京市食品安全风险监测工作形式》,《北京观察》2011年第11期,第13页。

⑥　《北京卫生舆情监测周报第九十三期》,http://210.75.199.100:8080/pub/phic_org_cn/hangyexinxi/beijingyuqing/201201/t20120120_46038.htm。

分别完成 55 种、51 种和 66 种化学物质的监测,而监测的食品包括 14 大类 55 个品种,基本覆盖全省居民日常的主要食品。2007—2009 年间连续监测共获得近 3 万个数据①。2010 年山东省首次启动食品安全风险监测,风险监测涉及 17 类食品的 64 项化学污染物,8 大类 13 种食品的 8 种主要食源性致病菌,监测区域覆盖人口总数占全省总人口的 53% 以上②,全年共监测农产品、生产加工、流通、餐饮等环节食品 259 类、3820 份,获得有效分析数·居 27175 个,并确定山东省立医院等 10 家省、市、县医疗机构为食源性疾病监测试点医院,开展食源性疾病(包括食物中毒)主动监测③。2011 年山东省初步建立省级食品安全风险监测网络,在制定省级风险监测方案时增加了部分产量大、影响面广的食品品种和项目的监测内容,在化学污染物和有害因素监测方面,增加了对水产品和茶叶中元素的监测;在食源性致病菌监测方面,增加了对生畜肉和生禽肉的监测④。2011 年 6 月份根据卫生部公布的第六批违法添加的"黑名单",山东省随即将塑化剂列入 2011 年食品安全风险监测计划,而且针对发现的问题和新的要求调整省监测方案,增加了对海产品中紫菜和近海鱼类、肉制品中猪肝鸡肝以及乳制品的化学污染物专项监测,尤其是重金属铬等的监测,加大对消费量大的葡萄酒、啤酒、果汁中的违规添加剂和方便面中丙烯酰胺、饮料等食品中邻苯二甲酸酯类物质的监测。食源性致病菌增加了对蛋制品、糕点中沙门氏菌、大肠杆菌的监测⑤。2011 年山东省对常见化学污染物和致病菌的常规监测增加到 79 种,比 2010 年增加了近 10%;共监测食品 15 大类 167 小类 7987 份,同比增幅 109%;获得有效分析数据 39239 个,同比增幅 44.59%;监测范围覆盖扩大到全省总人口的 71%⑥。

(四) 我国食品安全风险监测的管理模式

目前我国食品安全风险监测管理模式主要由管理机构、咨询机构和技术支持机构 3 个部分组成(图 12-5),中央和地方食品安全监管部门、专家委员会、技术支持机构分工清晰,职责明确。在中央层面,国家食品安全风险监测由卫生部牵头,

---

① 山东省疾病预防控制中心:《食品安全风险监测知识问答》,http://www.sdcdc.cn/art/2011/12/30/art_1329_8636.html。
② 李勇明:《山东首次启动食品安全风险监测》,http://www.cfqn.com.cn/Article/2010/1886q/1886a/19205188585272.htm。
③ 《2011 年山东省食品安全风险监测方案正式下发》,http://shipin.sdcdc.cn/art/2011/7/8/art_704_3101.html。
④ 《山东已将塑化剂列入食品安全风险监测计划》,http://www.iqilu.com/html/minsheng/zixun/2011/0613/487420.html。
⑤ 《2011 年山东省食品安全风险监测方案正式下发》,http://shipin.sdcdc.cn/art/2011/7/8/art_704_3101.html。
⑥ 省疾控中心:《985 项风险监测对食品"体检"》,http://www.dzwww.com/shandong/sdnews/201206/t20120618_7212854.htm。

会同国务院质检监督、工商行政管理、国家食品药品监管部门、工业和信息化部部门制定和实施国家食品安全风险监测计划。国家食品安全风险评估专家委员会提出计划建议,并征求行业协会、国家食品安全标准审评委员会与农产品质量安全评估专家委员会的意见,承担国家食品安全风险监测工作的技术机构应完成检测任务、报送检测数据和分析结果等工作,卫生部指定的专门机构进行数据汇总和分析。在地方层面,省、自治区、直辖市人民政府卫生行政部门根据国家食品安全风险监测计划,结合本行政区域的具体情况,组织制定、实施本行政区域的食品安全风险监测计划。食用农产品质量安全风险监测由农业部主要负责,管理模式正在建设之中。

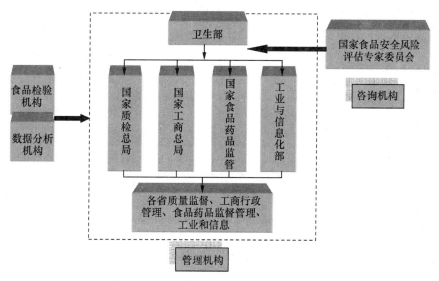

图 12-5　国家食品安全风险监测管理模式

(五) 风险监测的主要形式

目前,我国食品与食用农产品的安全风险监测的主要方式如下。

1. 食品安全风险监测

目前我国的食品安全风险监测分为常规监测、专项监测和主动监测三种形式。食品污染物的风险监测主要采用常规监测和专项监测形式。常规监测主要是针对 31 个省(自治区、直辖市)和新疆生产建设兵团,按照国家食品安全风险监测优先选择原则,参考既往食品安全监测情况、国内外食品安全风险信息和热点问题、具有国家食品安全状况指示性的消费量大、流通广的食品类型,确定年度常规监测样品的种类和检验项目。国家监测网络中的各省(自治区、直辖市)抽样量基本相同,监测结果具有可比性。常规监测是一项持续性、系统性和全局性的监测形式,有利于估计食品中化学污染物、食品有害因素和食源性致病菌的流行情况,掌握基线值。常规监测数据可用于风险评估,有助于科学确立风险管理决策。专项监测则根据近期不同地域和不同时段发生的食品安全问题,按照风险监测项目的确定因素,以及食品安全专项整治、突发事件处置、消费者投诉举报、动态信息监控等涉及的高风险食品与指标开展的专门项目的监测与调查,以确定污染状况,为科学开展风险评估及制定相关政策、标准提供依据。专项监测通常依据项目地域和食品产量进行抽样,选择部分省(自治区、直辖市)、市开展,以较少的采样量估计出有价值的国家水平的污染率。例如 2010 年国家开展中国人工养殖贝类海产品中副溶血性弧菌、肉鸡中沙门氏菌的污染状况调查,在山东等地进行养殖环节动物活体带菌率、加工环节胴体带菌率、水源和土壤环境等的专项调查。食源性疾病的常规监测主要由临床病例监测报告、实验室监测报告和爆发事件调查报告组成;主动监测主要由实验室基本情况调查、实验室疑似或确诊病例调查、疾病流行病学研究、医生和易感人群调查构成。一般而言,常规监测对食源性疾病的监测能力有限,主动监测对食源性疾病的监测深度和水平更高。值得说明的是,对违法添加非食用物质和滥用食品添加剂的监测在国际上并不属于常规监测项目,但在 2008 年三聚氰胺事件发生后,我国将非法添加以及导致的食源性疾病纳入了监测范围,并且建立了非法添加导致的异常疾病或健康事件的临床报告和预警机制。随着我国食品安全风险监测网络体系的逐步完善,我国已经从常规监测报告系统为主发展为常规监测和主动监测相结合的报告系统。

2. 食用农产品质量安全监测

目前我国已初步形成例行监测、普查、监督抽查及专项整治监测计划相配合的食用农产品质量安全监测制度与方式,建立了从源头生产到消费流通全方位的农产品质量安全监测程序。其中,例行监测、监督抽查、普查主要针对蔬菜、畜产品、水产品等 5 大类 82 种主要农产品,在全国 31 个省(直辖市、自治区)的 144 个大中城市的生产基地、批发市场、超市等生产流通环节进行抽样检测。其他专项监测计划是针对农药、兽药、饲料、化肥、种子等主要农业投入品,在生产和销售环节抽样检测。同时,为落实属地监管责任,各级农业部门还因地制宜地针对地区高发农产品质量安全问题开展专项整治计划,农产品质量安全监管工作成效显著。

三、食品安全风险评估与预警信息发布

食品安全风险评估以食品安全风险监测和监督管理信息、科学数据以及其他

有关信息为基础,遵循科学、透明和个案处理的原则而进行的活动①;而食品安全预警是基于食品安全风险监测评估和食品安全监督管理等信息收集,并综合分析相关信息后,对已经明确的食品安全危害进行风险管理与风险交流的过程②。我国在展开食品安全风险监测体系建设的同时,立足国情,借鉴国际经验,努力构建具有中国特色的食品安全风险评估与预警信息发布体系等,以有效预防和控制食品安全事件的发生,这是近年来我国食品安全管理机制创新与完善的一个重要特点。

(一) 风险评估的基础性工作和优先项目

我国的食品安全风险评估工作实际上起步于 20 世纪 70 年代,国家卫生部先后组织开展了食品中污染物和部分塑料食品包装材料树脂及成型品浸出物等的危险性评估。加入 WTO 后,我国进一步加强了食品中微生物、化学污染物、食品添加剂、食品强化剂等专题评估工作,开展了一系列应急和常规食品安全风险评估项目。基于食品安全风险监测工作的不断深入,卫生部先后完成了食品中苏丹红、油炸食品中丙烯酰胺、酱油中的氯丙醇、面粉中溴酸钾、婴幼儿配方奶粉中碘和三聚氰胺、PVC 保鲜膜中的加工助剂、红豆杉、二恶英污染等风险评估的基础性工作③。

针对双酚 A 安全性问题这一新的风险,特别是对婴幼儿健康的影响,2011 年国家食品安全风险监测计划列入了"婴儿配方食品罐装容器和塑料奶嘴中双酚A"监测标准,国家食品安全风险评估专家委员会将双酚 A 对人体的健康影响评估列入国家食品安全风险评估优先项目。此外,卫生部公布了两份征求意见,对拟批准的 116 种食品包装材料用树脂中含有双酚 A 的聚碳酸酯产品规定,不能用于接触婴幼儿食品,以及禁止双酚 A 用于婴幼儿食品容器④。2011 年国家食品安全风险评估优先项目包括展开对食品中铅、反式脂肪酸等 5 项风险评估工作。表12-6 给出了卫生部已正式发布的食品安全风险评估报告的情况。

---

① 卫生部等:《食品安全风险评估管理规定(试行)》(卫监督发〔2010〕8 号)。

② 戴伟等:《论中国食品安全风险监测和评估工作的形势和任务》,《中国食品卫生杂志》2010 年第 1期,第 46—49 页。

③ 《中国食品污染物监测网络覆盖 15 省年监测 54 种食品》,http://www.ce.cn/xwzx/gnsz/gdxw/200707/10/t20070710_12116078.shtml。

④ 《卫生部会同有关部门研究加强双酚 A 监管措施》,http://www.moh.gov.cn/publicfiles/business/htmlfiles/mohbgt/s3582/201104/51378.htm;《卫生部办公厅关于征求禁止双酚 A 用于婴幼儿食品用容器公告意见的函》,http://www.moh.gov.cn/publicfiles/business/htmlfiles/mohwsjdj/s10602/201104/51363.htm。

表 12-6　我国已发布的食品安全风险评估报告

时间	风险评估报告
2010 年 7 月 13 日	《我国食盐加碘和居民碘营养状况的风险评估》 Salt Iodization and Risk Assessment of Iodine Status in Chinese Papulation
2005 年 4 月 13 日	《丙烯酰胺危险性评估报告》①
2005 年 4 月 6 日	《苏丹红危险性评估报告》②

(二) 预警体系建设与预警信息发布

建立食品安全风险预警体系，及时发布食品安全风险的预警信息，有利于及时引导消费与保护消费者健康，促进食品行业和企业的自律，有助于国际社会理解我国的食品安全管理政策。随着我国食品安全风险监测评估体系的逐步建设、评估基础性工作和优先项目的不断实施，科学开展预警分析，依据监测与评估发布预警信息正在逐步成为常态。

1. 国家食品安全预警信息

近年来卫生部先后发布蓖麻籽、霉变甘蔗、河豚、生食水产品、毒蘑菇等十余项食品安全预警信息③。2011 年 3 月日本核电站核泄漏事故发生后，卫生部立即组织各地开展食品和饮用水放射性污染专项监测工作，及时公布监测情况，回应舆论关切④。针对违法添加非食用物质和易滥用的食品添加剂问题，国家建立了"黑名单"制度。自 2008 年以来，卫生部根据屡次发生的食品安全事故及日常监管中发现的问题，先后公布了 6 批共 64 种可能违法添加的非食用物质和 22 种易被滥用的食品添加剂"黑名单"。其中，2011 年 6 月发布的第六批"黑名单"，公布了邻苯二甲酸酯类物质的 17 种添加物，加强了食品安全风险监测内容的针对性⑤，也使公众及时准确了解到违法添加的风险状况，以采取有利的防控措施。卫生部于 2010 年 7 月 21 日专门就食品中毒等发布预警公告。这是《食品安全法》颁布以来卫生部发布的首个食品安全预警公告。2011 年 9 月 6 日卫生部再次发出关于防控食物中毒的预警公告，就防止集体食堂发生食物中毒、严防亚硝酸盐

---

① 卫生部：《关于减少丙烯酰胺可能导致的健康危害的公告（卫生部公告 2005 年第 4 号）》，http://www. moh. gov. cn/publicfiles/business/htmlfiles/zwgkzt/pgg/200804/17221. htm。

② 卫生部：《关于禁止将苏丹红作为食品添加剂使用的公告（卫生部公告 2005 年第 5 号）》，http://www. moh. gov. cn/publicfiles/business/htmlfiles/zwgkzt/pgg/200804/17224. htm。

③ 《中国食品污染物监测网络覆盖 15 省年监测 54 种食品》，http://www. ce. cn/xwzx/gnsz/gdxw/200707/10/t20070710_12116078. shtml。

④ 《2011 年卫生部食品安全工作成效显著》，http://www. moh. gov. cn/publicfiles/business/htmlfiles/mohbgt/s3582/201202/54082. htm。

⑤ 《关于公布食品中可能违法添加的非食用物质和易滥用的食品添加剂名单（第六批）的公告（卫生部公告 2011 第 16 号）》，http://www. moh. gov. cn/publicfiles/business/htmlfiles/mohwjdj/s7891/201106/51902. htm。

和防止微生物污染引发食物中毒、严防误食农药污染的食品及有毒植物等作出提示。

2. 农产品质量安全预警信息

农业部从 2002 年开始市场监测预警工作,监测范围从最初 5 个品种发展到 2009 年的 18 个品种,构建了多元化分析研判体系和分析平台,建立了农产品全信息标准及采集规范,研发了农产品监测预警系统。2008 年以来,农业部已逐步开展农产品质量安全风险评估工作,针对暴露出的突出问题和风险隐患,农业部组织了对食用农产品质量安全问题隐患摸底排查工作,以及针对不同种类农产品的特定危害因子的风险评估工作,初步检出 9 类产品中风险隐患较大的 23 种污染因子①。2011 年底农业部组织对蔬菜、水果、茶叶、畜产品、水产品等 8 大类消费量大、公众关注度高、问题隐患多的 42 种农产品进行了风险隐患摸底排查,并形成相关专题报告。对于个别地区、个别品种存在的突出问题,有针对性地对茶叶、稻米、生鲜乳、海藻产品、饲料等进行了专项风险评估。目前,我国所有重要农产品品种已基本纳入预警范围,未来我国农业监测预警需加强对关键技术的研究与突破,包括智能化农业信息获取技术和农产品监测预警模型分析技术。

3. 进出境食品安全预警信息

近十年来国家质量监督检验检疫总局一直就进出境食品分别发布不合格食品通报和风险警示信息,不仅对进出口企业预防风险具有指导意义,也有利于引导国内民众了解进口食品安全状况及变化。同时,在开展产品质量风险评估预警工作中,2006 年 8 月建立了"食品生产加工环节风险监控数据系统",实现食品生产加工环节风险监控数据在线上报和快速统计分析平台②,12 月正式推广应用了"食品安全快速预警与快速反应系统"(Rapid Alert and Response System for Food Safety,简称 RARSFS)③,经过 5 年的建设和完善,在实现国家和省级监督数据信息的资源共享基础上,形成了质检部门风险评估预警的技术支撑。由此国家产品质量信息的发布也发生了变化,2001—2006 年间国家质检总局以单类食品的抽检合格率发布为主,如"2004 年果冻产品质量抽检合格率 78.1%"④、"2005 年白酒产

① 陈晨:《农产品质量安全风险评估的发展现状及对策研究》,《农产品质量与安全》2012 年第 1 期,第 63—65 页。

② 食品与农业标准化研究所:《食品生产加工环节风险监控数据系统》,http://www.cnis.gov.cn/kjzy/kyly/spjc/yjdt/201111/t20111110_9140.shtml。

③ 食品与农业标准化研究所:《食品安全快速预警与快速反应系统》,http://www.cnis.gov.cn/kjzy/kyly/spjc/yjdt/201111/t20111110_9141.shtml。

④ 《2004 年果冻产品质量抽检合格率 78.1%》,http:// www.aqsiq.gov.cn/ztlm/cpzlccgg/20032004/200610/t20061027_11700.htm。

品质量抽检合格率 82.9%"①等,2007 年以后的相关公告增加了问题描述②。2009—2010 年间国家质检总局每年公布 4 批抽查情况③,2011 年则在增加多类产品抽查报告基础上,形成了年度产品质量总体状况报告,针对"染色馒头"、"问题乳清"等境内外重大突发事件,及时发布清查清缴等预警处置信息④。

4.地方层次的食品安全预警信息

各地从各自的实际出发,逐步探索建立食品安全风险预警与信息发布的机制,并积累了宝贵的经验。2009 年 6 月,上海市细菌性食物中毒预警信息投入运行,并于 2011 年 8 月 22 日在东方明珠移动电视上定时滚动发布,预警信息覆盖上海市公共交通、楼宇、水上巴士、旅游集散中心等 32000 个收视终端,是我国首个地方性食品安全预警信息的实践与应用⑤。一些地方用制度来规范保障食品安全风险预警信息发布的方法。比如,河北省于 2011 年 6 月 27 日颁布实施了《河北省食品安全风险预警机制》(冀政函[2011]93 号);深圳、苏州等发达地区的食品安全预警信息发布已逐步常态化,比如 2009 年苏州市就发布了 5 个食品安全的预警通告。

四、体系建设中面临的主要问题

国家食品安全风险监测评估与预警体系的建设,在取得了巨大成效的同时,在实践中也面临亟须解决的一系列问题。

(一)基层监测点能力建设难度大

由于我国农产品质量安全主要受农药兽药残留和重金属污染的风险难以尽快消除,产业化演进过程中的博弈和食品工业化管理程度存在较大的差异性,同时食品安全新的潜在的风险不断出现,将进一步加剧我国的食品安全风险。值得关注的是,近年来我国的食品安全风险呈现出从城市向城乡结合部和广大农村蔓

① 《2005 年白酒产品质量抽检合格率 82.9%》,http:// www. aqsiq. gov. cn/ztlm/cpzlccgg/20052006/200610/t20061027_11775. htm。

② 《固体饮料产品质量国家监督抽查质量公告》,http:// www. aqsiq. cn/ztlm/cpzlccgg/20072008/200809/t2008091189189. htm。

③ 国家质量监督检验检疫总局:《2009 年第 4 批产品质量国家监督抽查公告》(总局公告 2010 年第 10 号),http://www. aqsiq. cn/ztlm/cpzlccgg/2009/201007/t20100702_148468. mht;《关于公布 2010 年第 4 批产品质量国家监督抽查结果的公告》(总局 2010 年第 168 号公告),http://www. aqsiq. gov. cn/ztlm/cpzlccgg/2010/201012/t20101231_174617. mht。

④ 《关于公布 2011 年 26 类产品质量国家监督抽查结果的公告(2011 年第 189 号)》,http://www. aqsiq. gov. cn/ztlm/cpzlccgg/2010201112/t20111223_205591. htm;质检总局:《质检总局召开新闻发布会通报 2011 年产品质量基本状况等情况》,http://www. aqsiq. gov. cn/ztlm/cpzlccgg/2010201112/t20111223_205591. htm。

⑤ 上海食品药品监督管理局:《市药监局、市气象局在东方明珠移动电视上发布细菌性食物中毒预警信息》,http://www. shfda. gov. cn/bij5/node2/node3/node253/node270/node2765/userobjectlai29004. html。

延态势,农村成为近年重大食品安全事件易发的高风险区域,农民成为易受危害影响的高发人群。针对这些场所的风险监测存在很大难度,监测点的设置对于易发风险的监测和危险性评估至关重要。根据卫生部 2011 年食品安全风险监测评估与预警的分析报告,虽然国家风险监测网络的监测点已经覆盖了 100% 的省、自治区和直辖市,但是仍有 27% 的市和 75% 的县尚没有覆盖,其中主要是边远地区和经济欠发达地区,县域乡村的监测点建设形势依然较为滞后。已有的监测点尤其是基层的监测点也存在监测能力不高的问题。扩大基层监测点并提升监测点的技术支撑,是国家风险监测能力体系建设中面临的最主要的问题之一。

(二) 风险监测评估的科研水平有限

与发达国家相比,我国食品安全风险监测和风险评估水平仍然有很大差距。即使是省级的风险监测机构也存在实验室仪器配备不达标,从业人员操作水平不合格的问题①。而且风险监测评估的科研水平受制于资金支持,资金的相对缺乏导致监测数据质量稳定性不高,检测仪器精度和手段差异性大。总之,我国的食品安全风险监测仍处于初级阶段,风险评估能力与国家需要差距大,评估项目少,缺少具有国际水平的风险监测评估成果,尚未充分发挥对国家食品安全监管的指导作用,社会影响还不大。

(三) 预警体系建设相对缓慢

随着我国食品安全风险预警体系建设的不断完善,常规预警能力得到快速提高,对化学污染物、有害因素和致病菌对食品的污染和人体健康影响的监控水平有了极大提高,例如对"三聚氰胺"、"地沟油"所采取的专项行动,有效地控制了事态的发展。但整体而言,国家食品安全风险预警体系建设相对缓慢。食品安全预警的理念是预防为主,是对可识别风险的提前预防,是对可能产生的危害实施有效控制,以防止风险的转移、蔓延和发展,从而应急处置突发事件。因此最突出的特点是应对必须快速有效。由于我国食品安全风险监测体系尚不完善,风险评估尚主要在基础研究层面,对食品安全风险的规律、特点的把握还不够,对新风险的警示能力也有限,风险预警的整体技术支撑依然薄弱。例如,目前对"地沟油"的风险依然很难实现警情预报,而对非法添加剂引发的风险也很难准确预防。

与此同时,虽然近年来对食品安全事件的应急处置能力已经有很大提高,但是不同地区、不同部门针对不同食品安全事件的应急响应速度和处置能力仍需进一步加强。食品安全事故的警兆复杂,警情往往具有隐蔽性,警源不清晰难判断,食品安全事故的应急处置难免会有一定时滞,但我国目前对一些事故的处置时滞

---

① 褚遵华、周景洋等:《食品安全风险监测制度探讨》,《预防医学论坛》2011 年第 4 期,第 383—385 页。

仍然过长。"三聚氰胺"突发事件的应急响应过慢,给受害儿童的身体健康造成极大的影响,不仅造成了巨大的经济损失,而且影响了国家形象[①]。"金浩茶油苯并芘超标"事件的召回响应滞后,致使消费者不满和社会舆论关注[②]。

(四) 风险交流和信息共享机制有待完善

本《报告》在第十一章分析了我国食品安全信息公开制度体系及其运行概况。早在 2004 年,国家食品药品监督管理局、公安部、农业部、商务部、卫生部、海关总署、国家工商行政管理总局、国家质量监督检验检疫总局就联合发布了《食品安全监管信息发布暂行管理办法》,该办法将"通过有计划地监测获得的反映我国食品安全现状的信息"称为食品安全监测评估信息,作为食品安全监管信息的一部分。《食品安全法》规定"国家建立食品安全信息统一发布制度",而且国家食品安全信息发布制度建设和实施已有较大进展,政府相关的官方信息发布平台均已建成,年度工作总结和重大新闻、建设成果、动态等信息数据均已公开。但从实践效果来看,信息发布和共享机制依然难以满足现有监管需求。例如,针对食品召回事件的信息发布,目前依然没有确定的发布主体和相应的官方平台,缺乏政府与公众的信息交流通道;针对食品安全事件风险的监管、风险危害与影响的科学判断等,也缺乏客观公正的信息交流。对于新的国家食品安全标准中某些指标调整后的安全性分析,缺乏有效的风险交流和及时沟通,也导致相关利益方的不同释义,形成了目前的非官方媒体的影响日益增大,政府的舆情导向作用逐步减弱的格局。这一格局发展的结果完全可能导致严重的政府和企业信用危机。负有食品安全监管职责的政府部门之间信息交流和资源共享机制也需进一步增强可操作性。目前跨部门、跨区域的信息交流和资源共享虽有制度但机制不健全,总体运行状况与效果并不理想。例如,部门所属的实验室向社会开放有限;有检测能力的机构与其他机构的交流大部分是附加约束条件的等。

---

① 《婴幼儿奶粉事件患儿赔偿工作接近尾声绝大多数患儿家长接受了主动赔偿》,http://www.moh.gov.cn/lhftiweb/search.jsp。

② 第一时间:《质检总局调查金浩茶油涉嫌违规召回问题》,http://space.tv.cctv.com/video/VIDE1283992319879883。

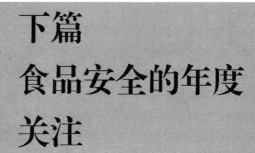

下篇
食品安全的年度
关注

第十三章 2011 年国内发生备受关注的食品安全事件与简要评述

　　食品安全问题是一个具有长期性、复杂性和综合性的社会问题,同时也是一个全球性难题。在世界范围内每年都有大量的消费者面临着不同的食品安全风险①。由于错综复杂的因素交织在一起,食品安全风险等相关问题在近年来在我国显得尤为突出,食品安全事件频频发生,正在成为影响社会稳定和消费者健康的主要社会风险之一。本章主要分析与评述 2011 年国内发生的备受关注的食品安全事件与争议较大的食品安全标准案例②。

一、事件的选择与相关说明

　　如前所述,目前我国食品安全已进入相对的安全区域。2011 年食品安全形势总体稳定并继续保持了逐步向好的趋势。然而,在这一年中在我国仍然发生了一些值得关注的食品安全事件,食品安全问题依然是整个社会最关注的焦点之一。深入探讨已发生的重大食品安全事件的深层次原因,有助于政府强化对食品安全的监管,有助于全社会了解食品安全事件的真相与危害程度,也有助于食品生产经营主体吸取教训,防患于未然。

　　2011 年 12 月 10 日,食品商务网汇总并公布了 2011 年度国内发生的 24 起比较有影响的食品安全事件③。同时,本《报告》的研究者也从相关媒体上选择了诸如重金属污染事件、毒韭菜、膨大剂、假冒绿色猪肉等比较有影响的食品安全事件和受到广泛关注的食品安全标准争议的案例。本《报告》在此主要以这些备受公众关注的食品安全事件、食品安全标准的争议案例为重点展开分析。

　　需要说明的是,在被媒体曝光的重大食品安全事件中,甘肃平凉发生的导致三名儿童死亡,多名儿童中毒的硝酸盐投毒事件,以及吉林长春发生的导致一人

---

① Sarig, Y. et al. ,"Traceability of Food Products",*International Commission of Agricultural Engineering*, No. 5, 2003, pp. 1—17.

② 一般而言,狭义上的食品安全事件是指由于各种原因导致消费者食用食品后健康受到直接或间接伤害的事件;广义上的食品安全事件还包括备受社会广泛关注的与食品安全密切相关的事件,且可能并没有(至少在当时没有)直接或间接伤害人体健康的报道。本章研究的案例中,类似于以劣充好,虚假宣传等类型,就属于广义上的食品安全事件。

③ 《2011 年食品安全事件大回顾》,食品商务网,http://www.21food.cn/html/news/35/663093.htm。

死亡的可口可乐美汁源中毒事件等,本质上属于刑事犯罪事件,并不是单纯意义上的食品安全事件,故不属于本《报告》讨论的范畴。

二、国内发生食品安全事件与分析

这些被媒体曝光的重大食品安全事件,虽然起因比较复杂,但按照最主要的原因来区分,本质上可以分为由环境污染、农兽药等农用化学品残留超标、微生物及微生物毒素与寄生虫、非法或不当食品添加、非食用原料进入餐桌等造成,以及以劣充好,虚假宣传等类型。由添加非食用物质或滥用食品添加剂造成的问题在本《报告》中有专门论述,本章不再讨论。

(一) 由环境污染造成的食品安全事件

2011 年发生的由环境污染造成的食品安全事件,主要有"镉米"事件和由石油泄漏造成渤海湾部分海产品被污染事件①。由于未见渤海湾受污染的海产品进入市场的报道,且该事件更主要是一件环境污染事件而非食品安全事件。因此,在此仅讨论"镉米"事件。

在工业化和城镇化过程中,遍地开花的开矿等行为,使原本以化合物形式存在的镉、砷、汞等有害重金属释放到自然界,通过水流和空气,污染了耕地,进而污染了农产品。水稻是仅次于生菜的富集镉能力最强的农作物,在受镉污染的田地上种植稻米,会产生镉含量超标的问题大米即镉米,形成重大食品安全风险隐患。2011 年 2 月 14 日,《新世纪》周刊发表了《镉米杀机》的文章,报道了由于长期食用镉超标大米,广西阳朔县兴坪镇思村的十多位老人患有"骨痛病"而无法正常走路的事件②,由此引起社会的广泛关注。从本质上分析,"镉米"事件是一个由于环境污染造成的典型的食品安全事件。

实际上,关于重金属超标大米的研究在我国已有十多年的历史。2002 年,农业部稻米及制品质量监督检验测试中心曾对全国市场的稻米进行过安全性抽检。结果显示,稻米中超标最严重的重金属是铅,超标率 28.4%;其次就是镉,超标率

---

① 渤海湾漏油事件是指中海油和美国康菲石油公司合作开发的渤海湾蓬莱 19-3 号油田在 2011 年 6 月 4 日起发生的漏油事件。2011 年 6 月 30 日中海油和国家海洋局证实了漏油这一消息;7 月 1 日中海油称渤海原油渗漏点已得到有效控制;7 月 5 日国家海洋局通报中海油漏油情况时称已得到有效控制;7 月 6 日康菲公司召开新闻发布会也声称溢油已得到有效控制。据《中国经济周刊》的统计,由于没有采取得力的措施堵漏,截至 2011 年 9 月中旬,海洋污染面积从最初的 840 平方公里扩大到 6200 平方公里。乐亭县沿海养殖贝类、海参、虾、鱼大量死亡,渔民因此遭受了重大的经济损失。

② 镉主要在人体的肝、肾部积累,难以自然消失,经过数年甚至数十年慢性积累后可能导致人体出现显著的镉中毒症状,使人体骨骼生长代谢受阻,从而引发骨骼的各种病变,严重时导致可怕的"痛痛病"(又称骨痛病)。20 世纪 60 年代日本富山县神通川流域,由于开矿导致农田受到镉的严重污染,当地一些农民长期食用镉米后出现了中毒。由于患者骨头有针扎般的剧痛,故被称之为骨痛病。食用含镉米中毒有限值范围,一般 60 公斤体重的人每天摄入 100 g 含镉米,连续 50 年才可能对健康构成危害。

10.3%①。2007 年南京农业大学农业资源与生态环境研究所专门检测了从全国六大区(华东、东北、华中、西南、华南和华北)县级以上市场随机采购的 100 多个大米样品。检测结果表明,10% 的大米样品存在镉超标。2008 年 4 月,该所又从江西、湖南、广东等省农贸市场随机取样 63 份,检验证实 60% 以上的样品中大米镉含量超过国家限值。广州大学环境科学与工程学院的研究小组在福建沿海地区从南到北选择了闽江、九龙江、晋江和木兰溪等 10 条主要河流流域,布点采集水稻样品 185 件。检测发现,有 16.8% 的样品铅超标,有 11.4% 镉超标,0.5% 汞和砷超标。镉和铅含量高的样品主要集中分布在漳州、福州、福清等工业发达的城市的周边地区。2006 年 1 月,湖南株洲市新马村曾发生震动全国的镉污染事件,2 人死亡,150 名村民经过体检被判定为慢性轻度镉中毒。新马村耕地中的镉污染,主要来自 1 公里外我国受重金属污染最严重的河流——湘江。根据南京农业大学农业资源与生态环境研究所的调查,湖南和江西产大米镉超标最严重,主要是因为土壤被当地矿山废水污染。

　　国家高度重视由重金属超标引起的食品安全问题,在相关制度建设方面加大了力度,但彻底杜绝重金属超标大米仍然存在较大难度。虽然在政府的大力打击下,重金属超标大米已经很难出现在城市的大型超市中,但随着土壤受污染的范围逐渐扩大,人们生活的日渐富裕和健康意识的增强,农民们更趋向于将含有重金属甚至重金属超标粮食大米卖出,再买回其他大米,所以城市居民遭受重金属超标大米的风险逐渐增加。可能有少量的重金属超标大米成为漏网之鱼逃脱监管而流通到城市大米市场。但由于市民一般会变换所消费大米品种等原因,即使吃到重金属超标大米,累积的危害也较小。目前,县及乡镇的农贸市场是重金属超标大米的最大风险隐患所在,成为重金属超标大米食品安全事件发生的重灾区。例如,2008 年 2 月,四川成都市质量技术监督局在食品安全抽检中,就检出邛崃市瑞泰米业有限公司和四川文君米业有限公司生产的大米镉超标②。

(二)由农用化学品使用不当造成的事件

　　2011 年被媒体报道而受广泛关注的由于农用化学品造成的事件主要有河南南阳"毒韭菜"事件和"膨胀西瓜"事件。

　　1. 南阳"毒韭菜"事件

　　2011 年 3 月 25 日,河南南阳市的甘某、陆某、王某及张某四家共有十人中午吃了韭菜炒鸡蛋和韭菜饺子后,呕吐不止……当他们在医院急诊室"碰面"后,才

---

① 过去中国的重金属污染主要是铅,在禁止用含铅汽油以后,情况有所变化,大多数血铅超标的事件并非由于食品污染造成,最近几年铅含量超标已不是由重金属造成的食品污染事件的焦点。

② 《调查称中国 10% 大米存在镉污染,可导致骨痛病》,中国经济网,http://www.tianjinwe.com/hotnews/gnxw/201102/t20110214_3414801.html。

知道是在同一个流动摊点买的韭菜并食用韭菜后发生了各种症状。医生诊断是由于韭菜上的农药有机磷残留严重超标导致中毒。

由于农民习惯使用有机磷农药消灭韭菜蛆,食用韭菜导致的食物中毒事件时有发生。有机磷中毒的主要症状有心律减慢、恶心呕吐、出汗、瞳孔缩小等,中毒较深的话会出现肌肉颤动甚至昏迷。南阳市公安局经过排查,确定了毒韭菜来源于同一个流动菜贩。事发后的第二天,南阳市农产品质量检测中心对中心城区的批发市场、农贸市场、超市量贩、流动摊贩等销售的韭菜进行了拉网式排查,当天共抽取样品 106 个,其中 2 个样品的甲拌磷残留超标,同时查到了韭菜超标样品的源头——南阳市卧龙区陆营镇和宛城区瓦店镇两个韭菜种植基地。南阳市农产品质量检测中心全部收缴封存并且销毁了甲拌磷残留超标的韭菜,并全部铲除了卧龙区陆营镇和宛城区瓦店镇两个韭菜种植基地的韭菜。在此基础上,南阳市政府相关部门进一步开展了韭菜产地的排查工作,加强农产品市场准入管理,扩大检测范围,增加检测频次,严防毒韭菜流入市场,同时要求加大农资市场管理力度,积极指导农民科学合理用药,从源头上把好农产品质量安全关,以防止类似事件的再次发生[1]。

2. "膨胀西瓜"事件

催熟剂和膨大剂属于植物生长调节剂,在发达国家也普遍应用。催熟剂能方便水果异地销售,膨大剂能促进果实变大,虽可能降低水果品质,但并不会产生毒素[2]。目前在发达国家也普遍应用催熟剂和膨大剂。这类植物生长调节剂在 2011 年被广泛关注主要源于"膨胀西瓜"事件。

2011 年 5 月,镇江丹徒区延陵镇大吕村农民刘明锁承包的 40 多亩西瓜大棚中已结满瓜藤的大小西瓜在没有成熟时发生了炸裂,其他瓜农数十亩西瓜地里同样满地"开花",多家种瓜大户出现惶恐。针对未成熟西瓜爆炸的原因,有专家认为,可能与膨大剂的使用不当有关。过量的膨大剂会促使西瓜细胞分裂加快,导致西瓜炸裂。该专家的观点经过媒体渲染后,一定程度上在全国范围内形成了对早熟西瓜的疑虑,结果致使 2011 年初夏各地不同程度地出现了"卖瓜难",给瓜农造成了重大的经济损失。实际上,到底是什么因素导致西瓜未熟而炸,各方并无一致的意见。在镇江丹徒区延陵镇大吕村西瓜未熟而炸的瓜农中,仅有刘明锁在种植西瓜时使用了膨大剂,因此多数专家并不认同由于使用或超量使用膨大剂导致西瓜未成熟爆炸的观点。关于膨大剂对人体有多大影响的问题,专家们比较一

---

[1]　孙喜增、南阳:《谁种毒韭菜 追究谁责任》,南阳记者站,http://www.radiohenan.com/Article/news/shts/2011/04/01/67294.htm。

[2]　膨大剂名为氯吡苯脲,别名为 KT30 或者 CPP. U,20 世纪 80 年代由日本首先开发,之后引入中国,是经过国家批准的植物生长调节剂。目前膨大剂在我国使用很广泛,长期的使用实践证明其对人体无害。

致的意见是,只要使用量在正常范围内规范使用包括膨大剂在内的植物生长调节剂应该是安全的。市场上的大个瓜果,有可能是品种改良、技术改进的结果,也有可能是膨大剂催熟的结果。但只要是按照规定适量地使用膨大剂,这些瓜果是安全的。事实上,除了西瓜以外,番茄、猕猴桃、草莓等果蔬品种的生长过程中,也可能使用一些植物生长调节剂。若施用科学得当,使用植物生长调节剂生产的瓜果,其残留应该在规定的标准范围之内,对人体也没有什么副作用[①]。

农用化学品主要是指化肥、兽药、农药和植物生长调节剂等,是重要的农业生产资料,在控制病虫害、增加农业产量等方面发挥了重要的作用。以农药为例,已有的研究表明,在过去的 60 年中施用农药极大地促进了农业产量增加[②];在世界范围内,农药所挽回的粮食损失占世界粮食总产量的比重高达 30%[③],并对降低劳动强度,提高农业生产率有着积极的意义[④]。我国是农业病虫害比较严重的国家,如不进行任何防治,平均每年由于病虫害造成的粮食作物产量将减少 15% 左右。曾显光等的研究指出,如果病虫害肆虐成灾,损失将远超过常年,而化学农药防治则可挽回大部分损失[⑤]。然而,如长期大量使用农药,病虫害的天敌将逐渐被杀灭[⑥],病虫害的抗药性逐渐增强[⑦],并由此产生的农药残留一旦超过最大限量又将严重威胁农产品的质量安全,产生不容忽视的食品安全与人类健康等诸多问题[⑧],并引发农业面源污染。目前完全不用农用化学品的农产品比例很小。实际上,很多果蔬都可能有农用化学品残留。发达国家首先广泛使用了农用化学品。美国

① 《西瓜膨大剂正常使用无副作用》,新浪财经, http://finance. sina. com. cn/roll/20110518/02379857697. shtml。

② Fernandez-Cornejo, Jorge, "The Seed Industry in U. S. Agriculture: An Exploration of Data and Information on Crop Seed Markets, Regulation, Industry Structure, and Research and Development", *Agriculture Information Bulletin*, No. 786, 2004.

③ 刘长江、门万杰、刘彦军等:《农药对土壤的污染及污染土壤的生物修复》,《农业系统科学与综合研究》2002 年第 4 期,第 291—292、297 页。

④ *Production Practices for Major Crops in U. S. Agriculture, 1990—97*, USDA Working paper, 2000.

⑤ 曾显光、李阳、牛小俊等:《化学农药在农业有害生物控制中的作用及科学评价》,《农药科学与管理》2002 年第 6 期,第 30—31 页。

⑥ Tang, S. , G. Tang and R. A. Cheke, "Optimum Timing for Integrated Pest Management: Modelling Rates of Pesticide Application and Natural Enemy Releases", *Journal of Theoretical Biology*, No. 264, 2010, pp. 623—638.

⑦ Gut, Larry, A. Schilder, R. Isaacs, P. Mcmanus, *Fruit Crop Ecology and Management*(2007), pp. 34—75.

⑧ 参见 Bourn D, Prescott J A. , "Comparison of the Nutritional Value, Sensory Qualities, and Food Safety of Organically and Conventionally Produced Food", *Critical Reviews in Food Safety and Nutrition*, Vol. 42, No. 1, 2002, pp. 1—34; Koleva NG, Schneider UA, "The Impact of Climate Change on the External Cost of Pesticide Application in US Agriculture", *Int J Agric Sustain*, No. 7, 2009, pp. 203—216; Guler, G. O. , Cakmak, Y. S. , Dagli, Z. , Aktumsek, A. , and Ozparlak, H. , "Organochlorine Pesticide Residues in Wheat from Konya Region, Turkey", *Food and Chemical Toxicology*, Vol. 48, No. 5, 2010, pp. 1218—1221.

农业部和食品与药品管理局的检测证明,美国蔬菜水果中也有很大比例产品检测出农药残留。我国进口的包括美国在内的发达国家的农产品中也屡见诸如农药残留超标等案例。最近几年中,由于民众对食品安全意识的提高和科学知识的普及,在我国农用化学品残留导致的食品安全事件已经大为减少,但农产品生产者不当、违规甚至违法使用化学品导致的食品安全事件还没有绝迹。

从膨胀西瓜事件中媒体和有关方面应该吸取教训。未成熟西瓜炸裂并非一定是施用膨大剂造成的。从丹阳大吕村的情况看,除了刘明锁以外的农户并没有使用膨大剂,但同样发生了炸裂,说明使用膨大剂并非西瓜炸裂的主要原因;规范施用膨大剂本身并不会对人体造成伤害。而在 2011 年的一段时间内由于媒体的渲染和消费者对膨大剂不科学的认识,造成了部分消费者对食用西瓜的心理恐慌,这也影响了瓜农的经济收入。

(三) 非食物原料进入餐桌的事件

非食用原料改头换面进入餐桌后,危害消费者身体健康,严重时甚至会导致人身伤亡事故。2011 年在国内影响比较大、因非食物原料引起的食品安全事件主要是"地沟油"事件。地沟油本身具有一定经济价值,可以用于工业生产制造肥皂、生物柴油等产品,还可以作为矿山选矿的捕收剂。将废弃的动植物油加以收集和应用本身符合循环经济原则,对减少环境污染具有积极的意义。地沟油中的主要危害物之一的黄曲霉素是一种强烈致癌物质,其毒性是砒霜的 100 倍[1]。如果把地沟油作为食用油而长期摄入将明显伤害人体健康,如引发发育障碍、易患肠炎并可能导致肝、心和肾肿大疾病或产生病变等。

2011 年 6 月 28 日,"新华视点"的记者揭开了京津冀"地沟油"产业链的冰山一角。天津、河北甚至北京都存在着"地沟油"的加工窝点,其规模之大出人意料[2]。这些加工黑窝点的加工工艺与设备经过多年的"技术改造",科技含量越来越高,所生产的"地沟油"与正常的食用油相比,识别愈发困难,并通过"地下渠道"不断流向食品加工企业、粮油批发市场,甚至以小包装形式进入超市。全国粮油标准化委员会油料和油脂工作组组长、武汉工业学院食品科学与工程学院何东平教授估计,目前我国每年返回餐桌的地沟油可能有 200 万—300 万吨。而中国人一年的动、植物油消费总量大约是 2250 万吨,即中国消费的食用油中大约 10% 是地沟油。京津冀"地沟油"事件发生后,各地各部门迅速展开行动,集中打击"地沟油"犯罪。2011 年 12 月 12 日公安部在网站上发布的信息表明,在 3 个多月内,各

---

① 孙瑞灼:《打击地沟油需完善法律制度》,新浪财经,http://finance.sina.com.cn/review/mspl/20110919/000010498822.shtml。

② 《地沟油事件始末 揭秘京津冀地沟油生产流通全过程》,京华网,http://news.jinghua.cn/351/c/201111/18/n3540292.shtml。

地侦破利用"地沟油"制售食用油犯罪案件 128 起,抓获违法犯罪嫌疑人 700 余名,查实涉案油品 6 万余吨,打掉涉及全国 28 个省份 60 个犯罪网络,"地沟油"危害得到有效遏制。

(四)以劣充好与虚假认证事件

2011 年,发生在我国的食品安全事件中,以劣充好,虚假认证而造成的食品安全事件中最典型的就是沃尔玛超市假冒绿色食品认证的"绿色猪肉"事件、有机食品虚假认证事件。

1. "绿色猪肉"事件

2011 年 8 月 24 日,重庆工商部门接到市民举报,称沃尔玛超市重庆凤天店销售用普通冷鲜肉假冒绿色食品认证的"绿色猪肉"。经有关部门的核查,沃尔玛在渝的三家超市中都发现此类待售的"绿色猪肉"。通过现场清点、查阅沃尔玛超市电子进销货记录以及对供货商的调查,执法人员发现其"绿色猪肉"购销量明显存在倒挂问题,即购入量少于销量。2011 年 10 月,重庆市工商局向媒体通报称,2011 年以来重庆市内沙坪坝凤天店、大渡口松青路店、渝北冉家坝店等三家沃尔玛超市涉嫌销售了 1178.99 公斤的假冒绿色食品认证的"绿色猪肉",涉案金额 4 万余元。这些假冒的"绿色猪肉"一直被以高出普通猪肉每公斤 4—10 元的价格出售。后又进一步发现,沃尔玛在渝的其他门店以及其已收购的好又多南坪店和渝中店也存在同样的情况。相关部门查实,自 2010 年 1 月至 2011 年 8 月间,沃尔玛超市等涉案门店共计销售假冒"绿色猪肉"59049 公斤。工商部门对涉案沃尔玛门店与好又多店进行了处罚,没收其违法所得,并依法对部分门店进行停业整顿,还对涉案门店按上限处以非法所得 5 倍罚款,罚款总额达数百万元[①]。

沃尔玛一直以供应链效率闻名,是零售行业标准化、规范化运作的正面教材。然而,作为国际知名品牌,却在中国不断挑战法律法规,仅其在重庆的五年时间内就因为销售过期食品、不合格商品、虚假宣传等违法行为,被查处过 20 次。根源主要在于监管不严,违法成本过低。此外,国内消费者的维权意识薄弱,对国际知名企业的盲目崇拜使其忽略了对其产品质量的监督和对自身权益的维护等。这些是共同导致沃尔玛"绿色猪肉"事件的深层次原因。

2. 有机食品虚假认证事件

2011 年 11 月,新华社等媒体又报道了有关有机食品虚假认证的新闻。记者通过深入山东、广西等地,追踪一些有机食品的产业链发现,随意标注"有机食品",花钱购买有机食品认证,张贴假冒有机食品认证标志等现象屡见不鲜,有机

① 《沃尔玛假冒绿色猪肉困局 消费者高价买心理安慰》,食品产业网,http://www.foodqs.cn/news/gnspzs01/20110211 0125219.htm。

食品市场亟待整治①。

有机食品认证是食品质量认证的最高级别,有机食品在生产和加工过程中禁止使用农药、化肥、除草剂等人工合成物质,对土壤、空气、水等环境质量都有很高的要求。为了保证安全,消费者往往愿意用比较高的代价购买有机农产品,因此,全球的有机食品市场每年以 20%—30% 的速度增长。本《报告》的第一章中介绍了我国绿色农产品、有机农产品的发展情况。2010 年我国有机农产品(食品)的销售额达到了 145.39 亿元。在信息严重不对称的食品消费市场中,在巨大的利润诱惑下,原本代表着农产品供应方面最高级别的有机食品认证,在利益驱动下日渐形同虚设,一些认证机构在给企业办理有机食品认证时,将严格的审查程序变为了"交钱拿证","有机"的标签往往名不符实②。目前,我国有 24 家有机产品认证机构。这些认证机构在各个省份设立办事处。这些办事处,可以独立审核,颁发有机食品认证③。市场上还活跃着大批代理机构。"只要肯出钱,弄出来的就是有机认证。"有记者以茶商的身份找到一家北京的代理公司。按照正常途径,茶叶生产基地的首次有机认证,自申报开始,必须经过 2—3 年的土地转换期。而这家公司承诺,只需要半年时间,全部认证程序走完,费用 4 万多元,保证"搞到的是正规的有机认证。"客户所做的只是提供企业证照和盖章签字等工作。此外,还有不少认证机构存在"重认证、轻管理"的问题。

(五)食品中有关微生物标准引发的争议

2011 年未见由微生物、微生物毒素和寄生虫等引起人身伤害的重大食品安全事件的报道。但在 2011 年食品中有关微生物标准问题却引起了广泛关注,尤其是乳品标准和冷冻米面食品中金黄葡萄球菌标准。

1. 乳品标准的争议

2011 年 6 月 15 日,在福州举办的"南方巴氏鲜奶发展论坛"上,中国奶协有关人士建议,对巴氏杀菌鲜牛奶生产企业,国家应给予政策及经济扶持,逐渐恢复巴氏鲜奶主导市场的地位。广州市奶业协会理事长王丁棉表示,中国乳业行业标准被个别大企业绑架,是全球最差标准,政府应支持发展巴氏鲜奶。在我国乳业行业标准中,原奶细菌数允许最大值为 200 万个/毫升,比欧盟标准高出 20 倍;蛋白质含量从旧版国标的每 100 克生乳蛋白质含量不低于 2.95%,降到了 2.8%。乳

①　邹娟、俞立严:《有机食品乱象再调查》,东方早报网,http://www.dfdaily.com/html/3/2011/11/4/691323.shtml。

②　《后"激素门"时代 "有机食品"当道》,中国认证认可信息网,http://www.cait.cn/spnc_1/xwdt/zx-bd/201012/t20101203_69000.shtml。

③　《国家认监委将建 "有机食品"认证标志数据库》,上海政府网站,http://www.shanghai.gov.cn/shanghai/node2314/node2315/node17239/node27048/u21ai553697.html。

业行业的相关标准"创历史新低",被认为"这是全球最差的牛奶标准,是世界乳业之耻!"此言一出,立即在国内引起轩然大波。

中国乳品安全标准工作专家组对"全球最差的牛奶标准"作出了解释。首先在原奶细菌数上,尽管新国标与国际水平相比还有较大差距。但新公布的《生乳》标准在 1986 年农业部门制定的《生鲜乳收购标准》实施多年经验的基础上,将生乳中菌落总数指标从 400 万 CFU/毫升调整为 200 万 CFU/毫升,提高了生乳收购门槛,应该说是要求更加严格了。其次在蛋白质含量上,生乳蛋白质指标是反映原料乳的质量指标,不是供消费者食用的乳制品终产品指标。我国生乳蛋白质含量范围在 2.8%—3.2% 之间,平均值为 2.95%。由于生乳蛋白质含量受奶牛品种、饲料、饲养管理、泌乳期、气候等多个因素影响,比如在 5 月下旬至 8 月下旬的三个月的泌乳期内,相当一部分牛奶蛋白质含量低于 2.95% 的平均值。因此,将每 100 克生乳蛋白质含量由原来的不低于 2.95%,降到了 2.8%。

2011 年 7 月 13 日,卫生部在召开的新闻发布会详解了新国标中生乳安全标准降低缘由。黑龙江省奶业协会秘书长吴和平在回答记者提问时表示,新标准符合中国国情。而中国奶业协会副会长、华中农业大学杨利国教授认为,中国乳品产业仍处于落后状态,把国家标准盲目做高也是白做,应当实事求是地承认差距。国外专家也有类似观点。负责新西兰食品标准制定的新西兰农林部的发言人 Deborah Gray 也认为,中国的生乳新国标立足国情,符合国际惯例。每个国家制定的标准有所不同,最重要的一点是要能够应对本国的具体情况①。

但对中国乳品安全标准工作专家组的解释,也有不同意见。消费者认为尽管从表面上看,生乳新国标中生乳菌落总数指标相比 1986 年版标准确实有所提高,但是与许多国家相关标准相比却要低许多。部分国内消费者普遍强烈要求国内相关奶业标准中菌落总数与蛋白质含量等指标与国际接轨。

2. 冷冻米面食品金黄葡萄球菌标准的争议

2011 年 11 月 25 日,《速冻面米制品》食品安全国家新标准正式对外公布,新标准对微生物菌的限制数量作出了修改。新的食品安全国家标准改变了旧国标中所规定的不得检出金黄色葡萄球菌的规定,而是以定量来规定。卫生部新闻办公室发布消息称,由于金黄色葡萄球菌广泛分布在大气、土壤中,对热敏感,加热 80℃,30 分钟可被杀灭,通常大于 10^5 菌落数/克时产生致病性肠毒素。适宜金黄色葡萄球菌生长的食品主要为乳制品、蛋制品、肉制品等,因此,在上述食品的有关安全标准中规定了金黄色葡萄球菌含量的相关要求。

在正式公布的当天,卫生部召开新闻通气会,中国疾病预防控制中心营养与

---

① 尹晓琳、杨铮:《中国牛奶标准符合国际惯例》,《法制晚报》2011 年 6 月 29 日。

食品安全所有关研究人员在会上表示，原标准致病菌并没有定量检测的要求，只是定性检测的概念，检出就不合格。但是从 1999 年国际食品卫生法典委员会对食品当中的微生物危害进行控制的原则发生质的改变以后，这个概念就发生了相应的变化。在某些食品中并不是所有的致病性微生物都会产生同样的危害，特定病原菌在某些特定食品中要作为重点来控制。按照过去的标准，泛泛地规定致病菌不得检出，是缺乏科学依据的。从科学角度来讲，温度越高，杀灭细菌的时间越短。速冻面米食品加热到 100 摄氏度，破坏了蛋白，就使细菌失去了活性。"就是说在 100 摄氏度的条件下数秒内，蛋白就凝固了，细菌就失去它的活力。可以肯定的是，在煮沸的过程中，食品煮熟了，这个菌就不存在了"[①]。中国农业大学食品学院营养与安全系有关专家指出，旧标准中要求金黄色葡萄球菌不得检出是一刀切的方法，而事实上是达不到的，而且也没有这个必要，只要量不超过，它在肠道内是不致病的；对于不超过一定量的金黄色葡萄球菌，它并不涉及食品的安全。而新国标中针对金黄色葡萄球菌的限量规定，与国际标准一致[②]。

三、简要的评述

通过对上述事件或争议案例的分析，可以发现，2011 年在我国发生的影响较大、备受关注的食品安全事件有着较为复杂的深层次原因。而如何解决食品安全有关标准的争议，更需要从实际出发，兼顾各方利益，统筹协调处理。

（一）发生食品安全事件的主要原因

2011 年的发生的影响较大的重大食品安全事件的深层次原因主要包括至少四个方面。这些原因的分析，实际在本《报告》前述的相关章节作了全面的阐述。在这里结合具体的事件再作简单的评述。

1. 环境污染

随着我国工业化和城镇化建设进程的不断推进，在矿藏丰富的一些地方，不合理、不科学、不节制的粗放型开采方式严重破坏了当地的农业生态环境。镉米事件就是因经济发展而导致环境污染，并引发农产品质量安全风险的典型事件，这是多年来工业化、城镇化发展方式长期粗放型而累积的结果。

"镉米"事件只是土壤重金属造成食品污染问题的一个缩影。由于各个污染区的情形各不相同，超标的重金属不只是镉，可能还包括砷、汞、铅等，而且超标的农作物种类不只是稻米，可能还包括小麦、玉米等。目前，我国正进入因环境污染

---

① 《政策法规——速冻食品新国标遭质疑 卫生部称金葡菌标准未降》，http://info.china.alibaba.com/news/detail/v0-d1023918977.html。

② 《水饺新国标对金黄色葡萄球菌采用限量规定》，《第一财经日报》，http://www.ccgp.gov.cn/jrcj/mrshts/201111/t20111121_1883838.shtml。

造成的环境健康危机的高发期。在食品安全领域,重金属污染可能取代农药残留成为产生食品安全风险的主要因素。环境污染造成的食品安全问题具有滞后性,并且解决难度大。所谓滞后性,是指从危害的形成到产生危害的后果有一定的时间积累,有些问题等到发现再治理已经为时过晚。而解决的难度大主要指不仅要消除污染源的继续污染,而且已经形成的一些污染需要相当长的时间才能缓解或者消除。另外,我国农产品重金属污染问题还有一定体制性的原因,自产自用的农产品生产与消费方式在一定程度上加剧了农产品的重金属污染问题。因此,必须及早引起高度重视,防患于未然。政府应该在重金属污染区域进行土地重金属污染情况普查,禁止种植富集受污染土地中的重金属的粮食作物和其他食用农作物,指导和帮助种植这些土地的农民,种植富集系数小的粮食作物或者种植其他农作物,同时进行专项研究,培育富集系数小的农作物品种,从源头上切断重金属污染区域对食用农作物污染的渠道;此外应该进一步在重点区域的相关农产品市场强化检测,一旦发现有重金属超标的农产品,应当及时向消费者发布警示和召回,以防这些农产品进入市场,从而保障食用农产品的质量安全。

2. 生产者违法

在上述案例中,地沟油事件、毒韭菜事件、绿色猪肉事件,以及有机食品虚假认证等问题,从本质上看都属于生产者为追求经济利润,无视国家法律法规,用非食用原料生产食品,或以次充好等,致使存在严重质量问题或质量不达标的食品走向市场和餐桌,不但危害消费者身体健康,还严重扰乱了食品市场秩序。根本的问题还在于生产者出于对商业利益的追求到导致违法行为的屡禁不绝。以地沟油为例。目前在我国频繁发生"地沟油"事件,主要原因可能是围绕"地沟油"形成的利益链未能从机制上打断。在利益的驱使下,"地沟油"制售从小作坊升级到大工厂,产业分工细化为掏捞、粗炼、倒卖、深加工、批发、零售等多个环节,"地沟油"生意越做越大,获利越来越多。

3. 政府监管缺失

与此同时,政府对食品质量安全监管的缺失,为生产者的各种违法行为提供了灰色空间。有机食品虚假认证事件的案例,再次说明了改革食品安全监管方式的极端重要性。我国《有机产品认证管理办法》规定,有机食品的生产厂家要获得有机认证,必须经过相关的审批机构审批合格;获得了有机食品认证之后,需在出售的每个食品包装上贴上国家统一的有机食品认证标签和认证机构的标志,以此区别有机、绿色或者无公害食品。由于缺乏有效监管,有机食品认证机构为了自身的利益,为达不到有机生产条件的生产厂商提供有机食品的认证。如果说,政府监管力量不足,难以面对众多的有机食品生产厂家,但有机食品认证机构数量有限,完全可以实施有效的监管。但事实上并非如此。由于缺乏监管,一些有机食品认证机构没有必要的经费保障,没有条件开展有效的跟踪检查,缺乏问题的发现机制、获证单位退出与信息披露机制、问题溯源追查机制,最终导致了有机食品认证秩序的混乱。

4. 立法不完善

以地沟油为例。地沟油的问题并非我国所特有,美国、西欧、日本和我国的台湾地区在几十年前都曾广泛出现。例如,20 世纪 60 年代日本厂商提供地沟油,台湾地区商家加工后在台湾出售,导致在台湾发生了"日本地沟油事件"。"日本地沟油事件"发生的主要原因是日本的食品法规严格,日本商家在本国无法下手,选择台湾地区作为牟利的地区。但在非常严肃的法制环境下,美国、西欧、日本和我国台湾地区的地沟油问题很快就销声匿迹。然而,在我国"地沟油"事件频繁发生,这与立法不完善、法律惩罚力度不大有着密切关系。

(二) 食品标准争议的本质问题

食品安全标准是食品安全监督管理体系的重要组成部分。标准的科学与否,合理与否直接决定了食品质量安全的水平,同时也决定了利益在产业链各环节之间的分配。乳品标准和冷冻米面食品金黄葡萄球菌标准的争论,说明了我国食品标准体系还不够完善,有些标准缺失,有些标准落后于国际标准,有些则是因为特殊的国情等等。这也是当前中国社会对食品安全现状普遍感到焦虑的重要原因之一。

乳品标准和冷冻米面食品金黄葡萄球菌标准的争论,其本质问题是:

(1)食品安全标准应以什么为最高利益。标准是一种规范,制定食品标准是一种公共卫生决策,前提是最大限度地降低可能给公众健康带来的风险。在此基础上,才考虑给生产者尽量大的操作空间,以降低社会成本。有专家认为,乳品新标准的制定恰恰忽视甚至无视了消费者和奶农的利益,保护的是个别大企业的利益。当然,这一观点并非完全正确,但食品标准必须以公众健康为第一原则、最高利益。

(2)食品安全标准如何协调兼顾各方利益。细菌群落和农民的养殖技术没有关系。在牛奶刚刚离开乳房的一瞬间,其菌落总数非常少,但之后能产生一百倍之多的细菌,这是牛奶运输和加工环节落后引起的。而牛奶运输和加工环节的落后,则是企业为了节省成本开支所致。因此,高标准的牛奶并不存在高的技术壁垒,而是需要高的成本投入。实际上,奶农的利益并不完全由生产成本决定,而是由生产成本和出售价格的差异来决定。在质量标准公平一致地执行的前提下,如果制定比较高要求的标准,牛奶企业会通过提高价格来吸引奶农生产合格生奶。而这种成本的提高,最后也并非由牛奶企业全部承担,在市场竞争条件下最终转化为消费者支付的价格。因此,在坚持公众健康为最高利益的前提下,乳品安全标准的争议,实际上反映了如何协调奶农、乳品生产加工企业与消费者经济利益的关系问题。

(3)食品安全标准如何与国际接轨。中国的食品标准正在逐渐与世界接轨,反映了我国食品安全风险管理正在逐步走向成熟。从关于乳业标准和冷冻米面食品金黄色葡萄球菌标准受到广泛关注来看,确实有些人认为这两个标准值降低了,而实际上这两个标准值的修订是考虑并体现了与国际接轨的食品安全标准修订理念。如果说只是为了追求高标准,超出了中国的现实,则可能导致一些造假,或者有一些企业被迫停产。但中国的食品安全标准如果片面强调自身特殊的国情,更多考虑企业落后的生产技术水平,在开放的背景下,食品安全标准之争将永无止境,食品生产加工企业生产方式的转型就难以实现,真正意义上的食品安全保障也难以保障。国际先进的食品安全标准是人类文明进步的结果,中国的食品安全标准必须积极借鉴。

由此可见,从实际出发,以确保公众健康为最高原则,协调兼顾各方利益,并努力与国际接轨,应该成为目前和今后中国食品安全标准制定、修订的基本原则。

第十四章　2011 年相关国家发生的食品安全事件

上一章主要介绍了 2011 年在我国发生的具有一定影响的食品安全事件。正如国际上所公认的,食品安全问题是一个世界性的问题,食品安全事件不仅在中国发生,在国外也发生;不仅在发展中国家发生,在发达国家也发生,食品安全在任何国家都不可能也难以实现零风险,只不过是食品安全事件的起因、性质与表现方式和数量不同而已。本章主要通过资料收集,简要回顾与分析 2011 年国际上发生的一些较有影响的食品安全事件,并在此基础上,简要总结了处置食品安全事件的国际经验。

一、主要的食品安全事件

根据媒体的报道,表 14-1 至表 14-5 汇总了美国、英国、加拿大、日本、德国、印度、澳大利亚、法国、意大利 9 个国家在 2011 年发生的 33 起主要食品安全事件①。

表 14-1　2011 年美国发生的食品安全事件

国家	主要事件	发生时间	主要起因 生物因素
美国	FDA 召回受大肠杆菌污染的榛子	2011.3.7	大肠杆菌
	超市出售的部分肉类制品中发现"超级细菌"	2011.4.20	超级细菌
	因食用疑遭霍乱弧菌污染的牡蛎而生病事件	2011.5.11	霍乱弧菌
	23 个州共 99 人因食用受沙门氏菌污染木瓜而染病	2011.7.27	沙门氏菌
	Taylor Farms Pacific 公司召回鸡肉与猪肉制品	2011.8.5	李斯特菌
	卡吉尔公司因火鸡肉被检出受沙门氏菌感染	2011.8.5	沙门氏菌
	因食用受李斯特菌感染香瓜爆发严重的食物中毒事件	2011.9.29	李斯特菌

---

① 　需要指出的是,由于资料收集的局限性,表 14-1 至表 14-5 汇总的事件并不全面,国际上发生的食品安全事件远不止这些,也没有涵盖美国、英国、加拿大、日本、德国、印度、澳大利亚、法国、意大利 9 个国家在 2011 年发生的所有食品安全事件。

表 14-2　2011 年英国发生的食品安全事件

国家	主要事件	发生时间	主要起因	
			物理因素	其他因素
英国	召回含牛奶成分的无柑橘蛋糕	2011.2.25		含有牛奶
	召回 4 批 Tesco 牌美味套餐	2011.2.25	金属碎屑	
	某公司召回未标注牛奶过敏源的年糕	2011.3.14		含有牛奶
	某公司召回海虾鸡尾色拉	2011.3.16		未描述清楚成分
	某公司召回罐装肉饼	2011.4.1	玻璃碎片	
	某公司召回有机巧克力糖球	2011.5.19		含有牛奶
	雀巢奶粉含有重金属	2011.4.9	重金属	

表 14-3　2011 年加拿大发生的食品安全事件

国家	主要事件	发生时间	主要起因
			生物因素
加拿大	零售禽肉发现超级细菌	2011.2.18	超级细菌
	安大略省某公司召回感染李斯特菌的奶酪	2011.3.3	李斯特菌
	召回进口的草莓味乳清蛋白	2011.3.17	沙门氏菌
	Aliments Prince 公司碎熏肉样本检出李斯特菌	2011.7.26	李斯特菌
	渥太华市农田大蒜检出马铃薯茎线虫	2011.8.19	马铃薯茎线虫
	True Leaf Farms 牌生菜被李斯特菌感染	2011.10.3	李斯特菌

表 14-4　2011 年日本发生的食品安全事件

国家	主要事件	发生时间	主要起因	
			化学因素	生物因素
日本	爆发鸡类禽流感事件	2011.1.24		H5 型禽流感病毒
	西兰花沙拉感染沙门氏菌食物中毒事件	2011.2		沙门氏菌
	农产品受核污染	2011.3.21	放射性元素	
	烤肉连锁店发生食物致死事件	2011.5.2		肠出血性大肠菌
	"明治 STEP" 牌奶粉部分产品检出放射性元素铯	2011.12.11	放射性元素	

表 14-5　2011 年德国、印度等五国发生的食品安全事件

国家	主要事件	发生时间	主要起因		
			人源性因素（非法添加）	化学因素	生物因素
德国	鸡蛋及其家禽被检出含有二恶英	2011.1.8		二恶英①	
	食用毒黄瓜而感染肠出血性大肠杆菌事件	2011.5.28			肠出血性大肠杆菌
印度	毒面粉事件	2011.4.8	掺杂有害物质		
	饮用水惊现"超级细菌"	2011.4.8			超级细菌
	爆发掺杂甲醇假酒事件	2011.12.15	掺杂甲醇		
澳大利亚	召回疑染沙门氏菌的鸡蛋	2011.3.5			沙门氏菌
法国	7 名儿童感染大肠杆菌病例	2011.6.17			大肠杆菌
意大利	橄榄油掺假事件	2011.12.26	橄榄油掺假		

（一）发达国家的食品安全事件起因

食品安全事件的起因各不相同,通常由食品在生产、加工及贮运和销售过程中质量安全控制措施不当所致。表 14-1 至表 14-5 汇总了 2011 年美国、英国、加拿大、日本、印度等多国的重大食品安全事件。从表中可以看到,美国等发达国家的食品安全事件大多由生物性因素引起,其次是标签等问题,而印度掺伪掺假依旧严重。这说明,国家的经济发展水平不同,其食品安全危害因素也存在明显差异。

物理性、化学性、生物性,以及人源性等其他因素均可能导致食品安全事件②。由表 14-1 至表 14-5 可知,除印度外,美国、英国、加拿大、日本、德国、澳大利亚、法国、意大利 8 个发达国家在 2011 年发生的 30 起食品安全事件中,只有 1 起发生在意大利的橄榄油掺假事件属于人为非法添加③,占发达国家 2011 年发生的全部食品安全事件的 3.03%;有 19 起事件主要由生物性因素引起,占全部事件的

---

① 考察这一事件,虽然起因是二恶英超标,而实际上责任企业——哈勒斯和延奇公司也负有不可推卸的责任,在明知道其生产的脂肪酸受到了二恶英污染的情况下,非但没有立即停止生产,反而将大约 3000 吨受到二恶英污染的脂肪酸出售给了位于德国各地的数十家饲料生产企业。参见本章中的主要食品安全事件的回顾与分析。

② 人源性因素,参见本《报告》第二章中的有关内容。虽然人源性因素也是通过物理性、化学性、生物性因素等产生食品安全风险,但为了区别于自然性因素,在本章的研究中,以及在表 14-5 中对 2011 年德国、印度等五国发生的食品安全事件主要起因的分析中,将人源性因素单独列出。严格地讲,人为非法添加造成的食品安全危害并不属于食品科学的范畴,而是犯罪行为,但该行为确实很大程度上危及到食品质量安全水平,因此特别提出。

③ 2011 年 12 月 26 日,意大利警方发布的调查报告称,意大利生产商为了满足不断增长的橄榄油需求,将来自希腊、西班牙、摩洛哥和突尼斯等国的廉价橄榄油掺加进去,冒充高端初榨橄榄油出售。

63.33%。8 个发达国家在 2011 年发生的 30 起主要食品安全事件的主要因素分析见表 14-6。可见,在发达国家食品安全事件的主要因素是生物性因素。

表 14-6　美国等 8 个发达国家 2011 年发生的食品安全事件的性质分类

	生物性因素	化学性因素	物理性因素	人源性因素（非法添加）	其他因素
事件数	19	3	3	1	4

（二）中外食品安全事件的性质比较

本《报告》第十三章列出了 2011 年度中国发生的食品安全事件,与美国等 8 个发达国家 2011 年发生的食品安全事件相比较,我国的食品安全事件以人源性因素为主。这与我国所处的发展阶段有一定的关系。

由于研究资料收集的有限性,本《报告》在研究过程中所收集的 2011 年印度发生的 3 起食品安全事件中,有 2 起为人源性因素（表 14-5）。作为世界上最大的发展中国家之一,印度的食品安全风险与安全事件的起因与我国有类似性。由此可见,防控我国的食品安全风险与安全事件,当务之急是约束食品生产经营者的主体行为。

二、典型的食品安全事件的回顾与分析

根据资料的可得性,本章从表 14-1 至表 14-5 中选择 2011 年国际上发生的 6 起食品安全事件进行回顾与分析。

（一）德国家禽及牲畜中二恶英超标事件

1. 事件起因

2010 年 12 月底,德国食品安全管理人员在一次定期抽检中检测出部分鸡蛋含有的致癌物质二恶英超标。随后相关机构又对数千枚鸡蛋进行了检测,结果发现许多农场的鸡蛋二恶英超标。2011 年 1 月 3 日,德国下萨克森州农业局发言人宣布在养鸡场和牲畜农场的饲料中发现二恶英物质超标。为遏制污染扩散,德国于 1 月 7 日暂停 4700 多家农场生产的禽肉、猪肉和鸡蛋的销售。2011 年 1 月 8 日,德国食品、农业与消费者保护部通报,食品监管人员在部分家禽体内检测发现二恶英含量超标,而且受到二恶英污染的鸡蛋已流入英国和荷兰,有可能已被加工为蛋黄酱、蛋糕等产品。随后德国的禽蛋二恶英污染事件进一步蔓延,1 月 18 日食品安全监管人员又在一家养猪场检测发现猪肉二恶英含量超标,19 日发现德国市场已有受二恶英感染猪肉上市销售①。

---

① 《德国"二恶英毒饲料"事件首先猪肉被污染》,食品伙伴网,http://www.foodmate.net/news/guoji/2011/01/173840.html。

2. 事件调查

自从禽畜饲料中检出二恶英后,德国有关部门便积极着手调查饲料中二恶英的来源,并最终锁定在石勒苏益格—荷尔施泰因州的一家饲料原料提供企业——哈勒斯和延奇公司。调查结果表明,2010 年 3 月该公司就已明确知道其生产的脂肪酸受到了二恶英污染,部分脂肪酸中二恶英的含量超过法定含量的 77 倍[①]。但该公司非但没有立即停止生产并报告给德国农业部[②],反而在 2010 年 3 月至 12 月间,把大约 3000 吨受到二恶英污染的脂肪酸出售给了位于德国各地的数十家饲料生产企业。

3. 主要影响

虽然此次食品安全事件没有造成人员伤亡,但给德国禽畜产业发展和出口等产生了一定程度的影响。

(1)伤害禽畜产业发展。事件给禽畜业的发展带来了不可忽视的负面影响,造成了巨额的经济损失。自事件曝光后,德国的鸡蛋、鸡肉和猪肉销量都出现了下滑,其中鸡蛋销量下降了 20%,鸡肉和猪肉销量分别下降了 10%。德国农民就这一事件遭受的损失每周高达 6000 万欧元[③]。

(2)影响禽畜产品出口。事件曝光后,虽然欧盟坚称无需禁止德国肉禽产品进口和销售,德国也试图通过测试结果来打消人们对相关食品的安全顾虑,称致癌物质二恶英的含量在可接受的范围内,但许多国家纷纷采取了措施,限制或禁止德国禽畜产品的进口。韩国是第一个禁止从德国进口猪肉产品的国家[④],斯洛文尼亚成为了第一个对德国肉禽产品加强监管和设置限制的欧盟国家,俄罗斯加强了对来自德国和其他欧盟国家的肉禽产品的监控,英国、意大利、荷兰等国着手评估食用德国进口鸡蛋是否安全[⑤]。德国禽产品和畜产品出口大幅下滑。

(3)产生负面社会影响。二恶英事件使以食品安全高标准自居的德国和欧盟食品安全体系蒙羞,同时也导致德国公民开始质疑本国食品的安全性。2011 年 1 月 22 日,2.2 万名德国民众走上街头,举行大规模抗议示威,要求政府采取措施,确保食品安全。

---

① 《毒鸡蛋事件引发德国"食品地震"》,食品伙伴网,http://www.foodmate.net/news/guoji/2011/01/174703.html。

② 《德国二恶英污染畜饲料丑闻进一步被揭发》,食品伙伴网,http://www.foodmate.net/news/guoji/2011/01/173643.html。

③ 《毒鸡蛋事件引发德国"食品地震"》,食品伙伴网,http://www.foodmate.net/news/guoji/2011/01/174703.html。

④ 《"毒鸡蛋事件"影响 德国食品监管体系遭受质疑》,食品伙伴网,http://www.foodmate.net/news/guoji/2011/01/173829.html。

⑤ 《德国二恶英污染升级 多国禁销售受污染食品》,食品伙伴网,http://www.foodmate.net/news/guoji/2011/01/173670.html。

4. 政府的应对

二恶英事件发生后,为了保证消费者健康,缓解舆论压力,尽力降低消费者的恐慌心理以及该事件所带来的负面影响,德国政府采取了一系列积极措施。

(1)销毁或封存被污染和可能被污染的禽畜产品。2011年1月3日,德国养鸡场饲料中被检出二恶英超标后,为了防止受污染产品流入消费市场,德国下萨克森州农业局当即决定暂时关闭1000家企业①,下令销毁大约10万枚鸡蛋,屠宰了8000只食用过这种饲料的母鸡,暂时封存图林根州一家屠宰场6.6万吨肉,位于下萨克森州南边的萨克森—安哈特州也关闭了一些相关企业,并开始调查污染源以及追踪可能被污染的肉类食品的市场去向。与此同时,当局召回受污染农场生产的肉类或蛋类产品,在互联网上公布问题鸡蛋编号,扑杀数千只鸡并销毁鸡肉。

(2)依法对违法企业追究法律责任。在获得最终调查结果之前,德国食品、农业与消费者保护部就明确表示,如果证实哈勒斯和延奇公司自2010年3月起在明知道其生产的饲料脂肪受到污染却没有报告政府部门,反而大量销售的话,那么检察部门可能对生产遭二恶英污染饲料的肇事公司认定为严重犯罪行为,并将提起刑事指控。2011年1月证实事件真相后,检察部门对哈勒斯和延奇公司正式提出了刑事诉讼②。

(3)及时公开事件进展信息。2010年12月底德国食品安全管理人员发现鸡蛋中致癌物质超标掀开二恶英事件序幕后,政府相关部门分别于2011年1月3日、6日、7日、8日、11日陆续向公众公开事件进展,对外通报有关情况,不仅第一时间在互联网上公布问题鸡蛋编号,还及时公开"毒饲料"脂肪样本的化验结果,并介绍对"哈勒斯和延奇"公司的初步调查情况。新闻媒体则竞相向公众披露事件的来龙去脉和调查进展。媒体甚至还挖掘出肇事企业可能早已知晓有关污染的信息。2011年1月22日,民众示威游行发生后,政府部门又积极和消费者组织等民间组织接触,接受民间意见,出台新政策防范新的食品安全事件。总而言之,在整个事件发生发展过程中,德国政府都采取了比较公开、开明的积极态度。

(4)出台新的监管与防范政策。这一事件逐渐趋于平缓的时候,德国联邦政府和各个州政府达成了一致意见,将曾经隶属于各个州的食品检测统一纳入一个新的体系。此外,德国的消费者权益将得到更进一步的保护,饲料生产商的准入门槛将进一步提高,并且将在未来强制饲料生产商为保护农民的权益而支付一笔

---

① 《千家德国农场因二恶英污染饲料而关闭》,食品伙伴网,http://www.foodmate.net/news/guoji/2011/01/173364.html。

② 《德国二恶英饲料肇事公司可能被起诉》,食品伙伴网,http://www.foodmate.net/news/guoji/2011/01/173697.html。

保险费用①。政府还研究把食品和饲料安全的相关规定列入刑法,违反者将承担刑事责任;同时计划建立一个预警系统,把二恶英检验结果纳入数据库,并将公开网站监控全国的食品安全,及时向社会公布各州出现的问题。

(二)日本爆发鸡类禽流感事件

1. 事件起因

2011 年 1 月 21 日,日本宫崎县宣布宫崎市内养鸡场有 36 只鸡死亡,经禽流感简易检测发现呈阳性②;1 月 22 日经详细检测确认有 6 只鸡感染高致病性禽流感病毒。1 月 23 日,宫崎县政府宣布已确认该县另有一家养鸡场也出现高致病性禽流感疫情,共有 20 只鸡死亡,其中 5 只感染了高致病性禽流感病毒。

1 月 25 日,日本鹿儿岛县一家养鸡场被确认出现的死鸡也感染了高致病性禽流感,进一步确认为感染 H5 型禽流感病毒。该养鸡场饲养的 8600 只鸡就地被宰杀,有关部门设定以该养鸡场为中心的半径 10 公里内为移动限制区域,区域内的 522 万只鸡成为限制对象③。1 月 28 日,宫崎县都农町养鸡场的死鸡在经过详细检测后也确认感染高致病性禽流感。

2. 事件调查

高致病性禽流感是由禽流感病毒中 H5 和 H7 亚毒株(以 H5N1 和 H7N7 为代表)引起的疾病,因其在禽类中传播快、危害大、病死率高,被世界动物卫生组织列为 A 类动物疫病。高致病性禽流感 H5N1 是不断进化的,其寄生的动物范围会不断扩大,可感染虎、家猫等哺乳动物。媒体报道,在宫崎县发现的禽流感病毒就是强毒性的 H5N1(甲型流感病毒)型④。病毒样本与 2010 年 11 月岛根县安来市的病鸡以及富山县疣鼻天鹅身上取得病毒样本的 DNA 排序相同之处超过了 99%。京都产业大学禽流感研究中心认为,2010 年 10 月中旬北海道从野鸭粪中最先检测到 H5 型病毒。此后,富山、鸟取县的白天鹅及岛根县的家禽等相继被感染。由此可推测出,此次疫情是由从西伯利亚南飞的候鸟携带的病毒所致。

3. 主要影响

此次鸡类禽流感给当地的农业生产带来了较大冲击,并造成巨额经济损失。从 2011 年 1 月 22 日宫崎县政府确认养鸡场出现高致病性禽流感疫情时起,到 1

---

① 《德国联邦政府和各州就未来食品安全达成统一共识》,食品伙伴网,http://www.foodmate.net/news/guoji/2011/01/174247.html。

② 《日本宫崎县再次爆发高致病性禽流感疫情,将补杀 41 万只鸡》,食品伙伴网,http://www.foodmate.net/news/guoji/2011/01/174439.html。

③ 《日本养鸡第一大县鹿儿岛发生禽流感 8600 只鸡已被宰杀》,食品伙伴网,http://www.foodmate.net/news/guoji/2011/01/174551.html。

④ 《日本北海道发现高致病性 H5N1 型禽流感病毒》,中国宁波网,http://news.cnnb.com.cn/system/2010/10/27/006721565.shtml。

月底,日本共有 10 个县的 17 个地区发现了禽流感疫情。为防止疫情扩大,疫区的各养殖场内扑杀的鸡多达 70 万只左右①。另外,疫情还造成日本部分地区鸡蛋和鸡肉价格的上涨,尤其是日本大阪府。由于大阪府的鸡蛋和鸡肉的主要供货源是疫情比较严重的宫崎县和鹿儿岛县两地,疫情发生后大阪府市场上的鸡蛋价格开始上涨。但由于处于限制区域内的肉鸡供应量还不足全国的 1%,因此鸡蛋价格并没有出现大幅涨价的局面②。

4. 政府的应对

鸡类禽流感事件爆发后,政府高度重视,采取了一系列的有效措施。

(1)高层积极应对。事件发生后,日本政府随即成立了禽流感对策总部,包括日本首相菅直人在内的内阁成员都出席了会议商讨对策。2011 年 1 月 23 日,日本首相菅直人在举行的政府禽流感对策总部紧急会议上指出,局面非常严峻,一定要采取更加彻底的措施,防止疫情扩大。1 月 26 日,日本政府在首相官邸召开的"禽流感对策阁僚会议"上,首相菅直人再次指示必须要防止感染扩散。

(2)迅速开始捕杀掩埋。禽流感疫情发生后,各疫区的地方政府立刻在疫区展开消毒和扑杀工作。例如,在 1 月 24 日的检查结果公布后,宫崎县政府随即彻底、迅速地扑杀掩埋了新富町养鸡场大约 41 万只鸡。由于缺乏人手,宫崎县甚至向驻扎在当地的陆上自卫队求援。而日本政府则迅速安排陆上自卫队派出约 170 名队员,开展扑杀鸡禽的掩埋工作③。

(3)积极防止疫情扩大。除了对受感染的鸡禽进行捕杀掩埋外,日本政府还要求在疫区养殖场周边的其他养殖场内喷洒消毒水、搭建防护网,防止野生鸟类进入鸡舍,并增加了农场周边过往车辆的消毒站点。日本政府于 1 月 22 日还发布通告,要求各地方政府针对目前的疫情开展相关的防控工作,主要对农场中的鸡类进行扑杀并在养鸡场周围划定了鸡和鸡蛋禁运范围。日本环境省则加强了对野鸟尸体、粪便的监控。

(三)日本发生的食品中毒事件

1. 事件起因

2011 年 5 月 5 日,日本横滨市政府宣布,一名家住本市的 19 岁女性,体内检出了肠管出血性大肠菌 O111。警方介绍,该名女性于 2011 年 4 月 19 日在烤肉连

① 《禽流感重创日本:三县现危情 自卫队充任"杀鸡队"》,食品伙伴网,http://www.foodmate.net/news/guoji/2011/01/174668.html。

② 《日本禽流感疫情持续蔓延 全国补杀家禽超过 70 万》,中国宁波网,http://news.cnnb.com.cn/system/2011/01/30/006829559.shtml。

③ 《禽流感重创日本:三县现危情 自卫队充任"杀鸡队"》,食品伙伴网,http://www.foodmate.net/news/guoji/2011/01/174668.html。

锁店"烧肉酒家惠比寿"进食；4 月 25 日出现溶血性尿毒症综合症（HUS）症状、神智不清而住院，症状严重。另又有一名十几岁的男性在神奈川县藤泽市该烤肉连锁店分店就餐后出现中毒症状。截止到 2011 年 5 月 5 日，"烧肉酒家惠比寿"开设在日本 3 个县的连锁店共有 57 人吃生牛肉引发食物中毒，其中重症者多达 23 人，死亡者达到 4 人。警方调查结果显示，这四位死者均检测出了出血性大肠菌 O111[①]。

2. 调查结果

此次食物中毒事件都是发生在名叫"烧肉酒家惠比寿"的烤肉连锁店，导致中毒的原因是店内的一道很受欢迎的菜——生拌牛肉中感染了出血性大肠菌 O111。出血性大肠菌 O111 主要寄生于家畜的肠道内，人感染出血性大肠菌 O111 后平均 4 至 8 天后就会出现血便和剧烈腹痛，并伴随急性肾衰竭，严重时会死亡。

调查发现，食品福沃斯是"烧肉酒家惠比寿"的烤肉连锁店的经营商。原来食品福沃斯有内部规则，旗下餐馆必须清洁加工肉类，以清除表面细菌。2009 年 5 月，尚不是食品福沃斯供应商的肉类供应商"正典和屋"向食品福沃斯表示，其供应的肉类产品已接受清洁加工，可生食部位为"大约 100%"。随后，食品福沃斯开始从"正典和屋"采购肉类，并于 2009 年 7 月修改内部规则，停止肉类产品的清洁加工工序和细菌检查[②]。正是由于停止肉类产品的清洁加工工序和细菌检查，最终导致了该食品安全事件的发生。

3. 事件影响

日本烤肉连锁店集体食物中毒事件的影响主要表现在：

（1）造成了较为严重的人员伤亡。与鸡类禽流感事件不同，日本烤肉连锁店集体食物中毒事件造成了较为严重的人员伤亡。资料显示，2011 年 4 月 27 日，一个小男孩在福井县福井市的"烧肉酒家惠比寿"连锁店内吃了生牛肉后，感染 O111 型大肠杆菌而死亡。数据显示，到 2011 年 5 月 6 日晚上 12 点，日本全国共有 94 人因为吃了这家连锁店内的生牛肉而感染了病菌，其中很多人被检测出感染了出血性大肠杆菌 O111 和 O157，有 20 多人出现了导致肾功能下降的溶血性尿毒症综合症（HUS）症状。因在烤肉连锁店"烧肉酒家惠比寿"进食，而导致感染肠管出血性大肠菌的集体中毒事件迅速成为日本社会关注的焦点。

（2）给消费者造成了较为严重的心理阴影。在集体食物中毒事件发生以后，日本大部分地区的烤肉点都停止了供应生拌牛肉，而日本人又喜欢吃生。所以，

---

① 《日本牛肉事件已致 4 人死亡 22 人中毒》，食品伙伴网，http://www.foodmate.net/news/guoji/2011/05/180212.html。

② 《日本调查烤肉食物中毒》，食品安全网，http://www.foodmate.net/news/guoji/2011/05/180473.html。

许多顾客都担心吃生牛肉危害身体健康,频频询问吃生牛肉会不会有问题。烤肉连锁店集体食物中毒事件的主发地的福井县和富山县,当地居民更表现出极大的心理不安。福井县和富山县的卫生保健窗口在事发后的 2 天中接到了 300 多个咨询电话①,询问内容大都是以前在出现问题的连锁店吃过牛肉,现在会不会有问题等。

4．政府对策

在中毒事件爆发后,日本烤肉连锁店运营商食品福沃斯公司的社长勘坂康弘在公司总部前下跪②,就顾客集体中毒事件道歉,并表示会积极承担此次事件所造成的后果。食品福沃斯的行动在一定程度上缓解了该事件给消费者带来的紧张和愤怒情绪。与此同时,政府积极行动,降低该事件可能带来的冲击。

（1）成立联合搜查总部和专案组进行调查

事件发生后,警方迅速成立了联合搜查总部和专案组,以业务过失致死的嫌疑,对食品福沃斯公司以及为该公司提供牛肉的肉类批发公司等相关企业展开搜查,以业务过失致死的嫌疑正式立案调查,并迅速查清了事件原因。

（2）积极修改食用生肉的卫生标准。生肉表面容易被细菌污染,如需生食必须清洁加工,以防食物中毒。虽然日本厚生劳动省 1998 年颁布了相关的卫生标准,但这一标准没有法律效力,也未说明违反卫生标准后的处罚措施。因此,日本全国半数以上的烤肉店所提供的生肉,是不符合国家标准的。为了防止上述事件的再次发生,增加日本民众对本国食品安全的信心,日本厚生劳动省决定制定生食肉供货的新卫生标准,并设立惩罚制度,对不符合卫生标准的商家处以停业等行政处分,情节严重者还将追究刑事责任③。

（四）德国毒黄瓜事件

1．事件起因

2011 年 5 月 11 日,德国出现因食用毒黄瓜而感染肠出血性大肠杆菌(EHEC)的患者。到 5 月 28 日,德国共发现 700 余例疑似和确认感染肠出血性大肠杆菌患者,3 人死亡,并且病毒已蔓延至欧洲范围,瑞典、丹麦、英国以及荷兰已分别发现 EHEC 感染病例④。到 6 月 1 日,德国已出现 1500 多个确诊和疑似病例,死亡 16

① 《日本一烤肉连锁店食物中毒事件致 4 人死亡》,国际在线新闻,http://news.163.com/11/0506/13/73CHDJ7H00014JB5.html。

② 《日本牛肉事件已致 4 人死亡 22 人中毒》,食品伙伴网,http://www.foodmate.net/news/guoji/2011/05/180212.html。

③ 《日本将制定生食肉新卫生标准拟新设惩罚机制》,食品伙伴网,http://www.foodmate.net/news/guoji/2011/05/180171.html。

④ 《西班牙否认德国大肠杆菌传染源为本国黄瓜》,食品伙伴网,http://www.foodmate.net/news/guoji/2011/05/181937.html。

人；瑞典死亡 1 人。奥地利、丹麦、法国、荷兰、挪威、西班牙、瑞士和英国均已报告确诊或疑似病例，美国也出现 3 例疑似病例①。6 月 9 日，德国宣布，又有数人因感染肠出血性大肠杆菌病情严重，不治身亡，这一疫情死亡的人数上升到了 29 人②，并且疫情已蔓延至欧美 14 个国家，超过 2800 人感染。到 7 月 6 日，在本次疫情中，德国累计达 4047 例，其中溶血性尿毒综合征病例 845 例，死亡 48 人③。

2. 事件调查

2011 年 5 月 11 日，毒黄瓜事件发生后，德国汉堡医学实验室进行细菌培养证实，从西班牙进口的黄瓜为病毒携带者。但 5 月 31 日德国汉堡卫生当局宣布，实验室的最新化验结果显示，近日肆虐德国的肠出血性大肠杆菌感染的致病源并非西班牙进口的黄瓜。经过不断调查与检测，6 月 10 日，德国当局召开新闻发布会，宣布芽苗菜才是肠出血性大肠杆菌疫情的传染源头④，而 O104：H4（肠出血性大肠杆菌中的一种）型大肠杆菌则是这次疫情的罪魁祸首，同时还包含了鼠疫病菌的一种基因⑤。经过进一步的调查追踪，最终结果显示，这次疫情致病的芽苗菜产自下萨克森州比嫩比特尔镇一家名为格特纳霍夫的有机食品加工企业，而该企业种植芽苗菜的种子是从埃及进口的葫芦巴种子，这些种子被运至德国下萨克森州用以培植芽菜，从而导致疫情的爆发。

3. 主要影响

据罗伯特·科赫研究所统计，在本次疫情中德国感染病例累计达 4047 例，其中溶血性尿毒综合症病例 845 例，期间已有 48 人死亡。感染者年龄最小的未满周岁，最大的 99 岁。与此同时，德国毒黄瓜事件还造成巨额经济损失，虽然欧盟已为受影响的农民提供了 2.1 亿欧元的补偿⑥，但这远远不能弥补农民的损失。据估计，整个欧洲种植户的损失在 5 亿—6 亿欧元之间。由于最开始认定病原来自西班牙，因此西班牙遭受的损失最大。多个欧洲国家以及美国暂停进口西班牙蔬菜，西班牙蔬菜出口损失巨大⑦。根据西班牙果蔬生产及出口商协会估算，每周损

---

① 《德国"毒"黄瓜毒从何来？》，http://www.jfdaily.com/a/2167490.htm。

② 《德国大肠杆菌疫情已导致 29 人死亡》，食品伙伴网，http://www.foodmate.net/news/guoji/2011/06/183003.html。

③ 《德国防疫部门称大肠杆菌疫情已近尾声》，食品伙伴网，http://www.foodmate.net/news/guoji/2011/07/185085.html。

④ 《德国 10 日宣布芽苗菜为大肠杆菌疫情"罪魁祸首"》，食品伙伴网，http://www.foodmate.net/news/guoji/2011/06/183096.html。

⑤ 《德国大肠杆菌疫情致病菌含鼠疫基因》，食品伙伴网，http://www.foodmate.net/news/guoji/2011/06/183171.html。

⑥ 《欧盟菜农倒菜抗议补偿不够》，食品伙伴网，http://www.foodmate.net/news/guoji/2011/06/183568.html。

⑦ 李乐施：《食品安全中的种族歧视》，《大科技（百科新说）》2011 年第 8 期。

失高达 2 亿欧元。西班牙工会组织表示,该事件还影响到 7 万人的就业①。仅在 Almeria 等三个城市就有 550 名蔬菜包装工人被辞退。除农业领域外,运输行业也受到严重影响。90% 的西班牙果蔬通过公路运输到欧盟其他市场,仅在一周之内就取消了运输合同 7500 个,损失超过 1500 万欧元②。

4．政府的措施

在疫情爆发时,德国政府的相关部门立即对其源头进行调查,引导食品市场。同时,积极赔偿农业生产者损失,有效缓解了事态。

（1）根据疫情调查结果采取行动。在初步结果认定疫情源头是来自西班牙的黄瓜后,德国随即禁止德国境内所有黄瓜的出售并告诫本国居民慎食黄瓜。随着进一步调查发现,西班牙进口黄瓜并不是引起德国本次疫情的原因后,德国卫生部门又发出针对西红柿、黄瓜和生菜的禁食令。最终调查结果显示,疫情源自下萨克森州比嫩比特尔镇的一家企业加工生产的芽苗菜,并最终追溯至从埃及进口的葫芦巴种子。在病原体最终得到确认后,德国卫生部门解除了针对西红柿、黄瓜和生菜的生食禁令。在本次疫情处置中,德国卫生部门坚持以疫情调查结果为依据采取行动,引导食品市场。

（2）赔偿农业生产者损失。该事件客观上给欧洲尤其是西班牙农业生产者造成了巨大损失。但该事件的发生并非是农业生产者的过错造成的,带有偶然性。为了补偿农业生产者的损失,保证欧洲农业生产正常发展,欧盟给予农业生产者一定的补偿。虽然这些补偿不足以弥补农业生产者在该事件中所造成的损失,但在一定程度上稳定了农业生产者的信心。

（五）美国李斯特菌污染香瓜事件

1．事件起因

李斯特菌是最致命的食源性病原体之一,比常见的沙门氏菌和大肠杆菌更为致命。一旦发生李斯特菌感染,轻则出现发烧、肌肉疼痛、恶心、腹泻等症状,重则出现头痛、颈部僵硬、身体失衡和痉挛等症状。受李斯特菌感染的孕妇可能出现早产、流产和死产。老年人、孕妇和慢性病患者等免疫力较差人群最易感染李斯特菌。2011 年 7 月 31 日,美国出现首例李斯特菌污染报告病例,而罪魁祸首是科罗拉多州的延森农场（Jensen Farms）生产的香瓜。到 9 月 27 日,美国已有 18 个州 72 人因食用受李斯特菌污染的香瓜而染病,其中至少 16 人死亡。

① 《西班牙"毒黄瓜"事件"平反"寻求索赔》,世华财讯,http://finance.sina.com.cn/money/future/20110602/10339936913.shtml。

② 《西班牙为"毒黄瓜"背黑锅考虑起诉德国》,食品商务网,http://www.21food.cn/html/news/35/633949.htm。

2. 事件调查

事件发生之初,农场生产的香瓜被认为是此次李斯特菌污染事件的罪魁祸首。但经过进一步的跟踪调查,2011 年 10 月 18 日,美国食品与药品管理局最终调查结果认定,科罗拉多州延森农场卫生设施极差,运送烂哈密瓜到附近养牛场的卡车的车轮上的牛粪污染了包装设备,包装设备又污染了香瓜,最终引发了这次严重的李斯特菌污染事件。

3. 主要影响

李斯特菌污染香瓜事件造成大量人员伤亡。到 2011 年 9 月 27 日,美国已有 18 个州 72 人因食用受李斯特菌污染的香瓜而染病,其中至少 16 人死亡。到 2011 年 12 月 8 日,李斯特菌污染香瓜事件造成了 30 人死亡,是美国 25 年来最严重的一次李斯特菌污染事件。

4. 政府的主要措施

事件发生后,美国疾病控制和预防中心在 9 月 13 日、14 日、19 日、21 日、27 日和 30 日分别发布公告通报进展。在及时发布信息的同时,食品药品管理局(FDA)一直监督农场的召回工作,审查农场的发货记录,确认所有的一级经销商都收到了召回通知。此外,疾病控制和预防中心还始终跟踪记录各种细菌感染病例的出现。

(六)印度掺杂甲醇假酒事件

1. 事件起因

2011 年 12 月 13 日晚上,距离印度西孟加拉邦首府加尔各答约 52 公里的农村地区的数百名村民因饮用了从非法造假窝点购买的假酒,于 14 号凌晨陆续出现呕吐等中毒症状。当日晚上,已有 63 人死亡,80 多人在医院接受治疗①,其中部分村民情况较为严重。截止到 12 月 18 日,假酒中毒事件已造成 173 人死亡。这是印度历史上最严重的假酒致死事件之一。

2. 事件调查

在假酒事件中,致命的物质是甲醇。甲醇具有很强的毒性,摄入 10 毫升可致盲,30 毫升可致命。虽然在印度酒风盛行,但由于一些宗教和社会习俗原因,饮酒在印度被视为非常不好的行为。政府对酒精类饮料课以重税,同时严格控制酒类饮料经营许可证的发放。因此,印度合法销售的酒价格昂贵,而非法酒通常以低廉的价格出售。因此,许多低收入者便购买非法酿制的"便宜酒"②。此次事件就

---

① 《印度发生假酒案 已致 63 人死亡 80 多人住院治疗》,食品伙伴网,http://www.foodmate.net/news/guoji/2011/12/196310.html。

② 《印度假酒案致 167 人死亡 可能因掺入甲醇导致》,中国新闻网,http://news.sina.com.cn/w/2011-12-16/154423645072.shtml。

是因当地的低收入者以低价购买并饮用甲醇含量过高的假酒所致。事件发生后，当地政府与警方的调查发现，事发区域负责酒类专营许可的官员和假酒贩子之间相互勾结，默许假酒贩子们贩卖劣性假酒，进而导致这起惨剧的发生。

3．主要影响

由于经济环境原因，假酒事件在印度屡次发生。1992 年印度奥里萨邦发生假酒中毒案，造成超过 200 人死亡;2009 年古吉拉特邦发生假酒中毒案，造成 136 人死亡。此次假酒事件又造成 173 人死亡，300 多人住院。此外，此次事件还造成恶劣的社会影响。事件发生后的 12 月 15 日下午，愤怒的民众焚烧了两名假酒案犯嫌疑人的房屋，以及当地警察局附近的 25 处假酒销售窝点①，造成恶劣社会影响。

4．政府的主要措施

事件发生后，政府组织的医疗队从医院紧急赶往当地参与紧急救治。为安抚民众，西孟加拉邦政府还向每名死者赔付 20 万卢比（约合 3758.7 美元）的经济补偿②。印度警方则于 16 日逮捕了 12 名制贩假酒的犯罪嫌疑人。印度当局还宣布引入死刑，严惩非法提供或销售假酒者。同时西孟加拉邦开始克服种种困难，彻查邦内所有造假窝点，加大打击制贩假酒的力度。

三、处置食品安全事件的国际经验

食品安全事件的频发是一个全球性的问题。对此，不同的国家均采取了符合各自国情、各有特点的措施予以应对，全力防止事件受害范围的扩大，尽力降低事件的影响，努力保障消费者健康等。对此，本章的第二部分已作了初步的分析。处置食品安全事件的国际经验为我国政府防范和处置突发性重大食品安全事件提供了有益的借鉴。有关国家处置发生的食品安全事件的经验可以归纳为如下的六个方面。

（一）以保证公众健康为第一原则

对政府而言，尽力防范和杜绝食品安全事件是应尽义务。但没有绝对的食品安全。当有食品安全事件发生时，地方政府可能面临保护公众健康与发展经济的抉择。本章节分析的 2011 年国际上发生的 6 个食品安全事件给出了明确答案，应该以保护公众健康为第一原则。例如，德国爆发二恶英事件后，迅速关闭了国内 4700 家农场，销毁 10 万枚"问题鸡蛋"，数千只肉鸡被捕杀，140 余头生猪被紧急屠宰。日本爆发禽流感后，迅速捕杀了 70 万只鸡等，这些均是对这一原则的最好诠释。

① 《愤怒的民众焚烧了两名假酒案嫌疑人的房屋》，新华网，http://finance.qq.com/a/20111217/000740.htm。

② 《印度警方逮捕 7 名制贩假酒嫌疑人》，食品伙伴网，http://www.foodmate.net/news/guoji/2011/12/196407.html。

（二）事前监管与掐灭事件苗头

德国禽畜二恶英污染事件中，在尚没有导致消费者致病致死的情况下，德国食品安全管理人员在定期抽检中检出部分鸡蛋致癌物质二恶英超标。事件发生后，官方及时采取了有效的措施从而避免了更大规模的二恶英污染扩散，掐灭了严重食品安全事件发生的苗头。虽然造成了一定经济损失，产生了一定负面社会影响，但整个事态发展都在掌控之中，并没有造成太大的影响，更没有发生人身伤亡。

然而，在我国发生的食品安全事件，如"毒大米"、"毒奶粉"、"毒韭菜"等大多数食品安全事件是在问题食品对人体造成实质危害后，主要由媒体舆论揭发而发现，推动政府开始有所作为并采取措施应对。由于错过了掐灭食品安全事件苗头的最佳时机，通常以付出较为严重物质损失甚至是人身伤亡为代价。最典型的就是 2008 年的三鹿奶粉事件，造成大量婴儿产生肾结石。与国际上食品安全事前监管和事前处理模式相比，目前我国主导事后处理食品安全事件的模式，不但付出了较为沉重的代价，更容易造成公众对政府食品安全监管的不信任。因此，加强食品安全的事前监管，在最佳时机掐灭食品安全事件的苗头，就成为改革食品安全监管方式的重要内容。

（三）完善的食品安全立法

日本生拌牛肉中毒事件是顾客食用了未经清洁处理的"生拌牛肉"而感染O111 型大肠杆菌以致中毒死亡。之所以会出现上述事件，主要原因在于日本没有颁布强制性的食用生肉卫生标准。日本虽有非强制性的食用生肉标准，但未规定违反后的处罚措施，使得违规行为不能得到应有的法律制裁，加大了食品中毒的风险，最终惨案发生。在印度酒风盛行，却没有一个可以有的放矢的酒精安全标准，结果假酒横行，假酒事件屡次发生。

完善的食品安全法律体系，用法律来保障和保护消费者饮食安全是国家的基本职能。食品安全标准是食品安全立法的重要组成部分，但仅有食品安全标准是不够的，还需要配套法律法规，尤其是还要建立严厉的食品安全违法惩罚制度，对食品安全违法责任人应严厉处罚，以保证卫生标准得到切实执行。甲醇假酒案后，为了严惩造假，印度甚至引入了死刑。在我国，目前虽然初步形成了以《食品安全法》为核心的食品安全法律法规体系，但仍然不完善，如何在总结近年来我国食品安全事件经验教训的基础上，进一步加快法律体系的完善，仍然需要艰巨的努力。

（四）健全的食品追溯和召回制度

食品安全事件发生后，是否能迅速发现问题的源头、追回并销毁问题食品，防止问题食品流入市场危害消费者健康，是检验政府处置食品安全事件能力和水平的重要指标。德国在二恶英事件发生后,及时在互联网上公布了受污染鸡蛋编号,迅速召回了这些鸡蛋并予以销毁。一方面体现出德国政府负责任的态度,另一方面能够召回被污染的鸡蛋得益于其食品行业成熟、有效的追溯机制。建立食品可追溯体系不但是实施问题食品召回制度的前提,而且可以让消费者可以更加详细地了解食品,从而更加放心食用。

然而,在我国,食品可追溯体系尚处于探索阶段,形成相对完善的食品可追溯体系还要走漫长的道路。因此,食品安全事件发生后,问题食品难以溯源,无法辨别,难以追回并销毁,给消费者埋下了健康隐患。因此,从实际出发,政府引导、企业主体与公众支持的食品追溯体系的建立已刻不容缓。

(五) 及时有效地公开信息

在公共卫生事件中,信息公开对保障公众知情权,缓解公众紧张情绪,缓和社会压力,降低事件带来的连带负面效应具有重要作用。美国李斯特菌污染香瓜事件让上百人感染细菌,导致约三十人死亡。然而,美国民众情绪稳定,媒体反响比较平淡。相反在我国,2011 年镇江发生的无足轻重的"膨大剂西瓜事件"让大量西瓜烂在地里,完全正常的"催熟香蕉"让蕉农欲哭无泪,还时常发生"橘子生虫"恐慌等。美国李斯特菌污染香瓜事件一百多人感染、三十人死亡的严重事故,却没有造成社会恐慌或者香瓜行业的崩溃,这与主管部门尊重公众的知情权,及时公开信息有密切关系。然而,我国有关部门和企业在事故发生后在某种程度上自觉或不自觉地反应相对迟钝,以致谣言四起,社会恐慌。因此,面对食品安全事件,及时公开真实信息非常重要。

(六) 完备的应急保障体系

食品安全突发事件发生后,如何控制事态扩大是考验政府处置食品安全事件能力和水平的又一个重要指标。日本禽流感事件发生后,日本政府可以在较短的时间内采取有效的控制措施,采取了有效的捕杀行动,同时进行消毒、搭建防护网、增加农场周边过往车辆的消毒站点,并在养鸡场周围划定鸡和鸡蛋禁运范围等,有效地防止了事态的扩大。这主要得益于日本突发事件应急保障体系的完善,以及有序、合理的危机处理方式。这些正是需要我国积极借鉴的。

第十五章 食品工业中添加剂滥用与非食用物质的恶意添加

  绝大多数食品安全事件是由生产经营过程中人为违法违规行为所致,这是近年来中国发生的食品安全事件的突出特点。尤其是人为滥用食品添加剂①甚至非法恶意添加非食用物质②引发的食品安全事件持续不断③,这不仅已经成为中国食品出口美国、日本和韩国被通报因素第一位④,而且也成为现阶段中国食品安全风险的最主要源头⑤。本《报告》的相关章节对此也已分别给出了充分的阐述。故选择"食品工业中添加剂滥用与非食用物质的恶意添加"作为 2011 年度食品安全所关注的重大问题。本章在简要回顾近年来我国食品添加剂行业发展情况,考察2008—2011 年间食品中可能违法添加的非食用物质和易滥用的食品添加剂名单,研究影响企业食品添加剂与非食用物质使用行为的诸多因素间的相互关系,并识别关键因素,以期为政府监管企业食品添加剂使用行为与打击恶意添加非食用物质的违法行为提供有效的防范措施。

一、食品添加剂行业的发展:2006—2011 年

  食品添加剂对于改善食品的色、香、味,延长食品的保质期等方面发挥了重要的作用,满足了人们对食品品质的新需求,因而被誉为"现代食品工业的灵魂"⑥。从某种意义上说,没有食品添加剂就没有现代食品工业。反过来,食品工业的迅猛发展也有力地推动了食品添加剂行业的发展。

---

  ① 滥用食品添加剂是指超限量、超范围使用食品添加剂以及使用伪劣、过期的食品添加剂。

  ② 目前对非食用物质尚没有完整的界定。根据作者的理解,本章所指的非食用物质,主要是指制作食品时加入了国家法律允许使用的食品添加剂、食品配料等以外的化学物质。

  ③ Li, Q., Liu, W., Wang, J., et al., "Application of Content Analysis in Food Safety Reports on the Internet in China", *Food Control*, Vol. 22, No. 2, 2011, pp. 252—256;程术华、于连良:《食品添加剂安全现状与对策》,《医学动物防制》2008 年第 11 期,第 851—853 页;中国全面小康研究中心:《2010—2011 消费者食品安全信心报告 近七成受访者对食品没有安全感》,《小康》2011 年第 1 期,第 42—45 页。

  ④ 邹志飞:《食品添加剂检测指南》,中国标准出版社 2010 年版。

  ⑤ 上海交通大学人文艺术研究院危机管理研究中心和舆情研究实验室:《2011 中国环境食品安全环境等三项舆情报告发布》,《上海质量》2012 年第 1 期,第 78 页。

  ⑥ 苗巍:《食品添加剂——现代食品工业的灵魂》,《农产品加工》2009 年第 8 期,第 4—5 页。

（一）2006—2011 年间行业发展的基本概况①

2006—2011 年间，虽然因基数不断增加，我国食品添加剂销售收入增长率和主要产量增长率等相对数据有所下降甚至有大幅下降，但销售收入、主要产量、出口额等绝对数据都保持了稳定增长的势头（图 15-1）。相比 2006 年，2011 年我国食品添加剂销售收入、主要产量、出口额分别比 2006 年增加了 307 亿元、319 万吨、9 亿美元，年均增长率 10.7%、11.4%、6.3%。从演化发展的视角来看，我国2006 年以来的食品添加剂行业发展经历了如下几个阶段。

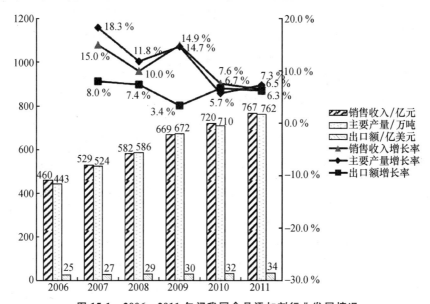

图 15-1　2006—2011 年间我国食品添加剂行业发展情况

资料来源：《中国食品添加剂行业"十二五"期间发展趋势展望》，2011-12-19，http://www.gtobal.com/info/detail-265598-p2.html.

1. 行业结构深刻变化阶段（2006 年）

2006 年是我国食品添加剂行业结构发生深刻变化的一年，也是奠定食品添加剂行业坚实发展基础的一年。这些变化主要包括：（1）所有制结构的变化。以国营、集体经济为主的所有制结构转变为民营、股份制、合资、外资等多种形式相结合的所有制结构。（2）区域结构的变化。由企业主要集中于东部沿海城市的局面转变为以东部为中心、中西部地区企业共同发展的局面。（3）企业规模结构的变化。由以作坊式、小规模食品企业为主的局面转变为以一批规模较大的行业骨

---

① 这一部分的数据与资料主要来源于《中国食品添加剂行业"十二五"期间发展趋势展望》，http://www.gtobal.com/info/detail-265598-p2.html。

干企业,引领行业共同发展的局面。(4)产品结构和质量结构的变化。由过去产品品种相对较少、质量性能相对较差的难以满足食品工业需要的落后局面转变为产品升级换代步伐加快、新品种不断涌现、产品质量与性能不断提高的新局面。

2．稳步增长阶段(2007 年)

蓬勃发展的食品工业为食品添加剂行业的发展提供了一个广阔的发展空间。2007 年我国食品添加剂和配料行业主要产品产量增至 524 万吨,比 2006 年增长了 18.3%,实现销售收入 529 亿元人民币,比 2006 年增长了 15.0%。除了满足国内市场需要外,我国食品添加剂行业还积极开拓国际市场。2007 年,食品添加剂行业总出口额超过 27 亿美元,比 2006 年增长了 8%。在国际市场上,部分产品,如异 V_c 和异 V_c 钠、谷氨酸钠、柠檬酸、乙基麦芽酚、赖氨酸、维生素 C、维生素 E、黄原胶、天然木糖醇等,具备较强的市场竞争力。

3．先抑后扬发展阶段(2008—2009 年)

2008 年"三聚氰胺"事件严重冲击了我国的奶粉行业。因人们错把"三聚氰胺"归为食品添加剂,受此影响,2008 年,我国食品添加剂行业的销售收入、主要产品产量增长率相比 2007 年急剧下降。虽然,2009 年第二季度开始,增速明显加快。但受全球金融危机的影响,食品添加剂行业增长率仍较缓(约为 8%)。但总体上看,2008 年到 2009 年,全行业整体呈现先抑后扬的态势。2009 年食品添加剂行业主要品种产量达到 672 万吨,同比增长 14.7%;销售额达到 669 亿元,同比增长 14.9%;出口额 30 亿美元,同比增长 3.4%。

4．承上启下的关键阶段(2010 年)

作为"十一五"收官之年,2010 年我国食品工业发展迅猛,食品工业总产值 6.31 万亿元,较 2009 年增幅达 27.5%,凸显出惊人的发展速度和潜力。受食品工业发展推动,2010 年我国食品添加剂行业产量增加到 710 万吨左右,比 2009 年增长 5.7%;销售收入 720 亿元,比 2009 年增长 7.6%;出口创汇约 32 亿美元,比 2009 年增长 6.7%。

5．实现新发展阶段(2011 年)

2011 年是"十二五"的开局之年。食品添加剂行业实现了新的发展。全年食品添加剂总产量 762 万吨,比 2010 年增长 7.3%;销售收入 767 亿元,比 2010 年增长 6.6%;出口 34 亿美元,比 2010 年增长 6.3%。

(二) 食品添加剂的主要类别与品种

根据我国《食品添加剂使用卫生标准》(GB2760-2011)对食品添加剂的分类,目前我国生产的食品添加剂按照功能可划分为以下的 23 个类别:(1)防腐剂;(2)抗氧化剂;(3)护色剂;(4)漂白剂;(5)酸度调节剂;(6)稳定剂和凝固剂;(7)膨松剂;(8)增稠剂;(9)消泡剂;(10)甜味剂;(11)着色剂;(12)乳化剂;

（13）面粉处理剂；（14）抗结剂；（15）增味剂；（16）酶制剂；（17）被膜剂；（18）水分保持剂；（19）胶基糖果中基础剂物质；（20）食品用香料；（21）营养强化剂；（22）食品工业用加工助剂；（23）其他。23个类别的食品添加剂有近2500个品种，其中食用香料达1860种。表15-1是我国目前生产的食品添加剂的主要类别、常用品种与主要运用领域。

表 15-1　食品添加剂的类别、常用品种与主要运用领域

食品添加剂类别	常用品种	应用领域
防腐剂	苯甲酸、苯甲酸钠、山梨酸、山梨酸钾等	碳酸饮料、果泥、果酱、蜜饯、糖渍水果、酱菜、酱油、食醋、果汁饮料、肉、鱼、蛋禽类食品等
着色剂	苋菜红、胭脂红、柠檬黄、日落黄、焦糖色素等人工合成色素及如叶绿素铜钠盐等天然食用色素	碳酸饮料、果汁饮料类、配制酒、糕点彩装、糖果、山楂制品、腌制小菜、冰淇淋、果冻、巧克力、奶油、速溶咖啡等各类食品
甜味剂	糖精钠、甜蜜素、麦芽糖醇、木糖醇、山梨糖醇等	饮料、酱菜、糕点、雪糕、饼干、面包、蜜饯、糖果、调味料、肉类罐头等
香料	香精油、香精、粉体香料浸膏	各类食品
酸度调节剂	柠檬酸、酒石酸、乳酸、苹果酸	部分糖果与巧克力制品采用酸味剂来改善和调节香味效果，尤其是水果型制品
膨松剂	硫酸铝钾、碳酸氢钠、碳酸氢铵、复合膨松剂	炸制品、膨化食品、发酵面制品等

资料来源：《中国食品添加剂行业"十二五"期间发展趋势展望》，http://www.gtobal.com/info/detail-265598-p2.html。

二、易滥用的食品添加剂和恶意添加的非食用物质名单与引发的食品安全事件

2008年"三聚氰胺"事件发生后，对滥用食品添加剂和恶意添加非食用物质行为的查处，成为全社会关注的重点。卫生、工商、食品药品监督管理局等食品监管部门展开了一系列的工作。

（一）易滥用的食品添加剂和恶意添加的非食用物质名单

自2008年以来，为了进一步打击食品生产、流通和餐饮服务中违法添加非食用物质和滥用食品添加剂行为，保障消费者健康，全国打击违法添加非食用物质和滥用食品添加剂专项整治领导小组陆续发布了6批《食品中可能违法添加的非食用物质和易滥用的食品添加剂名单》（表15-2）。名单中列出了22类易滥用食品添加剂的食品品种，48类易恶意添加非食用物质的食品品种。可见，恶意添

表 15-2 卫生部公布的重点易易恶意添加的非食用物质和易滥用的食品添加剂名单

食品类别	问题类别	序号	食品类别	食品添加剂与非食用性物质的名称
粮食和粮食制品	食品添加剂滥用	1	面点、月饼	乳化剂(蔗糖脂肪酸酯、乙酰化单甘脂肪酸酯等)、防腐剂、着色剂、甜味剂
		2	面条、饺子皮	面粉处理剂
		3	糕点	膨松剂(硫酸铝钾、硫酸铝铵等)、水分保持剂(磷酸钙、焦磷酸二氢二钠等)、增稠剂(黄原胶、黄葵葵胶等)、甜味剂(糖精钠、甜蜜素)
		4	面制品和膨松食品	硫酸铝钾、硫酸铝铵
		5	小麦粉	二氧化钛、过氧化苯甲酰、硫酸铝钾、滑石粉
		6	馒头	漂白剂
		7	臭豆腐	硫酸亚铁
		8	油条	硫酸铝钾、硫酸铝铵
		9	陈粮、米粉等	焦亚硫酸钠
	非食用性	10	粉丝、面粉	吊白块
		11	凉粉、凉皮、面条、饺子皮	硼酸与硼砂
		12	面粉	荧光增白物质
		13	面制品	水玻璃
		14	小麦粉	溴酸钾
		15	糕点	富马酸二甲酯
		16	小米、玉米粉	工业染料
		17	陈化大米	工业用矿物油
肉和肉制品、水产品及其制品	食品添加剂滥用	1	大黄鱼、小黄鱼	柠檬黄
		2	烤鱼片、冷冻虾、烤虾、鱼干、鱿鱼、蟹肉、鱼糜等	亚硫酸钠
		3	肉制品和卤制熟食、腌肉料和嫩肉粉类产品	硝酸盐、亚硝酸盐
		4	鲜瘦肉	胭脂红

（续表）

食品类别	问题类别	序号	食品类别	食品添加剂与非食用性物质的名称
	非食用性	5	猪肉、禽肉、动物性水产品	硝基呋喃类药物
		6	牛羊肉及肝脏、牛奶	玉米赤霉醇
		7	猪肉	抗生素、镇静剂
		8	肉丸	硼酸与硼砂
		9	熟肉制品等	工业染料
		10	冰淇淋、肉皮冻等	工业明胶
		11	猪肉、牛羊肉及肝脏等	β-兴奋剂类药物（盐酸克伦特罗、瘦肉精、莱克多巴胺等）
		12	叉烧肉类	磺胺二甲嘧啶
		13	腌制食品、火腿、鱼干、咸鱼等制品	敌百虫
		14	鱼类	孔雀石绿
		15	河蟹	五氯酚钠
		16	水产养殖饲料	喹乙醇
		17	大黄鱼	碱性黄
		18	海参、鱿鱼等干水产品	工业用火碱
		19	海参、鱿鱼等干水产品、血豆腐	工业用甲醛
		20	金枪鱼、三文鱼	一氧化碳
		21	黄鱼、鲍汁、腌卤肉制品、红壳瓜子、辣椒面、豆瓣酱	酸性橙II
酒类、调味品类	食品添加剂滥用	1	酒类	甜蜜素、安赛蜜
		2	葡萄酒	着色剂（胭脂红、柠檬黄、诱惑红、日落黄等）

（续表）

食品类别	问题类别	序号	食品类别	食品添加剂与非食用性物质的名称
	非食用性	3	麻辣烫类食品	喹诺酮类
		4	火锅底料及小吃类	罂粟壳
		5	酱油等	毛发水
		6	勾兑食醋	工业用乙酸
		7	食用油脂	废弃食用油脂
		8	调味品	玫瑰红 B
		9	味精	硫化钠
		10	勾兑假酒	工业酒精
乳制品	食品添加剂滥用	1	乳制品（除干酪外）	山梨酸
		2	乳制品（除干酪外）	纳他霉素
		3	乳及乳制品	蛋白精、三聚氰胺
	非食用性	4	乳及乳制品	硫氰酸钠
		5	生鲜乳	工业用火碱
		6	乳与乳制品、含乳饮料	皮革水解蛋白
		7	乳与乳制品	β-内酰胺酶（金玉兰酶制剂）
蔬菜类	食品添加剂滥用	1	渍菜（泡菜等）	着色剂（胭脂红、柠檬黄、诱惑红、日落黄等）
		2	腌菜	着色剂（胭脂红、防腐剂、甜味剂（糖精、甜蜜素等）
		3	蔬菜干制品	硫酸铜
	非食用性	4	腐竹、竹笋	硼酸与硼砂、吊白块
		5	双孢蘑菇、金针菇、白灵菇	荧光增白物质
		6	卤制熟食	酸性橙

（续表）

食品类别	问题类别	序号	食品类别	食品添加剂与非食用性物质的名称
其他类	食品添加剂滥用	1	水果冻、蛋白冻类	着色剂、防腐剂、酸度调节剂（己二酸等）
		2	乳化剂类食品添加剂、使用乳化剂的其他类食品添加剂或食品	邻苯二甲酸酯类物质,主要包括:邻苯二甲酸二(2-乙基)己酯(DEHP)、邻苯二甲酸二异壬酯(DINP)、邻苯二甲酸二苯酯、邻苯二甲酸二甲酯(DMP)、邻苯二甲酸二乙酯(DEP)、邻苯二甲酸二戊酯(DPP)、邻苯二甲酸二己酯(DHXP)、邻苯二甲酸二丁酯(DBP)、邻苯二甲酸二(DNP)、邻苯二甲酸二异丁酯(DIBP)、邻苯二甲酸二环己酯(DCHP)、邻苯二甲酸二正辛酯(DNOP)、邻苯二甲酸丁基苄基酯(BBP)、邻苯二甲酸二(2-甲氧基)乙酯(DMEP)、邻苯二甲酸二(2-乙氧基)乙酯(DEEP)、邻苯二甲酸二(2-丁氧基)乙酯(DBEP)、邻苯二甲酸二(4-甲基-2-戊基)酯(BMPP)等
	非食用性	3	茶叶	美术绿
		4	豆制品	碱性嫩黄
		5	腐竹、米线等	乌洛托品
		6	木耳	工业氯化镁
		7	木耳	磷化铝
		8	焙烤食品	漂白剂
		9	白砂糖、辣椒、蜜饯、银耳、龙眼、胡萝卜、姜等	工业硫磺

资料来源：根据卫生部陆续发布的六批《食品中可能违法添加的非食用物质和易滥用的食品添加剂名单》整理形成。

非食用物质更为普遍。公布的 6 批名单显示,最易违法添加非食用物质和易滥用食品添加剂的食品行业分别为粮食及其制品、肉及肉制品、水产品及其制品、果蔬类、乳及乳制品、酒类和调味品。

（二）易滥用的食品添加剂种类

　　基于数据的可得性和相对完整性,这里以 2008—2011 年间在北京市场因易滥用食品添加剂而被北京工商局下架的食品为例,分析易滥用的食品添加剂种类。2008 年起,北京工商局每周随机在北京的各大商场、超市和经销商等流通环节抽取一定量的食品样品进行质量检测。图 15-2 中整理了 2008—2011 年间因滥用食品添加剂而被北京工商局查处下架的食品中超标的食品添加剂的样本比例。

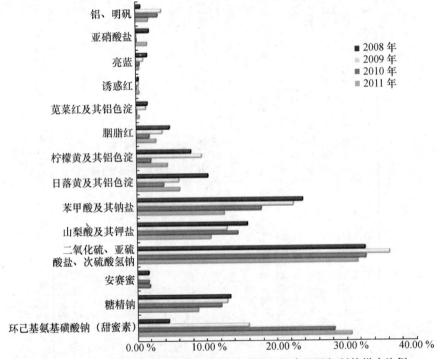

图 15-2　2008—2011 年间北京工商局下架的食品中超标食品添加剂的样本比例
资料来源:北京市工商局,http://www.hd315.gov.cn/xfwq/sptsxx/。

　　图 15-2 显示,尽管每年不合格的样本数量不同,但 2008—2011 年间,因二氧化硫、亚硫酸盐和次硫酸氢钠滥用而下架的食品样本数所占的比例位居第一,且四年间基本保持在同一水平(31.33%—35.95%)。显然,二氧化硫、亚硫酸盐和次硫酸氢钠是食品中最易滥用且滥用程度最大的添加剂种类。环己基氨基磺酸钠(甜蜜素)则位居第二位,并且四年间不合格比例呈现逐年增加的趋势,尤其是 2009 年和 2010 年不合格率大幅增加。可见,滥用越来越严重的环己基氨基磺酸

钠(甜蜜素)应该成为政府监管的重点。苯甲酸及其钠盐和糖精钠在不合格样本中所占的比例逐年降低,尤其是苯甲酸及其钠盐下降幅度较大。尽管滥用情况有所改善,但这两类食品添加剂目前所占的比重仍然较高。因此,相关部门仍不能放松对这两类食品添加剂的监管。此外,山梨酸及其钾盐、日落黄及其铝色淀、柠檬黄及其铝色淀和胭脂红等添加剂的不合格率时有波动,同样还需要继续加强对这四类食品添加剂的监管与控制。

(三)2011 年因滥用与恶意添加而引发的食品安全事件

表 15-3 简要汇总了 2011 年因食品添加剂滥用与非食用物质恶意添加所引发的 19 起较有影响的食品安全事件。在这 19 起事件中,因微生物超标而不合格的 1 起,无食品检疫证明而不合格的 1 起,其余的 17 起事件都是因企业超范围、违法违规使用食品添加剂或恶意添加非食用物质所引起。在这 17 起事件中,超范围使用食品添加剂 4 起,恶意添加非食用物质 13 起。这表明,在非法食品添加剂和添加非食用物质中,非食用物质的恶意添加是产生食品安全风险更主要的来源。一些媒体和消费者将这类食品安全事件归因于食品添加剂的看法有失偏颇。因此,在强化食品安全监管的同时,政府要正向引导媒体舆论全面客观地认识食品添加剂,避免庞大消费群体把过错都归罪于为当代食品工业作出卓越贡献的食品添加剂行业,进而影响到食品添加剂行业的发展。

表 15-3　2011 年食品中添加剂滥用与非食用物质恶意添加所引发的安全事件

序号	爆发时间	问题食品	地点(执法部门或生产商)	问题物质
1	3 月	猪肉	双汇集团	瘦肉精
2	4 月	馒头	上海华联超市	柠檬黄、甜蜜素和防腐剂
3	4 月	猪肉	长沙高桥批发市场	牛肉膏
4	4 月	生姜	宜昌市万寿桥某蔬菜批发市场	硫黄
5	4 月 23 日	红薯粉	中山市质监局	墨汁、石蜡
6	5 月	豆芽	沈阳执法人员	亚硝酸钠、尿素、恩诺沙星、6-苄基腺嘌呤激素
7	5 月	西瓜	镇江市丹阳延陵镇	膨大剂
8	5 月 19 日	烤鸭	渭南市政府	病变淋巴和脓包
9	5 月 24 日	饮料	台湾新北市	邻苯二甲酸酯类塑化剂
10	5 月 25 日	辣椒粉	重庆朝天门长途汽车站	罗丹明 B
11	6 月	食用油	新华视点	地沟油
12	7 月 18 日	驴肉	北京市动物卫生监督所	无证驴肉

（续表）

序号	爆发时间	问题食品	地点(执法部门或生产商)	问题物质
13	8 月	血燕	浙江工商局	亚硝酸盐
14	9 月 15 日	包子	北京	香精
15	10 月 17 日	猪蹄	北京八里桥猪肉交易大厅	火碱、双氧水、亚硝酸钠
16	10 月 19 日	三鲜水饺	思念公司	金黄色葡萄球菌
17	11 月 2 日	腐竹	长沙市公安局	硼砂、乌洛托品以及"吊白块"等
18	11 月 9 日	铁观音	国家质检总局	稀土
19	12 月	鸭血	南京六合	膨大剂

资料来源:根据媒体资料综合整理形成。

（四）政府努力

"三聚氰胺"事件发生后,政府加大了执法力度,预防和打击滥用添加剂、恶意添加非食用物质的行为。按照自查自纠、清理整顿和规范巩固的三个阶段部署,自 2008 年 12 月 10 日开始,卫生部等 9 个部门组织开展了为期 4 个多月的全国打击违法添加非食用物质和滥用食品添加剂专项整治行动。据不完全统计,专项整治期间,全国共查处 7626 起滥用添加剂、恶意添加非食用物质的违法案件。

为了解整治的效果,还组织了抽检工作。由全国专项整治领导小组带头,统一印发抽检方案,组织了国家和省级抽检工作,统一对 3 类产品中的 5 种非食用物质和易被滥用的食品添加剂进行了抽检。检验内容主要包括原料乳中三聚氰胺和用于掩盖生鲜乳中的抗生素残留的"解抗剂"、红葡萄酒中甜味剂和色素、面粉中溴酸钾等。共抽检 272 个批次,检查结果显示,总体合格率为 92.6%。其中,抽检的原料乳中三聚氰胺检出率为 0,"解抗剂"阳性检出率为 5%,抽检红葡萄酒中超范围使用甜味剂和色素的检出率为 8.6%,面粉中非食用物质溴酸钾的检出率为 1%[①]。2009 年开始至今,卫生部等国家食品安全监管部门每年均在全国范围内展开类似的专项整治行动,相关情况可参见本《报告》第三章中的流通环节的食品安全监管与食品质量安全的相关内容。

与此同时,政府相关部门加强了打击滥用添加剂、恶意添加非食用物质的法规建设。自 2008 年 12 月以来政府相关监管部门发布的 22 条政策规定与法规中(图 15-3),有 5 个涉及食品添加剂使用标准,7 个发布了可能违法添加的非食用物质和易滥用的食品添加剂名单,4 个涉及食品添加剂产品标准等。

---

① 《食品添加剂专项整治行动共查处 7626 起违法案件》,http://www.china.com.cn/policy/txt/2009-05/11/content_17755706.htm。

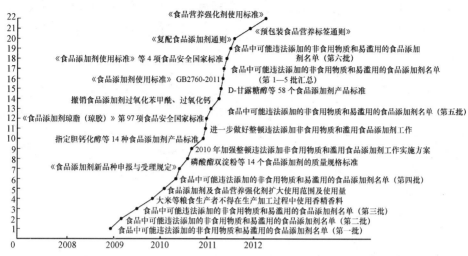

图 15-3　政府部门自 2008 年 12 月以来发布的政策规定与法规

资料来源：根据政府部门发布的相关信息综合整理形成。

三、企业食品添加剂滥用与非食用物质恶意添加的主要因素

致使企业滥用食品添加剂或恶意添加非食用物质的因素是什么？这些因素间的相互关系是什么？主导因素是什么？目前鲜有对这些问题的完整的文献研究。然而，研究和明晰这些问题，对锁定滥用食品添加剂和恶意添加非食用物质的企业集合，对政府监管食品添加剂滥用和非食用物质恶意添加具有重要参考价值。本节的研究思路是，将企业、消费者、政府纳入统一的系统，尝试运用模糊集理论（Fuzzy set theory）的决策实验分析方法（Decision Making Trial and Evaluation Laboratory，DEMATEL）作为研究方法，试图系统地回答影响企业使用食品添加剂与非食用物质的主要因素间的相互关系，并在此基础上识别关键因素。

（一）基于文献的研究假设

依据国内外现有的研究成果，对致使企业滥用食品添加剂和恶意添加非食用物质的因素作出相应的研究假设是进行研究的前提和基础。通过文献梳理发现，这些因素主要包括以下几项。

1. 管理者的个体特征

管理者的个体特征主要体现在其年龄与学历上。Young 等人的调查表明，管理者年龄的增大与食品安全意识的深化，有助于企业的食品安全生产。[①] 李友志

---

① Young, I., Hendrick, S., Parker, S., et al., "Knowledge and Attitudes towards Food Safety among Canadian Dairy Producers", *Preventive Veterinary Medicine*, Vol. 94, No. 1, 2010, pp. 65—76.

认为管理者的学历影响其对食品安全生产行为的认识水平。[1] 由此假设:食品生产企业管理者的年龄(C_1)和学历(C_2)影响着企业的食品添加剂与非食用物质的使用意愿与行为。

2. 管理者的社会责任意识

Julie 等认为,企业管理者社会、法律责任意识的淡薄是食品安全事件频发的一个重要原因。[2] 管理者不愿意承担相应的食品安全培训的社会责任,而是企图将此责任转移到上下游企业[3]。因此,强化食品企业管理者的社会责任与法律意识,是降低食品安全风险和降低相关损失的重要路径[4]。由此假设:管理者的社会责任意识(C_3)影响企业食品添加剂与非食用物质的使用意愿与行为。

3. 企业预期经济收益

Julie 等认为相关法律缺失时,食品生产企业更注重眼前利益。Nesstle 揭示了美国食品行业的一些利益集团为了经济利益甚至会不惜以合法的政治手段影响国会立法和政府政策的某些行为。[5] 食品供应链上游企业会为了经济收益而采取不负责任的行为,并有可能将风险传递给下游企业。[6] 部分食品企业为了经济利益降低生产成本的方法就是不规范地使用甚至滥用食品添加剂。由此假设:企业预期经济收益(C_4)影响企业食品添加剂与非食用物质的使用意愿与行为。

4. 企业销售规模

Stringer 等的研究表明,企业生产规模是影响诸如实施安全认证等食品安全生产行为的最重要因素。[7] Hassan 等的调查表明,企业规模对于其选择食品安全体系的行为的影响大于市场要求。[8] 刘俊芳的调查显示,食品企业规模越大,添加剂使用行为越规范,食品的合格率越高。由此假设:企业销售规模(C_5)影响企业食

---

① 李友志:《272 家餐饮店食品添加剂使用情况调查》,《上海预防医学杂志》2009 年第 10 期,第 476—477 页。

② Julie,H.,John,C.,Paul,W.,"Who Regulates Food? Australians' Perceptions of Responsibility for Food Safety", *Australian Journal of Primary Health*, Vol. 16, No. 4, 2010, pp. 344—351; Smith, R., "Produce Industry Has Responsibility for Food Safety", *Southwest Farm Press*, Vol. 38, No. 13, 2011, p. 16.

③ MacAuslan, E., "The Boss, the Owner, the Proprietor... the Food Hygiene Manager", *The Journal of the Royal Society for the Promotion of Health*, Vol. 123, No. 4, 2003, pp. 229—232.

④ Abbott, R., "Trust, Acceptance And Responsibility: Food Safety", *Meat International*, Vol. 16, No. 8, 2006, pp. 22—23.

⑤ Nestle, M., "Food Industry and Health: Mostly Promises, Little Action", *Lancet*, Vol. 368, No. 9535, 2006, pp. 564—565.

⑥ 刘小峰、陈国华、盛昭瀚:《不同供需关系下的食品安全与政府监管策略分析》,《中国管理学》2010 年第 2 期,第 143—150 页。

⑦ Stringer, R., Sang, N. Q., Croppenstedt, A., "Producers, Processors, and Procurement Decisions: The Case of Vegetable Supply Chains in China", *World Development*, Vol. 37, No. 11, 2009, pp. 1773—1780.

⑧ Hassan, Z., Green, R., Herath, D., "An Empirical Analysis of the Adoption of Food Safety and Quality Practices in the Canadian Food Processing Industry", *Essays in Honor of Stanley R. Johnson*, Article 18, 2006.

品添加剂与非食用物质的使用意愿和行为。[①]

5. 供应链一体化水平

Golan 等研究发现,食品供应链的层次影响食品安全质量。[②] Thompson 等的研究发现,供应链一体化程度是最终确保食品安全的重要前提。[③] 提高供应链一体化水平能够提升企业食品安全生产行为。[④] 企业滥用食品添加剂的行为与原材料的采购管理有直接关系,没有实施供应链一体化将可能直接导致企业食品添加剂的滥用。[⑤] 由此假设:供应链一体化水平(C_6)影响企业食品添加剂与非食用物质的使用意愿和行为。

6. 检验检测能力

Jackson 的研究表明,20 世纪美国食品添加剂检验检测技术的滞后严重影响了企业食品添加剂的使用行为。[⑥] 2009 年在哈尔滨的检查发现,部分企业没有必要的检验仪器,接近 80% 的企业不能按标准对食品添加剂进行全部项目检验。[⑦] 同时现有的快速检测设备和技术只能初步筛查出 8—9 种常用添加剂,这可能为企业不规范地使用食品添加剂留下了空间。由此假设:检验检测能力(C_7)影响企业食品添加剂与非食用物质的使用意愿和行为。

7. 政府的监管力度

Robyn 和 Charlotte[⑧] 的研究表明,企业食品安全生产行为并不能自动产生,而是在政府强制性制度安排、市场压力和社会责任与法律等交互作用下产生的[⑨]。因此,监管环境可以促使企业选择适合自己的食品质量保证体系。Lena 等的调查

① 刘俊芬:《德州市城区食品加工企业食品添加剂使用现状调查及对策研究》,山东大学硕士研究生学位论文,2008 年。

② *Traceability in the U. S. Food Supply: Economic Theory and Industry Studies*, Report of United States Department of Agriculture, 2004.

③ Thompson, M., Sylvia, G., Morrissey, M. T., "Seafood Traceability in the United States: Current Trends, System Design, and Potential Applications", *Comprehensive Reviews in Food Science and Food Safety*, Vol. 4, No. 1, 2005, pp. 1—7.

④ Norbert, H., Oliver, M., "A Game-theoretic Approach to Behavioral Food Risks: The Case of Grain Producers", *Food Policy*, Vol. 32, No. 2, 2007, pp. 246—265.

⑤ 史海根:《嘉兴市部分农村食品企业食品添加剂使用情况调查分析》,《中国预防医学杂志》2006 年第 6 期,第 548—550 页。

⑥ Jackson, L. S., "Chemical Food Safety Issues in the United States: Past, Present, and Future", *Journal of Agricultural and Food Chemistry*, Vol. 57, No. 18, 2009, pp. 8161—8170.

⑦ 胡春雷、邹立国:《黑龙江省食品添加剂生产经营现状及对策》,《中国医药指南》2009 年第 10 期,第 255—256 页。

⑧ Robyn, F., Charlotte, Y., "Compliance with Food Safety Legislation in Small and Micro-businesses: Enforcement as an External Motivator", *Journal of Environmental Health Research*, Vol. 3, No. 2, 2004, pp. 44—52.

⑨ Khatri, Y., Collins, R., "Impact and Status of HACCP in the Australian Meat Industry", *British Food Journal*, Vol. 109, No. 5, 2007, pp. 343—354.

表明,政府的强制性管制有力地提升了企业防范食品安全风险的水平。[1] 由此假设:政府的监管力度(C_8)影响企业食品添加剂与非食用物质的使用意愿和行为。

8. 食品质量安全标准

企业执行食品质量安全标准能够降低食源性疾病的发生[2]。目前,我国允许使用23大类约2000多种的食品添加剂,而食品营养强化剂以外的食品添加剂检测标准不到我国批准直接使用品种的19%[3]。食品添加剂的检验标准滞后,导致企业无标准可执行,成为食品质量安全事件不断发生的原因之一。由此假设:食品质量安全标准(C_9)影响企业食品添加剂与非食用物质的使用意愿和行为。

9. 消费需求与偏好

Herath等的调查发现,消费需求导向对企业食品安全控制体系的选择起到了重要作用。[4] 近几年来,我国消费者在购买食品时越来越多地关注食品的色、香、味,企业使用食品添加剂甚至与非食用物质以迎合消费者的需求与偏好就成为常态[5]。张岩认为,尤其在儿童食品消费市场,不规范地使用食品添加剂的现象更为严重[6]。由此假设:消费者需求与偏好(C_{10})影响企业食品添加剂与非食用物质的使用意愿和行为。

10. 消费者的健康意识与识别能力

Micovic认为消费者不能及时识别可能的安全风险是食品安全面临的重大挑战。[7] Shim等的调查表明,受访者非常关注食品中是否添加食品添加剂,但超过

---

[1]　Lena,D. M. ,Denyse,J. , "Implementation of Food Safety Management Systems in the UK", *Food Control*, Vol. 22 ,No. 8 ,2011 ,pp. 1216—1225.

[2]　Hwang,C. C. , Kung, H. F. , Lin,C. S. , et al. , "Bacteriological Quality and Histamine-forming Bacteria Associated with Fish Meats and Environments in HACCP and Non-HACCP Fish Processing Factories", *Food Control*, Vol. 22 ,No. 10 ,2011 ,pp. 1657—1662; Fielding,L. M. , Ellis,L. , Beveridge,C. , et al. , "An Evaluation of HACCP Implementation Status in UK Small and Medium Enterprises in Food Manufacturing", *International Journal of Environmental Health Research* , Vol. 15 ,No. 2 , 2005 ,pp. 117—126.

[3]　邹志飞:《食品添加剂检测指南》,中国标准出版社2010年版,第52页。

[4]　Herath, D. , Hassan, Z. , Henson, S. , "Adoption of Food Safety and Quality Controls:Do Firm Characteristics matter? Evidence from the Canadian Food Processing Sector", *Canadian Journal of Agricultural Economics*, Vol. 55 ,No. 3 , 2007 ,pp. 299—314.

[5]　郑玮:《浅析食品添加剂生产流通和使用现状及实行分级管理的思考》,《中国卫生监督杂志》2011年第4期,第354—358页。

[6]　张岩、刘学铭:《食品添加剂的发展状况及对策分析》,《中国食物与营养》2006年第6期,第29—31页。

[7]　Micovic,E. , "Consumer Protection and Food Safety", *Revija Za Kriminalistiko in Kriminologijo*, Vol. 62, No. 1 ,2011 ,pp. 3—11.

60%的受访者表示对食品中使用的添加剂信息了解不足。[①] 消费者公众意识的崛起能在一定程度上减少有害物质在食品供应链中的传播[②]。由此假设:消费者的健康意识与识别能力(C_{11})影响企业食品添加剂与非食用物质的使用意愿和行为。

基于上述假设,本章节将重点考察这 11 个因素之间的相互关系,并识别影响企业食品添加剂与非食用物质使用行为的关键因素。

(二)研究方法与计算结果

由于 DEMATEL 方法可以非常有效地分析复杂系统各个因素间的相互影响程度,并依据直接影响矩阵等确定因素间的主次关系,因此该方法已成为诸多研究领域中研究复杂系统各个因素间相互关系的常用方法。[③] 因此,本节的研究也主要采用 DEMATEL 方法。

1. DEMATEL 方法

运用 DEMATEL 方法研究复杂系统中因素间相互关系的步骤如下:

步骤一:首先组织一个专家群体,由各位专家各自对系统中各因素间的影响程度进行打分,生成初始直接关系矩阵 $A = [a_{ij}]$。

步骤二:将直接影响矩阵 A 转换为标准化影响矩阵 D。标准化影响矩阵 D 可以通过方程(1)来获得。

$$D = \frac{1}{\max\limits_{1 \le i \le 11} \sum\limits_{j=1}^{11} a_{ij}} A \qquad (1)$$

步骤三:利用方程(2)获得总关系矩阵 T。

$$T = D(I - D)^{-1} \qquad (2)$$

步骤四:计算 T 矩阵的各行(r_i)和各列(c_j)之和。r_i 表明 i 因素给予系统中其他所有因素的直接和间接的影响程度的总和,称之为影响度(D);而 c_j 表示 j 因素受到系统中其他所有因素给予的直接和间接的影响程度之和,称之为被影响度(R)。当 $i = j$ 时,$r_i + c_i$ 代表 i 因素在整个系统中起着重要程度,称其为中心度($D + R$)。$r_i - c_i$ 称为原因度($D - R$)。当 $r_i - c_i > 0$ 时 i 因素被称为原因因素,当 $r_i - c_i < 0$ 时 i 因素被称为结果因素。

① Shim, S. M., Sun, H. S., Lee, Y. J., et al., "Consumers' Knowledge and Safety Perceptions of Food Additives: Evaluation on the Effectiveness of Transmitting Information on Preservatives", *Food Control*, Vol. 22, No. 7, 2011, pp. 1054—1060.

② 刘小峰、陈国华、盛昭瀚:《不同供需关系下的食品安全与政府监管策略分析》,《中国管理科学》2010 年第 2 期,第 143—150 页。

③ Lin, C. J., Wu, W. W., "A Causal Analytical Method for Group Decision Making under Fuzzy Environment", *Expert Systems with Applications*, Vol. 34, No. 1, 2008, pp. 205—213.

$$r_i = \sum_{j=1}^{11} t_{ij} \tag{3}$$

$$c_j = \sum_{i=1}^{11} t_{ij} \tag{4}$$

2. 模糊集理论

引入模糊集理论并利用三角模糊数来量化专家群体的主观判断,并采用 Opricovic 和 Tzeng 模糊数转化成准确数值的方法[①](Converting Fuzzy data into Crisp Scores,CFCS),假设 $z_{ij}^k = (l_{ij}, m_{ij}, r_{ij})$,其中 $1 \leq k \leq K$,表示第 k 个专家评定的 i 因素对 j 因素的影响值,依照 CFCS 方法进行三角模糊数的去模糊化处理的计算格式和相应的路径。

步骤一:三角模糊数标准化处理。将每位专家的三角模糊数按照公式(5)、(6)和(7)进行计算,标准化处理能够降低专家间较大的主观差异性。

$$xl_{ij}^k = (l_{ij}^k - \min_{1 \leq k \leq K} l_{ij}^k)/\Delta_{\min}^{\max} \tag{5}$$

$$xm_{ij}^k = (m_{ij}^k - \min_{1 \leq k \leq K} l_{ij}^k)/\Delta_{\min}^{\max} \tag{6}$$

$$xr_{ij}^k = (r_{ij}^k - \min_{1 \leq k \leq K} l_{ij}^k)/\Delta_{\min}^{\max} \tag{7}$$

其中,$\Delta_{\min}^{\max}$ 计算如下式:

$$\Delta_{\min}^{\max} = \max_{1 \leq k \leq K} r_{ij}^k - \min_{1 \leq k \leq K} l_{ij}^k$$

步骤二:计算左右标准值。标准化后的模糊数按照公式(8)、(9) 转化成为 xls_{ij}^k 和 xrs_{ij}^k。

$$xls_{ij}^k = xm_{ij}^k/(1 + xm_{ij}^k - xl_{ij}^k) \tag{8}$$

$$xrs_{ij}^k = xr_{ij}^k/(1 + xr_{ij}^k - xm_{ij}^k) \tag{9}$$

步骤三:计算总的标准化值。

$$x_{ij}^k = [xls_{ij}^k(1 - xls_{ij}^k) + xrs_{ij}^k xrs_{ij}^k]/[1 - xls_{ij}^k + xrs_{ij}^k] \tag{10}$$

步骤四:获得第 k 个专家反映的 i 因素对 j 因素量化的影响值。

$$w_{ij}^k = \min_{1 \leq k \leq K} l_{ij}^k + x_{ij}^k \Delta_{\min}^{\max} \tag{11}$$

步骤五:计算专家群体中 K 个专家评估 i 因素对 j 因素量化的影响值。利用公式(12)求出专家群体反映的 i 因素对 j 因素量化的影响值,完成整个模糊数据的量化过程。

---

① Opricovic,S.,Tzeng,G. H.,"Compromise Solution by MCDM Methods:A Comparative Analysis of VIKOR and TOPSIS",*European Journal of Operational Research*,Vol. 156,No. 2,2004,pp. 445—455.

$$w_{ij} = \frac{1}{K}\sum_{k=1}^{K} w_{ij}^{k} \qquad (12)$$

3. 基于模糊集理论的 DEMATEL 方法的计算

运用模糊集理论的 DEMATEL 方法研究影响企业食品添加剂与非食用物质使用行为因素间的相互关系并识别关键因素的主要计算过程如下。

第一,问卷的设计及专家群体的评定。根据 Wang 和 Chang 设定专家群体使用的语言变量(表 15-4)设计问卷。[1] 为解决通过企业调查而获得的结论难免带有其利益诉求等问题,作者在江南大学江苏省食品安全研究基地和江南大学食品学院邀请了 8 位熟悉食品添加剂研发、生产、使用规范的技术和管理专家共同组成专家群体。由每个专家根据各自的知识与经验分别判定 11 个影响因素间的相互影响度,获得直接影响矩阵 A。

表 15-4　语言变量与模糊数的转换关系

语言变量(linguistic variable)	相对应的三元模糊数(TFN)
No 没有影响(No Influence)	$(0,0.1,0.3)$
VL 影响很小(Very Low Influence)	$(0.1,0.3,0.5)$
L 影响不大(Low Influence)	$(0.3,0.5,0.7)$
H 影响较大(High Influence)	$(0.5,0.7,0.9)$
VH 影响很大(Very High Influence)	$(0.7,0.9,1.0)$

注:表格中语言变量设计及其相对应的三元模糊数参见 Wang 和 Chang(1995)。

第二,专家语言变量的去模糊化处理。根据表 15-4 中所列的语言变量与模糊数转换关系,将每个专家的判断结果转化成三角模糊数(l_{ij}, m_{ij}, r_{ij})。利用公式(5)—(11)对专家群体评定的因素间的相互关系进行去模糊化处理,最终得到表15-5 的影响企业食品添加剂使用行为的 11 个因素的直接影响矩阵 A。

表 15-5　企业食品添加剂使用行为影响因素的直接影响矩阵 A

	C_1	C_2	C_3	C_4	C_5	C_6	C_7	C_8	C_9	C_{10}	C_{11}
C_1	0.0000	0.4044	0.5467	0.4532	0.4000	0.3059	0.3519	0.2618	0.2178	0.2618	0.1693
C_2	0.4517	0.0000	0.6941	0.7667	0.6000	0.5000	0.6450	0.3076	0.3076	0.2618	0.2618
C_3	0.1217	0.3519	0.0000	0.6000	0.4044	0.5550	0.7667	0.4161	0.4061	0.3977	0.4989
C_4	0.1217	0.3977	0.5550	0.0000	0.6411	0.7478	0.6481	0.5667	0.5667	0.4989	0.4989
C_5	0.1217	0.3076	0.5550	0.8307	0.0000	0.7667	0.6941	0.3977	0.3977	0.4989	0.4517
C_6	0.1217	0.3977	0.6000	0.7667	0.7667	0.0000	0.6450	0.5667	0.5667	0.3519	0.3519

---

① Wang, M. J. J., Chang, T. C., "Tool Steel Materials Selection under Fuzzy Environment", *Fuzzy Sets and Systems*, Vol. 72, No. 3, 1995, pp. 263—270.

（续表）

	C_1	C_2	C_3	C_4	C_5	C_6	C_7	C_8	C_9	C_{10}	C_{11}
C_7	0.1217	0.2107	0.4517	0.6450	0.6450	0.6000	0.0000	0.5461	0.5461	0.3977	0.4517
C_8	0.1217	0.2107	0.7667	0.5667	0.5000	0.5550	0.7478	0.0000	0.8307	0.5550	0.6021
C_9	0.1217	0.2107	0.4517	0.5667	0.3977	0.5550	0.7478	0.6941	0.0000	0.6000	0.6450
C_{10}	0.1217	0.1217	0.4517	0.7667	0.7667	0.4517	0.5550	0.5550	0.6000	0.0000	0.7478
C_{11}	0.1217	0.1217	0.5956	0.7667	0.4044	0.3519	0.4989	0.5476	0.6000	0.7892	0.0000

第三,因素间相互关系的 DEMATEL 方法的计算。由公式(1)将直接影响矩阵 A 转换为标准化影响矩阵 D,使用 matlab(R2010b)进行矩阵计算,可得总影响关系矩阵 T;根据公式(3)和(4)分别计算矩阵 T 的行阵之和与列阵之和,可得表 15-6 所示的影响度(D)、被影响度(R)、中心度($D+R$)和原因度($D-R$),如表 15-6。

表 15-6　企业食品添加剂使用行为影响因素的 D、R、$D+R$、$D-R$ 的求解值

	D	R	$D+R$	$D-R$
C_1	6.447314	2.800412	9.247726	3.646902
C_2	8.966416	5.253402	14.21982	3.713015
C_3	8.674006	10.36988	19.04388	-1.69587
C_4	9.984555	12.40448	22.38903	-2.41992
C_5	9.600962	10.45188	20.05284	-0.85092
C_6	9.798074	10.48057	20.27864	-0.68249
C_7	8.922251	11.88694	20.80919	-2.96469
C_8	10.3253	9.548267	19.87356	0.77703
C_9	9.569484	9.897691	19.46717	-0.32821
C_{10}	9.845456	9.020979	18.86643	0.824477
C_{11}	9.246144	9.265474	18.51162	-0.01933

（三）基于计算结果的分析讨论

1. 因素间的相互关系。计算结果清晰地显示,C_1、C_2、C_8 和 C_{10} 属于原因因素。政府的监管力度(C_8)具有最大的影响度,但被影响度在 11 个因素中仅位居第七位,表明政府的监管力度能强烈地影响其他因素,但自身却很难受其他因素的影响,表现出强烈的主动性。类似地,消费者的需求与偏好(C_{10})也是主动性较强的因素之一。管理者的年龄(C_1)、学历(C_2)在 11 个因素中影响度和被影响度均较低,说明这两个因素与其他因素关系比较疏远。

C_3、C_4、C_5、C_6、C_7、C_9 和 C_{11} 属于结果因素。企业预期经济收益(C_4)具有最大的被影响度和第二位的影响度,表明 C_4 与其他十个因素最为紧密的因素;检验检

测能力(C_7)的被影响度位居第二位,影响度位居第九位,在本质上体现出强烈的被动性。企业销售规模(C_5)、供应链一体化水平(C_6)的影响度和被影响度分别居于第五位和第四位、第四位和第三位,表明这两个因素与其他因素的关系也较为紧密。而管理者的社会责任意识(C_3)具有第五位的被影响度,体现出一定被动性;影响度和被影响度均较低的食品安全质量标准(C_9)以及消费者的健康意识与识别能力(C_{11})显然与其他因素关系相对较为疏远。

2. 关键因素的识别。主要从以下方面来进行考察:

政府监管力度(C_8)在11个因素中具有最大的影响度(10.3253),是影响其他10个因素最大的因素,因此可以确认是关键因素。第二,企业预期经济收益(C_4)具有最高的中心度(22.38903),在系统中发挥的作用最大,其影响度和被影响度分别为9.9845555和12.40448,在11个因素中分别位居第二位和第一位,与系统中的其他因素的关系密切,显然是关键因素之一。第三,企业销售规模(C_5)原因度略小于0,但其中心度值为20.05284,在11个因素中位居第四位;其影响度与被影响度也分别居于11个因素的第五位和第四位,显然在系统中具有重要的影响力,可以认为是关键因素。同样可以认为供应链一体化水平(C_6)也是关键因素。第四,消费者的需求与偏好(C_{10})的影响度为9.845456,在11个影响因素中位居第三位,而被影响度仅列居第九位,说明其对其他10个因素的影响程度较高,而被影响度并不高,可以认为是关键因素之一。

管理者的年龄(C_1)、学历(C_2)和消费者的健康意识与识别能力(C_{11})的中心度分别位居11个影响因素中第11位、第10为和第9位,且影响度与被影响度的值都较低,显然不是关键因素。检验检测能力(C_7)和管理者的社会责任意识(C_3)这两个因素的共同特点是具有强烈的被动性,在系统中极易受到其他因素的影响。C_7的中心度虽然居第二,但它的被影响度为11.88694,是第二大易受其他因素影响的因素,且它的影响度仅为8.922251;而食品安全质量标准(C_9)原因度为-0.32821,中心度较小。因此,可以认为C_3、C_7、C_9均不是关键因素。

(四)主要结论与政策含义

上述研究的主要结论是:(1)影响企业食品添加剂与非食用物质使用意愿和行为的11个因素交织在一起,共同构成了一个非常复杂的系统。(2)不同的因素的影响程度、方式与机理各有不同。管理者的年龄与学历、政府监管和消费者的需求与偏好等4个因素为原因因素,在系统中主动影响其他因素;管理者的社会责任意识、企业预期经济收益、企业销售规模、供应链一体化水平、检验检测能力、食品质量安全标准和消费者的健康意识与识别能力等7个因素属于结果因素,在系统中更多的是受其他因素影响的因素。(3)在11个影响因素中,政府的监管力度、企业预期经济收益、企业销售规模、供应链一体化水平和消费者需求与偏好等是影响企业食品添加剂与非食用物质使用意愿和行为的五个最关键因素。

由此可见,对经济利益的追求是直接导致食品生产企业滥用食品添加剂和恶意添加非食用物质的主要动力,政府的监管力度、消费者需求与偏好等是主要的外部因素,而销售规模、供应链一体化水平是关键的内部因素。因此,上述研究的具有明确的政策含义,主要是:

1. 小企业是滥用食品添加剂与恶意添加非食用物质的主体

政府监管企业食品添加剂使用行为与打击恶意添加非食用物质的违法行为应该将重点落脚在小型食品生产企业上。因为小型食品生产企业生产规模比较小、在整个食品供应链体系中一体化水平比较低,而且消费对象是最基层、最广泛、最普通且安全消费意识最薄弱的收入水平较低的消费者。由于任何一个食品生产企业的管理者的社会责任意识并不能够自发产生,必须依靠政府监管等强有力的作用共同推动。所以,也不能忽视对大中型食品生产企业的监管。

2. 强化政府的监管力度是当务之急

综合我国现阶段的情况,加强政府监管主要包括:

(1) 加大处罚的力度。追求预期经济收益是企业滥用食品添加剂和恶意添加非食用物质的主要动力。因此,在现阶段政府的监管首先要针对重点食品品种、重点食品企业和供应链薄弱环节加大综合治理力度,加大对滥用食品添加剂和恶意添加非食用物质行为的经济惩罚。同时保持严厉打击食品安全违法犯罪高压态势,依法坚决追究犯罪分子的刑事责任,坚决铲除滥用食品添加剂和恶意添加非食用物质的毒瘤。

(2) 完善法律法规制度。《食品添加剂使用卫生标准》(GB2760)是我国食品添加剂领域较完整的标准。自 1981 年实施以来,该标准在规范食品添加剂的安全使用、促进食品工业发展方面发挥了巨大作用。但随着食品工业的快速发展,GB2760 在使用和执行过程中的一些问题也越来越凸显,政府相关部门应参照国际相关标准,对 GB2760 不断进行修订与更新。另外,我国《食品安全法》与配套法规等在查处食品生产加工企业不依法备案和违规使用添加物时,由于惩治法规的不完善,最终导致"偏轻罚款"等现象。同时,对于查处的不符合食品添加剂卫生标准的食品,我国又缺乏完备的食品召回管理制度。因此,我国急需完善针对食品生产、监管和召回的一系列法律法规。

(3) 推行企业诚信警戒机制。食品具有信任品的属性,鼓励有足够令消费者信任的第三方介入市场,来保证生产者向外界传达信息的真实性、准确性。食品安全信息披露将有助于解决食品安全保护中的公平和效率问题①。同时政府监管部门要积极收集并整理企业诚信状况相关的信息,建立企业的诚信档案。最后,加强媒体监督,充分利用网络、电视、报纸等新闻媒体,将有关企业诚信度的相关信息通过媒体及时发布。

（4）监督企业全面执行管理制度。《食品安全法》与配套法规等对食品企业的管理作出了全面的规范。政府监管部门应该以点带面地监督企业全面执行管理制度。鼓励与支持企业加大对食品安全检测设备的投入,添置先进的仪器,更新落伍的仪器;规范实验室的管理,建立食品安全检测实验室质量控制规范,提高实验室的管理水平和技术能力;完善食品中多种食品添加剂与违禁化学品残留的一次检测技术、快速检测技术和专用检测技术;加大对技术人员基础应用技术的培训投入等。

3. 科学地引导消费者对食品添加剂与非食用物质的认知

片面追求食品的色、香、味是消费者的一种普遍心理。为迎合消费者的需求与偏好,一些企业不择手段地滥用食品添加剂甚至添加非食用物质得以有机可乘。这反映了消费者食品安全意识薄弱,必须加强对消费者食品安全知识的宣传力度,普及食品添加剂与非食用物质等相关知识,提高消费者区分食品添加剂与非食用物质的能力。

---

① 李红:《我国食品企业诚信缺失原因及对策》,《长江大学学报》(社会科学版)2010年第6期,第56—58页。

第十六章 国内食品安全研究现状与研究热点分析

　　近年来,国内学者高度关注食品安全问题,在国内外刊物上发表了一大批研究成果,为政府食品安全风险立法、防控与管理提供了有价值的理论支撑与决策咨询。本章主要应用情报学的研究方法,对 2004—2011 年间发表的食品安全领域的论文进行定量分析,了解研究的现状与前沿领域的热点问题,预测研究的未来发展趋势,为发挥情报学在食品安全风险防控上的监测与预警作用,以及为政府食品安全风险管理决策提供文献情报的支撑。

一、研究方法与数据来源

　　文献计量学是以文献体系和文献计量特征为研究对象,采用数学、统计学等的计量方法,研究文献情报的分布结构、数量关系、变化规律和定量管理,以探讨科学技术的某些结构、特征和规律的一门学科。目前,文献计量学因其客观性、定量化、模型化的宏观研究优势而被众多学科采用,如人工智能、聚合体化学、酸性作用、信息检索、生物医学等。

　　本章的研究主要以《CNKI 全文期刊库数据库》为检索数据源,来源类别为核心期刊,以"食品安全"作为主题词进行查找,检索年限为 2004—2011 年。经过人工阅读和初步判断,排除与食品安全研究无关、无关键词文献,剔除政府工作文件、报道等非研究类文献,并人工查重后,最终得到 4373 篇与食品安全有关的研究文献①。

　　本章主要以文献计量学为指导,利用文献计量的方法,对上述确认的 4373 篇有关食品安全的研究文献进行统计分析。

二、食品安全的研究现状

　　本部分主要从文献的载文量、获基金资助、著者、期刊分布与主题内容等方面进行食品安全研究现状的分析。

---

① 在《CNKI 全文期刊库数据库》查找,并最终确定的 4373 篇有关食品安全的研究文献(论文),涵盖了自然科学与人文社科两大系统的各个学科。

（一）载文的定量分析

某领域期刊论文在时间上的分布一定程度上反映了该领域学术研究的理论水平和发展速度。其中，文献量的增长是学科发展的重要标志。[①] 2004—2011 年间，我国食品安全研究论文的载文量按时间分布如下（见表 16-1）。

表 16-1　　2004—2011 年间食品安全研究论文载文量分布情况　　　篇、%

年份	2004	2005	2006	2007	2008	2009	2010	2011	总计
论文数	292	340	387	515	591	696	730	822	4373
百分比	6.68	7.77	8.85	11.78	13.51	15.92	16.69	18.80	100

由图 16-1 可知，我国食品安全研究的论文发表量呈逐年递增的趋势，在 2011 年达到最高峰，论文发表量是 2004 年的 2.82 倍。随着 2004 年"大头娃娃"劣质奶粉、2005 年"苏丹红"、2008 年"三聚奶粉"等一系列食品安全事件的频频爆发，食品安全问题日益成为消费者共同面对的困扰和关注的焦点问题之一，同时也将我国的食品安全研究推向了一个新的高潮。

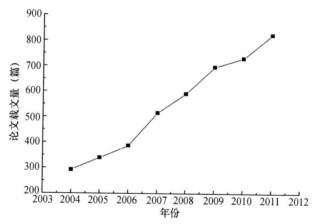

图 16-1　　2004—2011 年间食品安全研究论文载文量分布情况

（二）论文获基金资助的定量分析

基金论文数量是评价研究群体科研能力及水平的一项重要标准。研究基金论文的数量分布状况，可以揭示该学科在科学研究过程中受到各级各类科学基金资助的情况。[②]

① 邱均平：《信息计量学》，武汉大学出版社 2007 年版，第 269—272 页。
② 王惠翔、高凡：《中国科学杂志刊载的基金论文产出研究与分析》，《中国科学基金》2004 年第 18 期，第 189—191 页。

1. 基金论文的时间分布

2004—2011 年间我国受各类基金资助的研究论文的数量统计见表 16-2。

表 16-2　2004—2011 年间食品安全研究基金论文数量统计

年份	发文篇数	基金论文篇数	基金论文比例（%）
2004	292	88	30.14
2005	340	107	31.47
2006	387	121	31.27
2007	515	196	38.06
2008	591	248	41.96
2009	696	311	44.68
2010	730	384	52.60
2011	822	433	52.68
合计	4373	1888	43.17

由图 16-2 可见,2004—2011 年间我国受基金支持的食品安全研究论文的数量逐年增加,受基金支持的论文比例平均为 43.17%。

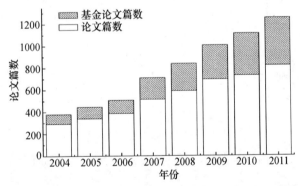

图 16-2　2004—2011 年间食品安全研究基金论文的时间分布

2. 基金论文获基金资助数量的统计分析

一篇论文受多项基金资助,说明此研究受到了多个部门的重视和认可,反映了研究的重要性和现实性。对基金论文获基金资助数量进行统计,可以对论文的科研价值、科研水平、学术价值和创新性做出科学的评价与预测。[1]

---

① 李天:《营养学报的文献计量学分析与评价》,军事医学科学院硕士研究生学位论文,2007 年,第 20—23 页。

表 16-3　　2004—2011 年间食品安全研究论文受基金资助数量统计

年份	论文数						基金项目总计	篇均基金项目
	1 项基金	2 项基金	3 项基金	4 项基金	5 项基金	6 项基金		
2004	61	18	9	0	0	0	124	1.41
2005	76	21	8	0	1	1	153	1.43
2006	84	22	11	3	1	0	178	1.47
2007	126	44	21	4	1	0	298	1.52
2008	160	61	18	8	0	1	374	1.51
2009	182	95	19	10	4	1	495	1.59
2010	206	114	42	13	6	3	660	1.72
2011	233	121	55	18	4	2	744	1.72
合计	1128	496	183	56	17	8	3026	1.60

表 16-3 显示,2004—2011 年间,1888 篇食品安全研究基金论文共获得 3026 项基金资助,篇均受基金资助数量是 1.60 项。其中 1 项基金资助的论文是 1128 篇,占总数的 59.75% ;2 项基金资助的论文为 496 篇,占总数的 26.27% ;3 项及以上基金资助的论文 264 篇,占总数的 13.98% 。由此可见,发表的食品安全研究基金论文虽然受各类基金资助比例较高,但大多数只受 1 项基金资助。近几年,食品安全研究受到国家与地方各相关机构与各层次学者的广泛关注,受 2 项及以上基金资助的论文比例逐年增加。

资助的论文发表最多的排名前 3 位的基金依次是,国家自然科学基金项目(244 篇),国家科技支撑计划(123 篇),国家社会科学基金(98 篇)。可见,负责国家自然科学基金项目的国家自然科学基金委员会是我国食品安全研究的主要资助机构,在食品安全研究中发挥了主导作用,对食品安全研究人员的培养起了重要的促进作用。

(三)论文作者的定量分析

研究科技期刊论文作者的量化规律,有助于了解本学科研究队伍的建设情况和分布状况、作者单位的情况和科研实力,便于查证作者及科学合作动态,有利于估计论文产生的现状与潜力,还可以为科学成果及人才规划提供量化依据。① 另外,了解食品安全领域的主要著者与核心著者群,有利于读者了解我国该领域研究人员的分布及研究队伍的建设情况,也可以看出该领域发展的程度及未来的研究潜力。

---

① 王崇德:《期刊作者的量化研究》,《情报科学》1998 年第 5 期,第 369—378 页。

1. 作者合作度和合作率

论文合作度与合作率是文献计量学中衡量作者合作程度的两个重要指标[①]，可以反映本学科与其他学科的交叉情况以及本学科内研究的深入情况。论文合作度是指在一定时域内每篇学术论文的平均作者数；合著率是指在一定时域内，某学科多著者论文数与总论文数之比。

表 16-4　2004—2011 年间食品安全研究论文作者合作情况统计

年份	2004	2005	2006	2007	2008	2009	2010	2011	总计
论文数	292	340	387	515	591	696	730	822	4373
作者人次	789	795	981	1348	1595	1918	2211	2462	12099
合作度	2.70	2.34	2.53	2.62	2.70	2.76	3.03	3.00	2.77
独著数	101	129	132	155	195	207	191	243	1353
合著论文数	191	211	255	360	396	489	539	579	3020
合著率(%)	65.41	62.06	65.89	69.90	67.01	70.26	73.84	70.44	69.06

表 16-4 显示，2004—2011 年间，食品安全研究论文合作度变化不大，基本保持稳定，平均约为 2.77 人，合著率平均达到 69.06%，说明作者之间的合作程度较高。这主要是因为食品安全研究涉及面较广，学科综合性较强，吸引了其他领域与食品安全的研究者相互交流，取长补短，进行交叉研究。

2. 核心作者统计

论文发表量是衡量作者学术水平和科研能力的重要指标。核心作者是指在某一学科研究中造诣较深，获得科研成果较多的学科带头人。

根据普赖斯公式：$m = 0.749 \sqrt{n_{max}}$，即指杰出科学家中最低产的那位科学家所发表的论文数，等于最高产科学家发表论文数的平方根的 0.749 倍（m 为杰出科学家中最低产作者发表论文数，n_{max} 为杰出科学家中最高产作者发表论文数）。所以，根据普赖斯定理的计算公式得到 m 约为 3.1，核心作者应是发文 3 篇以上的作者，见表 16-5（由于篇幅原因只列出论文发表量≥9 篇的作者）。

表 16-5　2004—2011 年间食品安全研究论文核心作者论文发表量的统计情况

论文发表量(篇)	作者数(人)	作者姓名
17	1	周德翼
15	2	罗云波、潘家荣
14	2	唐晓纯、吴林海

---

① 安秀芬：《图书情报工作论文作者群的统计分析》，《图书情报工作》1994 年第 5 期，第 27—31 页。

（续表）

论文发表量（篇）	作者数（人）	作者姓名
13	2	刘华楠、吴永宁
12	1	王静
11	4	樊永祥、黄昆仑、王硕、魏益民
10	8	李宁、陆昌华、芮玉奎、王志刚、郑风田、周洁红、王竹天、杨晓光
9	10	郭波莉、李江华、李云、刘志刚、钱永忠、孙彩霞、张守文、朱拓、徐海滨、严卫星

由表 16-5 统计，2004—2011 年间，共有 12099 位作者发表了食品安全研究的相关论文，其中论文发表量在 3 篇及以上的核心作者共有 3628 人。其中，论文发表量最多的是华中农业大学经济管理学院的周德翼 17 篇，其次是中国农业大学食品科学与营养工程学院的罗云波、中国农业科学院农产品加工研究所潘家荣各 15 篇。统计结果显示，目前我国的食品安全研究与法律、经济等学科密切联系。由于许多非食品安全领域的专家开始了交叉学科的研究，并取得了很多成绩，在国外杂志上发表了许多论文，因此要确定我国食品安全研究队伍的核心著者群，还需要进一步对我国食品安全研究学者在国外发表的论文统计分析，最终确定我国食品安全研究队伍的核心著者群。

（四）作者单位分布统计

由表 16-6 可以看出，2004—2011 年间，食品安全研究论文发表量最多的单位是中国疾病预防控制中心营养与食品安全所，共发文 110 篇，占总数的 2.5%。其次是中国农业大学食品科学与营养工程院，共发文 61 篇。此外，华中农业大学经济管理学院、中国人民大学农业与农村发展学院、江南大学食品学院（含江苏省食品安全研究基地）、中国农业大学经济管理学院等也发表了大量论文。另外，随着我国食品工业的发展，许多科研成果转化为生产实践。一些与食品行业企业也加大了科研力度，积极申请或参加食品安全领域的科研项目，出现了企业发表或参与发表论文的现象，为食品安全研究注入了新的活力。

表 16-6　2004—2011 年间食品安全领域发表论文排名前 10 位的机构

排序	研究机构	论文发表量（篇）
1	中国疾病预防控制中心营养与食品安全所	110
2	中国农业大学食品科学与营养工程学院	61
3	华中农业大学经济管理学院	47
4	江南大学食品学院（含江苏省食品安全研究基地）	45

（续表）

排序	研究机构	论文发表量（篇）
5	中国人民大学农业与农村发展学院	42
6	中国农业大学经济管理学院	30
7	南京农业大学经济管理学院	30
8	中国农业科学院农业质量标准与检测技术研究所	29
9	中国人民大学环境学院	25
10	华南理工大学轻工与食品学院	24

（五）论文期刊分布

分析论文的期刊分布情况，可以确定该领域的核心期刊，为读者提供指导。[1] 食品安全研究载文量排名前十的期刊如表 16-7 所示。这十种期刊共计载文 1306 篇，占总载文量的 29.85%，是食品安全研究人员最为关注的期刊。其中，《食品科学》、《食品科技》、《食品工业科技》、《食品研究与开发》、《中国食品卫生杂志》和《中国调味品》6 种期刊为食品工业类核心期刊，《现代预防医学》为预防医学、卫生学类核心期刊；《安徽农业科学》为综合性农业科学类核心期刊，《中国家禽》和《中国畜牧杂志》为畜牧、动物医学类核心期刊。

表 16-7　2004—2011 年间食品安全载文量前 10 位的期刊分布

排序	期刊名	篇次	比例（%）	累计百分比（%）
1	食品科学	207	4.73	4.73
2	食品工业科技	192	4.39	9.12
3	食品科技	165	3.77	12.89
4	安徽农业科学	129	2.95	15.84
5	中国食品卫生杂志	128	2.93	18.77
6	食品研究与开发	116	2.65	21.42
7	中国家禽	106	2.42	23.84
8	现代预防医学	91	2.08	25.92
9	中国调味品	87	1.99	27.91
10	中国畜牧杂志	85	1.94	29.85

---

[1]　许洪军：《我国信息共享空间研究文献的计量学分析》，《情报杂志》2010 年第 5 期，第 81—84 页。

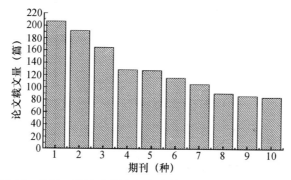

图 16-3　2004—2011 年间食品安全载文量前 10 位的期刊分布

三、食品安全研究热点的共词聚类分析

共词分析(Co-word Analysis)是一种较新的文献计量学方法,也是内容分析法的常用方法之一。其主要原理是两两统计一组词在同一篇文献中出现的次数,以此为基础对这些词进行聚类分析,以反映出这些词之间的亲疏关系,进而分析这些词所代表的学科或主题的结构与变化。[①] 利用共词分析方法及相关的可视化方法可以概述该领域的研究热点,横向和纵向分析学科领域的发展过程、特点以及领域或学科之间的关系,反映某个专业的科学研究水平及其发展历史的动态和静态结构。[②]

(一) 高频关键词的确定

对 2004—2011 年间的 4373 篇食品安全研究文献的关键词进行统计,去除对反映主题意义不大的关键词"对策"、"应用"、"问题"等,排除"食品安全"本身,选取主题词出现的频率≥20,累积频次达到 33.65%[③](占 1/3 左右)的前 81 个高频词作为分析对象。它们是食品安全研究文献中出现频率较高的关键词,代表了食品安全研究的热点,可以反映学科知识点的构成(见表 16-8)。

① 张晗、崔雷:《生物信息学的共词分析研究》,《情报学报》2003 年第 5 期,第 613—617 页。

② 崔雷、郑华川:《关于从 MEDLINE 数据库中进行知识抽取和挖掘的研究进展》,《情报学报》2003 年第 4 期,第 425—433 页。

③ 侯跃芳、崔雷:《医学信息存储与检索研究热点的共词聚类分析》,《中华医学图书情报杂志》2004 年第 1 期,第 1—4 页。

表 16-8　2004—2011 年间食品安全研究高频关键词

序号	关键词	词频	序号	关键词	词频	序号	关键词	词频
1	安全	430	28	欧盟	60	55	食源性疾病	30
2	食品	216	29	水产品	57	56	ELISA	30
3	监管	190	30	食品生产	53	57	技术性贸易壁垒	30
4	检测	161	31	食品安全管理	51	58	信息不对称	29
5	消费者	158	32	食物中毒	50	59	监测	29
6	HACCP	153	33	供应链	47	60	奥运会	28
7	标准	142	34	高效液相色谱	47	61	生物传感器	28
8	农产品	138	35	安全事件	47	62	大肠杆菌	28
9	管理	135	36	关键控制点	46	63	RFID	27
10	食品安全法	118	37	兽药残留	44	64	食品召回	27
11	食品工业	117	38	身体健康	44	65	食品污染	27
12	食品添加剂	102	39	PCR	42	66	奶粉	27
13	可追溯	98	40	蔬菜	41	67	抗生素	26
14	农药残留	85	41	畜产品	38	68	气相色谱	25
15	重金属	81	42	沙门氏菌	38	69	亚硝酸盐	24
16	法律法规	81	43	快速检测	38	70	苏丹红	24
17	微生物	73	44	危害分析	37	71	绿色壁垒	24
18	质量安全	72	45	绿色食品	37	72	发达国家	24
19	食品质量	70	46	镉	36	73	日本	23
20	粮食安全	68	47	饲料添加剂	35	74	药物残留	22
21	风险评估	68	48	食品卫生	35	75	瘦肉精	22
22	动物性食品	68	49	土壤	34	76	立法	22
23	转基因食品	66	50	乳制品	34	77	风险管理	22
24	污染	64	51	食源性致病菌	33	78	单核细胞增生李斯特菌	22
25	三聚氰胺	64	52	可持续发展	33	79	超市	22
26	中国	63	53	风险分析	33	80	餐饮业	22
27	残留	61	54	预警	32	81	动物疫病	20

（二）共词矩阵的构造

为反映关键词之间的关系,可以对表 16-8 中的高频关键词两两配对,统计它们在 4373 篇文献中共同出现的频次,形成 81×81 的矩阵,对角线上的数字即为各高频关键词的词频(见表 16-9)。

表 16-9　2004—2011 年间食品安全研究高频关键词共词矩阵(部分)

序号	1	2	3	4	5	6	7	8	9	10
1	430	61	79	10	52	8	23	63	47	24
2	61	216	7	14	8	1	12	8	9	4
3	79	7	190	4	19	1	9	5	4	16
4	10	14	4	161	2	0	2	1	1	1
5	52	8	19	2	158	0	10	11	13	9
6	8	1	1	0	0	153	1	1	7	0
7	23	12	9	2	10	1	142	11	10	16
8	63	8	5	1	11	1	11	138	15	3
9	47	9	4	1	13	7	10	15	135	1
10	24	4	16	1	9	0	16	3	1	118

(三)相关相异矩阵的构建

为了消除频次悬殊造成的影响,用 Ochiia 系数将共词矩阵转换成相关矩阵,即将共词矩阵中的每个数字都除以与之相关的两个词总频次开方的乘积,其计算公式是:

Ochiia 系数 $= A$、B 两词同时出现频次 $/ (\sqrt{A\ 词总出现频次} * \sqrt{B\ 词总出现频次})$

为方便进一步处理,用"1"与全部矩阵相减,得到表示两词间相异程度的相异矩阵[①]。

表 16-10　2004—2011 年间食品安全研究高频关键词相关矩阵(部分)

序号	1	2	3	4	5	6	7	8	9	10
1	1	0.2002	0.2764	0.0380	0.1995	0.0312	0.0931	0.2586	0.1951	0.1065
2	0.2002	1	0.0346	0.0751	0.0433	0.0055	0.0685	0.0463	0.0527	0.0251
3	0.2764	0.0346	1	0.0229	0.1097	0.0059	0.0548	0.0309	0.0250	0.1069
4	0.0380	0.0751	0.0229	1	0.0125	0.0000	0.0132	0.0067	0.0068	0.0073
5	0.1995	0.0433	0.1097	0.0125	1	0.0000	0.0668	0.0745	0.0890	0.0659
6	0.0312	0.0055	0.0059	0.0000	0.0000	1	0.0068	0.0069	0.0487	0.0000
7	0.0931	0.0685	0.0548	0.0132	0.0668	0.0068	1	0.0786	0.0722	0.1236
8	0.2586	0.0463	0.0309	0.0067	0.0745	0.0069	0.0786	1	0.1099	0.0235
9	0.1951	0.0527	0.0250	0.0068	0.0890	0.0487	0.0722	0.1099	1	0.0079
10	0.1065	0.0251	0.1069	0.0073	0.0659	0.0000	0.1236	0.0235	0.0079	1

---

① 郑华川、于晓欧、辛颜:《利用共词聚类分析探讨抗原 CD44 研究现状》,《中华医学图书情报杂志》2002 年第 2 期,第 1—3 页。

表 16-11　2004—2011 年间食品安全研究高频关键词相异矩阵（部分）

序号	1	2	3	4	5	6	7	8	9	10
1	0	0.7998	0.7236	0.9620	0.8005	0.9688	0.9069	0.7414	0.8049	0.8935
2	0.7998	0	0.9654	0.9249	0.9567	0.9945	0.9315	0.9537	0.9473	0.9749
3	0.7236	0.9654	0	0.9771	0.8903	0.9941	0.9452	0.9691	0.9750	0.8931
4	0.9620	0.9249	0.9771	0	0.9875	1.0000	0.9868	0.9933	0.9932	0.9927
5	0.8005	0.9567	0.8903	0.9875	0	1.0000	0.9332	0.9255	0.9110	0.9341
6	0.9688	0.9945	0.9941	1.0000	1.0000	0	0.9932	0.9931	0.9513	1.0000
7	0.9069	0.9315	0.9452	0.9868	0.9332	0.9932	0	0.9214	0.9278	0.8764
8	0.7414	0.9537	0.9691	0.9933	0.9255	0.9931	0.9214	0	0.8901	0.9765
9	0.8049	0.9473	0.9750	0.9932	0.9110	0.9513	0.9278	0.8901	0	0.9921
10	0.8935	0.9749	0.8931	0.9927	0.9341	1.0000	0.8764	0.9765	0.9921	0

（四）SPSS 聚类分析

本文采用聚类分析中应用最为广泛的分层聚类（hierachicacluster）。其原理是：先将所有 n 个变量看成不同的 N 类，然后将性质最接近的两类合并为一类，再从 $N-1$ 类中找到最接近的两类加以合并，依次类推，直到所有的变量被合并为一个大类。最后再把整个分类系统画成一张谱系图，用它把所有变量间的亲疏关系表示出来[1]。将上述相异矩阵导入 SPSS16.0 分析软件进行层次聚类分析，选择 Squared Euclidean distan（欧氏距离平方）作为变量距离的测度方法，类间距离的计算方法采用"组间平均链锁（Between-group link-age）距离"，即个体与小类中每个个体距离的平均值[2]。此种方法利用了个体与小类的所有距离的信息，克服了极端值造成的影响[3]，得到食品安全研究高频关键词的共词聚类树状图，如图 16-4 所示。

图 16-4 的聚类树状图结果显示，目前食品安全研究的热点分为 11 个类团，即国内学者对食品安全的研究热点主要集中在以下 11 个方面：

（1）HACCP 体系建设，包括关键词 36、44、6。

（2）微生物污染研究，包括关键词 39、42、51、78、62。

（3）食品中残留危害物质的分析检测，包括关键词 47、67、29、74、27、41、22、37、81、38。

（4）食品安全法律法规与标准研究，包括关键词 2、26、76、35、66、70、75、48、58、1、3、19、10、13、11、5、30、7、16、9、33、31、23。

（5）食品贸易壁垒及其对策研究，包括关键词 71、72、28、57。

---

① 邱均平、丁敬达、周春雷：《1999—2008 年我国图书馆学研究的实证分析》，《中国图书馆学报》2009 年第 35 期，第 72—79 页。

② 薛薇：《SPSS 统计分析方法及应用》，电子工业出版社 2005 年版，第 310—313 页。

③ 王惠翔、高凡：《中国科学杂志刊载的基金论文产出研究与分析》，《中国科学基金》2004 年第 18 期，第 189—191 页。

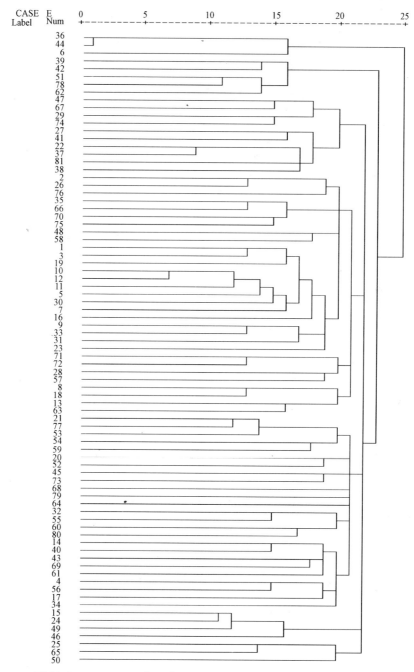

图 16-4　2004—2011 年间食品安全研究高频关键词聚类分析树状图

（6）食品 RFID 追溯制度的建立，包括关键词 8、18、12、63。

（7）食品安全风险分析，包括关键词 21、77、53、54、59。

（8）食源性疾病的研究，包括关键词 32、55、60、80。

（9）食品安全快速检测技术的研究，包括关键词 14、40、43、69、61、4、56、17、34。

（10）农产品生态环境污染研究，包括关键词 15、24、49、46。

（11）食品污染研究，包括关键词 25、65、50。

四、食品安全研究热点的初步分析

战略坐标图（Strategic Diagram）是来描述某一研究领域内部联系情况和领域间相互影响情况的方法[1]。本章运用这一方法分析 2004—2011 年间我国食品安全的研究热点的发展趋势。

（一）基本方法

在 Law 等人的战略坐标中，X 轴为向心度，表示领域间相互影响的强度，Y 轴为密度，表示某一领域内部联系强度。其中：

向心度（Centralit）用来量度一个类团与学科其他类团的联系程度。类团向心度越大，说明该类团与其他类团关联越密切，是学科内受关注的热点主题，在整个研究工作中就越趋于中心地位[2]。对于特定的类团，向心度的计算可以通过该类团中所有主题词与其他类团的主题词之间链接的强度加以计算。这些外部链接的总和、平方和的开平方等都可以作为该类别的向心度。本文采取每个类团与其他类团链接的和作为该类团的向心度。

密度（density）用来量度各聚类成类团主题词的紧密程度。它表示该类团维持自己和发展自己的能力[3]，类团密度越大，说明该类团内部的各成员间联系密度越强。本文采取首先计算本类团中每一对叙词在同一篇文献中同时出现的次数，即内部链接。然后，取这些内部链接的平均值作为这个类团的密度。

以向心度和密度为参数绘制成的二维坐标即为战略坐标。它可以概括地表现一个领域或亚领域的结构，两轴相交的原点为所有类团的向心度和密度的平均值。这个地图将每一个二维空间的领域划分为 4 个象限，将每一个研究热点放置在其中，描述各热点的研究发展状况。

根据高频关键词共词矩阵和共词聚类分析结果，计算每个类团的向心度和密度（表 16-12），用战略坐标图来进一步分析 2004—2011 年间食品安全各热点的战

---

[1]　Law J,et al.,"Policy and the Mapping of Scientific Change:Acoword Analysis of Research into Environmental Acidification",*Scientometrics*,Vol. 14,No. 3—4,1988,pp. 251—264.

[2]　同上。

[3]　Bauin S,et al.,"Using Bibliometfics in Strategic Analysis:'Understanding Chemical Reactions' at the CNRS",*Scientometrics*,Vol. 22,No. 1,1991,pp. 113—137.

略地位,预测各热点未来的发展趋势。

表 16-12   2004—2011 年间食品安全研究热点的向心度和密度

类团	类名	向心度(X 轴)	密度(Y 轴)
1	HACCP 体系建设	51.08	19.67
2	微生物污染的研究	18.6	9.6
3	食品中残留危害物质的分析检测	42.7	14.70
4	食品安全法律法规与标准研究	10.83	68.22
5	食品贸易壁垒及其对策研究	45.25	3.25
6	食品 RFID 追溯制度的建立	46.75	12.00
7	食品安全风险分析	38.40	6.00
8	食源性疾病的研究	26.50	3.00
9	食品安全快速检测技术的研究	24.44	9.67
10	农产品生态环境污染研究	20.75	15.00
11	食品污染研究	48.33	4.67

计算向心度和密度的平均值,可得战略坐标的原点(33.97,15.07),该研究的战略坐标图见图 16-5。

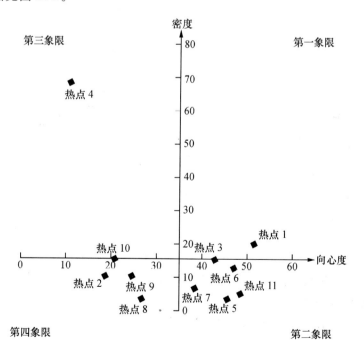

图 16-5   2004—2011 年间食品安全研究热点的战略坐标图

（二）热点分类

由图 16-5 可以看出,向心度轴和密度轴将整个图形分成四个象限[1],据此可以对食品安全研究的热点进行分类。

1. 处于中心的研究热点

在第一象限的类团密度和向心度都是所有类团中最高的。密度高说明研究热点内部联系紧密,研究趋向成熟;向心度高说明这些研究热点又与其余热点有广泛的联系,即与其余研究密切相关,成为研究的中心。因此,热点 1（HACCP 体系建设）是当前食品安全研究的中心内容。HACCP 体系以科学为基础,对食品生产中每个环节、每项措施、每个组分的危害风险（即危害发生的可能性和严重性）进行鉴定、评估,找出关键点加以控制,做到既全面又有重点,被认为是控制食品安全和品质的最好最有效的管理体系,以及保证食品安全最有效的方法。在美国、日本、欧盟被广泛加以应用后,目前 HACCP 体系正在被推向全世界,将成为国际上通用的一种食品安全控制体系。我国的食品企业也应该采用 HACCP 系统,确保食品安全,从而立足国际市场。

2. 处于探索阶段的研究热点

第二象限的类团密度低,向心度高,说明该研究热点结构比较松散,不能很好地自成一体。但与其他研究结合紧密,在整个研究领域中表现活跃,研究人员比较感兴趣。因此位于该象限的热点研究尚不成熟,但具有潜在的发展空间,可以成为学科研究的重要分支。如热点 3、5、6、7、11 处于第二象限。热点 3、5、6、7、11 的相关情况可以作如下的进一步分析。

（1）热点 3——食品中残留危害物质的分析检测。由于种植业、养殖业、食品工业快速发展,各种农兽药、食品添加剂使用量随之上升,导致食品中的农兽药残留或食品添加剂超标。随着食品安全事件频频发生,世界各国对食品中最高残留限量不断降低数值,对检测水平提出了新的要求。因此,残留危害物质的分析检测是当代应用分析领域一个重点发展方向。

（2）热点 5——食品贸易壁垒及对策研究。随着经济全球化、贸易自由化和科学技术的不断发展,以及消费者对商品质量、安全指标和环保要求的不断提高,技术性贸易壁垒受到越来越多 WTO 成员方的青睐。日本、欧盟、美国等发达国家针对食品实施的技术性贸易措施主要体现在严格的检验、检疫、认证、标准手段和措施上。发达国家都制定了完善的保障食品安全的法律、法规和标准体系。如何突破发达国家以质量、卫生和技术标准等为借口的技术性贸易壁垒,使中国劳动密集型产品的比较优势转变成竞争优势和出口现实,是目前亟待解决的战略

---

[1] 钟伟金、李佳:《共词分析法研究（二）——类团分析》,《情报杂志》2008 年第 6 期,第 141—143 页。

课题。

（3）热点6——食品RFID追溯制度的建立。食品安全（食物中毒、畜禽疾病、农兽药残留、食品添加剂等）事件频繁发生,严重危害了消费者的身体健康,引起了全世界的广泛关注。如何对食品低成本、有效地跟踪和追溯,已成为一个迫切需要解决的全球性课题。将RFID技术贯穿于食品生产、加工、流通、消费各环节,全过程严格控制,建立了一个完整的产业链的食品安全控制体系,形成各类食品企业生产销售的闭环生产,可以保证向社会提供优质的放心食品,并可确保供应链的高质量数据交流,让食品行业彻底实施食品的源头追踪以及在食品供应链中提供完全透明度。因此,食品RFID追溯制度的建立将对我国食品安全的发展影响深远。

（4）热点7——食品安全风险分析。食品安全风险分析是对影响食品安全质量的各种化学、生物和物理危害进行评估,定性或定量地描述风险特征,在参考有关因素的前提下,提出和实施风险管理措施,并对有关情况进行交流。它是制定食品安全标准和解决国际食品贸易争端的重要依据,代表了现代科学技术最新成果在食品安全管理方面实际应用的发展方向,已成为国际公认的食品安全管理理念和手段之一,增强了食品安全应急管理的科学性、规范性、透明度和有效性,提升了处理食品安全突发事件的能力,同时也是一门正在发展中的新兴学科。我国应采取国际认可的手段,逐步建立和完善食品安全评价体系。

（5）热点11——食品污染研究。食品污染是影响食品安全的主要原因。食品生产的工业化和新技术、新原料、新产品的采用,造成了食品污染的因素也日趋复杂化。高速发展的工农业带来的环境污染问题波及食物,并引发一系列严重的食品污染事故。应从种植养殖,到生产加工、包装、储运、销售等进行全过程监管,实行追溯制度,从源头上抓好食品生产、出厂、出售等质量关。检验检测机构要加大对各类食品的检测力度,监督机构要加强对食品生产企业的长期有效的监管,食品生产经营单位要全面贯彻执行食品安全法律、产品质量法及国家的相关标准要求。此外,要完善和健全食品安全标准体系,加强食品安全监测、危险性评估、预警和信息统一发布工作。

3. 相对处于边缘化的研究热点

第三象限的类团密度高,向心度低,说明热点领域内部联系紧密,目标明确。该领域的研究已经形成了一定的规模,并且有研究机构对其正在进行正常的研究。但由于与外部联系不紧密,其在整个研究网络中处于边缘地位。热点4食品安全法律法规与标准研究处于该象限,说明近五年该热点正在发展,研究内容尚不成熟。食品安全法律法规是管理和监督食品安全工作的基础和依据,也是建设法治社会的基础。近年来,随着经济全球化及全球性食品安全重大事件的频繁发生,人们对食品安全愈加关注。规格化、标准化是食品安全的基础,也是国际食品贸易的要求。我国食品工业标准化程度不高,标准体系与国际有较大差距。完善我国现有的食品法律法规和食品标准,加快相关的法律法规体系和标准化体系的建立,与国际标准对接,是保证人民身体健康、保证食品安全卫生,适应食品工业的飞速发展和日益发展的国际贸易的需要。

4. 相对尚不成熟的研究热点

第四象限的类团密度和向心度都较低,说明其内部结构比较松散,目前研究尚不成熟①,是整个研究领域的边缘。热点 2、8、9、10 处于该象限,说明这 4 个热点研究目前处于不成熟的状态,它们分别代表了食品安全研究比较独立成块的内容。通过查有关文献发现关于这两个热点的文献数量正逐年增多,随着研究的进一步发展,有向第一象限发展的趋势。

(1) 热点 2——微生物污染的研究。在食品生产、加工、储存、运输和销售的各个环节中,微生物的大量繁殖会引起食品腐败变质、导致食源性感染或食物中毒。2006 年,全国食源性疾病监测网的数据显示,在病因清楚的事件中,微生物引起的食源性疾病的爆发数占食源性疾病爆发总数的 48.3%②。据统计,在食源性疾病中,由致病菌引发的食物中毒是食品安全的主要问题③。食源性致病微生物引起的食品安全问题已成为一个日益引起关注的全球性问题。因此,进一步完善微生物基础研究,建立微生物信息库和完善食品安全监测网络;完善预报微生物学的预测模型,根据具体条件选择使用或建立合适的预测模型;在餐饮业中进行微生物的危险性评估;发展简易、快速的食品微生物检验方法对于食品质量控制和监管都是亟待开展的工作。

(2) 热点 8——食源性疾病的研究。由食品污染而引起的疾病已经成为当今世界上最广泛的卫生问题之一。食源性疾病居各类疾病总发病率的第二位,世界各地的消费者对这一公共卫生问题的关注日趋增大。在过去的数十年中,食源性疾病在世界各个大陆均有爆发,不仅严重影响人们的健康和幸福生活,还给个人、家庭、社区、商业和国家带来惨重的经济损失。

(3) 热点 9——食品安全快速检测技术的研究。随着科学技术的发展,食品安全的快速检测方法在食品卫生检验中起着越来越重要的作用。快速检测与传统的食品安全检测技术比较,具有快速、简便、特异、及时、准确度较高等优点,能

---

① 钟伟金、李佳:《共词分析法研究(二)——类团分析》,《情报杂志》2008 年第 6 期,第 141—143 页。
② 陈艳、郭云昌、王竹天等:《2006 年中国食源性疾病爆发的监测资料分析》,《卫生研究》2010 年第 3 期,第 331—334 页。
③ CAC, "Principles and Guidelines for the Conduct of Micro-biological Risk Assessment. CAC/GL-30", http://www.codexalimentarius.net/download /stand-ards/357 CXG 030e. pdf.

实现有效的实时快速监测和防控,对食品生产、运输、销售过程中质量的监控具有十分重要的意义。目前,我国在农药残留检测、兽药残留检测、重要有机物的痕量与超痕量检测、食品添加剂与违禁化学品检验、生物毒素和中毒控制常见毒素检测、食品中重要人畜疾病病原体检测技术等方面的研究取得很大进展。因此,加大新检测技术开发的投入,努力将国外先进技术消化吸收,实现国产化,摆脱国外技术壁垒,将成为未来的研究趋势。

（4）热点10——农产品生态环境污染。随着我国农业的快速发展,环境中的水污染、空气污染、土壤污染日益严重,其中尤其是重金属污染以隐蔽的方式严重威胁到食品安全。要解决农产品生态环境污染问题,首先应立足于控制污染源,切实执行有关环境保护法规,防止环境污染的发生。其次,要加强农产品安全生产的环境质量标准与控制技术的基础研究,包括不同生态环境条件下各类农产品安全生产的环境质量标准和操作技术规范,提高土壤安全生产能力的生物学调控技术及环境和农产品污染的监测技术和预警方法等。建立一套适合我国国情的农产品安全生产的技术保障体系,促进农业可持续发展。

（三）研究热点的初步分析

本章采用共词聚类分析法对当前食品安全研究发表的文献进行统计,反映目前论文所集中关注的主题,进而反映当前研究的热点。同时利用战略坐标进一步定量地分析这些热点主题的发展状况,使结论具有定性、定量的特点,提高了结论的可信度,实现了文献计量学在学科建设中的应用,为各个领域学者对本章领域热点的把握提供参考。研究结果显示,2004—2011年间,我国食品安全主要有11个方面的研究热点。这些热点的发展状况为:HACCP体系建设是当前研究的中心内容;食品中残留危害物质的分析检测、食品贸易壁垒及其对策研究、食品RFID追溯制度的建立、食品安全风险分析和食品污染研究5个研究热点比较受国内学者关注,处于探索阶段,有很大的发展空间;食品安全法律法规与标准研究已具有一定规模,但内容尚不成熟;微生物污染研究、食源性疾病研究、食品安全快速检测技术研究和农产品生态环境污染研究4个热点处于边缘位置,代表了食品安全研究比较独立成块的内容,具有向研究核心发展的潜力。

五、未来国内食品安全研究的展望

本章的研究主要以《CNKI全文期刊库数据库》为检索数据源,以"食品安全"作为主题词进行查找,对2004—2011年间发表的4373篇食品安全领域的论文进行了定量分析,归纳了目前食品安全领域的研究现状与前沿领域的热点问题,初步预测了未来研究的发展趋势。

（一）研究展望

需要指出的是，食品安全研究领域可能也存在不足。基于食品安全与风险防控面临的主要矛盾，未来的研究应该重点关注以下三个问题。一是现有的文献没有在微观层次上深入研究影响食品生产经营者不当、违规或违法行为的因素及因素间的相互关系，并识别关键因素，分析防控食品安全风险的食品生产经营者的集合，为实施食品安全风险的防控政策寻找目标群体和基本着力点。二是就社会科学领域的情况来看，目前的研究程度尚不深入。比如，社会学目前还主要停留在食品安全风险形态与预警的层面上，缺乏对食品安全风险预警后公众反应的研究；行政管理学主要局限在政府层面，对食品安全风险的存在形态、形成机理与传导方式均缺乏研究；新闻传播学虽探讨了食品安全与公众恐慌等传播过程，目前则非常关注食品安全舆情研究，但并未解决政府引导与干预的方法，更未研究基于食品安全舆情的公众参与监管的机制等。三是虽然食品安全风险防控是一个多学科交叉的复杂命题，深入研究需要深度的学科交叉。但目前来分析，现有的研究文献在自然科学与社会科学间、社会科学各个学科间的研究并未有效整合。食品安全研究领域实现科学交叉，共享研究成果，形成有机整体，成为一项重大而迫切的理论任务。

（二）本章研究的缺失

同时，本章的研究也可能存在一些不足之处。关键词在共词分析中起着至关重要的作用，但 CNKI 数据库并没有对关键词做规范化的处理，而且不同的学者对于著录关键词的把握也会存在不一致。因此，在统计关键词时要对选出的词进行相应的预处理，很容易出现遗漏，造成结果的偏差。此外，本章主要是运用"食品安全"主题词进行检索。而食品安全研究现已发展成为一个交叉学科，因此不能完全覆盖、全面检索与食品安全研究相关的所有论文。但本章的检索结果基本反映了 2004—2011 年间我国学者在食品安全领域研究的主要情况，并不改变前沿领域热点分布的基本状态与发展趋势。

主要参考文献

丁玉洁:《食品安全预警体系构建研究》,南京邮电大学硕士研究生学位论文,2011年。

丁佩珠:《广州市1976—1985年食物中毒情况分析》,《华南预防医学》1988年第4期。

上海交通大学人文艺术研究院危机管理研究中心和舆情研究实验室:《2011中国环境食品安全环境等三项舆情报告发布》,《上海质量》2012年第1期。

广西医学科学情报研究所:《江苏省1974—1976年食物中毒情况分析》,《国内医学文摘卫生防疫分册(1979年)》1980年。

王立华:《北京市食品添加剂生产企业概况及其监督管理》,《食品添加剂》2004年第9期。

王海云、王军:《农业面源对水环境污染及防治对策》,《环境科学与技术》2006年第4期。

王崇德:《期刊作者的量化研究》,《情报科学》1998年第5期。

王惠翔、高凡:《中国科学杂志刊载的基金论文产出研究与分析》,《中国科学基金》2004年第3期。

王燕:《加入WTO以来我国出口食品安全的现状分析及研究对策》,安徽合肥工业大学硕士研究生学位论文,2008年。

天津市人民委员会:《关于转发国务院批转的"食品卫生管理试行条例"的通知》,《天津政报》,1965年第17期。

中国全面小康研究中心:《2010—2011消费者食品安全信心报告,近七成受访者对食品没有安全感》,《小康》2011年第1期。

中国全面小康研究中心:《2011—2012中国饮食安全报告,九成民众关注食品安全事件,八成民众对食品没有安全感》,《小康》2012年第1期。

《中国食品工业十年新成就展示会:食品工业成就巨大》,《食品与机械》1992年第1期。

《北京市食品安全风险监测工作形式》,《北京观察》2011年第11期。

卢凌霄、周德、吕超等:《中国蔬菜产地集中的影响因素分析——基于山东寿光批发商数据的结构方程模型研究》,《财贸经济》2010年第6期。

史海根:《嘉兴市部分农村食品企业食品添加剂使用情况调查分析》,《中国预防医学杂志》2006年第6期。

代娟、李玉峰、杨潇:《食品微生物快速检测技术研究进展》,《食品研究与开发》2006年第5期。

白文杰:《2008北京奥运会食品安全保障政策对我国畜牧业影响浅析》,《中国动物保健》2009年第3期。

丛黎明、蒋贤根、张法明:《浙江省1979—1988年食物中毒情况分析》,《浙江预防医学》1990年第1期。

邢美华、张俊飚、黄光体:《未参与循环农业农户的环保认知及其影响因素分析——基于晋、鄂两省的调查》,《中国农村经济》2009 年第 4 期。

任中善、孟光:《浅议食品卫生监督管理权的归属》,《河南卫生防疫》1987 年第 4 期。

刘小峰、陈国华、盛昭瀚:《不同供需关系下的食品安全与政府监管策略分析》,《中国管理学》2010 年第 2 期。

刘水林:《从个人权利到社会责任——对我国食品安全法的整体主义解释》,《现代法学》2010 年第 3 期。

刘长江、门万杰、刘彦军等:《农药对土壤的污染及污染土壤的生物修复》,《农业系统科学与综合研究》2002 年第 4 期。

刘俊芬:《德州市城区食品加工企业食品添加剂使用现状调查及对策研究》,山东大学硕士研究生学位论文,2008 年。

刘俊威:《基于信号传递博弈模型的我国食品安全问题探析》,《特区经济》2012 年第 1 期。

刘洪莲、李艳慧、李恋卿等:《太湖地区某地农田土壤及农产品中重金属污染及风险评价》,《安全与环境学报》2006 年第 5 期。

刘晓红、虞锡君:《长三角地区重金属污染特征及防治对策》,《生态经济》2010 年第 10 期。

刘鹏:《中国食品安全监管——基于体制变迁与绩效评估的实证研究》,《公共管理学报》2010 年第 4 期。

安秀芬:《图书情报工作论文作者群的统计分析》,《图书情报工作》1994 年第 5 期。

许洪军:《我国信息共享空间研究文献的计量学分析》,《情报杂志》2010 年第 5 期。

孙小燕:《农产品质量安全问题的成因与治理》,西南财经大学博士研究生学位论文,2008 年。

孙效敏:《论食品安全法立法理念之不足及其对策》,《法学论坛》2010 年第 1 期。

阳检、高申荣、吴林海:《分散农户农药施用行为研究》,《黑龙江农业科学》2010 年第 1 期。

杜庆:《肉制品中亚硝酸盐的检测和控制》,《肉类研究》2008 年第 3 期。

李天:《〈营养学报〉的文献计量学分析与评价》,军事医学科学院硕士学位研究生论文,2007 年。

李友志:《272 家餐饮店食品添加剂使用情况调查》,《上海预防医学杂志》2009 年第 10 期。

李宁、严卫星:《国内外食品安全风险评估在风险管理中的应用概况》,《中国食品卫生杂志》2011 年第 1 期。

李红:《我国政府食品安全信息披露障碍及对策》,《农业经济》2011 年第 9 期。

李红:《我国食品企业诚信缺失原因及对策》,《长江大学学报(社会科学版)》2010 年第 6 期。

李红:《食品安全信息披露问题研究》,华中农业大学硕士研究生学位论文,2006 年。

李红梅、高颖、冯少军:《出口企业执行食品安全措施的策略选择》,《世界农业》2007 年第 3 期。

李响:《我国食品安全法十倍赔偿规定之批判与完善》,《法商研究》2009 年第 6 期。

李哲敏:《食品安全内涵及评价指标体系研究》,《北京农业职业学院学报》2004 年第 1 期。

李路平、宋小顺、李俊玲:《新乡市朗公庙镇无公害花生产地环境监测与质量评价》,《河北农业科学》2009 年第 2 期。

李腾:《个体食品加工企业卫生现状及管理对策》,《中国民族民间医药杂志》2010 年第 6 期。

李慧艳、张正:《2008 年北京奥运会食品安全风险识别与评估》,《现代预防医学》2007 年第 10 期。

李鹰强:《食品安全危机管理中政府应急处理机制研究——以"三鹿牌"婴幼儿奶粉事件为例》,复旦大学硕士研究生学位论文,2009 年。

杨永清等:《移动增值服务消费者感知风险前因的实证研究》,《管理评论》2012 年第 3 期。

杨光、崔路、王力舟:《日本食品安全管理的法律依据和机构》,《中国标准化》2006 年第 8 期。

杨华、张玉梅:《北京市朝阳区学生营养餐送餐企业食品安全现状分析》,《中国预防医学杂志》2011 年第 10 期。

杨兴华:《我国食品工业的基本状况及"九五"发展方向》,《中国商办工业》1996 年第 7 期。

吴园园:《食品安全检测技术的研究进展》,《科技资讯》2010 年第 17 期。

吴林海、徐玲玲、王晓莉:《影响消费者对可追溯食品额外价格支付意愿与支付水平的主要因素》,《中国农村经济》2010 年第 4 期。

吴林海、徐玲玲:《食品安全:风险感知和消费者行为》,《消费经济》2009 年第 2 期。

吴晶文、林昇清:《福建省使用食品添加剂现状及管理措施》,海峡预防医学杂志 2005 年第 3 期。

邹立海:《食品安全危机预警机制研究》,清华大学硕士研究生学位论文,2005 年。

宋华琳:《美国 FDA 药品信息公开的评价与思考》,《中国处方药》2007 年第 6 期。

宋华琳:《论技术标准的法律性质》,《行政法学研究》2008 年第 3 期。

宋稳成、单炜力、叶纪明:《国际食品法典农药残留委员会第 41 届会议概况及争论焦点》,《世界农业》2010 年第 2 期。

张月华:《河南省食品冷链物流发展问题研究》,《中国商贸》2011 年第 13 期。

张岩、刘学铭:《食品添加剂的发展状况及对策分析》,《中国食物与营养》2006 年第 6 期。

张秋琴、陈正行、吴林海:《生产企业食品添加剂使用行为的调查分析》,《食品与机械》2012 年第 2 期。

张恬嘉:《中国对外贸易中食品安全问题的研究》,武汉理工大学硕士研究生学位论文,2010 年。

张勇:《沈阳郊区土壤及农产品重金属污染的现状评价》,《土壤通报》2001 年第 4 期。

张晗、崔雷:《生物信息学的共词分析研究》,《情报学报》2003 年第 5 期。

张福瑞:《对卫生防疫职能的再认识》,《中国公共卫生管理杂志》1991 年第 2 期。

陈李萍:《食品贸易与我国食品工业经济增长关系的实证研究》,江南大学硕士研究生学位论文,2008 年。

陈秋玲、马晓姗、张青:《基于突变模型的我国食品安全风险评估》,《中国安全科学学报》

2011 年第 2 期。

陈秋玲、张青、肖璐:《基于突变模型的突发事件视野下城市安全评》,《管理学报》2010 年第 6 期。

陈艳、郭云昌、王竹天等:《2006 年中国食源性疾病爆发的监测资料分析》,《卫生研究》2010 年第 3 期。

陈原:《对我国进口食品安全问题及对策的思考》,《食品研究与开发》2007 年第 6 期。

陈晨:《农产品质量安全风险评估的发展现状及对策研究》,《农产品质量与安全》2012 年第 1 期。

陈敏章:《关于〈中华人民共和国食品卫生法(修订草案)〉的说明》,《全国人民代表大会常务委员会公报》1995 年第 7 期。

陈歆、韩丙军、李勤奋等:《国内外农业产地环境风险评价研究进展》,《热带农业科学》2011 年第 11 期。

陈瑶君:《我国食品卫生标准化工作 50 年》,《中国食品卫生杂志》1999 年第 6 期。

苗建萍:《美国食品安全监管体系对我国的启示和借鉴》,《中国商贸》2012 年第 2 期。

苗巍:《食品添加剂——现代食品工业的灵魂》,《农产品加工》2009 年第 8 期。

林宏程、李先维:《农业污染对我国农产品质量安全的影响及对策探讨》,《生态经济》2009 年第 9 期。

国务院发展研究中心中国食品安全战略研究课题组:《中国食品安全战略研究》,《农业质量标准》2005 年第 1 期。

罗干:《关于国务院机构改革方案的说明——1993 年 3 月 16 日在第八届全国人民代表大会第一次会议上》,《中华人民共和国国务院公报》1993 年第 10 期。

罗艳、谭红、何锦林等:《我国食品安全预警体系的现状问题和对策》,《食品工程》2010 年第 4 期。

罗浩、张晓东:《从消费需求特征看冷藏运输领域食品安全问题》,《中国高新技术企业》2008 年第 1 期。

岳宁:《基于食品贸易发展的中国进出口食品安全科技支撑体系研究》,江南大学博士研究生学位论文,2010 年。

周乃元、潘家荣、汪明:《食品安全综合评估数学模型的研究》,《中国食品卫生杂志》2009 年第 3 期。

周洁红、胡剑锋:《蔬菜加工企业质量安全管理行为及其影响因素分析——以浙江为例》,《中国农村经济》2009 年第 3 期。

周洁红等:《农产品质量安全追溯体系中的农户行为分析——以蔬菜种植户为例》,《浙江大学学报(人文社会科学版)》2007 年第 2 期。

周锡跃、徐春春、李凤博等:《我国农业标准化发展现状问题与对策》,《广东农业科学,》2011 年第 20 期。

郑华川、于晓欧、辛颜:《利用共词聚类分析探讨抗原 CD44 研究现状》,《中华医学图书情报杂志》2002 年第 2 期。

郑床木、白玲、钱永忠等:《我国农产品质量安全监测现状、问题及对策》,《中国畜牧杂志》2010 年第 16 期。

郑玮:《浅析食品添加剂生产流通和使用现状及实行分级管理的思考》,《中国卫生监督杂志》2011 年第 4 期。

赵国品:《小型食品加工企业卫生现状与管理》,《现代预防医学》2002 年第 6 期。

赵炜:《销售环节散装食品管理对策分析》,《中国实用医药》2009 年第 23 期。

胡春雷、邹立国:《黑龙江省食品添加剂生产经营现状及对策》,《中国医药指南》2009 年第 10 期。

胡慧媛、甘小平:《对食品添加剂引发的食品安全问题的思考》,《农技服务》2009 年第 11 期。

钟伟金、李佳:《共词分析法研究(二)——类团分析》,《情报杂志》2008 年第 6 期。

侯跃芳、崔雷:《医学信息存储与检索研究热点的共词聚类分析》,《中华医学图书情报杂志》2004 年第 1 期。

姜红艳、龚淑英:《茶叶中铅含量现状及研究动态》,《茶叶》2004 年第 4 期。

洪群联:《食品安全问题的原因审视与安全保障体系的构建》,《中国流通经济》2011 年第 9 期。

秦莉、刘潇威等:《农产品产地环境质量监测技术的发展趋向》,《安徽农业科学》2008 第 32 期。

莫锦辉、徐吉祥:《食品追溯体系现状及其发展趋势》,《中国食物与营养》2011 第 1 期。

徐乐俊:《我国农业标准化历程综述》,《农村工作通讯》2007 年第 6 期。

徐海燕:《论食品安全法中的新型民事责任》,《法学论坛》2009 年第 1 期。

徐维光:《食品卫生法执行中有关法规重叠问题的探讨》,《中国农村卫生事业管理》1992 年第 5 期。

唐志刚、温超、王俊峰等:《动物源性食品重金属污染现状及其控制技术》,《畜牧业环境、生态、安全生产与管理——2010 年家畜环境与生态学术研讨会论文集》2010 年。

唐晓纯:《食品安全预警体系评价指标设计》,《食品安全》2005 年第 11 期。

崔雷、郑华川:《关于从 MEDLINE 数据库中进行知识抽取和挖掘的研究进展》,《情报学报》2003 年第 4 期。

崔言顺、李建亮:《我国动物防疫检疫工作的现状及应对措施》,《山东畜牧兽医》2008 年第 6 期。

崔新、何翔、张文红等:《我国卫生监督体系的历史沿革》,《中国卫生监督杂志》2007 年第 2 期。

樊永祥、田静、刘秀梅:《第 43 届国际食品添加剂法典委员会会议概况》,《中国卫生标准》2011 年第 2 期。

蒋士强、周勇、杨莉:《农产品、食品安全检测方法与仪器的进展》,《分析仪器》2006 年第 3 期。

韩月明:《食品安全预测与控制模型研究》,东南大学硕士研究生学位论文,2006 年。

韩忠伟、李玉基:《从分段监管转向行政权衡平监管》,《求索》2010 年第 6 期。

程术华、于连良:《食品添加剂安全现状与对策》,《医学动物防制》2008 年第 11 期。

焦阳、郭力生、凌文涛:《欧盟食品安全的保障——食品、饲料快速预警系统》,《中国标准化》2006 年第 3 期。

鲁梅:《食品微生物污染及预防》,《食品指南》2012 年第 2 期。

曾显光、李阳、牛小俊等:《化学农药在农业有害生物控制中的作用及科学评价》,《农药科学与管理》2002 第 6 期。

褚遵华、周景洋等:《食品安全风险监测制度探讨》,《预防医学论坛》2011 年第 4 期。

管淞凝:《美国、欧盟食品安全监管模式探析及其对我国的借鉴意义》,《当代社科视野》2009 年第 1 期。

颜海娜:《我国食品安全监管体制改革》,《学术研究》2010 年第 5 期。

潘勇辉、张宁宁:《种业跨国公司进入与菜农种子购买及使用模式调查——来自山东寿光的经验证据》,《农业经济问题》2011 年第 8 期。

燕平梅、薛文通、张慧等:《不同贮藏蔬菜中亚硝酸盐变化的研究》,《食品科学》2006 年第 6 期。

戴伟等:《论中国食品安全风险监测和评估工作的形势和任务》,《中国食品卫生杂志》2010 年第 1 期。

戴志澄:《中国卫生防疫体系五十年回顾——纪念卫生防疫体系建立 50 周年》,《中国预防医学杂志》2003 年第 4 期。

王贵松:《日本食品安全法研究》,中国民主法制出版社 2009 年版。

王锡锌:《公众参与和行政过程——一个理念和制度的分析框架》,中国民主法制出版社 2007 年版。

中华人民共和国卫生部:《GB2760-2011 食品安全国家标准食品添加剂使用标准》,中国标准出版社 2011 年版。

中华人民共和国农牧渔业部宣传司:《新中国农业的成就和发展道路》,农业出版社 1984 年版。

中华人民共和国国家质量监督检验检疫总局:《GB/T7635.1-2002 全国主要产品分类和代码》,中国标准出版社 2002 年版。

中国食品报社:《食品卫生法汇编》,中国食品报社 1983 年版。

石阶平:《食品安全风险评估》,中国农业大学出版社 2010 年版。

北京大学公众参与研究与支持中心:《中国行政透明度观察报告》,法律出版社 2011 年版。

北京市统计局、北京市食品工业协会、北京市人民政府食品工业办公室:《北京食品工业》,北京科技出版社 1986 年版。

吕律平:《国内外食品工业概况》,经济日报出版社 1987 年版。

全国人大常委会法制工作委员会行政法室李援:《中华人民共和国食品安全法解读与适用》,人民出版社 2009 年版。

全国人大常委会法制工作委员会民法室王胜明:《中华人民共和国侵权责任法解读》,中国法制出版社 2010 年版。

吴林海、徐立青：《食品国际贸易》，中国轻工业出版社 2009 年版。

吴浩主编：《国外行政立法的公众参与制度》，中国法制出版社 2008 年版。

邱均平：《信息计量学》，武汉大学出版社 2007 年版。

邹志飞：《食品添加剂检测指南》，中国标准出版社 2010 年版。

张水华、余以刚：《食品标准与法规》，中国轻工业出版社 2010 年版。

张保锋：《中外乳品工业发展概览》，哈尔滨地图出版社 2005 年版。

陈佳贵等：《中国工业化报告(2009)》，社会科学文献出版社 2009 年。

陈雪珠：《徐汇区 30 年(1960—1989)食物中毒分析》，上海人民出版社 1990 年版。

武汉医学院：《营养与食品卫生学》，人民卫生出版社 1981 年版。

苗东升：《系统科学大学讲稿》，中国人民大学出版社 2007 年版。

尚永彪、唐浩国：《膨化食品加工技术》，化学工业出版社 2007 年版。

周汉华主编：《外国政府信息公开制度比较》，中国法制出版社 2003 年版。

周应恒等：《现代食品安全与管理》，经济管理出版社 2008 年版。

莫于川：《中华人民共和国突发事件应对法释义》，中国法制出版社 2007 年版。

腾葳、柳琪、李倩等：《重金属污染对农产品的危害与风险评估》，化学工业出版社 2010 年版。

薛薇：《SPSS 统计分析方法及应用》，电子工业出版社 2005 年版。

A Simple Guide to Understanding and Applying the Hazard Analysis Critical Control Point Concept (*2nd edition*), International Life Sciences Institute, 1997(ILSI) (Europe, 1997), p. 13.

Abbott, R. , "Trust, Acceptance And Responsibility: Food Safety", *Meat international*, Vol. 16, No. 8, 2006, pp. 22—23.

Barbara Burlingame, Maya Pineiro, "The Essential Balance: Risks and Benefits in Food Safety and Quality", *Journal of Food Composition and Analysis*, No. 20, 2007, pp. 139—146.

Barker G C, Talbo tN L C, PeckM W, "Risk Assessment for Clostridium BotulinumB a Network Approach", *International Biodetetioration&Biodegradation*, Vol. 50, No. 3—4, 2002, pp. 167—175.

Bourn D, Prescott J A. , "Comparison of the Nutritional Value, Sensory Qualities, and Food Safety of Orbanically and Conventionally Produced Food", *Critical Reviews in Food Safety and Nutrition*, Vol. 42, No. 1, 2002, pp. 1—34.

Bauin S, et al. , "Using Bibliometfics in Strategic Analysis: 'Understanding Chemical Reactions' at the CNRS", *Scientometrics*. Vol. 22, No. 1, 1991, pp. 113—137.

Codex Procedures Manual(10th edition), FAO/WHO, 1997.

Den Ouden, M. , Dijkhuizen, A. A. , Huirne, R. , Zuurbier, P. J. P. , "Vertical Cooperation in Agricultural Production-marketing Chains, with Special Reference to Product Differentiation in Pork", *Agribusiness*, Vol. 12, No. 3, 1996, pp. 277—290.

FAO. , *Food and Nutrition*, 1997(Rome: FAO, 1997), p. 65.

Fernandez-Cornejo, Jorge. , *The Seed Industry in U. S. Agriculture: An Exploration of Data and Information on Crop Seed Markets, Regulation, Industry Structure, and Research and Development*, 2004 (U. S. Department of Agriculture, 2004).

Fielding, L. M. , Ellis, L. , Beveridge, C. , et al. , "An Evaluation of HACCP Implementation Status in UK Small and Medium Enterprises in Food Manufacturing", *International Journal of Environmental Health Research*, Vol. 15, No. 2, 2005, pp. 117—126.

Golan, E. , Krissoff, B. , Kuchler, E. , et al. , *Traceability in the U. S Food Supply: Economic Theory and Industry Studies*, 2004(United States Department of Agriculture, 2004).

Gratt, L. B. , "Risk Analysis or Risk Assessment: A Pro-posal for Consistent Definitions" in *Uncertainty in Risk Assessment, Risk Management and Decision Making*(New York: Plenum Press, 1987), pp. 241—249.

Gut, Larry. , A. Schilder, R. Isaacs, P. Mcmanus, *Fruit Crop Ecology and Management*, 2007, pp. 34—75.

Guler, G. O. , Cakmak, Y. S. , Dagli, Z. , Aktumsek, A. , and Ozparlak, H. , "Organochlorine Pesticide Residues in Wheat from Konya Region, Turkey", *Food and Chemical Toxicology*, Vol. 48, No. 5, 2010, pp. 1218—1221.

Hornibrook SA, McCarthy M, Fearne A. , "Consumers' Perception of Risk: The Case of Beef Purchases in Irish Supermarkets", *International Journal of Retail&Distribution Management*, No. 10, 2005, pp. 701—715.

Hassan, Z. , Green, R. , Herath, D. , "An Empirical Analysis of the Adoption of Food Safety and Quality Practices in the Canadian Food Processing Industry", *Essays in Honor of Stanley R. Johnson*, Article 18, 2006.

Hwang, C. C. , Kung, H. F. , Lin, C. S. , et al. , "Bacteriological Quality and Histamine-forming Bacteria Associated with Fish Meats and Environments in HACCP and non-HACCP Fish Processing Factories", *Food Control*, Vol. 22, No. 10, 2011, 0pp. 1657—1662.

Herath, D. , Hassan, Z. , Henson, S. , "Adoption of Food Safety and Quality Controls: Do Firm Characteristics Matter? Evidence from the Canadian Food Processing Sector", *Canadian Journal of Agricultural Economics*, Vol. 55, No. 3, 2007, pp. 299—314.

Julie, H. , John, C. , Paul, W. , "Who Regulates Food? Australians' Perceptions of Responsibility for Food Safety", *Australian Journal of Primary Health*, Vol. 16, No. 4, 2010, pp. 344—351.

Jackson, L. S. , "Chemical Food Safety Issues in the United States: Past, Present, and Future", *Journal of Agricultural and Food Chemistry*, Vol. 57, No. 18, 2009, pp. 8161—8170.

Koleva NG, Schneider UA, "The Impact of Climate Change on the External Cost of Pesticide Application in US Agriculture", *Int J Agric Sustain*, No. 7, 2009, pp. 203—216.

Kleter, G. A. , Marvin, H. J. P. , "Indicators of Emerging Hazards and Risks to Food Safety", *Food and Chemical Toxicology*, Vol. 47, No. 5, 2009, pp. 1022—1039.

Kerkaert, B. , Mestdagh, F, , Cucu, T. Shrestha, K, Van Camp, J,. De Meulenaer, B. , "The Impact of Photo-induced Molecular Changes of Dairy Proteins on Their ACE-inhibitory Peptides and Activity" (published in line) ,*Amino Acids* ,2011.

Khatri,Y. ,Collins,R. , "Impact and Status of HACCP in the Australian Meat Industry" ,*British Food Journal* ,Vol. 109 ,No. 5 ,2007 , pp. 343—354.

Li,Q. ,Liu,W. ,Wang,J. ,et al. , "Application of Content Analysis in Food Safety Reports on the Internet in China" ,*Food Control* ,Vol. 22 ,No. 2 ,2011 ,pp. 252—256.

Lena,D. M. ,Denyse,J. , "Implementation of Food Safety Management Systems in the UK" ,*Food Control* , Vol. 22 ,No. 8 ,2011 ,pp. 1216—225.

Lin,C. J. ,Wu,W. W. , "A Causal Analytical Method for Group Decision Making Under Fuzzy Environment" ,*Expert Systems with Applications* ,Vol. 34 ,No. 1 ,2008 ,pp. 205—213.

Law J ,et al. , "Policy and the Mapping of Scientific Change:A Co-word Analysis of Research into Environmental Acidification" ,*Scientometrics* ,Vol. 14 ,No. 3—4 ,1988 ,pp. 251—264.

McMeek in T A ,Olley J N ,Ross T. ,et al. , "Predictive Microbiology" ,*Theory and Application* , Vol. 23 ,No. 3—4 ,1994 ,pp. 241—264.

MacAuslan,E. , "The Boss,the Owner,the Proprietor... the Food Hygiene Manager?" ,*The Journal of the Royal Society for the Promotion of Health* ,Vol. 123 ,No. 4 ,2003 ,pp. 229—232.

Micovic,E. , "Consumer Protection and Food Safety" ,*Revija za Kriminalistiko in Kriminologijo* , Vol. 62 ,No. 1 ,2011 ,pp. 3—11.

N. I. Valeeva ,M. P. M. Meuwissen ,R. B. M. Huirne , "Economics of Food Safety in Chains:A Review of General Principles" ,*Wageningen Journal of Life Sciences* ,Vol. 51 ,No. 4 ,2004 ,pp. 369—390.

Nestle,M. , "Food Industry and Health:Mostly Promises, Little Action" ,*Lancet* , Vol. 368 , No. 9535 ,2006 ,pp. 564—565.

Norbert,H. , Oliver,M. , "A Game-theoretic Approach to Behavioral Food Risks:The Case of Grain Producers" ,*Food Policy* ,Vol. 32 ,No. 2 ,2007 , pp. 246—265.

Pierson P. , "Increasing Returns,Path Dependence and the Study of Politics" ,*American Political Science Review* ,Vol. 94 ,No. 2 ,2000 ,pp. 252—254.

Production Practices for Major Crops in U. S. Agriculture, 1990—97 , Working paper of USDA ,2000.

Risk Management and Food Safety ,FAO Food and Uutrition Paper 65 ,1997.

Robyn,F. ,Charlotte,Y. , "Compliance with Food Safety Legislation in Small and Micro-businesses:Enforcement as An External Motivator" ,*Journal of Environmental Health Research* ,Vol. 3 ,No. 2 , 2004 ,pp. 44—52.

Sarig,Y. et al. , "Traceability of Food Products" ,*International Commission of Agricultural Engineering* ,No. 5 ,2003 ,pp. 1—17.

Smith,R. , "Produce Industry Has Responsibility for Food Safety" ,*Southwest Farm Press* ,Vol. 38 ,No. 13 ,2011 ,p. 16.

Stringer,R. ,Sang,N. Q. ,Croppenstedt,A. , "Producers, Processors,and Procurement Decisions:

The Case of Vegetable Supply Chains in China", *World Development*, Vol, 37, No. 11, 2009, pp. 1773—1780.

Shim, S. M. , Sun, H. S. , Lee, Y. J. , et al. , " Consumers' Knowledge and Safety Perceptions of Food Additives: Evaluation on the Effectiveness of Transmitting Information on•Preservatives" , *Food control*, Vol. 22, No. 7, 2011, pp. 1054—1060.

Tang, S. , G. Tang and R. A. Cheke, "Optimum Timing for Integrated Pest Management: Modelling rates of Pesticide Application and Natural Enemy Releases", *Journal of Theoretical Biology* Vol. 264, No. 2, 2010, pp. 623—638.

Thompson, M. , Sylvia, G. , Morrissey, M. T. , "Seafood Traceability in the United States: Current Trends, System Design, and Potential Applications", *Comprehensive Reviews in Food Science and Food Safety*, Vol. 4, No. 1, 2005, pp. 1—7.

Volokhov, D. , Rasooly, A. , Chumakov, K. , et al. , "Identification of Listeria Species by Microarray-based Assay", *Journal of clinical microbiology*, Vol. 40, No. 12, 2002, pp. 4720—4728.

Vladimir Novotny, "Diffuse Pollution from Agriculture—A Worldwide Outlook", *Water Science and Technology*, Vol. 39, No. 3, 1999, pp. 1—13.

Wilson, W. , Strout, C. , DeSantis, T. , et al. , "Sequence-specific Identification of 18 Pathogenic Microorganisms Using Microarray Technology", *Molecular and Cellular Probes*, Vol. 16, No. 2, 2002, pp. 119—127.

Young, I. , Hendrick, S. , Parker, S. , et al. , " Knowledge and Attitudes Towards Food Safety Among Canadian Dairy Producers", *Preventive Veterinary Medicine*, Vol. 94, No. 1, 2010, pp. 65—76.

后　记

　　《中国食品安全发展报告2012》是集体智慧的结晶。为了确保研究质量,研究前期就组织了以中青年博士、教授为主,多学科、多单位协同参加的研究团队。参加研究工作的主要有(以姓氏笔画为序):山丽杰(女,江南大学)、孔繁华(女,华南师范大学)、尹世久(曲阜师范大学)、牛亮云(安阳师范学院)、王淑娴(女,江南大学)、刘鹏(中国人民大学)、朱中一(苏州大学)、朱淀(苏州大学)、应瑞瑶(南京农业大学)、李建军(中国农业大学)、李哲敏(女,中国农业科学院)、陈秋玲(女,上海大学)、陈骥(国家工商总局食品流通监督管理司)、赵美玲(女,天津科技大学)、唐晓纯(女,中国人民大学)、徐立青(江南大学)、徐玲玲(女,江南大学)、曾祥华(江南大学)、童霞(女,南通大学)等。

　　在研究过程中,得到了国家发改委、国务院食品安全委员会办公室、卫生部、农业部、国家质检总局、工信部等系统的有关专业研究人员的积极帮助,主要有(以姓氏笔画为序):刘春卉、李伟伟、岳宁、房军、郭翔、黄汉权、樊红平等。

　　在《中国食品安全发展报告2012》申请教育部哲学社会科学系列发展报告资助项目的过程中,中国食品工业协会给予了大力的协同支持;在研究过程中得到了相关研究人员的积极帮助,主要有:中国食品工业协会副会长兼秘书长熊必琳教授、马勇副秘书长,江南大学食品科学与技术重点实验室副主任、博士生导师陈洁教授,南京航空航天大学博士生导师胡恩华教授,南京邮电大学社科处处长黄卫东教授,安徽农业大学经济学院院长栾敬东教授,中国人民大学刘永谋教授,浙江工业大学孙林教授,江南大学浦徐进副教授、王育红副教授等。

　　我们对上述相关学者的富有成效的努力,表示由衷的感谢。

　　在问卷调查的组织、数据处理与研究成果最后汇总、图表制作、文字校对等诸多环节中,刘晓林、王红纱、张秋琴、吕煜昕、卜凡、钟颖琦、朱秋鹰、董汉芳等有关人员作出了积极的努力。

　　需要说明的是,我们在研究过程中参考了大量的文献、资料,并尽可能地在文中一一列出,但也有疏忽或遗漏的可能。我们对被引用的文献作者表示感谢。

　　感谢北京大学出版社为报告的出版所付出的辛勤劳动。

　　《中国食品安全发展报告2012》由江南大学江苏省食品安全研究基地首席专

家吴林海教授和江南大学食品学院钱和教授共同负责,他们在整体设计、最终确定报告研究大纲、研究重点,负责协调研究过程中关键问题的同时,完成了相应的研究任务,并最终对整个报告进行了统一修改。吴林海教授、钱和教授对整体报告的真实性、科学性负责。

吴林海　钱　和

2012 年 8 月于无锡江南大学